"十三五"普通高等教育系列教材

供用电设备

主编 张 炜
编写 武成香 王晓文
主审 许 棠

U0300106

中国电力出版社
CHINA ELECTRIC POWER PRESS

内 容 提 要

本书共分为两篇：第一篇为供配电设备，主要介绍电力变压器、互感器、防止过电压的设备与设施、开关电器、配电装置及组合电器、电力线路、无功功率补偿装置等内容；第二篇为用电设备，主要介绍用电及用电设备概述、异步电动机、电气照明、工业电炉、电焊机等内容。

本书主要作为普通高等院校本科电气工程及其自动化专业教材，也可作为高职高专电类专业教材以及成人教育、函授、自考辅导教材，还可作为电力工程技术人员的参考书。

图书在版编目（CIP）数据

供用电设备/张炜主编. —北京：中国电力出版社，2015.8
（2021.9 重印）
"十三五"普通高等教育规划教材
ISBN 978 - 7 - 5123 - 7772 - 1

Ⅰ.①供… Ⅱ.①张… Ⅲ.①供电装置－高等学校－教材
Ⅳ.①TM7

中国版本图书馆 CIP 数据核字（2015）第 102370 号

中国电力出版社出版、发行
（北京市东城区北京站西街 19 号　100005　http://www.cepp.sgcc.com.cn）
北京传奇佳彩数码印刷有限公司印刷
各地新华书店经售

*

2015 年 8 月第一版　2021 年 9 月北京第四次印刷
787 毫米×1092 毫米　16 开本　20.5 印张　496 千字
定价 41.00 元

前　言

"供用电设备"是高等院校电气工程及其自动化专业的一门主要课程。本书采用简洁、明了的方式，分别介绍各种供用电设备和设施的基本工作原理，重点介绍其分类、用途、结构以及某些设备的运行问题，并适当介绍一些新设备、新技术。

供配电设备部分介绍了各种类型的变压器，电流互感器和电压互感器，防止过电压的设备与设施包括避雷器、避雷针和接地装置，开关电器（包括断路器、隔离开关、负荷开关、熔断器、低压控制电器）等各种电器；配电装置介绍了屋内外配电装置、成套配电装置、箱式变电所和 SF_6 全封闭式组合电器等；电力线路包括架空线路和电缆；无功功率补偿包括电容器、调相机、静止补偿器和电抗器。

用电设备部分介绍了用电及用电设备，如现代化生产和生活中大量使用的驱动各类电力机械设备的异步电动机；电气照明包括电光源、照明器和照明控制的基本知识；工业电炉包括电阻炉、电弧炉、感应炉等类型的加热设备；电焊机包括电弧焊机、电阻焊机和其他电焊机。

由本书的内容可见，供用电设备涉及面较大，在教学中可以按照需要选学其中的内容。

本书由张炜主编，其中第二、三、六、八、九、十、十一、十二章由张炜编写，第一、七章由武成香编写，第四、五章由王晓文编写。全书由许棠教授主审。

限于编者水平，书中难免存在疏漏，欢迎读者给予批评指正。

编　者
2015 年 6 月

目 录

前言

第一篇 供配电设备

第一章 电力变压器 ·· 1
　第一节 概述 ·· 1
　第二节 油浸式变压器 ·· 4
　第三节 干式变压器 ·· 12
　第四节 自耦变压器 ·· 16
　第五节 分裂绕组变压器 ·· 20
　第六节 变压器的运行和维护 ···································· 22
　小结 ··· 34
　习题 ··· 35
第二章 互感器 ·· 36
　第一节 电流互感器 ·· 36
　第二节 电压互感器 ·· 46
　小结 ··· 54
　习题 ··· 55
第三章 防止过电压的设备与设施 ·································· 56
　第一节 避雷器 ··· 56
　第二节 避雷针与避雷线 ·· 62
　第三节 电气装置接地 ·· 66
　小结 ··· 74
　习题 ··· 75
第四章 开关电器 ·· 77
　第一节 开关电器的基本工作原理 ································ 77
　第二节 高压断路器及其操动机构 ································ 83
　第三节 高压隔离开关 ·· 95
　第四节 高压负荷开关 ·· 99
　第五节 自动重合器和自动分段器 ······························ 101
　第六节 熔断器 ··· 107
　第七节 低压断路器 ·· 112
　第八节 刀开关及其组合电器 ···································· 117
　第九节 低压控制电器 ·· 120

第十节　漏电保护器 ·· 125

小结 ··· 127

习题 ··· 128

第五章　配电装置及组合电器 ·· 130

第一节　屋内外配电装置 ·· 130

第二节　成套配电装置 ··· 143

第三节　箱式变电所 ·· 154

第四节　SF_6 全封闭组合电器 ·· 159

小结 ··· 163

习题 ··· 164

第六章　电力线路 ·· 165

第一节　电力线路的分类及基本构成 ··································· 165

第二节　架空线路 ·· 166

第三节　电力电缆 ·· 174

小结 ··· 179

习题 ··· 180

第七章　无功功率补偿装置 ··· 181

第一节　电容器 ··· 181

第二节　同步调相机 ·· 187

第三节　静止无功补偿装置 ·· 188

第四节　电抗器 ··· 192

小结 ··· 194

习题 ··· 195

第二篇　用电设备

第八章　用电及用电设备概述 ··· 196

第一节　用电综述 ·· 196

第二节　产业用电简介 ··· 198

第三节　用电设备概述 ··· 208

小结 ··· 223

习题 ··· 224

第九章　异步电动机 ·· 225

第一节　异步电动机概述 ·· 225

第二节　三相异步电动机 ·· 228

第三节　单相异步电动机 ·· 241

小结 ··· 249

习题 ··· 250

第十章　电气照明 ··· 251

第一节　电气照明基础知识 ······································ 251

第二节　照明电光源 ·· 254

第三节　照明器 ·· 268

第四节　照明控制 ·· 269

小结 ··· 272

习题 ··· 272

第十一章　工业电炉 ·· 274

第一节　电阻炉 ·· 274

第二节　电弧炉 ·· 281

第三节　感应炉 ·· 287

小结 ··· 294

习题 ··· 295

第十二章　电焊机 ·· 296

第一节　概述 ·· 296

第二节　电弧焊机 ·· 298

第三节　电阻焊机 ·· 309

第四节　其他电焊机简介 ·· 312

小结 ··· 315

习题 ··· 316

参考文献 ··· 317

第一篇　供配电设备

第一章　电力变压器

变压器是按照电磁感应原理，将一种交变电压变换为另一种交变电压的电气设备。在供用电系统中，电力变压器的主要作用是根据电力系统的运行需要，将交流发电机输出的电压升高，使电能输送到需要用电的远方负荷中心，然后再通过降压变压器降低电压供用户使用。因此，电力变压器在电能的传输、分配和使用中，都具有重要意义。同时，变压器在电气的测量、控制等方面，也有广泛的应用。

第一节　概　　述

一、变压器的分类

变压器是一种静止的电气设备，为了达到不同的使用目的并适应不同的工作条件，变压器有很多类型，可按其用途、绕组结构、铁芯结构、相数、调压方式、冷却方式等进行分类。

（1）按用途可分为：电力变压器（又可分为升压变压器、降压变压器、配电变压器、联络变压器、厂用变压器等），特种变压器（电炉变压器、整流变压器、电焊变压器等），仪用互感器（电压互感器、电流互感器），试验用的高压变压器和调压器等。

（2）按相数可以分为：单相变压器、三相变压器和多相（如整流用六相）变压器等。

（3）按结构可分为：双绕组变压器、三绕组变压器、多绕组变压器、自耦变压器和低压分裂绕组变压器等。

（4）按铁芯结构不同可分为：芯式变压器和壳式变压器等。

（5）按调压方式可分为：无励磁调压变压器和有载调压变压器等。

（6）按冷却方式可分为：干式空冷变压器、干式浇铸绝缘变压器、油浸自冷变压器、油浸风冷变压器、油浸水冷变压器、强迫油循环风（水）冷变压器、充气式变压器等。

二、变压器的型号

1. 电力变压器型号

型号是说明变压器结构和性能特点的基本代号，同时标明了变压器额定容量、额定电压等。GB 1094—2013《电力变压器》规定，国产电力变压器型号应按照表 1-1 中所列代表符号（一般是用汉语拼音字母）顺序组成基本代号，基本代号后面用短横线"-"隔开，再写明额定容量（kV·A）/高压绕组电压等级（kV）。基本代号的含义见表 1-1。

近年来，我国变压器制造部门设计制造了损耗值较低的 S 系列变压器和干式变压器。例如：

（1）SL-500/10，表示三相、自冷、油浸、双绕组、铝导线、500kV·A、10kV 电力变压器。

（2）SFPSZL-63000/110，表示三相、风冷、强迫油循环、三绕组、有载调压、铝导线、63000kV·A、110kV 电力变压器。

（3）OSSPSZL-120000/220，表示三相、水冷、强迫油循环、三绕组、有载调压、铝导线、120000kV·A、220kV 自耦电力变压器。

（4）SC-800/10，表示三相、铜绕组、固体成型绝缘、800kV·A、10kV。

应注意，我国制造的电气设备表示高压侧额定电压等级时，通常是将 6kV 与 10kV 的各种设备均用 10kV 表示。

表1-1　　　　　　　　　　　　　　电力变压器型号含义

序号	分类	代表符号	含义	序号	分类	代表符号	含义
1	相数	D S	单相 三相	4	循环方式	P	自然循环 强迫油循环
2	箱壳外冷却介质	F S	油浸自冷 风冷 水冷	5	绕组数	S F	双绕组 三绕组 分裂绕组
3	绕组外绝缘介质	G Q C CR N	变压器油 空气（干式） 气体 干式浇铸绝缘 干式（包封式） 难燃液体	6	绕组导线材质	L	铜 铝
				7	绕组耦合方式	O	自耦
				8	调压方式	Z	无励磁调压 有载调压
				9	防护代号	TH TA	湿热 干热

2. 特种变压器产品型号

除电力变压器外，特种变压器产品型号字母含义见表1-2。

表1-2　　　　　　　　　　　　特种变压器产品型号字母含义

序号	产品分类名称	字母	序号	产品分类名称	字母
1	电炉变压器	H	5	电压互感器	J
2	交流变压器	Z	6	电流互感器	L
3	矿用变压器	K	7	组合互感器	JL
4	试验变压器	Y	8	调压器	T

3. 变压器的额定值

（1）相数和额定频率。电力变压器一般均制成三相变压器，以直接满足输配电的要求；小型变压器可制成单相；特大型变压器为满足运输的要求，可做成单相后组成三相变压器组。

变压器额定频率是指设计的运行频率，我国为 50Hz。

（2）额定容量。铭牌上标注的额定容量是变压器的额定视在功率，一般用 kV·A 表示，是在额定电压、额定电流下连续运行时所输出的容量。

（3）额定电压。变压器的额定电压是指规定的加到一次侧绕组的电压，一般为该变压器接入电力系统的额定电压。

变压器二次侧额定电压是指该变压器在空载一次侧加上额定电压时，二次侧的端电压。通常二次侧额定电压比电力系统额定电压高 5%，高出部分是变压器在额定负荷时的内部压降，即阻抗电压或称短路电压，其目的是为了保证线路末端的电压不低于标准要求。

（4）额定电流。变压器一、二次侧额定电流，是在额定容量和允许温升条件下，变压器一、二次侧允许长期通过的电流。

三、三相电力变压器及其联结组别

三相电力变压器是具有两个或多个绕组的静止设备。

1. 三相电力变压器

交流电力系统中的变压器绝大多数是三相变压器，当三相负荷对称时，各相电流、电压的大小相等，而相位互差120°。

三相变压器有独立磁路和相关磁路两种铁芯结构。其中相关铁芯磁路的变压器是将三个铁芯柱和铁轭连接成一个三相磁路，组成三相一体芯式变压器，称为三相芯式变压器。其特点是消耗的铁磁材料少、价格低，在发电厂和电力系统中较广泛采用。

由三台单相变压器组成的三相变压器，各相磁路是独立的，称为三相变压器组。在需要特大容量变压器的场所以及运输条件受到限制的地方，为了运输方便或减少备用容量，往往采用三相变压器组。

2. 变压器的联结组别

变压器的联结组别表示了三相变压器高、低压侧电压（一般指线电压）之间的相位关系及两侧三相绕组的连接方式。三相绕组的连接方式有三种，即星形、三角形和曲折形连接，最基本的连接方式是星形和三角形。

（1）星形连接。星形连接指将变压器三相绕组的末端连在一起，成为一个公共点（称为中性点，用N表示），三个首端分别引出，用符号"Y（或y）"表示。

（2）三角形连接。三角形连接指将变压器三相绕组的首尾两端顺次连接形成闭合回路，三个连接点分别引出，用符号"D（或d）"表示（旧国标中用符号"△"表示）。高、中、低压绕组均为三角形连接时，即为Ddd联结组别。

其中，大写字母表示高压绕组的连接方法，小写字母表示低压绕组连接方法。

变压器高、中、低压绕组的连接方式见表1-3。

由于三绕组变压器高、低压侧绕组连接方法不同，两侧电压相位的关系也不相同，但不同联结组别其两侧电压之间的相位关系总是30°的倍数，可以用时钟表示法表示联结组别。

国产电力变压器常用的联结组别为Yd11和Yy0两种。又因为星形连接的中性点是否有引出又可在Y（y）后加N（n）表示中性点有引出的情况，如YNd11即表示变压器高压侧为中性点有引出的星形连接，低压侧为三角形连接，两侧电压相位差为 $11 \times 30° = 330°$。

为了消除发电机以及电力系统中的3次谐波，大部分的变压器均为Yd11连接。因为三个绕组中的3次谐波的大小相等、相位相同，在三角形绕组中形成环流，这样在线电压和电流中不会存在3次谐波，从而保证了电力系统的波形质量。

自耦变压器由于其结构特点而仅有YNyn0的接线方式，用YNa表示。

表1-3 变压器绕组联结组别的表示方法

绕组		高压	中压	低压
星形连接	无中性点引出	Y	Y	Y
	有中性点引出	YN	yn	yn
三角形连接		D	d	d
曲折形连接	无中性点引出	Z	z	z
	有中性点引出	ZN	zn	zn

自耦变压器	有公共部分两绕组额定电压较低的用 a
组别数	用 0～11
联结组别标号的举例	Yyn0
	Yzn11
	Dyn11

四、SF_6 气体绝缘变压器简介

人们在 20 世纪 40 年代发现了 SF_6 气体优异的绝缘性能，将其应用在电气产品上，并得以不断的发展。到 20 世纪 50 年代末，美国某公司首先生产了 SF_6 气体绝缘变压器；其后日本的一些公司制造出 66～77kV、30～40MVA 的 SF_6 电力变压器。SF_6 气体绝缘变压器的技术已经逐步成熟，目前已实现商业性批量生产，已有大量的 SF_6 气体绝缘变压器在世界各地运行。我国也在 20 世纪 80 年代中期研制出 $500kV \cdot A/10kV$ 的 SF_6 配电变压器，它完全防火、防化学侵蚀，性能优良，已系列生产并广泛应用。虽然 SF_6 在 20℃、0.3MPa 压力时质量不到变压器油的 1/40，但由于 SF_6 气体绝缘变压器箱体较厚重，且 SF_6 价格贵，所以 SF_6 气体变压器价格是同容量油浸变压器的 3～4 倍。这是 SF_6 变压器发展慢的主要原因之一。

SF_6 气体绝缘变压器与普通油浸式变压器的主要不同之处在于其绝缘冷却介质和冷却机理不同。SF_6 气体绝缘变压器整个器身置于充有 SF_6 气体的箱体中。SF_6 气体不燃、无毒、绝缘强度高、消弧性能好，是比较理想的绝缘介质。但是其传热能力和散热能力均较变压器油差一个数量级。因此，自冷式气体绝缘变压器不可能做得很大，一般最大不超过 $5000kV \cdot A$，容量大时就要采用强气循环，就是采用气体循环风机来促进 SF_6 气体的流动，增加其流速。为获得更好的散热效果，还可以采用风冷却器强迫风冷或采用水冷却器强迫水冷。

由于变压器的损耗很大，制造小容量 SF_6 配电变压器，如 $500～1000kV \cdot A$，自冷问题不大；如果做大容量的电力变压器，则需用 SF_6 强迫循环风冷或用内装封闭的冷却系统，使容量达到数万千伏·安。美国某公司于 1989 年制造出了 45kV、50MVA 蒸发冷却 SF_6 电力变压器；日本某公司 1992 年生产了 72.5kV，26MVA 的 SF_6 三相电力变压器，现已开发电压最高达 275kV、容量最大达 300MVA 的 SF_6 三相电力变压器，用于市区地下变电所。

第二节　油浸式变压器

油浸变压器主要组成部分有铁芯、绕组、套管、分接头装置、冷却装置、油箱及其附件，参见图 1-1。铁芯和绕组合称为变压器的器身。

一、铁芯

铁芯既是变压器的磁路，又是其支撑骨架，它由铁芯柱、铁轭和夹紧装置组成。铁芯柱上套绕组，铁轭使整个磁路闭合，可以取得较高的导磁率，以使用较小的磁化力建立较大的工作磁通，同时使一、二次绕组间交链紧密。

铁芯一般用厚度为 0.35~0.5mm 的冷轧硅钢片叠成，片间涂以 0.01~0.03mm 厚的漆膜，以避免片间短路、减少磁滞损耗。铁芯可分为芯式和壳式两种，如图 1-2 所示。

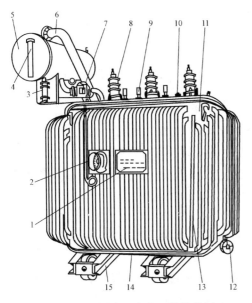

图 1-1 油浸式电力变压器结构图

1—铭牌；2—信号式温度计；3—吸湿器；4—油表；
5—储油柜；6—安全气道；7—气体继电器；8—高
压套管；9—低压套管；10—分接开关；11—油箱；
12—放油阀门；13—器身；14—接地板；15—小车

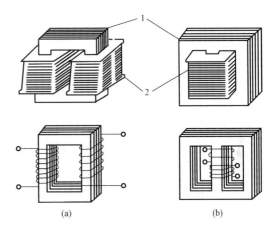

图 1-2 芯式和壳式铁芯

(a) 芯式；(b) 壳式

1—铁芯；2—绕组

芯式铁芯变压器的一、二次绕组套装在铁芯的两个铁芯柱上，如图 1-2 (a) 所示。这种结构比较简单，有较多的空间装设绝缘，装配较容易，适用于容量大、电压高的变压器，我国生产的电力变压器一般采用芯式铁芯。

壳式铁芯变压器的铁芯包围着绕组的上下和侧面，如图 1-2 (b) 所示，这种结构的变压器机械强度较好、铁芯容易散热，但外层绕组的铜线用量较多，制造也较为复杂，小型干式变压器多采用这种结构形式。

大、中型变压器的铁芯，一般都将硅钢片裁成条状，采用交错叠片的方式叠装而成，使各层磁路的接缝互相错开，这种方法可以减小气隙和磁阻，如图 1-3 所示。

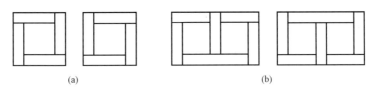

图 1-3 铁芯叠片

(a) 单相铁芯；(b) 三相铁芯

小型变压器为了简化其制造工艺和减小气隙，常采用 E、F、C 字形和日字形铁芯冲片交错叠装而成。这些冲片的形状如图 1-4 所示。

小型变压器铁芯柱的截面是方形或长方形的，如图 1-5 (a) 所示；大型变压器为了充

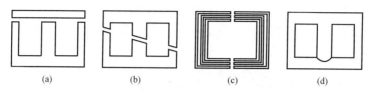

图1-4　小型变压器的铁芯冲片

（a）E字形；（b）F字形；（c）C字形；（d）日字形

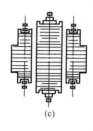

（a）　　　　　　　（b）　　　　　　　（c）

图1-5　铁芯柱截面

（a）方形；（b）梯形；（c）中间留油道

分利用空间，铁芯柱通常是梯形截面，如图1-5（b）所示。为了改善铁芯内部的散热条件，当铁芯柱截面积较大时，中间留有油道，如图1-5（c）所示。

另外，从20世纪60年代开始出现一种渐开线式铁芯。如图1-6所示，它的铁芯柱用预先成型的渐开线形状的冷轧硅钢片插装压合而成。铁轭用成卷的带状冷轧硅钢片连续卷绕而成。再用长螺杆等夹紧附件把铁轭和铁芯柱对接紧固。这种渐开线式铁芯叠片，各片形状相同，很适合机械化流水线生产，而且具有体积小、用料省、质量小和铁损耗少等优点。

图1-7所示为三相芯式铁芯柱的截面，一般为外接圆的阶梯状的多边形，内留有冷却铁芯的油道，用螺钉将芯柱叠片紧固。现代新式铁芯柱改螺钉紧固为环氧玻璃布带绑扎，以降低空载损耗。

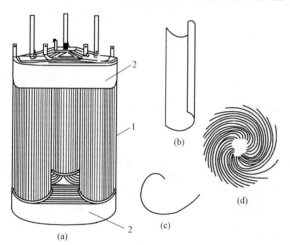

图1-6　渐开线式铁芯

（a）渐开线铁芯结构；（b）铁芯叠片；

（c）渐开线式形状；（d）铁芯柱截面

1—铁芯柱；2—铁轭

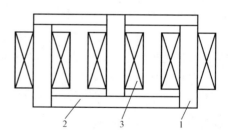

图1-7　三相芯式铁芯柱截面示意图

1—铁芯柱；2—铁轭；3—绕组

铁轭多做成"T"形截面，两边装有铁轭夹铁，用螺钉穿过铁轭夹铁和铁芯叠片将铁轭夹紧，螺钉与铁芯叠片应保持良好绝缘。在大型变压器的铁轭夹铁上焊有吊环，用来起吊铁芯。中、小型变压器将连接上下铁轭夹铁的垂直长螺杆直接固定在油箱盖上，吊芯时连同箱盖一起起吊。

为了防止在运行中因铁芯及金属零件处于不同电位而放电，故将这些部件与油箱连在一起共同接地。中小型变压器依靠铁轭夹铁和油箱连接而接地，因此只要将铁芯的任一层叠片和夹铁相连即可。连接方法是在同一层铁芯叠片间上、下各插入一镀锡铜片，将铜片的另一端分别固定在上、下夹铁上，然后将上、下铁轭两点同时接地。应当注意，铜片和铁轭夹铁连接时，应在低压引出线一侧和夹铁连接。在大型变压器中，为测量线圈介质损耗的需要，接地铜片通过套管引出，并在外部接地。

二、绕组

绕组是变压器的电路部分，由电解铜线或铝线绕制（也有用漆包、纱包或丝包线绕制的），导线外面包几层经绝缘油浸渍的高强度绝缘纸。按照高、低压绕组之间的相对位置不同，绕组可分为同芯式或交叠式。

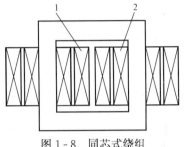

图 1-8　同芯式绕组
1—高压绕组；2—低压绕组

1. 同芯式绕组

我国生产的电力变压器多采用同芯式绕组。三相变压器每相的一、二次绕组同芯地套装在一根铁芯柱上，由于低压绕组对铁芯绝缘要求低，一般把低压绕组布置在内层；一、二次绕组间留有空隙，是用于散热的油通道，工作时不能堵塞，如图 1-8 所示。

变压器常见的同芯式绕组绕制形式有圆筒式、螺旋式、连续式，如图 1-9 所示。

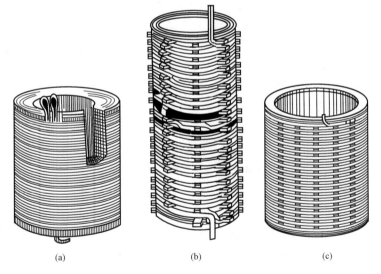

(a)　　　　　　　(b)　　　　　　　(c)

图 1-9　同芯式绕组的基本形式
(a) 圆筒式；(b) 螺旋式；(c) 连续式

（1）圆筒式绕组。圆筒式绕组主要用于每柱容量为 200kV·A 以下的变压器。各个绕组紧挨着绕成一个螺旋形的圆筒。低压绕组用单根或多根扁铜线绕成单层或两层，高压绕组因匝数多、电流小，用圆铜线绕制成多层。层间用绝缘撑条隔开，形成冷却油道。

（2）螺旋式绕组。螺旋式绕组主要用于 800～10000kV·A 变压器的低压绕组。其特点是匝数较少、电流很大。由多根扁铜线绕制，每一线饼只有一匝，匝间隔着绝缘块，构成辐向油道，整个绕组像螺旋线一样绕制下去，故称为螺旋式。

这种绕组由于并联股数较多，里外层导线所交链的磁通就不一样，长度也不一样，这样就会造成各股线之间电流分布不均，所以在绕到一定位置时应当换位，即把里面的导线换到外面，外面的导线换到里面。

（3）连续式绕组。连续式绕组主要用于 800～10000kV·A 以下变压器中的高压绕组和 10000kV·A 以上的低压绕组。连续式绕组由单根或多根（不超过 4 根）扁线绕制成若干个盘式线饼，从一个线饼到另一个线饼的连线不用焊接，而是采用特殊的翻线方法连续绕成，故称为连续式。为了冷却，各个线饼之间均用绝缘块隔开，形成辐向油道；为了固定线圈并横向夹紧线圈，在绕组内径圆周上均匀设置纸撑条，形成轴向油道。

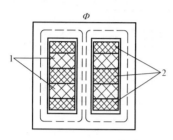

图 1-10　交叠式绕组

1—高压绕组；2—低压绕组

2. 交叠式绕组

交叠式绕组又称饼式绕组，将高、低压绕组分成若干绕饼，沿着铁芯柱的高度方向交替排列，为了便于绕制和铁芯绝缘，一般最上层和最下层放置低压绕组，如图 1-10 所示。

交叠式绕组的主要优点是漏抗小、机械强度好、引线方便。这种绕组仅用于壳式变压器中，如大型电炉变压器就采用这种结构。

变压器绕组之间需要绝缘，分主绝缘和纵绝缘两种。绕组与铁芯、油箱，以及高、中、低压绕组相互之间的绝缘为主绝缘。各绕组匝之间、层之间、股之间以及与静电极之间的绝缘为纵绝缘。

3. 三绕组变压器

在发电厂或变电所中有三种电压等级时，常用到三绕组变压器。例如，发电机的电压为 18kV，要将电能同时送到 110kV 和 220kV 系统，就可以利用三绕组变压器。在一定情况下（如通过变压器功率最小的那一侧绕组能达到变压器容量的 15% 以上时），采用一台三绕组变压器较采用两台双绕组变压器经济，且维修也方便，因此三绕组变压器得到了广泛的应用。

另外，当二次绕组需要两种以上不同电压时，为经济起见，避免使用多台双绕组变压器，常采用三绕组或多绕组变压器。例如各种电子仪器、电视机和收音机的电源变压器，以及自动控制系统中的控制变压器，常采用多绕组变压器。

三绕组变压器，每相有高、中、低三个绕组，一般铁芯为芯式结构，三个绕组同芯地套在一个铁芯柱上。为绝缘方便起见，高压绕组放在最外侧，至于中、低压绕组，根据相互间传递功率较多的两个绕组应靠近些的原则，用在不同场合的变压器有不同的安排。升压变压器的功率传递主要是由低压向中压和高压侧传送，则将低压绕组放在中间，如图 1-11（a）所示；降压变压器则将低压绕组放在靠近铁芯侧，如图 1-11（b）所示。

三绕组变压器三个绕组的容量，可以分别根据实际需要设计。变压器铭牌上的额定容量是指其中最大的一个绕组的容量，如额定容量为 100，则按国家标准三绕组变压器三

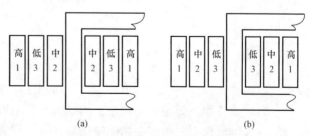

图 1-11　三绕组变压器的绕组结构

（a）升压结构；（b）降压结构

个绕组的容量比按高压绕组/中压绕组/低压绕组的顺序为：①100/100/100；②100/50/100；③100/100/50。

应注意，三绕组容量仅代表每个绕组通过功率的能力，并不说明三绕组变压器在具体运行时同时按比例传递功率。

三、分接开关

电网中各点电压有高有低，为使处于不同地点的变压器输出电压符合电压质量标准，需要使用分接头切换装置来切换高压绕组的分接头进行调压。停电后才能切换的，称为无载（无励磁）调压；可以带电切换的，称为有载调压。分接头切换装置的种类很多，有三相（主要用于中、小型变压器）和单相（用于大容量变压器）两种。

1. 无励磁调压变压器分接开关

无励磁调压变压器高压侧绕组一般设置5组分接头，通过分接开关来连接及切换分接头的位置，如图1-12所示。110kV升压变压器无励磁调压范围见表1-4。

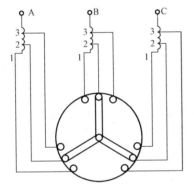

图1-12　分接开关与分接头的连接示意图

表1-4　110kV升压变压器无励磁调压范围

高压绕组		
分接头（%）	电压（V）	分接位置
+5	120750	1
+2.5	117875	2
额定	115000	3
-2.5	112125	4
-5	109250	5
低压绕组电压（V）6300		

2. 有载调压变压器分接开关

随着科学技术的迅速发展，用户对供电质量的要求越来越高，因此有载调压变压器的需求量急剧上升，有载分接开关的生产迅速发展。

目前一般都采用电阻式有载分接开关，少数国家（如美国）采用电抗式有载分接开关。我国生产和采用的电阻式有载分接开关，一般都安装在变压器油箱内部，为埋入式的。较小容量和较低电压（60kV及以下）的变压器采用复合式开关，它的切换开关和分接选择器组合在一起，切换时两者都有电流通过，因此切换能力较小。用于高电压大容量变压器的开关，采用切换开关和分接选择器分开的结构，切换开关用来切断电流，而分接选择器在无电流下变换分接，因此切换能力很大，最大通过电流已达4000～5000A，级电压最高达5000V。

有载分接开关能在带负载时操作，切换开关起关键作用。切换开关装在一个密封的油室内，包括触头系统、快速动作机构和传动系统。密封的油室使被电弧污染的油与变压器本体内清洁的油隔离，使带电部分与油箱间绝缘。

分接选择器的触头与变压器绕组的分接头相连，分成单、双两组被驱动，交替导通电流。转换选择器是使变压器的调压绕组与主绕组可以正反连接，或粗调连接。转换选择器与分接选择器装在一个整体部件上，由一个机械传动系统根据位置号和接线图进行工作，以满足更多的调压级的需要。

驱动装置，也就是操动机构，是整个开关系统工作的执行机构，它根据指令来驱动有载分接开关转动到指定的位置，可由自动信号控制，也可由人工操作。

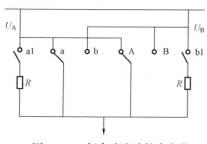

图 1-13 复合式滚动触头有载
分接开关原理接线图

下面以复合式滚动接点有载分接开关为例，说明有载分接开关的动作原理，如图 1-13 所示。图示状态为 A 分接头位置，当需要调到 B 分接头位置时，动作顺序为：①触头 A 断开，a1 合上；②触头 a 断开，b1 接通，这是过桥位置；③a1 断开，b 接通；④B 接通，b1 断开。如此完成一级调压，由 A 分接头位置调到 B 分接头位置。

当有载分接开关与线性布置的绕组配用时，分接开关为 7，9，13 调压级数；当与正反调或粗细调布置的绕组配用时为 ±7、±9、±13 级，即共为 15 级、19 级和 27 级；另外还有更多级数的分接开关。

四、油箱及变压器油

油箱是油浸式变压器的外壳，由铁芯和绕组组成的变压器器身全浸在油箱内的变压器油中。变压器油既作为绝缘介质，也是循环散热的冷却介质。

油箱由钢板制成，一般为椭圆形。在上沿壁焊有角钢或扁铁，作为连接箱盖的法兰。箱盖是平顶的，与油箱沿法兰用螺栓连接，并垫以密封衬垫。其他附件分别布置在箱顶、侧壁或底部。对于一些大型变压器（8000kV·A 以上），由于吊芯困难和运输问题，已采用钟罩式油箱。钟罩式油箱在变压器检修时只需吊起钟罩即可，不必起吊笨重的器芯。

变压器油要求介电强度高、发火点高、凝固点低、灰尘等杂质和水分少。变压器油中只要含有少量水分，就会使绝缘强度大大降低。此外，变压器油在较高温度下长期与空气接触时将要老化，油中产生悬浮物，堵塞油路并使酸度增加，以致损坏绝缘，因此受潮或老化的变压器油需要经过过滤等处理，使之符合使用标准。

五、油枕、呼吸器、净油器和防爆管

装设油枕、呼吸器和防爆管，可以大大地延缓变压器油受潮和氧化的进程，防止变压器油箱爆炸，如图 1-14 所示。

1. 油枕

油枕为变压器油提供了一个膨胀室。油枕是一个圆形容器，水平安装在变压器顶盖上，并用弯管及阀门与油箱连通。油箱和油枕中间装有气体继电器，可作为变压器的瓦斯保护。油枕作为变压器油热胀冷缩的缓冲容器，又因为变压器油在油枕内与空气相接触，接触面积小，同时油枕内的油几乎不参与变压器内部油的对流循环，油温较低，所以油的氧化过程可以减慢，而且从空气中吸入的水分、灰尘和氧化后的油垢都沉积在油枕底部的沉积器中，还可以大大减缓变压器油的劣化速度。

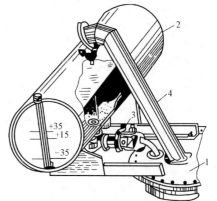

图 1-14 储油柜、安全气道及气体
（瓦斯）继电器
1—油箱；2—油枕；3—气体
继电器；4—防爆管

有些大容量变压器油枕中充氮和加隔膜,用于隔绝变压器油与空气的接触,防止变压器油老化。

2. 呼吸器

呼吸器又称空气过滤器或吸湿器,是一个圆筒形容器,上部有联管和油枕相通,内装吸湿物(如硅胶或氧化钙等)。

用氯化钴浸渍过的硅胶,具有很强的吸潮能力。呼吸管直插油枕上部,高出油面很多,随空气进入油枕的水分,经呼吸器时会被硅胶吸收。

3. 净油器

净油器又称油再生装置,是一个用钢板焊成的圆筒,内装吸附剂(如硅胶),通过联管及阀门装在油箱上。当变压器运行时,变压器油依靠对流从净油器通过,可以滤掉水分、杂质、氧化物和酸,保持油的绝缘性能。

4. 防爆管

防爆管是一个钢质的长圆管,下部与油箱相通,上端封口装有 2~3mm 胶木或玻璃制成的膜片。油枕顶部有一小管与防爆管连通,当变压器内部出现故障,油箱内突然产生大量气体使压力升高时,如压力超过 4.9×10^4 Pa(0.5 个大气压),则油和气体冲破防爆管膜片喷出,以防止由于压力升高使油箱破裂。

5. 温度计

变压器箱盖可装酒精或水银温度计,用以监视油温。大、中型变压器还装有带电气触点的信号温度计,有的还装有远距离测温的电阻温度计。

六、绝缘结构

变压器的绝缘分为外部绝缘和内部绝缘。外部绝缘指油箱盖外的绝缘,主要是使高、低压绕组引出的瓷制绝缘套管与空气之间的绝缘。内部绝缘指油箱盖内的绝缘,主要是绕组绝缘、内部引线绝缘等。

变压器的引出线从油箱中穿过油箱盖时,必须经过绝缘瓷套管,使带电的引线与接地的油箱绝缘。套管除了起固定引线的作用外,主要作为引线对地的绝缘。所以,套管必须有规定的电气强度和足够的机械强度及良好的热稳定性。油枕的油面高于套管顶端,因此套管顶部和套管与油箱盖接合处都有橡胶密封垫,以防油渗漏,在套管顶端有放气螺栓。

套管一般采用瓷质绝缘套管,它的结构主要取决于电压等级和使用条件。电压小于等于 1kV 时采用实心瓷套管,电压在 6~10kV 时采用充气式绝缘套管,电压在 10~35kV 时采用充气式和充油式套管,电压大于等于 110kV 时采用电容式套管。为了增加表面放电距离,套管外形做成多级伞形,如图 1-15 所示。高压套管由于要求的电气强度高,所以在瓷质绝缘套管

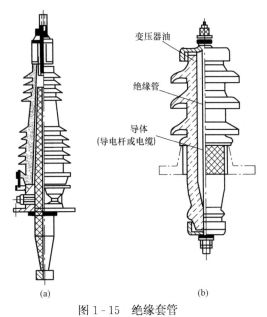

变压器油

绝缘管

导体
(导电杆或电缆)

(a)　　　　　　　　(b)

图 1-15　绝缘套管

(a) 110kV 胶纸电容式;(b) 35kV 充油式

内还必须采用较复杂的内部绝缘。目前常用的高压套管有充油式和电容式两种。

根据绝缘纸材料的不同，电容式套管又分油纸电容式和胶纸电容式两种。油纸电容式套管内需注变压器油，所以要求有良好的密封性，需要下瓷套，因而尺寸较长。胶纸电容式套管内也充少量变压器油，但由于胶纸不透油，可不要下瓷套，故尺寸较小。

七、冷却装置

变压器的铜损和铁损都变为热能，使变压器温度升高。变压器的冷却方式大体上有以下几种。

1. 油浸自冷式

油浸自冷式采用管式油箱，在变压器油箱壁上焊接扇形油管，增加散热面积，依靠与油箱表面接触的空气对流把热量带走，多用于中、小型变压器。当变压器容量超过 2000kV·A 时，需要油管多，箱壁布置不下，所以做成可拆卸的散热器，这种油箱叫散热器式油箱。

2. 油浸风冷式

油浸风冷式是在散热器空挡内装上电风扇，增加散热效果。采用这种冷却方式的变压器一般容量在 1000kV·A 以上。

3. 强迫油循环冷却式

当变压器容量达 100MVA 时，常用油泵迫使热油经过专门的冷却器冷却，然后再回送到变压器油箱里，叫做强迫油循环冷却式。冷却器的冷却方式可以是风冷，也可以是水冷。

第三节　干式变压器

随着城市建设的迅速发展，干式变压器得到了很大发展，制造技术已比较成熟。其适用于 35kV 及以下电压等级。由于干式变压器具有阻燃、防尘和防潮等良好的电气机械性能，现在已经作为普通油浸式变压器的更新换代产品，被越来越多地应用于配电系统和工矿企业的变电所，以及高层建筑、商业中心、石油、化工及采矿等对防火与安全有更高要求的部门。

与油浸式变压器相比，干式变压器的特点是：铁芯和绕组都不浸在任何绝缘液体中，冷却介质为空气，所用的绝缘材料（如环氧树脂等）不燃烧、不污染使用环境，运行维护工作量小等。由于空气的绝缘强度和散热性能都比变压器油差，以空气作绝缘的干式变压器的材料消耗比油浸式要多。相同容量条件下体积较大，其承受冲击电压的能力也较油浸式差，使用条件一般限于不和架空线路相连、不会受到大气过电压作用的场合（否则应加特殊防雷保护）。

一、干式变压器的分类

1. 浸渍绝缘干式变压器

这是一种最早得到应用的干式变压器，其制造工艺比较简单，导线采用玻璃丝包，垫块用相应的绝缘等级材料热压成型。将绕制完工的线圈浸渍耐高温绝缘漆，并进行加热干燥处理即成。现代浸渍绝缘干式变压器使用 H 级绝缘的芳香聚酰胺纸，真空浸漆后进一步提高了绝缘性能。由于该变压器受外界环境的影响比树脂的大，在国内外产量均趋于减少。

国内浸渍绝缘干式变压器多用于水电站、地铁、高层建筑，因防火性能好，故仍然有专业工厂生产，并占有一定的市场。因为它以空气为绝缘介质，所以外形尺寸比树脂干式变压器大，质量也较大。以 SG3 - 1000/10 与 SCB8 - 1000/10 产品为例，它们的质量分别是 3340kg 和 2700kg，即浸渍式比树脂型干式变压器重 23%。

由于散热条件好，浸渍式干式变压器绕组的最热点温度比平均温升高出不多，温度比较均匀，所以热寿命长。

2. 树脂干式变压器

树脂干式变压器分四种结构：树脂加填料浇注、树脂浇注、树脂绕包、树脂真空压力浸渍。

(1) 树脂加填料浇注与树脂浇注结构。这两种结构基本一样，其低压绕组用箔板（铝或铜）或扁线绕制（浸漆加端封），高压绕组用箔带（铝或铜）在环氧玻璃筒上绕成分段式 (8~12 段)，或用扁、圆线绕成分段圆筒式，然后装入浇注模。

纯树脂浇注的厚度为 3mm（内层玻璃纤维）；树脂加石英粉浇注的厚度过去曾为 6mm，现在为 3~5mm（在我国，前者称薄绝缘浇注，后者称厚绝缘浇注）。两种方式都需要浇注设备。薄绝缘树脂浇注变压器，其绕组用铜导线绕制，并用玻璃纤维增强，然后用模具在真空下浇注树脂。绕组和树脂均经严格的去湿脱气处理，彻底地清除了水分和气体。与普通的树脂浇注变压器相比，薄绝缘树脂浇注变压器绝缘层较薄、散热性能较好、机械强度较高，不会因温度骤然变化而导致绕组开裂。

由于加石英粉的浇注变压器，石英粉占 60%，树脂及颜料只占 40%、所以整体树脂较少。由于树脂价高，树脂浇注变压器比加石英粉的浇注变压器要贵 10%~15%。

(2) 树脂绕包结构。其低压绕组结构与树脂浇注结构一样。高压绕组在绕线机上绕包，内模为环氧玻璃布筒。绕包时，边绕导线，边绕玻璃纤维（占 80%），经过一树脂槽将浸好树脂的纤维复绕在已绕好的导线上面。待整个绕组绕完后，进旋转式非真空的固化炉内干燥固化，使其成为一整体，固化后的绕组表面相当光洁。采用这种工艺可省去真空处理设备，缩短制造周期，但在常规环境下使用树脂，难免会包裹空气，故电场强度要取小一些，体积会增大。这种结构的优点是制造时不需要复杂的浇注设备，也不需要浇注模具，成本比较低。

采用树脂绕包结构绕一个高压绕组需 8h，与绕制浇注式高压绕组的分段圆筒式结构所需时间大体相当，而绕一个高压箔式绕组仅需 2h。由于树脂绕包变压器工时较多，成本约为树脂加填料产品的 1.25 倍，即为油浸式产品的 3.5 倍左右。

(3) 树脂真空压力浸渍结构。其低压绕组结构与树脂浇注结构一样，高压绕组在绕线机上绕好并预压和预干燥后，放入浇注罐抽真空处理。在真空下注入树脂，使其渗入于导体中，整个绕组被树脂包裹，然后解除真空并施压，使树脂更好地渗入绕组之中，最后将绕组送入炉中处理。这种工艺的优点是无需浇注模，需真空压力浸渍。

表 1-5 列出了几种树脂干式变压器的特点比较。对较大容量的各种树脂变压器在底部加装轴流风机，在应急负载情况下，其输出容量最大可提高 50%（过负载）。

表 1 - 5　　　　　　　　　　　　几种树脂干式变压器的特点比较

类型 ＼ 对比指标	模具	真空工艺	浇注工艺	增强绝缘	高压绕组气道	均匀绝缘系数	光滑表面固体树脂	表面状况
树脂加石英粉	有	有	有	有①	无	非	有	光滑
树脂	有	有	有	有	有	是	有	一般
绕包	无	无	无	有②	有	非	有④	欠光滑
真空压力浸渍	无	有	无	无	有③	非	无	一般

①如低压用预浸渍材料。

②如低压亦为绕包工艺，但有的也可不用绕包。

③仅为辐向气道。

④不完全光滑。

二、SC 系列变压器结构特点

SC 系列（S—三相铜绕组变压器，C—固体成型绝缘）环氧树脂浇注干式变压器的结构示意图见图 1 - 16。

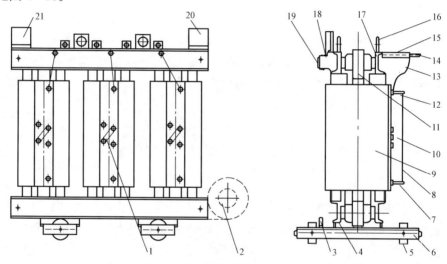

图 1 - 16　SC 系列环氧树脂浇注干式变压器的结构示意图

1—分接连片；2—风机；3—接地螺栓；4—下夹件；5—小车滚轮；6—小车架；7—高压尾头接线柱；8—高压连线；9—绕组；10—高压分接区接线柱；11—铁芯；12—高压首头接线柱；13—高压引线；14—高压接线柱；15—高压绝缘子；16—吊拌；17—上夹件；18—低压绝缘子；19—低压母线（铜排）；20—XMTB 信号温度计；21—铭牌

1. 铁芯

SC 系列变压器的铁芯采用冷轧晶粒顺向硅钢片叠制，45°斜接缝铁轭穿螺杆夹紧，环氧粘带绑扎结构。铁芯表面采用树脂涂覆密封，耐潮湿。铁芯整体用拉螺杆（或拉板）拉紧，固定在底座上。夹件绝缘、底座绝缘采用硅橡胶衬垫，夹件和绕组之间采用弹性件可靠压紧，既满足各部件热胀冷缩的要求，又可以保证机械强度，并减低噪声。

2. 绕组

高、低压绕组均采用铜导体，采用了全缠绕、玻璃纤维增强、薄绝缘、树脂不加填料在真空状态下浸渍式浇注，固化成型。高压绕组为分段筒式结构，降低了层间电压，可以改善电压分布，提高耐受大气过电压和操作过电压冲击的能力。高压绕组首、末端及分接头均采用铜螺母预埋结构，分接头的转换采用连接板调整。低压绕组为多层筒式结构。高、低压绕组均可设置轴向通风道。

3. 自动温控保护系统

SC 系列变压器采用了自动温控保护系统，在低压绕组第一匝导线处埋设铂热电阻测温元件，随着环境温度及负荷变化，自动监测绕组温升情况。当绕组温度达到限定温度时，温控器自动发出信号，控制风机起动（110℃）、风机停（90℃）、报警（120℃）和跳闸（145℃）。

干式变压器绕组绝缘的耐热等级可以采用 A、E、B、F、H、C 级，常用 B 级和 H 级。干式变压器有多种形式，常用的有绝缘漆浸渍式、绕包式及树脂浇注式。干式变压器运行环境的最高年平均气温应≤20℃，各种耐热等级的干式变压器的绕组最热点温度不应当超过表 1 - 6 所列限值。

表 1 - 6　　　　　　　　　　　　绕组最热点温度限值

绝缘耐热等级	A	E	B	F	H	C
绕组最热点温度（℃）	105	120	130	155	180	220

在绕组最热点温度应低于表 1 - 6 中各值。干式变压器绕组为了防潮，外表均涂有浸渍漆或环氧树脂等包封材料，但在运输和使用中仍应特别注意防潮。此外，由于干式变压器散热能力差，在使用中应控制变压器不要过载，以免造成绕组绝缘损坏。

4. 冷却方式

SC 系列干式变压器有两种冷却方式：在额定负荷下采用自然空气冷却；当采用强迫空气循环冷却时，800kV·A 及以下的变压器可增容 40%，800kV·A 以上的变压器可增容 50%。

5. SC 系列变压器的技术特点

(1) 电气强度高。①固体绝缘具有较高的电气强度，其击穿电压大于 34kV/mm；②绝缘水平高，树脂浇注干式变压器的基本冲击电压水平最高可达 200kV，可承受一般断路器的操作过电压，装配避雷器后可承受雷电过电压；③局部放电量小。

(2) 机械强度高、抗开裂。由于树脂不加填料浇注，其流动性能不降低，渗透能力强，在真空状态下由下而上浸渍式浇注，有利于排除浇注过程中产生的气泡，避免造成浇注空穴。真空树脂浇注工艺还能提高环氧树脂包封层的抗拉强度。同时，由于树脂包封层很薄（1.5～2.5mm），故在温度变化时，树脂包封层内外的温差较小，其内部的温度分布均匀不会产生热应力，这是抗开裂的又一因素。此外，树脂与玻璃形成的复合绝缘与铜导体的热膨胀系数基本一致，即与铜导体同步热胀冷缩，因此有较高的抗开裂性能。变压器在突然短路试验时，突然短路电流达到额定电流的 25 倍时，绕组也无位移和窜动。

(3) 热稳定。材料的热容量大、绝缘等级高，绝缘材料均为 F 级及以上的绝缘材料，允许的温度为 155℃，短路后绕组平均温度的最大允许值为 350℃。

(4) 过负荷能力。由于环氧树脂浇注干式变压器的热容量比油浸变压器的大，因此短时（30min 内）的过载能力比油浸变压器强；但油的载热量是空气的 30 倍，故油浸变压器的时间常数比树脂浇注干式变压器大得多。所以油浸变压器在 30min～8h 的过载能力好一些，长期过负荷能力二者差异不大。

(5) 防潮、阻燃。SC 系列干式变压器可以在相对湿度 100% 的环境中长期运行。干式变压器还具有良好的阻燃性能，经过样品燃烧试验得到的结果，石英粉填料树脂绝缘的燃烧速度是 0.7mm/s，而树脂与玻璃纤维绝缘的燃烧速度为 0.32mm/s。因此，SC 系列干式变压器不易自身燃烧，即使外界引燃变压器，也不会起助燃作用，一旦外界火源切断，变压器本身具有自动灭火的功能。

第四节 自 耦 变 压 器

自耦变压器的特点在于，一、二次绕组之间除有电磁联系外，在电路上也有直接联系。因此，当自耦变压器用来联系两种电压的网络时，一部分传输功率可以利用电磁联系，另一部分可利用电的联系。电磁传输功率的大小决定变压器的尺寸、质量、铁芯截面积和损耗。与同容量、同电压等级的普通变压器相比，自耦变压器的经济效益非常显著。

自耦变压器的缺点是：①由于一、二次绕组之间电的联系，致使较高的电压易于传递到低压电路，所以低压电路的绝缘必须按较高电压设计；②由于一、二次绕组之间电的联系，每相绕组有一部分是共有的，则一、二次绕组之间的漏磁场较小，电抗较小，短路电流及其热效应比普通双绕组变压器大；③一、二次侧的三相连接必须相同；④由于运行方式多样化，使继电保护整定困难；⑤在有分接头调压的情况下，很难取得绕组间的电磁平衡，有时造成轴向作用力的增加。

尽管如此，由于自耦变压器结构简单、经济，在 110kV 及以上中性点直接接地的电力系统中应用非常广泛。

一、自耦变压器的结构

自耦变压器的结构与普通变压器相似，也是由铁芯和一、二次绕组两部分组成，区别在于一、二次绕组共用一个绕组，如图 1-17 所示。将绕组中间的抽头做成可滑动接触的，就构成了一个电压可调的自耦变压器，通常将这类可调的自耦变压器称为自耦调压器，如图 1-18 所示。自耦调压器的铁芯做成圆环形，将绕组均匀绕在上面，滑动触头一般用碳刷构成。碳刷触头通过组件与转柄相连，可根据需要旋转转柄以改变输出电压。为了搬运和使用安全，自耦变压器还设有其他一些附件。

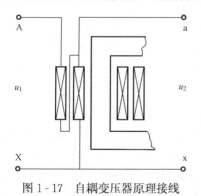

图 1-17 自耦变压器原理接线

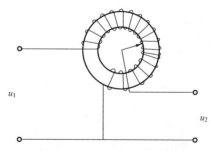

图 1-18 自耦调压器原理接线图

二、自耦变压器的原理

1. 自耦变压器电路图

自耦变压器可用于升压，也可用于降压。图 1-19 为降压自耦变压器电路原理接线图。

若将图中的电源和负载对调，就成为升压自耦变压器。

设双绕组自耦变压器一、二次绕组的总匝数为 N_1，二次绕组匝数为 N_2。N_2 既属于一次绕组的一部分，同时也是二次绕组的组成部分，称为公共绕组；N_1 称为一次绕组。额定电压分别为 U_{1N}、U_{2N}，与普通双绕组变压器的原理相同，变比 K 为

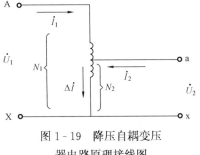

图 1-19 降压自耦变压器电路原理接线图

$$K = \frac{N_1}{N_2} = \frac{U_{1N}}{U_{2N}} \qquad (1-1)$$

2. 自耦变压器的工作原理

由于自耦变压器有公共绕组，因此有必要分析其工作原理。

如果在自耦变压器一次绕组上加上电压 U_1，若不考虑绕组的电阻压降和漏抗压降，绕组内有电流通过，铁芯内就产生交变的磁通 Φ，在一次绕组 N_1 中产生感应电动势 E_1，这个电动势与外加电压 U_1 相平衡，即

$$U_1 = E_1 = 4.44 f N_1 \Phi$$

二次绕组 N_2 中产生的感应电动势 E_2 与其匝数 N_2 也是成正比的，即

$$E_2 = 4.44 f N_2 \Phi$$

这个二次绕组 E_2 与 N_2 匝绕组空载时的输出电压 U_{20} 相等，即 $E_2 = U_{20}$。

当自耦变压器接负载，二次绕组有电流 I_2 输出时，铁芯中磁通 Φ 由一、二次绕组电流的合成磁动势产生，根据法拉第电磁感应定律，$\dot{E}_1$ 的方向与 $\dot{U}_1$ 的方向相反。$\dot{E}_2$ 与 $\dot{E}_1$ 的方向相同，$\dot{E}_1$ 对 $\dot{U}_1$ 来说是反电动势。$\dot{E}_2$ 对 $\dot{U}_2$ 来说是电源电动势。所以，合成磁动势为

$$(N_1 - N_2)\dot{I}_1 + N_2(\dot{I}_1 + \dot{I}_2) = N_1 \dot{I}_0 \qquad (1-2)$$

因为空载电流很小，I_0 可以忽略，即 $I_0 \approx 0$，所以式（1-2）可变为

$$N_1 \dot{I}_1 + N_2 \dot{I}_2 = 0$$

$$\dot{I}_1 = -\frac{N_2}{N_1} \dot{I}_2 \qquad (1-3)$$

在数值上，$I_1 = \frac{N_2}{N_1} I_2 = \frac{1}{K} I_2$，$K$ 为变比。在相位上，$\dot{I}_1$ 和 $\dot{I}_2$ 方向相反，相位相差 $180°$。

在自耦变压器中，一、二次绕组的公共绕组（即 N_2 二次绕组）内的电流为一、二次绕组的电流之差，即

$$\Delta I = I_2 - I_1 \qquad (1-4)$$

当变比接近于 1 时，由于 I_1 和 I_2 的数值相差很小，公共绕组的电流很小，因此，这部分绕组可用截面积较小的导线绕制。这样既能满足要求，又能节约导线，进而能减小变压器的体积和重量。

3. 自耦变压器的容量

自耦变压器的容量为

$$S_N = U_{1N} I_{1N} = U_{2N} I_{2N}$$

其与一般双绕组变压器容量计算式相同。但自耦变压器一、二次绕组不重合部分的容量 S_1 与公共绕组的容量 S_2 有其自身的特点，其中

$$S_1 = U(N_1 - N_2)I_{2N} = \left(U_{1N}\frac{N_1 - N_2}{N_1}\right)I_{1N} = U_{1N}I_{1N} - U_{1N}I_{1N}\frac{N_2}{N_1}$$

$$= S_N - S_N\frac{1}{K} = S_N\left(1 - \frac{1}{K}\right) \qquad\qquad\qquad\qquad\qquad (1\text{-}5)$$

$$S_2 = U_{2N}\Delta I = U_{2N}(I_{2N} - I_{1N}) = U_{2N}I_{2N} - U_{2N}I_{2N}\frac{1}{K} = S_N\left(1 - \frac{1}{K}\right)$$

从式（1-5）可以看出，两部分绕组的容量都比变压器的额定容量小，且大小相等，只有 $S_N\left(1-\dfrac{1}{K}\right)$，变比越接近于 1，这个数值就越小。

自耦变压器的容量由双绕组变压器容量计算式得到

$$S_N = S_{2N} = U_{2N}I_{2N} = U_{2N}\Delta I + U_{2N}I_{1N} = S_2 + S_2' \qquad\qquad (1\text{-}6)$$

由式（1-6）可见，自耦变压器的容量由两部分组成，其中 $S_2 = U_{2N}\Delta I$ 是借助电磁感应从一次绕组传递到二次绕组的视在功率，即为绕组容量，也将其称为电磁容量。而 $S_2' = U_{2N}I_{1N}$ 则是通过电路的直接联系从一次绕组传递到二次绕组的视在功率，将其称为传导容量。传递这一部分功率不需要增加绕组的容量。这就是自耦变压器绕组容量小于其额定容量（即一般双绕组变压器绕组容量）的根本原因，也是自耦变压器独有而一般双绕组变压器所没有的特点。

【例 1-1】 在一台容量为 15kV·A 的自耦变压器中，已知 $U_1 = 220$V，$N_1 = 500$ 匝，试求：

（1）要使输出电压 $U_2 = 209$V，应该在绕组的什么地方抽出线头？

（2）变压器满载时，I_{1N} 和 I_{2N} 以及公共绕组内的电流的值。

（3）输出电压 $U_2 = 110$V 时，公共绕组内电流的值。

解 （1）由 $\dfrac{U_1}{U_2} = \dfrac{N_1}{N_2}$ 得

$$N_2 = N_1\frac{U_2}{U_1} = \frac{209 \times 500}{200} = 475(\text{匝})$$

即应在一、二次绕组公用点开始数 475 匝处抽头，可以得到 209V 输出电压。

（2）忽略损耗，可以认为

$$I_{1N} = \frac{S_N}{U_{1N}} = \frac{15 \times 10^3}{220} - 68.2(\text{A})$$

$$I_{2N} = \frac{S_N}{U_{2N}} = \frac{15 \times 10^3}{209} = 71.8(\text{A})$$

公共绕组内的电流 ΔI 为

$$\Delta I = I_{2N} - I_{1N} = 71.8 - 68.2 = 3.6(\text{A})$$

（3）如果输出电压 $U_2 = 110$V，则有

$$I_{2N} = \frac{S_N}{U_{2N}} = \frac{15 \times 10^3}{110} = 136.4(\text{A})$$

$$\Delta I = I_{2N} - I_{1N} = 136.4 - 68.2 = 68.2(\text{A})$$

由［例 1-1］可见，当一、二次绕组的电压接近时，公共绕组内流过的电流是很小的，如图 1-20 所示。当变比较大时，公共绕组内流过的电流也较大。一般自耦变压器的变比在 1.2～2.0 的范围内，因为绕组容量 $S_2 = S_N\left(1-\dfrac{1}{K}\right)$，$K$ 越接近于 1，绕组容量越

小，自耦变压器的优点越明显，当 $K > 2$ 时，优点就
不显著了。

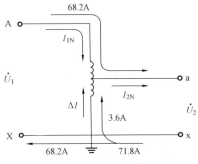

图 1-20 自耦变压器内电流关系

三、自耦变压器的类型、用途及使用时注意事项

1. 自耦变压器的类型及常用接线

自耦变压器有降压的，也有升压的，也有既可降
压又可升压的，还有具有调相位的调压器。实验室中
广泛使用的是单相自耦调压器，输入电压为 220V，输
出电压可在 0～250V 之间调整。常见的 TDG 系列自
耦调压器，规格数据见表 1-7。

表 1-7　　　　　　　　　　TDG 系列自耦调压变压器规格数据

型　号	额定容量 (kV·A)	输入电压 (V)	输出电压 (V)	最大输出电流 (A)	最大空载电流 (A)
TDG-0.5/250	0.5	220/110	0～250	2/0.9	0.5
TDG-1/250	1	220/110	0～250	4/1.8	0.8
TDG-2/250	2	220/110	0～250	8/3.6	1.0
TDG-3/250	3	220/110	0～250	12/5.4	1.8
TDG-5/250	5	220/110	0～250	20/8	2.5
TDG-10/250	10	220	0～250	40	—
TDG-15/250	15	220	0～250	60	—
TDG-20/250	20	220	0～250	81	—

自耦变压器常用的几种接线形式如图 1-21 所示。

图 1-21 （a）～（c）所示的几种自耦变压器接线形式与双绕组变压器没有本质区别，
但变相调压和串联调压则不同。

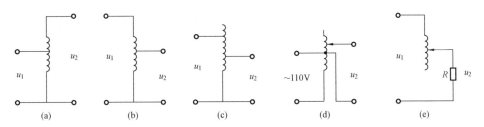

图 1-21　自耦变压器的几种接线形式

(a) 升压；(b) 降压；(c) 可升可降；(d) 变相调压；(e) 串联调压

（1）变相调压。如图 1-21 （d）所示，将一台单相自耦变压器的输出公共端切断，将输
出端焊在中心 110V 抽头处作输出端子。这样自耦变压器的调压功能就发生了变化，动触头
调到中心点的上端和下端，虽然都能进行调压，但电压相位相反，彼此相差 180°。用这种调
压器作伺服机的控制电压调节，非常方便。调压器动触头由中心点向上调节时，测试电机正
转数据；动触头由中心点向下调节时，测试电机反转数据。不用倒向开关或交换控制绕组接
头，电机就可以正反转。经过这种变换后，调压器一次侧输入 110V 工频电压（也可以高
些），二次侧输出 -110～110V 工频电压。若输入为 400Hz 或 500Hz 电源，则仍可输入

220V 电压或更高。缺点是输出端有 110V 或相应更高的对地交流电压，为了保证设备及人身安全，要加强绝缘。

（2）串联调压。如图 1-21（e）所示，将负载与自耦变压器绕组串联，把自耦变压器作为具有可调匝数的降压电感线圈使用。其作用是可以稳定负载电压、减少损耗、增大调压器容量。另一个特点是只需要两根线就可以进行调压。这种形式很适合夜间（或电压高峰时）作降压调节用，但缺点是不能升压。

2. 自耦变压器的应用

从自耦变压器的类型及接线可见，自耦变压器种类很多，应用非常广泛。近年来，电力系统发展很快，要求将不同电压等级的电力系统连接成一个整体，以保证供电的可靠性和电力分配的合理性。如果将一些电压为 110、220、330kV 的高压电力系统连接起来，构成更大规模的联合电力系统，采用三相自耦变压器可产生巨大的经济效益，所以三相自耦变压器的应用也非常广泛。它不仅应用于电力系统中，而且还应用于大容量的异步电动机起动系统中，起动补偿器就是三相自耦变压器。

3. 使用时注意事项

自耦变压器的主要特点之一是一、二次绕组的电路直接连接在一起，这样就具备了过电压从一个电压等级向另一个电压等级电网转移的可能性。例如：高压侧电网发生过电压时，可通过串联绕组进入公共绕组，可能产生很高的感应过电压，使其绝缘受到危害。为了防止自耦变压器绕组的绝缘受到过电压的危害，在低压绕组的出口端必须有防止过电压的措施，即应装设阀型避雷器保护，由于不允许自耦变压器不带避雷器运行，因此避雷器必须装设在自耦变压器和最靠近的隔离开关之间，以便当自耦变压器断开时，避雷器仍然保持连接状态，且避雷器回路中不应装设隔离开关。

由于上述原因，规定自耦变压器不准用作安全照明的变压器。

对于单相自耦变压器，要求把一、二次绕组的公用端接中性线，如图 1-22 所示，这样使用较为安全。三相自耦变压器的中性点也必须可靠接地或经过小电抗接地，以便当自耦变压器高压侧电网发生单相接地故障时，在其他两相出现过电压。另外，自耦调压器连接电源之前，一定要把输出电压手柄转回到零位或所需要的电压挡位上。

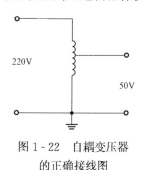

图 1-22　自耦变压器
的正确接线图

第五节　分裂绕组变压器

由于电力系统中发电机组和电力变压器的单位容量不断扩大，系统中的短路容量随之不断增大，分裂绕组变压器（简称分裂变压器）应用越来越广泛。

一、分裂变压器的结构

分裂变压器是一种特殊形式的电力变压器，其特点在于将普通的双绕组供电变压器的低压绕组在电磁参数上分裂为两个或几个完全相同的绕组，称这个绕组为分裂绕组。分裂绕组的每一部分称为绕组的一个分支，各分支之间没有电的联系，仅有微弱的磁耦合，各分支可以单独运行，也可以在不同容量下同时运行，还可以并列运行。如果一个分支发生故障，其余各分支仍能正常运行。应用较多的是双绕组双分裂变压器，有一个高压绕组和两个分裂的低压绕组，分裂绕组的额定容量和额定电压都相同。芯式分裂变压器分裂绕组布置如图1-23 所示。图1-23（a）是将一次绕组 H（1）布置在二次分裂绕组 L1（2）和 L2（3）之间，系径向式布置，适当地选择 1—2 和 1—3 之间的距离，可以调节两者之间的阻抗电压百分数。图1-23（b）是将一次绕组分成两个并联的绕组 H1（1）和 H2（1），分别对应两个二次分裂绕组 L1（2）和 L2（3），上下布置，呈轴向式。无论哪种布置，二次分裂绕组 L1（2）和 L2（3）之间磁的耦合都是较弱的。

单相双绕组双分裂变压器的接线图如图1-24 所示。a1x1 和 a2x2 都是低压分裂绕组；AX 是高压侧绕组。低压侧绕组的容量相同，都是高压绕组容量的一半。

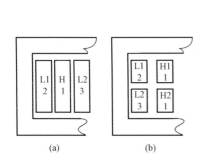

图1-23　分裂变压器的分裂绕组布置
（a）径向式布置；（b）轴向式布置

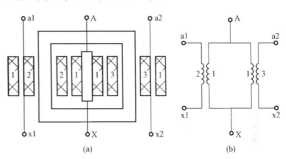

图1-24　单相双绕组双分裂变压器接线图
（a）结构示意图；（b）接线图
1—高压绕组；2、3—低压分裂绕组

二、分裂变压器等值电路

双绕组分裂变压器的等值电路见图1-25。图中 Z_1 为高压绕组的等值阻抗，Z'_2、Z'_3 为分裂绕组归算到高压绕组的等值阻抗。

三、分裂变压器的运行方式

1. 分裂运行

两个低压分裂绕组运行，低压绕组间有穿越

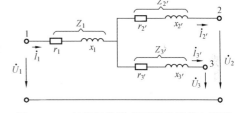

图1-25　双绕组分裂变压器的等值电路图

功率，高压绕组开路，高、低压绕组间无穿越功率。在这种运行方式下，两个低压分裂绕组间的阻抗称为分裂阻抗 Z_f（$=Z'_2+Z'_3$）。

分裂阻抗的物理意义是：把一台普通双绕组变压器的低压绕组，分裂为两个独立的、完全对称的绕组后，由于它们之间没有电的联系，而绕组在空间的位置又布置得使它们之间只有较弱的磁耦合，所以分裂运行时，漏磁通都有各自的路径，互相干扰很少，因而其数值是比较大的。

2. 并联运行

两个低压绕组并联，高、低压绕组运行，高、低压绕组间有穿越功率，在这种运行方式下，高、低压绕组间所具有的阻抗称为穿越阻抗 Z_C（$=Z_1+Z'_2/\!/Z'_3$）。

穿越阻抗的物理意义是：当分裂变压器不作分裂绕组运行，而改作为普通的双绕组变压器运行时，一、二次绕组之间所存在的等效阻抗是比较小的。

3. 单独运行

当任一低压绕组开路，另一个低压绕组和高压绕组运行。在此运行方式下，高、低压绕组间的阻抗称为半穿越阻抗 Z_B（$=Z_1+Z_2'=Z_1+Z_3'$）。由于分裂绕组的等值阻抗与普通双绕组变压器运行时相比大得多，所以半穿越阻抗的值也是比较大的，因此被工程上用来有效地限制短路电流。

分裂阻抗和穿越阻抗之比，一般称为分裂系数 K_f（$=Z_f/Z_C$），它是分裂绕组变压器的一个基本参数。说明该分裂变压器的分裂阻抗的特点。分裂系数越大，则分裂绕组的等值阻抗也越大，其限制短路电流的效果也就越显著。假设以分裂变压器的额定容量为基准值（相当于每个分裂绕组容量的 2 倍），每个分裂绕组阻抗百分数为 Z，则在上述分裂运行时，相当于 2 台变压器串联（每台变压器为分裂变压器额定容量的一半），所以分裂阻抗为 $2Z$；在并联运行时，分裂变压器的穿越阻抗为 $\frac{1}{2}Z$；在单独运行时，半穿越阻抗为 Z，分裂系数等于 $\frac{2Z}{\frac{1}{2}Z}=4$。根据图 1-23 所示分裂变压器的两种布置方式，分裂变压器的阻抗百分数见表 1-8。

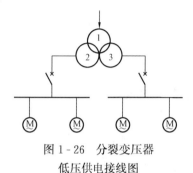

图 1-26 分裂变压器
低压供电接线图

表 1-8　　　　分裂变压器的阻抗百分数

阻抗电压	径向式布置 ［图 1-23（a）］	轴向式布置 ［图 1-23（b）］
Z_{1-2}	Z	Z
Z_{1-3}	Z	Z
Z_{2-3}	$\approx 2.2Z$	$(1.8\sim2.0)\,Z$

4. 分裂变压器的优缺点

（1）能有效地限制低压侧的短路电流，因而可选用轻型开关电器，节省投资。

（2）在降压变电所，应用分裂变压器对两段母线供电时，如图 1-26 所示，当一段母线发生短路时，除能有效地限制短路电流外，还能使另一段母线电压保持一定的水平，不致影响电力用户的运行。

（3）分裂变压器在制造上比较复杂，例如，当一侧低压绕组产生接地故障时，很大的短路电流流向该侧绕组，在分裂变压器铁芯中失去磁的平衡，在轴向上产生巨大的短路机械应力，必须采取坚实的支撑机构。因此，分裂变压器约比同容量的普通变压器贵 20% 左右。

（4）分裂变压器对两段低压母线供电时，如两段负荷不相等，两段母线上的电压也不相等，损耗也增大，所以分裂变压器适用于两段负荷均衡，而且又需限制短路电流的情况。

第六节　变压器的运行和维护

由于油浸式变压器在电力系统中所占的比重较大，本节将主要以此类变压器为重点，介绍变压器运行、维护的有关问题。

一、变压器的允许运行方式

1. 允许温度和温升

（1）允许温度。如前所述，运行中的变压器会产生各种损耗，将全部转变为热量使变压器的绕组和铁芯发热并向外部散热。当单位时间内变压器内部产生的热量等于单位时间内散发的热量时，变压器的温度就不再升高，达到热稳定状态。

变压器的绝缘材料在长期的较高温度作用下会老化，温度越高绝缘老化越快，以致变脆而碎裂，即使绝缘未损坏，但绝缘强度已很低，很容易被高电压击穿造成变压器故障。因此变压器在正常运行中，不允许超过绝缘材料所允许的温度。

油浸式变压器在运行中各部分的温度是不同的，绕组的温度最高，其次是铁芯，而绝缘油的温度低于绕组和铁芯的温度，变压器上部油温又高于下部油温。由于油浸式变压器采用A级绝缘，正常运行中，当最高环境温度为40℃时，变压器绕组最高允许温度规定为105℃。但在实际工作中，运行人员一般是通过监视变压器的上层油温来控制绕组的最高温度，由于变压器绕组的平均温度通常比油温高10℃左右，所以只要监视上层油温不超过95℃即可。为了防止油质过速劣化，上层油温不宜超过85℃。

（2）允许温升。变压器温度与周围介质温度之差称为变压器的温升。由于变压器内部热量传播不均匀而使各部位的温度差别很大，对变压器的绝缘影响很大。因此需要对变压器额定负荷时各部分的温升，即变压器的允许温升作出规定。对A级绝缘的变压器，当最高环境温度为40℃时，绕组的温升为65℃，上层油的允许温升为55℃。在运行中，不仅要监视上层油温，而且要监视上层油的温升。这是因为变压器内部的传热能力与周围空气温度的变化成正比，当周围空气温度下降很多时，变压器外壳的散热能力将大大增加，而变压器内部的散热能力却提高很少，当变压器带大负荷或过负荷运行时，尽管变压器的上层油温未超过规定值，但温升却可能超过，这是不允许的。

油浸自冷式变压器，当空气温度为30℃时，其上层油温为85℃未超过允许值，这时变压器上层油的温升（85℃－30℃＝55℃）也未超过允许值55℃，因此这样的运行是正常的。但如果空气温度为42℃，上层油温为97℃时，虽然温升（97℃－42℃＝55℃）仍然未超过允许值55℃，但由于上层油温已超过规定值，因此是不允许的。而如果空气温度为－20℃上层油温为45℃时，上层的油温虽然未超过允许值95℃，但上层油的温升［45℃－（－20℃）＝65℃］超过了允许值，也是不允许的。这说明变压器的温度和温升均不超过允许值时才能保证变压器的安全运行。

2. 电压变化的允许范围

变压器并联接入电力系统中运行时，会因为负荷变化或系统事故等情况使电压波动。当变压器承受的电压过低时，对变压器本身不会有不良后果，仅影响向负荷供电的电能质量。但当变压器承受的电压高于额定值时，将使变压器的励磁电流增加，磁通密度增大，使变压器的铁芯因损耗增加而过热。同时，外加电压升高使铁芯的饱和程度增加，变压器的磁通和感应电动势波形产生严重的畸变，出现高次谐波分量，可能造成如下危害：

（1）在电力系统中造成谐波共振现象，导致过电压，损坏电气设备的绝缘；

（2）变压器二次侧电流波形畸变，增加电气设备的附加损耗；

（3）线路中的高次谐波会影响平行架设的通信线路，干扰通信的正常工作。

因此，变压器在运行中所外加的一次侧电压，一般不超过额定值的105%，此时变压器的二次侧可带额定负荷。

二、变压器的并联运行

变压器的并联运行是指两台或两台以上的变压器的一次、二次绕组分别连接到一、二次侧公共母线上时的运行方式，如图1-27所示。

多台变压器并联运行时，负荷轻时可以停运部分变压器，其余变压器仍然可以向负荷提供必要的电能，还可以降低损耗从而提高经济性。

变压器并联的理想运行状态是变压器空载时各变压器之间没有循环电流，仍然只有各自的空载电流；带负荷后，各台变压器按照各自的容量比例合理地分配负荷。为了达到这个理想的并联运行条件，并联运行的变压器应满足以下三点要求：①各变压器的联结组别相同（必须满足）；②各变压器的额定电压和变比相等；③各变压器短路阻抗标幺值相等，阻抗角相同。

上述三条中一条或全部都不满足时，对变压器的安全和经济运行将产生不良后果。

（1）并联运行的变压器联结组别必须相同。并联运行的变压器联结组别不同时，二次侧线电压的相位差总是30°的倍数，在两台变压器之间将会产生很大的环流。设图1-27中T1为Yy12（Y/Y-12）接线，T2为Yd11（Y/△-11）接线，变比相等的变压器并联运行。

Yy12接线变压器两侧电压同相位，而Yd11接线的变压器两侧电压相位差为30°。当两台变压器一次侧并联接入电源时对应的线电压完全相等，而两台变压器二次侧虽然其电压的大小相等，但有相位差，如图1-28所示。

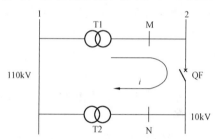

图1-27　变压器的并联运行方式

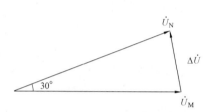

图1-28　二次侧a相电压的相位差

这样即使变压器的二次侧无负荷，并联电路中也有很大的循环电流。而联结组别不同所产生的循环电流的数值较大，将会损坏变压器。因此并联运行的变压器的联结组别必须相同。

（2）并联运行的变压器其额定电压和变比必须相等。额定电压不同或变比不同的变压器并联运行时，会出现循环电流，设图1-27中T1的变比为110/11kV，T2变比为110/10.5kV。当断路器QF合闸时即存在电压差，产生了循环电流。该循环电流不是负荷电流，但占据变压器的容量、增加变压器的损耗，使输出容量减少，而在带负荷时会出现一台过载、一台欠载的情况。如图1-27中所示的循环电流将使T1中电流增加而过载，而T2中电流减小而欠载。

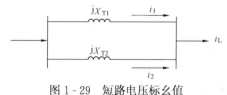

图1-29　短路电压标幺值
不等时的分流关系

（3）并联运行的变压器其短路阻抗标幺值必须相等，阻抗角相同。变压器的短路阻抗标幺值是变压器的一个重要参数，反映变压器中的电流在阻抗上的压降。两台变压器并联运行时，电流是由并联阻抗的分流决定的，如图1-29所示。

电流的分流关系即与阻抗的大小成反比，可能会出现阻抗小的变压器已经满载甚至超载，而阻抗大的变压器仍然处于欠载的不合理情况。

三、空载合闸时的励磁涌流

变压器的空载电流为额定电流的1%～8%，当变压器二次侧开路，而一次绕组合闸接通电源时，瞬间一次绕组的励磁电流猛增，即电流表的指针摆动很大，然后很快返回到正常空载电流值,这个冲击电流称为励磁涌流。励磁涌流的大小反映了铁芯中磁通增长的程度。

励磁涌流具有如下特点:①含有很大的高次谐波分量,曲线为尖顶波;②衰减很快,经过 $0.5\sim1.0s$ 后的电流不超过额定电流的 $25\%\sim50\%$;③电流的初始值很大,可达到额定电流的 $8\sim10$ 倍。

励磁涌流与合闸瞬间电源电压的初相位,即电压的瞬时值以及铁芯的饱和程度有关。设电源电压为

$$U_1=\sqrt{2}U_{1m}\sin(\omega t+\alpha_0) \tag{1-7}$$

式中 α_0——电源电压的初相角。

如果不计铁芯中的剩磁,合闸时一次绕组交链的总磁通为

$$\phi_t=-\phi_m[\cos(\omega t+\alpha_0)-\cos\alpha_0] \tag{1-8}$$

下面讨论变压器空载合闸时电源电压的初相角 α_0 在两种情况下的励磁涌流。

1. $\alpha_0=\pi/2$ 时铁芯中的磁通变化

合闸时 $\alpha_0=\pi/2$,即 $U_1=U_{1m}$,$\phi_t=\phi_m\sin\omega t$,铁芯中的主磁通为标准的正弦波形,其瞬时值正好是由 0 逐步增加,由此直接建立了稳态磁通,变压器中不会产生励磁涌流,见图 1-30。

2. $\alpha_0=0$ 时铁芯中的磁通变化

合闸时 $\alpha_0=0$,即 $U_1=0$,而 $\phi_t=\phi_m(1-\cos\omega t)$,这时铁芯中的磁通由两部分分量合成,如图 1-31 所示。

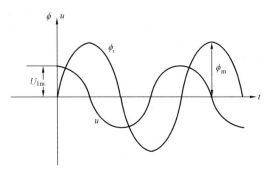

图 1-30 $\alpha_0=\pi/2$ 时铁芯中主磁通的变化

在合闸后的半个周期即 $t=T/2$ 时,铁芯中的磁通达到最大值 ϕ_{tmax},而该最大值为

$$\phi_{tmax}\approx2\phi_m \tag{1-9}$$

由式 (1-9) 可见,$\alpha_0=0$ 时合闸,铁芯中的磁通达到了正常主磁通幅值的 2 倍,铁芯在 ϕ_{tmax} 的磁通作用下基本上达到了完全饱和,此时所需要的励磁电流非常大,对应就产生了励磁涌流。因此 $\alpha_0=0$ 是最不利的合闸相角。由于铁芯中磁通的严重饱和而使其导磁率减小,对应的合闸电流的增加倍数远远超过磁通的增加倍数,合闸电流约为正常励磁电流的 100 倍,即额定电流的 $8\sim10$ 倍,如图 1-32 所示。

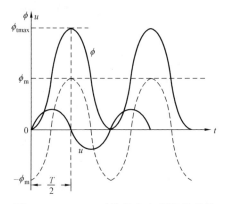

图 1-31 $\alpha_0=0$ 时铁芯中主磁通的变化

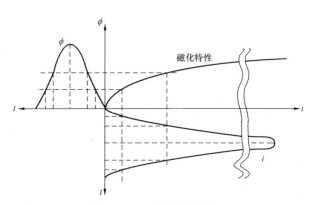

图 1-32 励磁涌流的产生

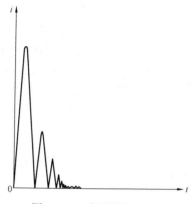

图 1-33 励磁涌流的波形

图 1-32 中 ϕ 为电源电压在铁芯中建立的主磁通；磁化特性是铁芯（铁磁材料）的磁化曲线；i 即为由主磁通、磁化曲线产生的对应电流，也就是励磁涌流。

当不考虑绕组的电阻时，励磁涌流不衰减；但绕组中实际上存在电阻，因此励磁涌流将随时间的延长而衰减，其衰减速度由衰减时间常数 $T_a = L_1/R_1$（绕组电感与绕组电阻之比）确定。容量小的变压器中励磁涌流衰减比较快，而大型变压器中的励磁涌流衰减慢，全部的衰减时间可达到 20s。励磁涌流的波形见图 1-33。

综上所述，变压器空载合闸时的励磁涌流与电源电压合闸时的相位角与铁芯的磁化特性密切相关。上述分析是以一相为例进行分析，由于三相变压器各相的电压互差 120°，合闸时总有一相的励磁涌流较大。

变压器的励磁涌流虽然因为存在的时间很短，对变压器没有什么明显的危害，但变压器过多次数的空载合闸也有可能引起绕组之间较大的电动力作用而使固定物逐渐松弛。此外，励磁涌流衰减较慢可能使变压器的电流保护装置动作，断路器跳闸。故变压器空载合闸时，电流保护装置应躲过励磁涌流。大型变压器合闸投入电网时，可在变压器与电网之间串入合闸电阻，既可以限制励磁涌流的幅值，又可以使其加速衰减，防止继电保护装置误动作，待合闸完成后将该电阻切除。

四、变压器的负荷能力

1. 变压器的额定容量与负荷能力

变压器的额定容量与负荷能力有不同的意义。

变压器的额定容量是指在规定的冷却条件下，变压器长期带等于额定容量的负荷，可以获得经济合理的效率，而各部分的温升不超过标准的规定，即在额定负荷下变压器的绝缘有正常的老化速度而不会在正常使用年限（一般为 20～30 年）前损坏。

变压器的负荷能力却是指变压器在一个较短时间内输出的功率，可能大于额定容量，即负荷能力是能够保证变压器中绝缘材料具有正常寿命的负荷能力。这是由于变压器并不是长期在额定负荷下运行，一般变压器的负荷每昼夜都有周期性变化，每年的四季也有季节性变化，如果变压器在最大负荷时不超过额定容量，则在大部分时间内将是轻负荷运行，温升较低，绝缘老化的速度比正常规定的速度慢。因此，在不缩短变压器绝缘的正常使用期限的前提下，变压器可以在发电厂或电力系统的大负荷期间承担大于额定容量的视在功率，这样变压器的负荷能力可以高于其额定容量。

变压器中的负荷能力实际是取决于绝缘材料的寿命，与运行时各部分的温度有直接关系。变压器在运行中如果长期超过允许的温升，则绝缘老化加快，即使当时不发生绝缘损坏事故，其寿命也会大大缩短。

变压器带负荷后经过一段时间达到稳定状态时，其工作温度与冷却介质的温度之差称为稳定温升。电机和变压器制造时使用的绝缘材料按其耐热能力分为 5 级，见表 1-9。

表 1-9 绝 缘 材 料 耐 热 等 级

绝缘等级	A	E	B	F	H
耐热温度（℃）	105	120	130	155	180
稳定温升（℃）	65	80	90	115	140

国产电力变压器大多数采用 A 级绝缘，即使用经过绝缘油浸渍处理过的有机材料（如纸、木材、棉纱等）作为绝缘材料。A 级绝缘时绕组对油的温升为 30℃，油对空气的温升为 35℃，即绕组对空气的温升为 65℃，当温度较高时，绝缘材料开始老化，机械性能变脆，强度减弱，绝缘能力下降。变压器采用纸绝缘时的使用寿命可用经验公式表示为

$$Z = A \mathrm{e}^{-\alpha\theta}$$

式中　Z——变压器使用年限；

　　　A——经验系数，取 11.1272×10^4；

　　　α——系数，约为 0.088；

　　　θ——绝缘材料的温度，℃。

变压器运行时内部的热量传递过程中，各部分的温差很大，导线的温度最高，铁芯的温度次之，绝缘油温度最低，且变压器上层的油温高于下层油温。一般变压器绕组绝缘最热点的温度在 95～98℃时，其正常使用寿命约为 20 年，记为 Z_N，θ 取 98℃，令 $r = Z_N / Z$ 为相对老化率，其估算值见表 1-10。

表 1-10 变压器的使用年限与温度

工作温度（℃）	82	90	98	106	114	122	130	138
使用年限 Z	81	40.4	20	9.9	4.9	2.4	1.2	0.6
相对老化率 r	0.25	0.5	1	2.02	4.1	8.3	16.7	33

由表 1-10 可见，温度每增加 8℃，使用年限减一半，相对老化率增加一倍。A 级绝缘时，变压器工作温度为 105℃（温升 65℃，环境温度假设为 40℃），相对老化率在 2 左右，但实际上环境温度在一年中达到 40℃的时间并不多，因此变压器运行温度偶尔达到 105℃时可不必限制负荷。

2. 变压器的正常过负荷能力

电力变压器在一定的条件下正常运行时允许过负荷，这是因为变压器在一昼夜时所带负荷时大时小，一年内变压器的冷却介质温度也随着季节的气温变化（如冬季时散热条件好，温度也较低），因此运行规程中根据绝缘介质的"等值老化"原则，对变压器正常情况下允许的过载能力作出了规定，过载能力与日负荷率有关。日负荷率为平均负荷与最大负荷之比。

（1）由于昼夜负荷变化而允许的正常过负荷。当日负荷率<1 时，高峰时允许的过负荷倍数和持续时间可按图 1-34 所示的曲线确定。

（2）由于夏季低负荷而允许的过负荷。如果在夏季（6、7、8 三个月）的最大负荷低于变压器的额定容量时，每低 1%可在冬季（12、1、2 三个月）过负荷 1%，以 15%为限。

以上两项之和可以累积使用，对自然风冷变压器过负荷的总数不应超过 30%，对强迫油循环的变压器不应超过 20%。

变压器在户外运行，并以额定满负荷运行于自然条件下经受一年四季的气温变动，称此

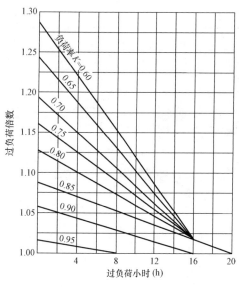

图 1-34　变压器过负荷曲线

时的绝缘损坏率为自然损坏率。统计资料表明，夏季三个月的自然损坏率为冬季四个月中的三倍，如果夏季变压器的负荷能力未完全利用，就允许在最低自然损坏率的冬季除图 1-34 所示的过负荷外，再附加过负荷。

3. 变压器的事故过负荷能力

当发电厂、变电所或电力系统发生事故时，一方面需要保证重要用户的持续供电，又不应该限制供电量，故允许变压器在短时间（消除事故所必需的时间）过负荷运行，称为事故过负荷。事故过负荷与正常过负荷不同，经过一次事故过负荷，会使变压器绕组的温升超过允许值，绝缘老化速度比正常工作条件下快得多，变压器的寿命将缩短一些。但事故过负荷时，效率的高低、绝缘损坏率增加的问题已居次要地位，更为主要的是考虑保证不停电、人身和设备安全等。变压器允许的事故过负荷时间及倍数见表 1-11。如果变压器的过负荷数值和过负荷时间超过允许值，则应按规定减少变压器的负荷。

表 1-11　　　　　　　　　变压器允许的事故过负荷时间及倍数

过负荷倍数	1.30	1.45	1.60	1.75	2.00	2.40	3.00
允许的持续时间（min）	120	80	30	15	7.5	3.5	1.5

五、变压器油的运行

变压器内部的绝缘油可以增加变压器内各部件间的绝缘强度，使变压器的绕组和铁芯得到冷却，同时绝缘油还能使绝缘物（如木质、纸等）保持原有的化学和物理性能，使金属如铜等得到防腐作用以及熄灭电弧等。因此绝缘油的运行实际上是要解决变压器的散热、防潮及劣化这三个问题。

变压器油的散热作用主要决定于油的黏度和变压器的外形结构。降低油的黏度对提高设备的散热能力的实际意义并不大，而变压器的外形结构（散热面积）和冷却方式对提高变压器的散热能力具有很大的实际意义。

变压器油在运行中有可能与空气相接触发生氧化，而且空气中的湿度会使油受潮，使油中含有水分，不仅降低其击穿电压、增加介质损失，同时变压器中的水分还能增加变压器油对金属的腐蚀作用，引起油中大量沉淀物的生成。一般认为氧化的油比新鲜的油易受潮，且其劣化速度比新鲜油快 2～4 倍。

变压器油在运行中，由于长期受温度、电场及化学作用，会使油质劣化，称为油的老化。油质劣化的主要原因是空气和温度的影响。根据有关资料，当平均温度每升高 10℃ 时，油的劣化速度就增加 1.5～2 倍。经过试验证明，油的氧化起始温度为 60～70℃，在此温度下，油很少发生变质。当温度达到 120℃ 时，氧化激烈，温度达到 160℃ 时，油质迅速变坏。

由于上述各种因素的作用会使油质变坏，因此变压器在运行中除对油采取保护措施外，还需要定期取油样试验，以对油质进行监视，确保变压器安全可靠地运行。

在变压器油的运行中应经常对充油设备进行检查，主要检查设备的严密性、储油柜、吸湿器的工作性能以及油色、油量是否正常。还应结合变压器的运行维护工作定期取油样或根据需要不定期取油样（如发现故障后）作油的色谱分析，预测变压器的潜伏性故障，这是防止变压器事故的有效措施。

运行中的变压器补油时应注意，补充的油需要作耐压试验，补油后要检查气体继电器。对运行中已经变质的油应及时进行处理，使其恢复到标准值。如发现油受潮应进行干燥；如油已老化应进行净化和再生，恢复其原有的良好性能。

六、变压器运行中的检查和维护

变压器在运行中，值班人员应定期进行监视和检查，以便了解和掌握变压器的运行状况，发现问题及时解决，力争把故障消除在萌芽状态，从而保证变压器的安全运行。在巡视检查过程中，一般可以通过仪表、保护装置及各种指示信号等了解变压器的运行情况。同时也需要依靠运行人员去观察、监听，及时发现仪表所不能反映的问题，如运行环境的变化、变压器声响的异常等。即使是仪表装置反映的情况，也需要通过检查、分析才能作出结论。因此运行值班人员对变压器的巡检是十分必要的。

1. 变压器的监视

变压器运行中，值班人员应根据控制盘上的仪表来监视变压器的运行情况，使负荷电流不超过额定值、电压不能过高或过低、温度在允许的范围内等，并每小时记录表计参数一次。如果变压器过负荷运行，除应采取措施（如改变变压器运行方式或降低负荷等）外，还应加强监视，并将过负荷情况记录在工作记录本中。

2. 正常情况下变压器的检查维护项目

值班人员应按规定的分工及周期，对变压器及其附属设备全面进行维护检查，每班至少一次，其一般检查项目如下：

（1）检查油枕内和充油套管内油面的高度及有无漏油。如油面过高通常是由变压器的冷却装置运行不正常或变压器内部故障等所造成的油温过高引起的。如油面过低，应检查变压器各密封处是否有严重漏油现象，变压器油门是否关紧等。油枕内的油色应是透明略带黄色，如呈红棕色，可能是油位计本身脏污所造成，也可能是由于变压器油运行时间过长、温度高使油变质引起的。一般情况下，变压器油通常每年进行一次滤油处理，以保证变压器在良好的状态下运行。

（2）检查变压器上层油温。变压器上层油温一般应在85℃以下，运行人员在检查时，不能仅以油温不超过85℃为标准，还应与以往运行数据进行比较。例如油温突然过高，则可能是冷却装置有故障，也可能是变压器内部有故障。油浸自冷或风冷式变压器如果其各部分温度有明显不同，则可能是油路有堵塞现象。

（3）检查变压器的响声应正常。变压器正常运行时，一般有均匀的"嗡嗡"电磁声。如内部有"噼啪"的放电声，则可能是绕组间绝缘有击穿现象。如电磁声不均匀，则可能是铁芯的穿心螺丝或螺母有松动。发现上述问题如不能处理，应迅速向值班负责人汇报。

（4）检查变压器瓷套管应清洁无裂纹和无放电现象。引线触头处接触良好，无过热现象。

（5）冷却装置的运行情况应正常。

（6）呼吸器应畅通，检查吸潮剂的颜色，不应吸潮至饱和状态。

（7）防爆管上的防爆膜应完整无裂纹、无存油。

（8）变压器主、辅设备应不漏油、不渗油，外壳应清洁。

（9）气体继电器内应充满油，无气体存在，并查看连接油门是否打开。

（10）外壳接地线应良好。

（11）套管外应清洁，无裂纹、放电痕迹。

3．变压器的特殊检查项目

当系统突然发生短路故障，或天气突然发生变化（如大风、大雨、大雪及气温骤冷骤热等）时，值班人员应对变压器及其附属设备进行重点检查。

（1）当系统发生短路故障或变压器故障跳闸后，应立即检查变压器系统有无爆裂、断脱、移位、变形、焦味、烧伤、闪络、烟火及喷油等现象。

（2）下雪时，应检查变压器引线触头部分是否有落雪立即熔化或蒸发冒汽现象，导电部分应无冰柱。

（3）大风天气，应检查引线摆动情况及有无挂搭杂物。

（4）雷雨天，应检查瓷套管有无放电闪络现象，并检查避雷器放电记录器的动作情况。

（5）大雾天，应检查瓷套管有无放电闪络现象。

（6）气温骤冷骤热时，应检查变压器的油位及油温是否正常，伸缩节导线及触头处是否有变形或发热等现象。

（7）变压器过负荷时，检查各部位应正常。

七、变压器异常运行及分析

变压器是一种重要的静止电气设备，没有转动部分，因此其故障是很少的。但变压器在运行中，可能由于运行人员操作不当、检修质量不良、设备缺陷没有及时消除、运行方式不合理等引起故障。当变压器处于异常运行状态或发生故障时，将直接影响着电力系统及厂用电系统的安全运行以及对用户的供电。所以运行中的变压器如果出现不正常或故障现象，应迅速准确地查明原因排除故障，以保证变压器的安全可靠运行。

为了确保变压器的安全可靠运行，一方面应根据设备的状况（如运行的设备已经存在着缺陷）、气候的变化等作好故障预想，采取有效的反事故措施，将故障消灭在萌芽状态；另一方面对已发生故障的变压器应根据故障现象，正确判断其原因和性质，以便迅速而正确地处理，防止故障的扩大。变压器在运行中可能发生的异常现象主要有下列几种。

1．变压器声音不正常

变压器正常运行中由于交流磁通引起铁芯振动，发出均匀的"嗡嗡"声。如发现变压器产生不均匀的响声或其他异常声音时，首先应正确地分析判断、查明原因，然后根据不同情况进行处理。

（1）如变压器内部发出沉重的"嗡嗡"声但很快消失时，这是由于大的动力设备（如变压器带有大容量的电动机）起动时，其起动电流较大，起动完毕即可恢复正常。

（2）在变压器过负荷时，变压器内部会发出很高而又沉闷的"嗡嗡"声。

（3）长期运行和反复冲击下运行的变压器，个别部件的松动会发出异常声音。如因负荷突变、某些零件过度松动，将造成变压器内部有部件松脱声。当变压器内部有强烈而不均匀的杂音时，可能是由于铁芯的穿心螺栓松动造成铁芯的硅钢片振动，可能破坏片间的绝缘层、引起铁芯的局部过热。此时应加强巡视，严密监视不正常现象的发展变化。若不正常的杂音不断增加，应停用该变压器，进行内部检查。

（4）当电力系统发生瞬时性短路故障，变压器中通过较大的电流而产生沉重的"嗡嗡"声，切除故障后变压器的声音恢复正常，此时只需要详细地对变压器检查一遍即可。

（5）当变压器内部有放电和爆裂声音时，是由于绕组或引出线对外壳闪络放电，或是由于铁芯接地线断线时造成铁芯感应出高电压对外壳放电引起。这种放电的电弧将使变压器的绝缘严重损坏。发现这种情况时，应立即设法迅速投入备用变压器或倒换运行方式、调整负荷，立即停用并检修该变压器。

（6）变压器内部发生短路故障时，发出"嗡咚"的冲击声。

2. 变压器上层油温显著上升

在正常负荷和正常冷却条件下，变压器的油温较平时高出10℃以上，或变压器负荷不变而油温不断上升，检查结果证明冷却装置良好且温度计无问题，则可认为变压器内部发生了故障。如铁芯内的涡流使铁芯长期过热而引起硅钢片间绝缘损坏、铁损增加；夹紧铁芯用的穿心螺栓绝缘损坏后与硅钢片短接，很大的电流通过穿心螺栓使其发热；或绕组局部的层间或匝间短路、内部触点故障使电阻加大等都会使油温显著上升，此时应立即将变压器停止运行，防止变压器发生爆炸，扩大事故。

3. 变压器油色不正常

在巡视变压器时，如发现油位计中油的颜色发生变化，应取油样进行分析化验，如化验发现油质已严重下降，变压器内部很容易发生绕组与外壳间击穿事故。因此应尽快投入备用变压器，停用该故障变压器。如果在运行中油色骤然变化，油内出现碳粒并有其他不正常现象时，应立即停用该变压器。

4. 变压器油位不正常

变压器油枕的一端装有油位计，上面有表示油温的油位线（或温度指示线）。变压器的油位随着变压器内部油量的多少、油温的高低、所带负荷的变化、环境温度随季节的变化而变化，油位过高易引起溢油造成浪费，并使变压器的部件和本体脏污；油位过低，当低于油箱上盖时，会使引线部分暴露在空气中，降低绝缘强度，可能发生闪络，与此同时还增加了绝缘油与空气的接触面积，使其强度迅速降低。当油位降低并遇到变压器轻负荷运行或冬季低温等情况时，有可能出现暴露的铁芯烧坏的重大事故。运行中可根据油位线判断是否需要加油和放油。如果因大量漏油使油位迅速降低至气体继电器以下时，应立即停用变压器。

变压器套管的油位随气温影响变化较大，不得满油和缺油，否则也应放油和加油。

5. 变压器过负荷

变压器过负荷时，可能出现电流指示超过额定值，有功、无功功率表指针指示增大，以及变压器"过负荷"信号、"温度高"信号和警铃动作等。

在发现以上异常情况时，应按下述原则处理：

（1）恢复警报，并作记录；

（2）及时调整运行方式，如有备用变压器应立即投入；

（3）及时调整负荷的分配，联系用户转移负荷；

（4）如属于正常过负荷，可按允许的过负荷倍数和时间继续运行，如超过时间应立即减少负荷，同时加强对变压器的监视，不得超过允许值；

（5）如为事故过负荷，同样需要按允许的过负荷倍数和时间运行及处理；

（6）对变压器及其有关系统进行全面检查，如发现异常应立即汇报、处理。

6. 变压器冷却系统的不正常运行

变压器运行中温升的变化直接影响到负荷能力和使用年限，因此变压器的安全运行也取决于冷却装置的安全运行。对各种冷却装置的运行方式都有一定的要求和规定。

（1）油浸自然冷却。这种冷却方式一般是容量在 7500kV·A 以下的变压器采用。散热是依靠油箱外壳的辐射和散热器周围空气的自然对流带走热量。在正常运行中，只要油箱和散热器连接的阀门在打开位置，就能保证变压器的散热条件，能在额定负荷下正常运行。

（2）油浸风冷。一般是容量在 10000kV·A 以上的变压器采用油浸风冷冷却方式，该方式是在散热器上加装风扇，以加速散热器中的热量散发。当冷却风扇故障，只要变压器上层油温不超过 55℃，对变压器的影响就不严重，在短时间内是允许的。

在变压器冷却装置的运行中，一般常见的故障是冷却电源断相，这时并不影响变压器的运行，运行人员发现异常信号后及时处理即可。在规定时间内变压器未处理好时，应停止该变压器的运行。

7. 轻气体保护装置动作

气体继电器（瓦斯保护装置）的作用是当变压器内部发生绝缘被击穿、线匝短路及铁芯烧毁等故障时，轻瓦斯保护动作发出信号，重瓦斯保护动作切断变压器的各侧断路器以保护变压器，因此瓦斯保护是变压器的主保护之一。

气体继电器动作于信号的原因可能有以下几个方面：①变压器油箱内进入空气；②温度下降和漏油致使油位缓慢降低；③变压器内有轻微程度的故障，产生微弱的气体；④保护装置的二次回路故障（如发生直流系统两点接地）等。

当轻瓦斯保护动作信号出现后，运行人员应立即对变压器进行外部检查。首先检查油枕中的油位及油色、气体继电器中的气体量及颜色；然后检查变压器本体及油系统中有无漏油现象；同时查看变压器的负荷、温度和声音等的变化。若经外部检查未发现任何异常现象时，应通知化验人员查明气体继电器中气体的性质，必要时取油样化验，共同判明故障的性质。

根据气体继电器中气体的性质可鉴别发生了何种故障，其方法是：

（1）无色、无味，且混合气体中主要是惰性气体（不可燃），说明是空气进入；

（2）微黄色不易燃烧的气体为木质绝缘部分有故障；

（3）淡灰色、带强烈臭味、可燃烧，则说明纸或纸板绝缘损坏；

（4）灰色或黑色、易燃、有焦油味、闪点降低，则说明变压器因铁芯故障过热或是变压器内部发生闪络故障而使油分解。

如经鉴定结果证明气体继电器中的气体是可燃性气体或油的闪光点降低 5℃ 以上时，应迅速停用该变压器。如果确证气体继电器中气体是空气时，则应将其放掉，并注意和记录气体继电器再次发出信号的时间间隔。如果发出信号的时间间隔逐次缩短，则表示断路器可能即将跳闸；如信号动作时间间隔逐渐延长，则表示异常情况在逐渐减轻，变压器内部无问题。

8. 变压器的不对称运行

造成变压器不对称运行的主要原因有：

（1）由于三相负荷不相等造成不对称运行。

（2）由于某种原因使变压器两相运行时，引起不对称运行。例如，中性点直接接地的系统中，一相线路故障暂时两相运行时；三相变压器其中一相故障或断线；变压器某侧的一相断路器断开；变压器分接头接触不良等。

变压器发生不对称运行时，不仅对变压器本身有一定的危害，且因电压、电流的不对称运行使用户和系统的工作受到影响，因此在运行中出现变压器不对称运行时，应分析引起的原因并尽快消除。

八、变压器的故障处理

1. 变压器常见故障的部位

(1) 绕组的主绝缘和匝间绝缘故障。变压器绕组的主绝缘和匝间绝缘是容易发生故障的部位，其主要原因是：

1) 由于长期过负荷运行或散热条件差，变压器使用年限较长使变压器绝缘老化脆裂；

2) 变压器经受过多次短路冲击，使绕组绝缘受力变形，虽然还能运行，但隐藏着绝缘缺陷，一旦遇到电压波动即可能击穿绝缘；

3) 变压器油中进水，使绝缘强度大大降低，不能耐受允许的电压而击穿绝缘；

4) 因绝缘膨胀使油路堵塞，绝缘因过热而老化，发生击穿短路；

5) 由于防雷设施不完善，在大气过电压作用下发生绝缘击穿。

(2) 引线处绝缘故障。变压器的引线是靠套管支撑和绝缘，由于套管上端不严而进水、主绝缘受潮击穿，或变压器严重缺油使油箱内引线暴露在空气中，造成内部闪络等都会在引线处故障。此外，引出线连接不良和引出线触头焊接不牢，在短路冲击后会使引出线断线。

(3) 铁芯绝缘故障。变压器铁芯的硅钢片之间的绝缘漆膜因紧固不好而使其破坏，将产生涡流，发生局部过热；穿心螺栓、压铁等部件的绝缘破坏也会过热；变压器油箱的顶、中部，油箱上部的套管法兰及套管之间，内部铁芯、绕组的夹件等也会因漏磁而发热等，都会使绝缘损坏。

此外，施工粗糙、要求不严、残留焊渣，也会使铁芯两点或多点接地造成铁芯故障。

(4) 套管处闪络和爆炸。变压器高压侧（110kV 及以上）一般是使用电容套管，由于瓷质不良有砂眼或裂纹；电容芯子制造上有缺陷使内部有游离放电；套管密封不严有漏油、进水现象；套管积垢严重等，都可能发生闪络和爆炸。

(5) 分接开关故障。变压器分接开关也是变压器常见故障部位之一。无励磁调压分接开关的故障原因如下：

1) 由于长时间靠压力接触，出现弹簧压力不足、滚轮压力不匀，分接开关连接部分的有效接触面积减小，以及连接处接触部分镀银层磨损脱落引起分接开关在运行中发热烧坏；

2) 分接开关接触不良，引出线连接和焊接不良，经受不住短路电流的冲击，造成分接开关在变压器通过瞬间短路电流时被烧坏；

3) 试验和检修过程中由于管理不善而调乱分接头。

2. 变压器的自动跳闸

变压器在运行中，当断路器自动跳闸时，运行人员应按下列步骤迅速进行处理：

1) 当变压器的断路器自动跳闸后，应恢复其控制开关至断开位置，并迅速投入备用变压器，调整运行方式和负荷分配，维持运行系统及其设备处于正常状态。

2) 检查属于何种保护动作及动作是否正确。

3) 了解系统有无故障及故障性质。

4）属下列情况可不经外部检查试送电：①人员误碰、误操作及保护误动作；②变压器仅低压侧过流或限时过流保护动作，同时该变压器的下一级设备故障而其保护未动作，且故障点已隔离时。但试送电只允许进行一次。

5）如差动保护、重气体或速断过流等保护动作，故障时又有冲击，则需要对变压器及其系统进行详细检查，停电并测定绝缘。在未查清原因前禁止将变压器投入运行。

6）详细记录故障现象、时间及处理过程。

7）查清和处理故障后，应迅速恢复正常运行方式。

3. 变压器着火的处理

变压器发生火灾是非常严重的事故，因为变压器里不仅有大量的绝缘油，而且许多绝缘材料都是易燃物品。如果处理不及时，变压器可能发生爆炸或使火灾扩大。

变压器着火的主要原因是：由于变压器内部的破损或闪络，使油在储油器的压力下流出，并在顶盖上燃烧；变压器内部发生故障，使油燃烧并且使外壳破裂等。

当发现变压器着火时，应立即切断各侧电源进行灭火，在电源未切断前，禁止用液体灭火。并迅速投入备用变压器恢复供电。

如果变压器油溢出并在变压器箱盖上着火，则应打开变压器下部的放油阀放油，使油面低于着火处，并向变压器外壳浇水，使油冷却而不易燃烧。如果变压器外壳炸裂并着火时，必须将变压器内所有的油都放到储油坑或储油槽中。

若是变压器内部故障引起着火，则不能放油以防止变压器发生爆炸。

灭火时应该用干式或二氧化碳、四氯化碳灭火器灭火，地面上的油着火时可用黄沙或泡沫灭火器灭火。

变压器的灭火必须遵守电气消防规程的规定。

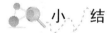 小　　结

变压器是供用电系统中最重要的设备之一，本章对变压器的分类、结构及部分运行问题进行了较详细的介绍，并适当介绍了一些新设备、新技术。

本章的主要内容如下：

（1）变压器分类，电力变压器和特种变压器型号及额定值的说明；

（2）三相变压器结构简介及联结组别的概念；

（3）SF_6 气体绝缘变压器简介；

（4）油浸式变压器的铁芯、绕组、分接开关、油箱及变压器油、保护装置、套管和冷却装置的结构、基本原理等；

（5）干式变压器的分类及 SC 系列变压器结构特点；

（6）自耦变压器的结构、工作原理、类型、用途及使用时注意事项；

（7）分裂绕组变压器的结构、等值电路和运行方式；

（8）变压器的允许运行方式、并联运行及条件；

（9）励磁涌流产生原因及影响；

（10）变压器额定容量、负荷能力、正常过负荷能力、事故过负荷能力；

（11）变压器油运行的基本问题；

（12）变压器运行中检查和维护、异常运行和分析以及简单的故障处理。

 习 题

1-1 变压器按用途可分为哪几类？按冷却方式可分为哪几类？

1-2 变压器的型号如何表示？

1-3 如何判断变压器三相绕组是星形连接，还是三角形连接？

1-4 为什么电力变压器的其中一个绕组需要接成三角形？

1-5 油浸式变压器的结构主要由哪几部分组成？分别起什么作用？

1-6 为什么三绕组变压器的绕组有升压和降压结构？

1-7 写出复合式滚动触点有载分接开关的切换过程。

1-8 变压器有哪几种冷却方式？

1-9 与油浸式变压器相比，干式变压器有哪些特点？

1-10 SC 系列变压器的技术特点有哪些？

1-11 自耦变压器有哪些特点？为什么变比越接近1，一、二次绕组的公共部分流过的电流越小？

1-12 自耦变压器有哪些缺点？使用时应注意哪些问题？

1-13 一台单相自耦变压器数据为：$U_1 = 220\text{V}$，$U_2 = 180\text{V}$，$\cos\varphi_2 = 1$，$I_2 = 400\text{A}$，求：

（1）流过自耦变压器一、二次绕组及公共部分的电流；

（2）借助于电磁感应从一次绕组传递到二次绕组的视在功率。

1-14 画出自耦变压器的几种接线形式。

1-15 什么是分裂绕组变压器？什么是分裂阻抗、穿越阻抗、半穿越阻抗和分裂系数？

1-16 油浸式变压器的允许温度、允许温升有何意义？

1-17 变压器并联运行的主要条件是什么？必须满足什么条件？

1-18 变压器空载合闸时的励磁涌流如何产生？

1-19 变压器的额定容量、负荷能力各表示什么含义？什么是变压器的正常过负荷、事故过负荷？

1-20 变压器充电时如何确定是从高压侧还是低压侧充电？

1-21 哪些情况属于变压器异常运行？

1-22 变压器常见故障的部位有哪些？

第二章 互 感 器

互感器是电力系统中一、二次系统之间的联络元件，用以分别向测量仪表、继电器的电压线圈和电流线圈供电，正确反映电气设备的正常运行和故障情况。测量仪表的准确性和继电保护动作的可靠性，在很大程度上与互感器的性能有关。

互感器是一种特殊变压器，电流互感器（TA）用在各种电压的交流装置中，电压互感器（TV）用于电压为 380V 及以上的交流装置中。

互感器的作用有以下几个方面：

（1）将一次回路的高电压和大电流变为二次回路的标准值。通常 TV 额定二次侧电压为 100V，TA 额定二次侧电流为 5A（或 1A），使测量仪表和继电保护装置标准化、小型化，以及二次设备的绝缘水平可按低压设计，使其结构轻巧、价格便宜。

（2）所有二次设备可用低电压、小电流的控制电缆来连接，这样就使配电屏内布线简单、安装方便；同时也便于集中管理，可以实现远距离控制和测量。

（3）二次回路不受一次回路的限制，可采用星形、三角形或 V 形接线，因而接线灵活方便。同时，对二次设备进行维护、调换以及调整试验时，不需中断一次系统的运行，仅适当地改变二次接线即可实现。

（4）使一次设备和二次设备实施电气隔离。这样一方面使二次设备和工作人员与高电压部分隔离，而且互感器二次侧还要接地，从而保证了设备和人身安全；另一方面二次设备如果出现故障也不会影响到一次侧，从而提高了一次系统和二次系统的安全性和可靠性。

（5）取得零序电流、电压分量供反应接地故障的继电保护装置使用。将三相电流互感器二次绕组并联，使其输出总电流为三相电流之和即得到一次系统的零序电流。如将一次电路（如电缆电路）的三相穿过一个铁芯，则绕于该铁芯上的二次绕组输出零序电流。

能作接地监视的电压互感器有两个二次绕组：第 1 个二次绕组接成星形供一般测量、保护使用，提供线电压和相电压；第 2 个二次绕组（又称辅助绕组）三相首尾相连组成开口三角形反应三相对地电压之和，即对地电压的零序分量。

所以，在交流电路多种测量中，以及各种控制和保护电路中，应用了大量的互感器。

第一节 电 流 互 感 器

一、电流互感器的分类及型号

1. 电流互感器的分类

电流互感器是一种专门用于变换电流的特种变压器。电流互感器的类型很多，大致可以分为如下几种类型。

（1）按用途分：测量用和保护用。

（2）按安装地点分：户内式和户外式。35kV 及以上多制成户外式，并用瓷套管为箱体，以节约材料，减轻质量和缩小体积。

（3）按绝缘介质分：油绝缘、浇注绝缘、一般干式绝缘、瓷绝缘和气体绝缘以及电容式。油绝缘即油浸式互感器，多用于户外产品，电压可达 500~1100kV；浇注式是利用环氧树脂作绝缘浇注成型，适用于 35kV 及以下户内；一般干式绝缘，包括有塑料外壳的和无塑料外壳的由普通绝缘材料包扎，经浸渍漆处理的电流互感器，适用于低压户内使用；瓷绝缘，即主绝缘由瓷件构成，这种绝缘结构已被浇注绝缘所取代；气体绝缘的产品内部充有特殊气体，如六氟化硫气体作为绝缘的互感器，多用于高压产品；电容式多用于 110kV 及以上户外。

（4）按一次绕组匝数分：单匝式和多匝式。

（5）按整体结构和安装方法分：穿墙式、母线式、套管式（装入式）和支柱式等。穿墙式装在墙壁或金属结构的筒中，可代替穿墙套管；母线式利用母线作为一次绕组，安装时将母线穿入电流互感器瓷套管的内腔；套管式是将电流互感器装入 35kV 及以上的变压器或多油断路器的瓷套管中；支持式是将电流互感器安装在平台或支柱上。

2. 电流互感器的型号

电流互感器的型号以汉语拼音字母表示，由两部分组成，斜线以上部分包括产品型号符号和设计序号，所用符号含义见表 2-1。短横线后为耐压等级，kV。斜线后面部分，由两组数字组成，第一组数字表示准确度等级，第二组数字表示额定电流。

表 2-1　　　　　　　　　　　电流互感器型号代表字母及含义

序号	分 类	含 义	字 母	序号	分 类	含 义	字 母
1	用途	电流互感器	L	3	绕组外绝缘介质	变压器油 空气（干式） 气 体 瓷 浇注成型固体 绝缘壳	G Q C③ Z K
2	结构形式	套管式（装入式） 支 柱 式 线 圈 式 穿墙式（复匝） 穿墙式（单匝） 母 线 式 开 合 式 倒 立 式 链 型	R Z① Q F D M K V A②	4	结构特征及用途	带有保护级 带有保护级（暂态误差）	B BT④
				5	油保护方式	带金属膨胀器 不带金属膨胀器	N

注　当对正常产品采用加大容量或加强绝缘时，应在产品型号字母后加 J 表示。

　　①以瓷箱做支柱时，不表示。

　　②电容型绝缘，不表示。

　　③主绝缘以瓷绝缘时表示，外绝缘为瓷箱式时不表示。

　　④只使用于套管式互感器。

设计序号表示同类产品在技术性能和结构尺寸变化的改型设计，为了与原设计相区别，在型号的字母之后加注阿拉伯数 1、2、3…，表示第几次改型设计。

电压等级以产品额定电压的千伏数表示。

特殊使用环境代号主要有以下几种：

GY—高原地区用；

W—污秽地区用（W1，W2，W3 对应污秽等级为 Ⅱ、Ⅲ、Ⅳ）；

TA—干热带地区用；

TH—湿热带地区用。

例：（1）LFZB6-10：表示第6次改型设计、复匝贯穿式、浇注绝缘、10kV电流互感器。

（2）LMZ-20：表示母线式、浇注绝缘、20kV电流互感器。

（3）LB-110GYW2：表示带有保护级的油浸式（代表字母省略）、110kV、适用于高原地区，也适用于Ⅲ级污秽地区的电流互感器。

（4）LQ-0.5/0.5-100：表示线圈式、0.5kV、准确度等级为0.5级、一次侧额定电流为100A的电流互感器。

3. 电流互感器的性能参数

（1）额定电流。额定电流是作为电流互感器性能基准的电流值。电流互感器的误差性能、发热性能和过电流性能等都是以额定电流为基数做出相应的规定。一般规定电流互感器的一次侧额定电流从10～75A以及它们的十进位数或小数（即在0～15000A或25000A）之间，二次侧额定电流标准规定值为5A（或1A）。

（2）额定电流比。一次侧额定电流与二次侧额定电流的比。

（3）二次侧负荷。电流互感器二次绕组外部回路所接仪表、仪器或继电器等的阻抗和二次连接线阻抗之和即为电流互感器的二次侧负荷。

（4）额定二次侧负荷。确定互感器准确级所依据的二次侧负荷。

二次负荷通常以视在功率的伏安值表示。额定二次侧负荷值应为2.5～100VA，共有12个额定值。若把以伏安值表示的负荷值换算成以欧姆值表示时，可按下式进行，即

$$Z_2 = \frac{S_2}{I_{2N}^2} \qquad\qquad (2-1)$$

式中　I_{2N}——额定二次侧电流，A；

　　　S_2——以伏安值表示的二次侧负荷，VA；

　　　Z_2——以欧姆值表示的二次侧负荷，Ω。

如已知电流互感器的额定二次侧电流为5A，二次侧负荷为50VA，若以欧姆值表示时，则为

$$Z_2 = \frac{50}{5^2} = 2(\Omega)$$

在选择电流互感器时，必须按互感器的额定电压、二次侧额定电流及二次侧额定负载阻抗值适当选取。一般选取与被测电流额定值相符的电流互感器，若不符合时应选择稍大于被测电流额定值的电流互感器。

4. 新型电流互感器简介

随着输电电压的提高，电磁式电流互感器的结构越来越复杂和笨重，成本也相应增加，需要研制新型的高压和超高压电流互感器。

要求新型电流互感器的高、低压之间没有直接的电磁联系，绝缘结构简化；测量过程中不需要耗费大量的能量；测量范围宽、暂态响应快、准确度高；二次绕组数增加，满足多重保护需要；质量小、成本低。

新型电流互感器按耦合方式可分为无线电电磁波耦合、电容耦合和光电耦合式。其中光电式电流互感器性能最好，基本原理是利用材料的磁光效应或光电效应，将电流的变化转换成激光或光波，通过光通道传送，接收装置将收到的光波转变成电信号，并经过放大后供仪表和继电器使用。

非电磁式电流互感器的共同缺点是输出容量较小，需要较大功率的放大器或采用小功率的半导体继电保护装置来减小互感器的负荷。

二、电流互感器的接线及基本工作原理

1. 电流互感器的接线

电流互感器的原理接线如图 2-1 所示。一次绕组串联在电力线路中，而二次绕组与二次负荷的电流线圈串联。

电流互感器的一、二次绕组之间有足够的绝缘，且二次侧绕组接地，从而保证所有低电压设备与电力线路的高电压相隔离。

2. 电流互感器的基本工作原理

电流互感器的工作原理和变压器相似，电流互感器串联在被测电路中的一次绕组匝数很少（一匝或几匝），因此一次侧电流完全取决于被测电路的负荷电流，而与二次侧电流无关。

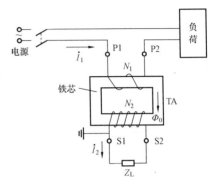

图 2-1　电流互感器原理接线图
I_1——一次侧电流；I_2——二次侧电流；
N_1——一次绕组；N_2——二次绕组；
Z_L——二次侧负荷

电流互感器二次绕组中所串接的测量仪表、继电器的电流线圈（即二次侧负荷）阻抗很小，所以在正常运行中，电流互感器是在接近于短路的状态下工作，这是它与变压器的主要区别。

由图 2-1 可得电流互感器的磁势平衡方程，即

$$\dot{I}_1 N_1 + \dot{I}_2 N_2 = \dot{I}_0 N_1 \tag{2-2}$$

式中　$\dot{I}_1$，$\dot{I}_2$，$\dot{I}_0$——一、二次侧电流和励磁电流的相量，A；

N_1，N_2——一、二次绕组匝数。

如果忽略很小的励磁安匝，且只考虑以额定值表示的电流数值关系，则可得出

$$I_{1N} N_1 = I_{2N} N_2 \tag{2-3}$$

式中　I_{1N}，I_{2N}——一、二次侧额定电流，A。

电流互感器一、二次侧额定电流之比，称为电流互感器的额定电流比，用 K_i 表示

$$K_i = \frac{I_{1N}}{I_{2N}} \approx \frac{I_1}{I_2} \approx \frac{N_2}{N_1} \tag{2-4}$$

从式（2-4）可见，只要适当配置互感器一、二次绕组的额定匝数比就可以将不同的一次侧额定电流变换成标准的二次侧电流。

【例 2-1】　某电力线路的电压为 10.5kV，采用 LQJ-15 环氧树脂浇注的电流互感器测量线路电流。已知 $K_i = 40$，电流表测得的电流为 2.5A，若不计空载电流和漏阻抗的影响，试问该线路电流为多大？若采用 $K_i = 75/5$ 的电流互感器，能否测量该线路的电流？

解　由于 LQJ-15 型电流互感器可允许在 15kV 线路中进行测量，故在该线路（仅为 10.5kV）是可以使用的。

因为 $K_i = 40$、$I_2 = 2.5A$，则该线路的电流为

$$I_1 \approx K_i I_2 = 40 \times 2.5 = 100 (A)$$

如采用 $K_i = 75/5 = 15$ 的电流互感器，它所测量电流的最大值为

$$I_1 = K_i I_{2N} = 15 \times 5 = 75 (A)$$

所以，不能将 $K_i = 75/5$ 的电流互感器用于测量线路为 100A 的电流。

3. 电流互感器的误差

（1）电流误差和相位差。电流互感器的简化相量图见图 2-2。从图中可见，一次侧电流 $\dot{i}_1$ 应是 $\dot{i}_0$ 与 $-\dot{i}_2$ 之和，所以一次侧电流 $\dot{i}_1$ 与 $-\dot{i}_2$ 相差 δ 角，即励磁电流 $\dot{i}_0$ 导致一、二次侧电流在大小和相位上都出现了差别，通常用电流误差和相位差表示。

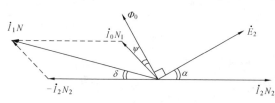

图 2-2　电流互感器简化相量图

电流误差为

$$f_i = \frac{K_i I_2 - I_1}{I_1} \times 100\% \quad (2-5)$$

式（2-5）表明：测出值大于实际值时，互感器幅值误差为正，反之为负。

相位差 δ_i 为旋转的二次侧电流相量与一次电流相量的相角之差，以分为单位，并规定二次侧相量超前于一次侧相量时角误差为正，反之为负。

（2）电流互感器的准确级。电流互感器应能准确地将一次侧电流变换为二次侧电流，才能保证测量精确，或保护装置正确地动作，因此电流互感器必须保证一定的准确度。准确级就是根据测量时误差的大小而划分的，即准确级指在规定的二次侧负荷变化范围内，一次侧电流为额定值时的最大电流误差。测量用电流互感器的准确级有：0.1，0.2，0.5，1，3 和 5 级，误差限值规定见表 2-2，负荷的功率因数为 0.8（滞后）。

保护用电流互感器按用途分为稳态保护用（P）和暂态保护（TP）两类。稳态保护用电流互感器规定有 5P 和 10P 两种准确级，其误差限值见表 2-3。

保护用电流互感器的基本要求之一就是当超过额定电流许多倍的短路电流流过一次绕组时，互感器应有一定的准确度，即复合误差不超过限值。保证复合误差不超过限值的最大一次电流就叫做额定准确限值一次侧电流，即一次侧短路电流为一次侧额定电流的倍数，也称为额定准确限值系数。习惯上往往把保护用电流互感器的准确级与准确限值系数连在一起标注。例如：10P20，这表示互感器为 10P 级，准确限值因数为 20。只要电流不超过 $20 I_{1N}$，互感器的复合误差不会超过 10%。

表 2-2　　　　　　　　　　测量用电流互感器的误差限值

准确级	一次侧电流为额定一次侧电流的百分数（%）	误 差 限 值		保证误差的二次侧负荷范围
		电流误差（±%）	相位差（±′）	
0.1	5	0.4	15	
	20	0.2	8	
	100~120	0.1	5	
0.2	5	0.75	30	
	20	0.35	15	
	100~120	0.2	10	
0.5	5	1.5	60	$(0.25 \sim 1.0) S_{2N}$
	20	0.75	45	
	100~120	0.5	30	
1	5	3.5	120	
	20	1.5	90	
	100~120	1.0	60	

准确级	一次侧电流为额定一次侧电流的百分数（%）	误 差 限 值		保证误差的二次侧负荷范围
		电流误差（±%）	相位差（±'）	
3	50	3		(0.5~1.0)S_{2N}
	120	3		
5	50	5		
	120	5		

表 2-3   稳态保护用电流互感器的误差限值

准确级	一次侧额定电流下的误差		额定准确限值一次侧电流下的复合误差（%）	保证误差的二次侧负荷范围 $\cos\varphi=0.8$（滞后）
	电流误差（±%）	相位差（±'）		
5P	1	60	5	S_{2N}
10P	3		10	S_{2N}

为了便于继电保护整定，需要制造厂提供 P 级电流互感器 10%误差曲线，表示在保证电流误差不超过 10%条件下，一次侧电流的倍数 n（$=I_1/I_{1N}$）与允许最大二次侧负载阻抗 Z_L 的关系曲线，如图 2-3 所示。

保证暂态误差的电流互感器有 TPX、TPY、TPZ 和 TPS 四种类型。它们的适用场合和性能要求各不相同。TPX 级是不限制剩磁大小的互感器，铁芯没有气隙，误差限值较小；TPY 级是剩磁不超过饱和磁通 10%的互感器，铁芯有一定的气隙，误差限值稍大一些；TPZ 级是实际上没有剩磁的互感器，误差限值比 TPY 级大一些，气隙也相对地大一些。以上三种类型互感器的误差定义各不相同，限值条件也不一样，这里不作详细介绍。

TPS 级是一种低漏磁型电流互感器，其特性由二次励磁特性和匝数比误差确定，而且对剩磁无限制。我国已能生产 110~500kV 级的保证暂态误差的互感器，也生产出了用于发电机保护的大电流母线型保证暂态误差的互感器。

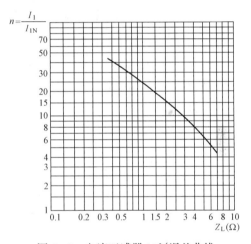

图 2-3 电流互感器 10%误差曲线

三、电流互感器的结构简介

电流互感器结构与双绕组变压器相似，也是由铁芯和一、二次绕组两个主要部分构成。

0.5kV 电流互感器的一、二次绕组都套在同一铁芯上，是结构最简单的互感器。10kV 及以上的电流互感器，为了使用方便和节约材料，常用多个没有磁联系的独立铁芯和二次绕组组成一台有多个二次绕组的电流互感器。这样，一台互感器可同时做测量和保护用。通常 10~35kV，有两个二次绕组；63~110kV 有 3~5 个二次绕组；220kV 及以上有 4~7 个二次绕组。

为了适应线路电流的变化，63kV 及以上的电流互感器，常将一次绕组分成几段，通过串联或并联以获得两种或三种电流比。

为适应电力线路正常工作，电流不大而短路电流倍数很高的需要，多个二次绕组的高压电流互感器的测量用二次绕组往往带有中间抽头，对应的额定电流比较小，以保证应有的测量精度。

1. 一般干式和浇注绝缘互感器结构

（1）一般干式。适用于户内、低电压的互感器。多匝式的一次绕组和二次绕组为矩形筒式，绕在骨架上，绕组间用纸板绝缘，经浸漆处理后套在叠积式铁芯上。单匝母线式采用环形铁芯，经浸漆后装在支架上，或装在塑料壳内，也有采用环氧混合胶浇注的。

（2）浇注式。广泛用于 10～20kV 级电流互感器。一次绕组为单匝式或母线型时，铁芯为圆环型，二次绕组均匀绕在铁芯上，一次导杆和二次绕组均浇注成一整体。一次绕组为多匝时，铁芯多为叠积式，先将一、二次绕组浇注成一体，然后再叠装铁芯。图 2-4 所示为浇注绝缘电流互感器结构（多匝贯穿式）。

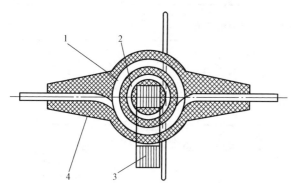

图 2-4 浇注绝缘电流互感器结构（多匝贯穿式）
1—一次绕组；2—二次绕组；
3—铁芯；4—树脂混合料

由于环氧混合胶的热胀系数与金属的热胀系数相比差别很大，浇注体内的金属零部件外面要有足够的缓冲层，缓冲层材料可以是泡沫塑料、泡沫橡胶、皱纹纸或瓦楞纸，也可采用弹性粉末。大电流母线型电流互感器还要考虑屏蔽相邻母线电流磁场的影响，屏蔽方法有两种：一种是绕制屏蔽绕组，另一种是浇注体外装铝屏蔽外罩。

2. 油浸式电流互感器

35kV 及以上户外式电流互感器多为油浸式，主要由底座（或下油箱）、器身、储油柜（包括膨胀器）和瓷套四大件组成。

瓷套是互感器的外绝缘，并兼作油的容器。63kV 及以上的互感器的储油柜上装有串并联接线装置，全密封结构的产品采用外换接结构。全密封互感器采用金属膨胀器后，避免了油与外界空气直接接触，油不易受潮、氧化，减少了用户的维修工作。

为了减少一次绕组出头部分漏磁所造成的结构损耗，储油柜多用铝合金铸成，当额定电流较小时，也可用铸铁储油柜或薄钢板制成。

油浸式电流互感器的绝缘结构可分为链型绝缘和电容型绝缘两种。链型绝缘用于 63kV 及以下互感器，电容型绝缘多用于 220kV 及以上互感器。110kV 的互感器有采用链型绝缘的，也有采用电容型绝缘的。

链型绝缘结构的各个二次绕组分别绕在不同的圆形铁芯上，将几个二次绕组合在一起，装好支架，用电缆纸带包扎绝缘。二次绕组外包绝缘的厚度大约为总绝缘厚度的一半或略少。图 2-5 为链型绝缘结构图。

链型绝缘结构的一次绕组可用纸包铜线连续绕制而成，可以实现较大的一次安匝数值，以提高互感器的准确度；也可用分段的纸包铜线绕制，然后依次焊接成一次绕组。由于焊头不可能多，对于额定一次侧电流较小的互感器，这种绕组不可能实现较大的一次安匝数值，影响到互感器准确度的提高。额定一次侧电流较大时，可不用焊头，用半圆铝管制成一次绕组。两个半圆合成一个整圆。每个半圆即是一次绕组的一段（只有一匝），通过串、并联换接来改变电流比。

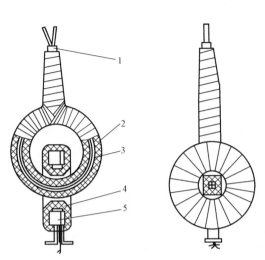 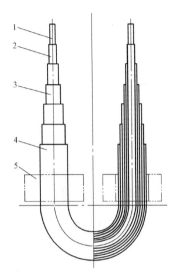

图 2-5　链型绝缘结构

1——次引线支架；2—主绝缘Ⅰ；3—一次绕组；

4—主绝缘Ⅱ；5—二次绕组

图 2-6　U 字形电容绝缘结构原理图

1——次导体；2—高压电屏；3—中间电屏；

4—地电屏；5—二次绕组

电容型绝缘的全部主绝缘都包在一次绕组上；若为倒立式结构，则包在二次绕组上。为了充分利用材料的绝缘特性，在绝缘内设有电容屏，使电场均匀。这些电容屏又称为主屏，最内层的主屏接高电压，最外层的主屏（地屏）接地；倒立式结构则相反，最外层接高电压，最内层接地。各主屏形成一个串联的电容型组，若主屏间电容接近相等，则其中电压就接近于均匀。图 2-6 为 U 字形电容型绝缘的结构原理图。主屏用有孔铝箔制成或半导体纸制成，铝箔打孔是为了便于绝缘干燥处理和浸油处理。为了改善主屏端部的电场，在两个主屏之间放置有一些比较短的端屏（简称为端屏）。

电容型绝缘的一次绕组形状，有图 2-7（a）所示的 U 字形；也有图 2-7（b）、（c）所示的吊环形。前者便于机器连续包扎；后者则由于引线部分紧凑，瓷套直径较小，产品总质

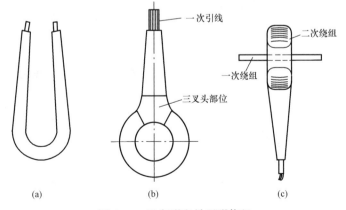

图 2-7　U 字形和吊环形绕组

（a）U 字形；（b）正立吊环形；（c）倒立吊环形

量可以减轻，但是吊环形的三叉头处的绝缘包扎不能连续，必须手工操作，而且要加垫特制的异形纸，包扎时要非常仔细地操作。

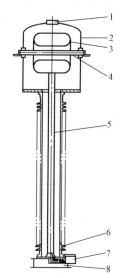

图 2-8　SF$_6$ 电流
互感器结构图
1—防爆片；2—壳体；
3—二次绕组及屏蔽筒；
4——一次绕组；5—二
次出线管；6—套管；
7—二次端子盒；
8—底座

U 字形一次绕组，其铁芯是连续卷制的圆环形铁芯。正立式吊环形则要求采用开口铁芯。但开口铁芯的励磁电流较大，对于制造高精度测量用互感器是一个不利因素。这是正立式吊环形很少得到采用的主要原因之一。

3. 六氟化硫（SF$_6$）气体绝缘电流互感器结构

用 SF$_6$ 气体作为主绝缘的电流互感器在 20 世纪 70 年代研制并得到应用，称为 SF$_6$ 电流互感器。最初，这种互感器是为 SF$_6$ 组合电器（GIS）配套而生产的，为适应变电所无油化的需要，独立式结构得到了发展。

SF$_6$ 电流互感器有两种结构形式：一种是与 SF$_6$ 组合电器（GIS）配套用的；一种是可单独使用的，通常称为独立式 SF$_6$ 电流互感器，这种互感器多做成倒立式结构，如图 2-8 所示。

SF$_6$ 气体的绝缘性能与其压力有关。在这种互感器中气体压力一般选择 0.3～0.35MPa，所以要求其壳体和瓷套都能承受较高的压力。壳体用强度较高的钢板制造，采用机械化焊接可以保证要求。瓷套采用高强瓷制造也能满足要求。高强瓷套在 SF$_6$ 断路器中已有足够的运行经验。也有采用环氧玻璃钢筒与硅橡胶制成的复合绝缘子作为 SF$_6$ 互感器外绝缘筒的产品。

SF$_6$ 气体的绝缘性能还和气体中的含水量有关。互感器的器身必须经真空干燥处理，处理方法是在产品装配完成后再真空干燥，然后充入合格的 SF$_6$ 气体。

SF$_6$ 气体比变压器油容易泄漏，因此对密封的要求更为严格，密封面和密封件都要保证足够的加工准确度和表面质量。

互感器上装有防爆片，当产品发生故障，内部气体压力超过安全值时，防爆片破裂，释放内部压力，避免事故扩大。

互感器上装有监视产品内部压力的压力表（图 2-8 中未表示），还装有能够吸附水分和 SF$_6$ 分解出的气体的装置。纯净的 SF$_6$ 气体是无色、无味、无臭、无毒的。但在高温电弧作用下，会分解出一些不完全氟化物，会对金属、陶瓷等物起腐蚀作用，也会对人体有危害，引起眼睛刺痛、呼吸困难，造成皮肤灼痛。必须控制其浓度，以免对操作人员的健康产生影响。

SF$_6$ 互感器充气及抽气应用专门的充气、抽气净化回收装置，要用专门的检漏仪和检漏装置检测产品的泄漏量，因此其检修应由专业人员进行。

4. 电流互感器的结构实例

图 2-9 所示为 LDC-10 型电流互感器结构图。其为单匝穿墙式瓷绝缘户内用 10kV、100A 电流互感器。

图 2-10 所示为 LMC-10 型电流互感器结构图。其为单匝穿墙式瓷绝缘户内用 10kV、3000A 母线式电流互感器。

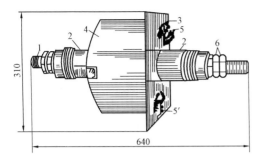

图 2-9 LDC-10 型电流互感器结构图
1——次绕组；2—瓷套管；3—法兰盘；4—封闭
外壳；5，5′—二次绕组接线板；6—螺帽

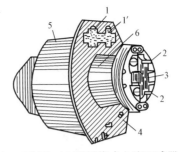

图 2-10 LMC-10 型母线式电流互感器结构图
1、1′—二次接线板；2—母线支持板；
3—引入母线的孔；4—法兰盘；5—封
闭外壳；6—绝缘套管

图 2-11 为 LFC-10 型电流互感器结构图。其是具有两个铁芯的多匝式瓷绝缘户内用 10kV 电流互感器。

图 2-12 所示是 LQJ-10 型电流互感器结构图。其是 10kV 及以下的户内用电流互感器。

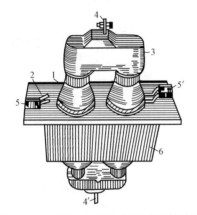

图 2-11 LFC-10 型电流互感器结构图
1—瓷套管；2—法兰盘；3—铸铁接线盒；
4，4′——次绕组接线板；5，5′—二次
绕组接线端；6—封闭外壳

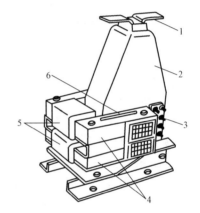

图 2-12 LQJ-10 型电流互感器结构图
1——次绕组接线板；2——次绕组，环氧浇注；
3—二次接线端；4—铁芯；5—二次绕组；
6—警告牌（"二次绕组不得开路"字样）

图 2-13 所示为 LCW-110 型电流互感器外形及绕组结构图。其是多匝支柱式油浸式瓷绝缘"8"字形绕组 110kV 户外电流互感器。

四、使用注意事项

1. 电流互感器在工作中，二次侧不准开路

电流互感器二次侧开路后的磁通和电动势波形变化情况如图 2-14 所示。

当电流互感器二次侧开路时，二次侧电流 $I_2=0$，这时一次侧磁动势全部用来励磁，引起铁芯高度饱和，磁通波形畸变为平顶波。因此，在磁通过零时，二次绕组中产生很高的尖顶波电动势 e_2，其峰值可达几千伏甚至上万伏，这对工作人员和二次回路中的设备都有很大的危险。同时，由于铁芯磁感应强度剧增，将使铁芯过热，损坏绕组的绝缘。为了防止电流互感器二次侧开路，规定电流互感器二次侧不准装熔断器。在运行中，若需要拆除仪表或继电器时，则必须先用导线或短路连接片将二次回路短接，以防开路。

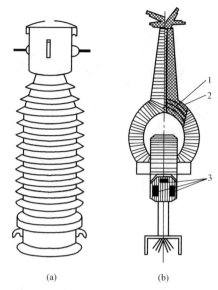

图 2 - 13   LCW - 110 型支柱绝缘电流
互感器外形图和绕组结构图
（a）外形图；（b）绕组结构图
1——次绕组；2——次绕组绝缘；
3—二次绕组及铁芯

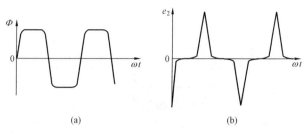

图 2 - 14   电流互感器二次侧开路时磁通和电动势波形
（a）磁通波形；（b）电动势波形

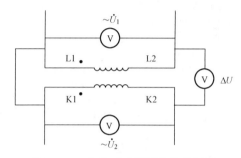

图 2 - 15   电流互感器同名端的判别
U_1—输入电压；U_2—输出电压

2. 电流互感器二次侧有一端必须接地

电流互感器二次侧有一端必须接地的目的是防止其一、二次绕组绝缘击穿时一次侧的高压窜入二次侧，危及人身和设备的安全。

3. 注意电流互感器一、二次绕组接线端子上的极性

我国的互感器绕组端子采用同名端（或同极性端）标记。如图 2 - 15 所示接线，电流互感器的一次绕组端子标以 L1、L2，二次绕组端子标以 K1、K2，L1 和 K1 为同名端，L2 和 K2 也为同名端，同名端在同一瞬间的极性相同，即同时为高电位和低电位（对绕组的另一端来说），当一次绕组上的电压为 U_1，二次绕组感应电压为 U_2，这时如将一对同名端短接，则在另一对同名端间测出来的电压为 $\Delta U = U_1 - U_2$（即"减极性"标号法）。由于电流互感器二次绕组电流为感应电动势产生的电流，电流在绕组中的方向应从低电位到高电位，所以一次侧电流为从 L1 流向 L2 时，二次侧电流则为从 K2 流向 K1。因此，在使用时一定要注意端子的极性，否则其二次侧所接仪表、继电器中流过的电流就不是预想的电流，甚至可能引起事故。

第二节 电 压 互 感 器

一、电压互感器的分类及型号

1. 电压互感器的分类

电压互感器的工作原理与小型双绕组降压变压器相同，通常可按以下几种方法分类。

（1）按相数分：单相和三相。三相电压互感器电压为 10kV 及以下时为油浸绝缘，现已被浇注绝缘单相互感器代替。

（2）按绕组数分：双绕组、三绕组或四绕组。需要将二次绕组分开，即一个专门用于接测量仪表、另一个专门用于接保护继电器时，可用三绕组电压互感器。为满足用户需要，一些新型的四绕组电压互感器已得到应用。

（3）按绝缘介质分：①油绝缘，多在电压≥35kV时采用；②浇注绝缘，多在电压≤10kV时采用；③一般干式绝缘，多在电压≤380V时采用；④气体绝缘，多用于高压产品。

（4）按装置种类分：户内式和户外式。

（5）按结构原理分：电磁式和电容式。电磁式又可分为单级式和串级式。在我国，电压≤35kV时均用单级式，电压≥63kV时为串级式；在电压为110～220kV范围内，串级式和电容式都有采用，近年来电磁式单级结构也得到发展；电压＞330kV只采用电容式。

2. 电压互感器型号

电压互感器的型号以汉语拼音字母表示，由两部分组成，第一部分包括产品型号符号和设计序号，所用符号含义见表2-4。短横线后为电压等级（kV），最后为特殊使用环境代号及字母，与电流互感器相同。

表 2-4　　　　　　　　　　　　电压互感器型号字母含义

序号	分 类	含 义	字 母	序号	分 类	含 义	字 母
1	用 途	电压互感器	J			带剩余（零序）绕组	X
2	相 数	单 相	D	4	结构特征及用途	三柱带补偿绕组式	B
		三 相	S			五柱三绕组	W
3	绕组外绝缘介质	变压器油				串级式带剩余（零序）绕组	C
		空气（干式）	G			测量和保护分开的二次绕组	F
		浇注成型固体	Z	5	油保护方式	带金属膨胀器	
		气 体	Q			不带金属膨胀器	N

例如：①JDZ6-10，表示第6次改型设计、浇注绝缘、单相、10kV电压互感器；②JDX-110GY，表示单相、油浸绝缘、带剩余电压绕组、110kV、适用于高原地区的电压互感器。

3. 电压互感器的性能参数

（1）额定一次侧电压：作为电压互感器性能基准的一次侧电压值。供三相系统相间连接的单相电压互感器，其额定一次侧电压应为国家标准额定线电压。对于接在三相系统相与地间的单相电压互感器，其额定一次侧电压应为上述值的 $1/\sqrt{3}$，即相电压。

（2）额定二次侧电压：额定二次侧电压是按互感器使用场合的实际情况来选择。作为接到单相系统的单相互感器，或接到三相系统线间的单相互感器，以及作为三相互感器的标准值时为100V。

供三相系统中相与地之间用的单相互感器，当其额定一次侧电压为某一数值除以 $\sqrt{3}$ 时，额定二次侧电压必须除以 $\sqrt{3}$，以保持额定电压比不变。

（3）额定电压比：额定一次侧电压与额定二次侧电压之比。

（4）负荷：电压互感器二次回路的阻抗。

（5）额定负荷：确定互感器准确级所依据的负荷值。负荷通常以视在功率的伏安值表示。额定二次侧负荷的标准值最小为10VA，最大为500VA，共有13个标准值，负荷的功率因数为0.8（滞后）。

（6）额定电压因数：互感器在规定时间内仍能满足热性能和准确级要求的最高一次侧电压与额定一次侧电压的比值。

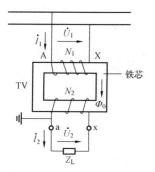

图 2-16　电压互感器
原理接线图

I_1——一次侧电流；I_2—二次侧电流；
N_1——次绕组；N_2—二次
绕组；Z_L—二次侧负荷

二、电压互感器的接线及工作特点

1. 电压互感器的原理接线

电压互感器的原理接线如图 2-16 所示。一次绕组并联在一次电路中，而二次绕组与测量仪表或继电器电压线圈并联。

2. 电压互感器的工作特点

电压互感器的工作原理与变压器相同，主要特点在于：一次绕组匝数较多，并联在被测电路中，不受互感器二次侧负荷的影响，并且在大多数情况下，其负荷是恒定的。二次绕组匝数较少，接在高阻抗的测量仪表上，有很准确的电压比。根据测量的目的不同，一次绕组接被测量的高电压端，二次绕组接电压表、瓦特表或电能表的电压线圈，所接仪表的阻抗都很大。因此电压互感器的二次绕组电流很小，即容量很小，通常只有几十到几百伏安，所以电压互感器正常运行时接近于空载运行。

与变压器相同，电压互感器的一次绕组与二次绕组的电压之比同它们的匝数成正比，称为电压互感器的额定电压比，用 K_u 表示。通过适当配置电压互感器一、二次绕组的匝数，可以将不同的一次电压变换成较低的标准电压值，一般是 100V 或 $100/\sqrt{3}$ V，K_u 已标准化，即

$$K_u = \frac{U_{1N}}{U_{2N}} \approx \frac{N_1}{N_2} \tag{2-6}$$

3. 电压互感器的误差

（1）电压误差和相位差。由于电压互感器存在励磁电流和内阻抗，使测量结果的大小和相位均有误差，通常用电压误差和相位差表示。

电压误差为

$$f_u = \frac{K_u U_2 - U_1}{U_1} \times 100\% \tag{2-7}$$

相位差 δ_u 指互感器二次侧电压相量与一次侧电压相量的相角之差，以分为单位，并规定二次侧相量超前于一次侧相量时角误差为正，反之为负。

（2）电压互感器的准确级。电压互感器应能准确地将一次侧电压变换为二次侧电压，才能保证测量精确和保护装置正确地动作，因此电压互感器必须保证一定的准确度。电压互感器的准确级就是指在规定的一次侧电压和二次侧负荷变化范围内，负荷的功率因数为额定值时，电压误差的最大值。测量用电压互感器的准确级有 0.1、0.2、0.5、1、3 级；保护用电压互感器的准确级规定有 3P 和 6P 两种。电压互感器的准确级和误差限值见表 2-5。

表 2-5　　　　　　　　　　　　电压互感器的准确级和误差限值

准确级	一次侧电压变化范围	误差限值		频率、功率因数及二次侧负荷范围
		电压误差（±%）	相位差（±'）	
0.1		0.1	5	
0.2		0.2	10	
0.5	$(0.8\sim1.2)\,U_{1N}$	0.5	20	$(0.25\sim1.0)\,S_{2N}$
1		1.0	40	$\cos\varphi_2 = 0.8$
3		3.0	不规定	$f = f_N$
3P	$(0.05\sim K)\,U_{1N}$	3.0	120	
6P		6.0	240	

注　K 为额定电压因数。

在电压互感器型号中提到的剩余电压绕组是指：接成三绕组的单相电压互感器二次侧的一个绕组，用以接成开口角，以便在接地故障情况下产生一个剩余电压，即零序电压。因此，以往也把这一绕组称为零序电压绕组，剩余电压绕组是翻译名词，习惯上把剩余电压称为开口角电压。剩余电压绕组的准确级的规定如下：用于中性点有效接地系统的互感器，其剩余电压绕组额定电压为100V，标准准确级为3P或6P；用于中性点非有效接地系统的互感器，其剩余电压绕组额定电压为100/3V，标准准确级为6P。

如果电压互感器的二次侧负荷超过规定值，则二次侧电压就会降低，其结果是不能保证准确级，使得测量误差增大。

三、电压互感器的结构简介

电压互感器的结构与变压器有很多相同之处，如绕组、铁芯结构等都是变压器中最简单的结构形式，这里不再多叙。只简单叙述下面几种电压互感器的一些结构特点。

1. 浇注式电压互感器结构

浇注式结构紧凑、维护简单，适用于3～35kV的户内产品，随着户外用树脂的发展，亦将逐渐在大于35kV户外产品上采用。图2-17为10kV浇注式单相电压互感器结构示意图。这种结构的一次绕组和各低压绕组，以及一次绕组出线端的两个套管均浇注成一个整体，然后再装配铁芯。这是一种常用的半浇注式（铁芯外露式）结构，优点是浇注体比较简单，容易制造，缺点是结构不够紧凑，铁芯外露会产生锈蚀，需要定期维护。绕组和铁芯均浇注成一体的称为全浇注式，其特点是结构紧凑，几乎不需维修，但是浇注体比较复杂，铁芯缓冲层设置比较麻烦。

浇注式互感器的铁芯一般用旁轭式，也有采用C形铁芯的。

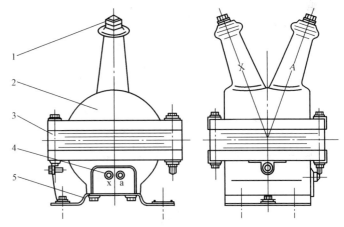

图2-17 树脂浇注式10kV电压互感器
1——次出线端子；2—浇注体；3—铁芯；
4—二次出线端子；5—支架

一次绕组为分段式，低压绕组为圆筒式；绕组同芯排列，导线采用高强度漆包线。层间和绕组间绝缘均用电缆纸或复合绝缘纸。为了改善绕组在冲击电压作用时的起始电压分布，降低匝间和层间的冲击强度，一次绕组首末端均设有静电屏。

一、二次绕组间的绝缘可采用环氧树脂筒、酚醛纸筒或经真空压力浸漆的电缆纸筒。绕组对地绝缘都是树脂。由于树脂的绝缘强度很高，其厚度主要根据浇注工艺和机械强度确定。

同浇注绝缘电流互感器一样，在浇注绝缘电压互感器中也要在适当部位采取屏蔽措施，以提高其游离电压和表面闪络电压。

由于电压互感器绕组层数多，匝数多，内部气泡难以消除，而使局部放电难以达到标准要求，这就要求提高浇注工艺水平，改善产品质量。

2. 油浸式电压互感器结构

35kV 户外装置油浸式电压互感器的结构与小型电力变压器很相似。图 2-18 为 35kV 电压互感器外形。图中 2-18 (a) 是接地电压互感器，一次绕组的 A 端接高电压，N 端接地。所以只需一个高压套管。图中 2-18 (b) 是不接地电压互感器，一次绕组的两个出线端均接高电压，所以用两个高压套管。这种产品还采用了适形油箱，用油量很少，储油柜容积也很小，直接装在高压瓷套上；产品结构紧凑、尺寸小、质量小，但适形油箱需要大型模具和设备制造；一、二次绕组间用 0.5mm 厚的绝缘纸板卷成纸板筒构成绝缘硬纸筒，这样的结构比较紧凑，但要求干燥和浸油工艺过程中的真空度较高。

图 2-18 所示的油箱式结构可在电压＞63kV 的电压互感器中采用，但内绝缘结构比较特殊。电压≥63kV 的油箱式互感器的一次绕组集中在一个柱上，相对于串级式结构来说，这种结构称之为单级式结构。电压高时，引线部分还要设置电容屏，所以对这种结构的操作要求和工艺要求要比串级式严格。单级式电压互感器绝缘结构示意图如图 2-19 所示。

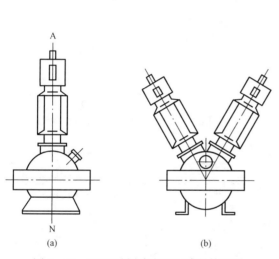

图 2-18 35kV 油浸式电压互感器外形图
(a) 接地型；(b) 不接地型

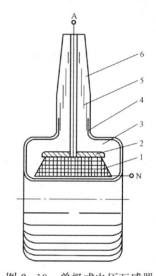

图 2-19 单极式电压互感器
绝缘结构示意图
1——次绕组；2—高压极；3—主绝缘；
4—地电屏；5—引线电屏；6—引线绝缘

3. 串级式电压互感器结构

电压≥63kV 的单相三绕组电压互感器，采用串级式结构可以缩小尺寸、减小质量，而且制造工艺比较简单。220kV 串级式电压互感器内部结构示意图与原理接线图如图 2-20 所示。

在这种互感器中，四个同样的一次绕组分别套装在两个铁芯的上、下芯柱上，它们依次串联，A 端接线路高电压，N 端接地。第一级一次绕组的末端与上铁芯连接，故上铁芯对地电压为 3/4U，而对第一级绕组的始端以及第二级绕组的末端的最大电压为 1/4U。第三级一次绕组的末端与下铁芯连接，故下铁芯对地电压为 1/4U，而对第三级绕组的始端和第四级绕组的末端（此处是接地的）的最大电压也是 1/4U。平衡绕组 P 靠紧铁芯布置，与铁芯等电位，耦合绕组 L 和第二级一次绕组至第三级一次绕组的连线等电位，布置在这两级一次绕组的外面。二次绕组和剩余电压绕组都布置在最下级一次绕组的外面，这里的对地电压最低。各个绕组这样布置大大减小了绕组与绕组之间，绕组与铁芯之间的绝缘。由于铁芯带电，所以铁芯与铁芯之间，铁芯与地之间都要有绝缘，整个器身须装在瓷箱内，瓷箱既起高压套管的作用，又是油容器，故又称为瓷箱式结构。

下面分析耦合绕组和平衡绕组的作用。当二次侧接有负荷时，由于负荷电流 I_2 的去磁作用，下铁芯中的主磁通减少。为了避免这一现象，在上、下铁芯上各有一个匝数相等、几何尺寸相同的耦合绕组（绕向相同，反向对接）。若下铁芯的主磁通减少，下铁芯上的耦合绕组感应电动势将下降，而上铁芯主磁通增加将使上铁芯的耦合绕组感应电动势上升，在上、下耦合绕组的电动势差将产生电流 I_L 流通，使上铁芯磁通降低。下铁芯上的耦合绕组磁动势则与一次侧磁动势相加，使下铁芯磁通增加，从而保持上、下铁芯中主磁通基本一样。

平衡绕组是布置在同一铁芯的上、下心柱上，匝数和几何尺寸相同的一对绕组。同样借平衡绕组内的电流，使两铁芯柱上磁动势平衡。

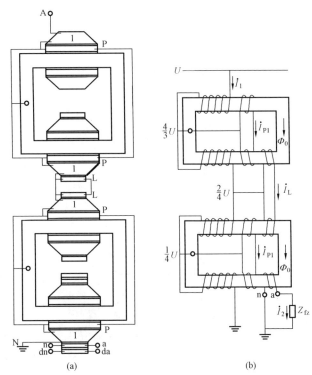

图 2-20 220kV 串级式电压互感器
(a) 内部结构示意图；(b) 工作原理图（剩余电压绕组略）
1——次绕组；P—平衡绕组；L—耦合绕组；
a，n—二次绕组；da，dn—剩余电压绕组

4. SF_6 气体绝缘电压互感器结构

SF_6 电压互感器有两种结构形式：一种为 GIS 配套使用的组合式，另一种为独立式。独立式主要是增加了高压引出线部分，包括一次绕组高压引出线、高压瓷套及其夹持件等。图 2-21 和图 2-22 分别为独立式和组合式 SF_6 电压互感器的结构图。

SF_6 电压互感器的器身由一次绕组、二次绕组、剩余电压绕组和铁芯组成，绕组层绝缘采用聚酯薄膜。一次绕组除在出线端有静电屏外，在超高压产品中，一次绕组的中部还设有中间屏蔽电极。铁芯内侧设有屏蔽电极以改善绕组与铁芯间的电场。

一次绕组高压引线有两种结构：一种是短尾电容式套管；另一种是用光导杆做引线，在引线的上下端设屏蔽筒以改善端部电场。下部外壳与高压瓷套可以是统仓结构或隔仓结构。统仓结构是外壳与高压瓷套是相通的，SF_6 气体从一个充气阀进入后即可充满产品内部，吸附剂和防爆片只需一套。隔仓结构是在外壳顶部装有绝缘子，绝缘子把外壳和高压瓷套隔离开，使气体互不相通，所以需装设两套吸附剂及防爆片，以及其他附设装置，如充气阀、压力表等。

5. 电容式电压互感器

随着电力系统输电电压的提高，电磁式电压互感器的体积越来越大，成本随着增加，因此采用了电容式电压互感器。其原理接线如图 2-23 所示。

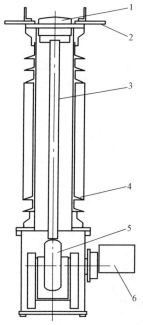

图 2-21　SF$_6$ 独立式电压互感器结构图
1—防爆片；2—一次出线端子；3—高压引线；
4—瓷套；5—器身；6—二次出线

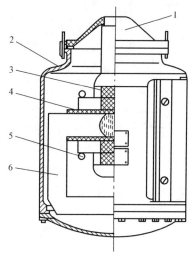

图 2-22　SF$_6$ 组合式电压互感器结构图
1—盒式绝缘子；2—外壳；3——次绕组；
4—二次绕组；5—电屏；6—铁芯

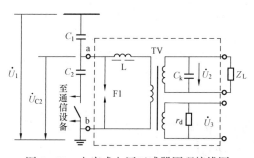

图 2-23　电容式电压互感器原理接线图

电容式电压互感器实质上是一个电容串接的分压器，在电容 C_1、C_2 上按反比分压，即

$$U_{C2} = \frac{C_1}{C_1 + C_2} U_1 = K U_1 \qquad (2-8)$$

式中　K——分压比，$K = C_1/(C_1 + C_2)$。

由于 U_{C2} 与 U_1 成比例变化，可测出相对地电压。当负荷 Z_L 接通时，C_1、C_2 有容性阻抗影响，使 U_{C2} 小于电容分压值，因此在 a、b 回路加入补偿电抗 L，尽量做到使 U_{C2} 与负荷无关。为了进一步减少负荷电流的影响，将测量仪表经过中间变压器 TV 与分压器相连。

当互感器二次侧发生短路时，短路电流可达额定电流的几十倍，在 L 和 C_2 上将产生很高的共振过电压，为防止过电压击穿绝缘，在电容 C_2 两端并联放电间隙 F1。

当电容式电压互感器二次侧受到短路或断开等冲击时，由于非线性电抗饱和，可能产生铁磁谐振过电压，为了抑制谐振的产生，在互感器二次侧接入阻尼电阻 r_d。

电容式电压互感器的误差由空载误差、负载误差和阻尼负载电流产生的误差等几部分组成，除受到 U_1、Z_L 和负载功率因数的影响外，还与电源频率有关，当系统频率变化超过 $\Delta f = \pm 0.5 \text{Hz}$ 时，会产生附加误差。

电容式电压互感器具有结构简单、质量小、体积小、占地少、成本低，且电压越高越显著的特点。此外其分压电容可兼作载波通信的耦合电容，因此广泛用于 110～500kV 中性点直接接地系统。电容式电压互感器的缺点是输出容量小，误差较大时暂态特性不如电磁式电压互感器。

6. 电压互感器的结构实例

图 2-24 为 JDJ-10 型油浸自冷式单相电压互感器的外形和结构图。它的铁芯和绕组浸在充有变压器油的油箱内，绕组的引出线通过固定在箱盖上的瓷套管引出，用于户内配电装置。

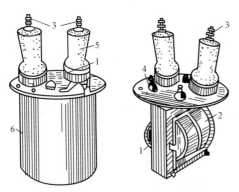

图 2-24 JDJ-10 型油浸自冷式
单相电压互感器结构图

1—铁芯；2——一次绕组；3——一次绕组引出端；

4—二次绕组引出端；5—套管绝缘子；6—外壳

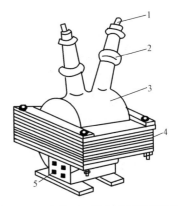

图 2-25 JDZJ-10 型电压互感器结构图

1——一次接线端；2—高压绝缘套管；

3——一、二次绕组，环氧树脂浇注；

4—铁芯；5—二次接线端

图 2-25 为 JDZJ-10 型电压互感器的结构图，为单相三绕组、环氧树脂浇注绝缘的户内电压互感器。三个这种电压互感器接成 YNynd 的接线，可供小接地电流的电力系统中作电压、电能测量及单相接地保护（绝缘监察）之用。

图 2-26 为 JCC1-110 型电压互感器结构图，其为 110kV 单相串级式电压互感器。电压为 110kV 及以上的电压互感器，普遍采用串级式结构。串级式电压互感器的缺点是准确度较低，误差随着串级元件数目的增多而增多。我国生产的 JCC1 型电压互感器的准确度级为 1 级和 3 级。

四、电压互感器的接线

电压互感器在三相系统中需要测量的电压有线电压、相电压和单相接地时出现的零序电压。为了测量这些电压，电压互感器则有几种不同的接线方式，最常见的有以下几种接线方式，如图 2-27 所示。

（1）一台单相电压互感器测量相对地电压的接线，图 2-27（a）所示；测量相间电压的接线如图 2-27（b）所示。

（2）两台单相电压互感器接成 V/V 形（不完全星形），见图 2-27（c），接于三相三线制电路的各个线电压，广泛地应用在工业企业变配电所 6～10kV 中性点不接地系统中。

（3）三台单相三绕组电压互感器接成 YNynd0 或 YNyd0，见图 2-27（d），广泛应用于 3～220kV 系统，其二次绕组用

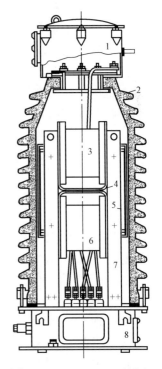

图 2-26 JCC1-110 型串级
式电压互感器结构图

1—储油柜；2—瓷箱；3—上柱绕组；

4—隔板；5—铁芯；6—下柱绕组；

7—支撑绝缘板；8—底座

于测量相间和相对地电压，辅助二次绕组接成开口三角形，供绝缘监测仪表和测量零序电压。

（4）电容式电压互感器接线（阻尼器的二次绕组未画），见图 2 - 27 （e）。

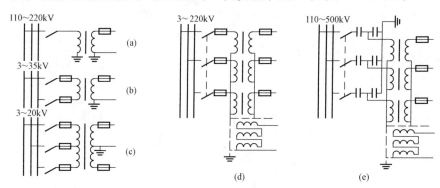

图 2 - 27　电压互感器接线

（a）测相对地；（b）测相间；（c）V/V 形接地；（d）YNYnd0 接线；（e）电容式接线

五、使用注意事项

（1）电压互感器的二次侧在工作时不得短路。因为二次绕组匝数少、阻抗小，如发生短路，短路电流将很大，足以烧坏互感器，因此低压侧电路要串接熔断器作短路保护。

（2）电压互感器的铁芯和二次绕组的一端必须可靠接地，以防止高压绕组绝缘被损坏时，高电压窜入二次侧，从而危及人身和设备的安全。

（3）电压互感器在连接时，与电流互感器一样也应该注意其一、二次绕组接线端子上的极性。

（4）电压互感器的准确度等级与其使用的额定容量有关，如 JDG - 0.5 型电压互感器，其最大容量为 200VA，输出不超过 25VA 时准确度等级为 0.5 级；输出 40VA 以下为 1.0 级；输出 100VA 以下为 3.0 级。这是因为输出电流越大，电压误差越大的缘故。为了保证所接仪表的测量准确度等级，电压互感器的准确度等级比所接仪表的准确度等级要高两级。

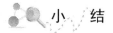 小　　结

互感器是电力系统中联系一、二次系统的元件，基本工作原理与变压器相同。本章对互感器的分类、结构及部分运行问题进行了较详细的介绍，简介了部分新设备。

电流互感器将大电流变成标准的小电流，特点是在近似短路状态下工作。电流互感器在运行中二次绕组绝对不得开路，互感器准确度要比所接仪表高两级。

电压互感器将高电压变为标准的低电压，特点是它的二次绕组近似在断路的状态下工作，二次绕组电流很小，所以其变压比很准确。

本章的主要内容如下：

（1）电流互感器分类、型号及额定值的说明；新型电流互感器简介。

（2）电流互感器原理接线，电流互感器的误差和准确级的概念。

（3）一般干式和浇注绝缘、油浸式、SF_6 气体绝缘电流互感器的结构；电流互感器的结构实例。

（4）电流互感器使用中的注意事项。

（5）电压互感器分类、型号、额定值的说明。

（6）电压互感器原理接线、工作特点、电压互感器的误差和准确度等级的概念。

（7）浇注式、油浸式、串级式、SF$_6$气体绝缘和电容式电压互感器的结构；电压互感器的结构实例。

（8）电压互感器在不同使用情况下的接线。

（9）电压互感器使用中的注意事项。

习　题

2-1　电流互感器在原理、特点上和普通变压器有何区别？

2-2　电流互感器的型号如何表示？

2-3　什么是电流互感器的额定电流比？

2-4　电流互感器都有哪些准确度等级？

2-5　测量用电流互感器的误差用两个什么指标来衡量？其含义是什么？

2-6　电流互感器运行时，为什么二次绕组禁止开路？

2-7　互感器绕组的极性是怎样确定的？什么是"减极性"？

2-8　电压互感器的型号如何表示？

2-9　什么是电压互感器的额定电压比？

2-10　电压互感器都有哪些准确度等级？

2-11　电压互感器的误差用什么指标来衡量？其含义是什么？

2-12　电压互感器常用的有哪些接线方式？各适用于哪些情况？

2-13　接地相与地间的单相三绕组电压互感器的剩余电压绕组起什么作用？

2-14　串级式电压互感器中的耦合绕组和平衡绕组是怎样布置的？起什么作用？

2-15　电压互感器运行时，为什么二次绕组禁止短路？

第三章 防止过电压的设备与设施

电力系统在正常运行时，线路、变压器等电气设备以及用户电器的绝缘所承受的电压为其相应的额定电压。但由于某种原因，可能发生电压升高的现象，以致引起电气设备的绝缘遭到破坏。这种对电气设备绝缘有危险的电压升高称之为过电压。过电压按其产生的原因不同，一般分为内部过电压和大气过电压（也称雷电过电压）两类。

内部过电压指电力系统内部进行操作或发生故障，使能量转化或传递而引起的过电压。内部过电压按其性质分为操作过电压、弧光接地过电压和谐振过电压三种。内部过电压的幅值一般为电源电压的几倍，相对大气过电压而言数值较小。由于电气设备的绝缘强度在设计时都留有一定的裕度，因此，内部过电压对变配电装置中的电气设备危害较小。

大气过电压指大气中雷云放电而引起的过电压，分为直接雷击和静电感应过电压两种形式。大气过电压所形成的雷电流及冲击波电压可达到几十万安和1亿伏，破坏性极大。

为了保证对电气设备的安全和操作者的人身安全，电力系统中采用了接地装置。本章将对专门限制过电压的电器和各种接地装置进行讨论。

第一节 避 雷 器

避雷器是一种能释放过电压能量、限制过电压幅值的保护设备。使用时将避雷器安装在被保护设备附近，与被保护设备并联。在正常情况下避雷器不导通（最多只流过微安级的泄漏电流）。当作用在避雷器上的电压达到避雷器的动作电压时，避雷器导通，通过大电流，释放过电压能量并将过电压限制在一定水平，保护设备绝缘。在释放过电压能量后，避雷器恢复到原状态。本节重点讨论最常用的阀式、金属氧化物避雷器，简单介绍管式避雷器、保护间隙和击穿保险器等。

一、避雷器的分类及型号

1. 避雷器的分类

（1）按工作元件品种分：碳化硅阀式和金属氧化物避雷器。

（2）按结构分：普通阀式、磁吹阀式、无间隙金属氧化物、有串联间隙金属氧化物和有并联间隙金属氧化物避雷器。

（3）按用途分：交流通用型、交流特殊应用和直流型避雷器。交流通用型有配电用、电站用、低压用、旋转电机用、电气化铁道用等避雷器。交流特殊应用型有阻波器用、电容器组用、电缆护层用和线路用等避雷器。直流型有牵引装置用、阀用、阀中性点母线用、换流阀组直流母线用、直流母线用、中性母线用、平波电抗器用等避雷器。

（4）按使用环境条件分：正常使用条件型、高原型、污秽型、热带型避雷器。

（5）按外壳材料分：瓷壳型、有机壳型和铁壳型避雷器。

2. 避雷器型号

避雷器型号一般以产品形式（或系列代号）、结构特征、使用场所、设计序号、特征数字、附加特征代号等部分组成。符号代号一般用汉语拼音字头表示，各种不同形式的避雷器型号有差别。普通避雷器形式代号及含义见表3-1，通用型避雷器系列代号及应用范围见表3-2。

表3-1　　　　　　　　　　　　普通避雷器符号代号及含义

产品形式		结构特征		使用场所		附加特征	
代号	含义	代号	含义	代号	含义	代号	含义
F	碳化硅阀式	C	有磁吹放电间隙	S Z X D N L	用于配电 用于发电厂、变电所 用于变电所线路侧 用于旋转电机 用于中性点 用于直流	J W G	中性点有效接地 防污型 高原型
Y YH	磁绝缘外套 金属氧化物 有机复合外套 金属氧化物	W C B	无间隙 有串联间隙 有并联间隙	S Z R X L O T	用于配电 用于发电厂、变电所 用于保护电容器组 用于变电所线路侧 用于直流 用于油浸式 用于铁道	G W K	高原型 防污型 抗震型

表3-2　　　　　　　　　　　　通用型避雷器系列代号及应用范围

序号	名称	系列代号	应用范围
1	低压阀式避雷器	FS	低压网络，保护交流电器、电表和变压器低压绕组
2	配电用普通阀式避雷器		3~10kV交流配电系统，保护变压器等变电所电气设备
3	电站用普通阀式避雷器	FZ	3~110kV交流系统，保护变压器等变电所电气设备
4	电站用磁吹阀式避雷器	FCZ	35kV及以上交流系统，保护变压器等变电所电气设备尤其适用于绝缘水平较低或限制过电压的场合
5	保护旋转电机用磁吹阀式避雷器	FCD	用于保护交流发电机和电动机
6	无间隙金属氧化物避雷器	YW	包括本表序号1~5的全部应用范围
7	有串联间隙金属氧化物避雷器	YC	3~10kV交流系统，保护配电变压器、电缆头和变电所电气设备，与YW相比各有其特点
8	有并联间隙金属氧化物避雷器	YB	保护旋转电机和要求保护性能特别好的场合
9	直流金属氧化物避雷器	YL	用于保护直流电气设备

例如：①FCZ3-220JGY，表示磁吹、阀式、电站用、第3次改型、220kV、中性点直接接地、高原地区用避雷器；②Y10W-120/340，表示金属氧化物、10kA、无间隙、额定电压120kV、额定电流下残压不大于340kV的避雷器。

二、保护间隙与击穿保险器

1. 保护间隙

保护间隙是最为经济的防雷设备，一般由一对电极及其间的空气间隙组成过电压限制器。图3-1为常见的两种角型间隙的结构图，这种角型间隙俗称羊角避雷器。角型间隙与被保护设备相并联，一个电极接线路，另一个电极接地。但是为了防止间隙被外物（如鼠、鸟、树枝等）短接而发生接地，所以通常在其接地引下线中还串一个辅助间隙，如图3-2所示。这样，即使主间隙被外物短接，也不致造成接地短路事故。当受到过电压作用时，保护间隙被击穿放电，将过电压波的能量导入大地，避免被保护设备因电压升高而击穿。

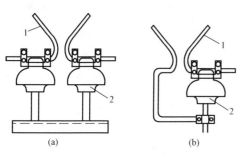

图3-1　角形间隙

(a) 装于铁横担上；(b) 装于木横担上
1—羊角形电极；2—支持绝缘子

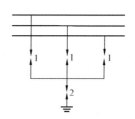

图3-2　三相角形间隙和
辅助间隙的连接

1—主间隙；2—辅助间隙

　　保护间隙具有陡峭的伏秒特性，不易与被保护设备的绝缘特性配合，而且由于空气间隙放电的分散性，放电电压也不太稳定。在保护间隙放电将过电压波能量导入大地的同时，电力系统中的工频短路电流（即工频续流）也将流过间隙。由于保护间隙一般没有熄灭工频续流电弧的能力，因此保护间隙的动作将在中性点有效接地系统中构成单相对地短路，必须由断路器分断电路，使电极间的电弧熄灭后才能恢复供电。保护间隙的放电还会使过电压波被截断，危及系统中变压器等电气设备绕组纵绝缘。所以对于装有保护间隙的电路，一般要求装有自动重合闸装置（ZCH）或自动重合熔断器与它配合，以提高供电可靠性。

　　保护电力变压器的角型间隙，一般都装在高压熔断器的内侧，即靠近变压器一边。这样在间隙放电后，熔断器能迅速熔断，以减少变电所线路断路器的跳闸次数，并缩小停电范围。

　　由于保护间隙结构极为简单，价格低廉，因此被用来保护输电线路上的弱绝缘和某些电气设备。

　　2. 击穿保险器

　　击穿保险器是用在低压电力网中的一种保护间隙。使用时直接和被保护的设备并联，用以限制被保护设备上的过电压。击穿保险器通常是密封在瓷套中的一个小间隙，间隙的工频放电电压为500～800V（有效值），雷电冲击放电电压不大于2000V（峰值）。一般将击穿保险器接在配电变压器低压侧（400V）绕组的不接地的中性点和地之间，或低压电力网的相线和地之间，用以防止3～10kV高压线路在故障下与低压线路搭接所造成的低压线路的电位升高，保护人身的安全。

　　三、管型避雷器

　　管型避雷器是利用产气材料在电弧高温作用下产气以熄灭工频续流电弧的避雷器，亦称排气式避雷器。图3-3为管式避雷器的结构原理图。其基本元件是安装在产气管内的放电灭弧间隙（称之为内间隙），由棒形和环形电极构成。产气管可用纤维、塑料或橡胶等材料制造。为避免产气受潮发生沿面放电而造成避雷器的误动，在使用时一般均串联外间隙。当作用在避雷器上的过电压达到间隙的放电电压时，外间隙和内间隙将相继放电，将过电压的电荷导入大地。在过电压消失后，避雷器将继续通过工频短路电流（即续流）。在工频短路电流电弧的作用下，产气管会分解出大量气体，由环形电极的开口孔喷出，产生强烈的吹弧作用，将电弧熄灭，此时外部间隙的空气恢复了绝缘，使管型避雷器与系统断开，恢复正常运行。

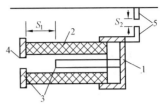

图 3-3　管式避雷器结构原理图
1—端盖；2—产气管；3—内电极；
4—喷气口；5—外电极；S_1—内
（灭弧）间隙；S_2—外（隔离）间隙

避雷器外部间隙的最小值：6kV 为 10mm；10kV 为 15mm。

管式避雷器的熄弧能力与被开断的续流的大小有关。续流太小时产气太少，将不能熄弧；续流太大时产气过多，又会使产气管爆破。因此，管式避雷器所能开断的续流有一定的上限和下限。管式避雷器的伏秒特性比较陡峭，不易和被保护设备的绝缘特性相配合，而且放电后会产生截波，不宜用来保护有绕组的设备的内绝缘，一般只用于线路上。

四、阀型避雷器

阀型避雷器指含有阀片的避雷器，从结构上可分为有间隙和无间隙两种。

阀片实际上是一种非线性工作电阻片，阀片电阻的非线性使阀片在低电压下具有较高的电阻值，在高电压下具有较低的电阻值。常用的阀片材料有碳化硅与氧化锌（包括其他金属氧化物）两种。以碳化硅阀片为非线性电阻元件组成的避雷器，称为碳化硅避雷器。以氧化锌阀片为非线性电阻元件组成的避雷器，称为金属氧化物避雷器或氧化锌避雷器。磁吹避雷器是以碳化硅阀片和磁吹放电间隙串联组成的阀式避雷器。

阀式避雷器的阀片和放电间隙（如有）一般装在密封的瓷套内，为了防止内部元件受潮，瓷套两端必须用橡胶圈或其他方式密封。110kV 及以上的阀式避雷器一般还装有防爆装置，以防止避雷器动作后不能熄灭电弧而引起的瓷套爆炸。当避雷器由数节瓷套叠成或瓷套比较高时，应在避雷器顶部加均压装置。对用在额定电压为 35kV 及以上电力系统中的阀式避雷器，需在避雷器下方串接放电记录器，记录避雷器的放电次数。

阀式避雷器动作时所能承受的最大工频电压有效值称为阀式避雷器的额定电压。其放电间隙应能在该额定电压作用下切断工频续流。避雷器的额定电压对有间隙阀式避雷器也曾称为灭弧电压。雷电冲击（或操作冲击）电流通过阀式避雷器时，避雷器所呈现的电压降称为雷电冲击残压（或操作冲击残压），它是表征阀式避雷器保护特性的重要参数。对带有串联间隙的阀式避雷器来说，表征保护特性的参数还应包括避雷器在雷电冲击和操作冲击下的放电电压。避雷器的雷电冲击放电电压应与雷电冲击残压相当，操作冲击放电电压应与操作冲击残压相当。雷电冲击残压或操作冲击残压与避雷器额定电压（峰值）的比，称为阀式避雷器的雷电冲击保护比或操作冲击保护比。保护比愈小，避雷器的保护性能愈好。

1. 普通（碳化硅）阀式避雷器

普通（碳化硅）阀式避雷器是由碳化硅阀片和平板间隙串联组成的阀式避雷器，其结构如图 3-4 所示。

碳化硅阀片是由金刚砂和黏合剂在 500℃ 下烧结而成的圆饼，其电阻是非线性的，如图

3-5所示。当承受工频电压时阀片电阻值很高，工频电流很难通过，但当加以冲击高电压时，它的阻值又变为很小，通常利用它的这种特性来达到防雷保护的目的。但此特性不够理想，必须加串联的放电间隙来隔离正常工作电压。当过电压的幅值达到间隙的放电电压时，间隙放电，释放过电压能量。过电压能量释放后，在工频电压的作用下，碳化硅阀片中仍流过数十至数百安的工频续流，再依靠绝缘恢复后的放电间隙切断工频续流，使避雷器恢复不导通状态。避雷器的额定电压越高，所用的阀片数越多。

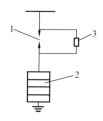

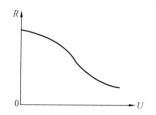

图3-4 普通阀式避雷器结构示意图
1—间隙；2—阀片；3—非线性并联电阻

图3-5 阀片电阻特性

普通避雷器所用的平板间隙结构如图3-6所示。图3-6（a）为单个平板间隙，由黄铜电极和云母片组成，云母片厚0.5～1.0mm，其电场比较均匀，而且在加压后会在电极和云母片间的空气隙处强电场的作用下形成预游离。所以间隙的放电分散性小，与保护间隙比较，较易与被保护设备的绝缘配合，每个放电间隙的放电电压为2.5～3kV，能熄灭80A（最大值）续流电弧能力。图3-6（b）为数个平板间隙组成的间隙组，避雷器的额定电压越高，所用的间隙组越多。为了使电压沿间隙组分布均匀，在间隙组较多时，要在每个间隙组上并接高值的均压电阻。在正常工作时放电间隙具有足够的绝缘强度，不会被电路的正常运行电压击穿。普通阀型避雷器的外形和结构图见图3-7。

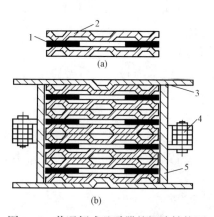

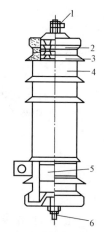

图3-6 普通阀式避雷器的间隙结构图
（a）单个平板间隙；（b）间隙组
1—黄铜电极；2—云母片；3—黄铜盖板；
4—均压电阻；5—瓷套筒

图3-7 普通阀型避雷器外形和结构图
1—上接线端；2—放电间隙；
3—云母片；4—瓷套；5—阀片；
6—下接线端

普通阀式避雷器在雷电冲击电流下的残压比磁吹避雷器和金属氧化物避雷器要高。普通阀式避雷器在电力系统中已使用了半个世纪。20世纪60年代以后，普通阀式避雷器逐步被磁吹避雷器所取代，近年来，又有为金属氧化物避雷器代替的趋势。由于普通阀式避雷器结构简单、价格低廉，在中性点非有效接地系统中仍有一定范围的使用。

2. 磁吹避雷器

磁吹避雷器使用碳化硅阀片，并带有串联的磁吹放电间隙。磁吹避雷器保护性能优于普通阀式避雷器，其雷电冲击和操作冲击的保护比分别为 1.54 和 1.5，一般用在 110kV 及以上的高压电力网中，也可用来保护绝缘较弱的旋转电机。在中性点有效接地的高压电网中使用的磁吹避雷器，除了限制雷电过电压外，还可限制部分操作过电压。

磁吹间隙靠磁场力吹弧来切断工频续流，磁吹放电间隙分为旋转电弧型和拉长电弧型（限流型）两类。高压磁吹避雷器的放电间隙由数十个单间隙串联而成，为了使电压沿各间隙分布均匀，通常将它们分成若干组，在每个间隙组上并联特性相同的均压电阻。

（1）旋转电弧型磁吹间隙。旋转电弧型磁吹间隙的结构如图 3-8 所示。其磁场由永久磁铁 1 产生，电弧 4 在磁场的作用下沿圆形间隙旋转，使弧道冷却，加速了电流过零后弧隙介质强度的恢复，能切断 300A（幅值）左右的工频续流。

（2）拉长电弧型磁吹间隙。拉长电弧型磁吹间隙的结构如图 3-9 所示。其磁场由线圈 3 产生，电弧 1 在磁场的作用下被拉长并进入灭弧盒 2 的狭缝内，受到冷却，产生强烈的去游离而熄灭。狭缝中的电弧有较高的电位梯度，电弧的压降还可起到限制工频续流的作用，因此可减少部分阀片，使避雷器的雷电冲击残压得到相应的降低。为避免雷电电流在磁吹间隙上形成的压降叠加到残压上，磁吹线圈要并联一个分流间隙，当雷电通过线圈形成压降时，分流间隙应放电将线圈短路；当工频续流通过时，分流间隙应自动熄弧使续流转入线圈，形成吹弧磁场。拉长电弧型磁吹间隙可熄灭高达 1000A（幅值）的续流。

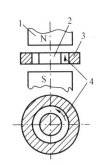

图 3-8 旋转电弧型磁吹间隙结构图
1—永久磁铁；2—内电极；3—外电极；
4—电弧（箭头代表电弧受力方向）

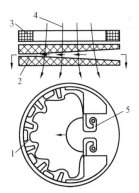

图 3-9 拉长电弧型磁吹间隙结构图
1—电弧；2—灭弧盒；3—磁吹线圈；
4—磁力线；5—电极

3. 金属氧化物避雷器

金属氧化物避雷器也称氧化锌（ZnO）避雷器。金属氧化物避雷器的保护性能优于普通阀式避雷器和磁吹避雷器，其雷电冲击和操作冲击的保护比分别为 1.5 和 1.3。

金属氧化物阀片是以氧化锌为主要成分，加入少量的铋、钴、铬、锰、锑等金属氧化物作为添加剂，经过混料、造粒、成型，在 1000℃ 以上的高温下烧结而成的，形状呈圆饼或环形。金属氧化物阀片具有比碳化硅阀片更好、更优异的非线性特性，使其在正常工作电压下只流过微安级的电流（此时可以认为阀片不导通），所以一般可不设串联间隙。由于没有串联间隙，金属氧化物避雷器对过电压响应快，便于和六氟化硫气体绝缘电器和其他电器的绝缘特性相配合。金属氧化物阀片具有较大的通流能力，而且可以用多组阀片并联的方式来提高通流能力，所以金属氧化物避雷器可以吸收很大的操作过电压能量。

金属氧化物避雷器的参考电流，与阀片的材料和直径有关，一般出现在 $1\sim20\text{mA}$ 之间。在参考电流下测得的避雷器上的电压称为避雷器的参考电压。当作用在避雷器上的电压超过其参考电压时，流过阀片的电流将迅速增大。

无间隙金属氧化物避雷器在运行中将长期受工频电压的作用。在运行中允许持久地施加在避雷器上的工频电压（有效值）称为避雷器的持续运行电压。避雷器的最大持续运行电压峰值与其参考电压之比称为避雷器的荷电率。性能良好的金属氧化物阀片的荷电率可达 90%。金属氧化物避雷器的荷电率一般设计在 $50\%\sim80\%$ 的范围内。过高的荷电率将降低避雷器的寿命。

为减少金属氧化物避雷器的荷电率，又不增大其残压，可以在部分阀片上并联放电间隙。当残压上升到一定值后，并联间隙放电将阀片短接，从而阻止了残压的进一步升高。这种避雷器称为带并联间隙的金属氧化物避雷器。

在中性点非有效接地系统中，由于单相接地运行的时间可能很长，加上可能遇到弧光接地过电压的持续作用，要求金属氧化物避雷器有较高的荷电率和较大的释放能量的能力。为解决这一困难，可以加设串联间隙组成有串联间隙的金属氧化物避雷器。

第二节　避雷针与避雷线

避雷针与避雷线是拦截雷击将雷电引向自身并泄入大地，使被保护物免遭直接雷击的防雷装置。避雷针与避雷线实际上是一组引雷导体，由直接接受雷击的接闪器、接地引下线和接地体组成。

一、避雷针

1. 避雷针的结构

（1）接闪器。避雷针的接闪器必须高于被保护物，顶部呈尖形，固定于被保护物体或邻近支持物上，是避雷针的最高部分。避雷针用长度为 $1.5\sim2\text{m}$ 的镀锌圆钢或镀锌焊接钢管制成，圆钢直径应不小于 10mm；钢管直径不小于 20mm，管壁厚度不小于 2.75mm。

（2）引下线。引下线将接闪器上的雷电流安全地引到接地装置，使之尽快泄入大地。引下线一般都用 35mm^2 的镀锌钢绞线或者圆钢以及扁钢制成。用圆钢时，直径不小于 8mm；如用扁钢，厚度不小于 4mm，截面积不小于 48mm^2。如果避雷针的支架是采用铁管或铁塔形式，可利用其支架作为引下线，而无需另设引下线。

（3）接地装置。接地装置是避雷针的最下部分，埋入地下，由于它和大地中的土壤紧密接触，可使雷电流很好地泄入大地。接地装置一般都是用角钢、扁钢或圆钢钢管打入地中，其接地电阻一般不能超过 10Ω。

2. 避雷针的保护范围

在一定高度的避雷针下面，有一个安全区域，通常认为是一个闭合的锥体空间，在这个区域中的物体基本上不致遭受雷击，这个安全区一般称为避雷针的保护范围。

避雷针按所采用的支数不同可分为单支、双支和多支的避雷针，其保护范围也各有不同。

(1) 单支避雷针。单支避雷针的保护范围如图 3-10 所示。由于单支避雷针的保护范围对轴心是对称的，所以该保护范围实际上是一个以避雷针为轴心的旋转体。

1) 避雷针在地面上的保护半径（m）的计算式为

$$r=1.5h$$

2) 在被保护物高度 h_b 水平面上的保护半径（m），h_b 为被保护物的高度，$h_a=h-h_b$ 为避雷针的有效高度，r_b 为避雷针对应 h_b 高度在水平面上的保护半径。

当已知避雷针的高度以后，可决定A、C、B 三点，并将其间连以直线，则可得到以折线法所绘出的曲线。这样可

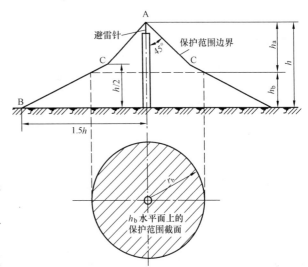

图 3-10 单支避雷针的保护范围
h—避雷针高度

以使计算较为简便，而且与曲线法计算所得的保护范围十分接近。

避雷针在地面上的保护半径为 $r=1.5h$，而在被保护物高度上的保护半径可由下式决定

当 $h_b>h/2$ 时　　　　　　　　$r_b=(h-h_b)P$ 　　　　　　　　(3-1)

当 $h_b<h/2$ 时　　　　　　　　$r_b=(1.5h-2h_b)P$ 　　　　　　(3-2)

其中，$h\leq30m$ 时，$P=1$；$h>30m$ 时，$P=5.5/\sqrt{h}$。

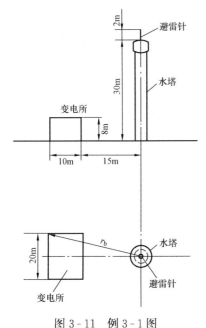

图 3-11　例 3-1 图

【例 3-1】　某厂一座 30m 高的水塔旁边，建有一个车间变电所，尺寸如图 3-11 所示，单位为 m。水塔上面装有一支高 2m 的避雷针来保护直击雷。试问水塔上的避雷针能否保护这一变电所？

解　已知 $h_b=8m$，则有
$$h=30+2=32（m）$$
$$h_b/h=8/32=0.25<0.5$$

故由式（3-2）得被保护变电所高度水平面上的保护半径为

$$r_b=(1.5h-2h_b)P$$
$$=(1.5\times32-2\times8)\times5.5/\sqrt{32}$$
$$=31.1（m）$$

现变电所一角离避雷针最远的水平距离为
$$r=\sqrt{(10+15)^2+10^2}=26.9（m）<r_b$$
由此可见，水塔上安装的避雷针是完全可以保护这个变电所的。

(2) 双支避雷针。双支避雷针的保护范围如图 3-12 所示。当避雷针的高度在 30m 以下

而两支避雷针之间的距离又不超过有效高度的 7 倍时，如果某一高度的被保护物位于两支避雷针相应的保护范围之内，则将受到可靠的保护。由此可见，双支避雷针的保护范围，明显地大于两支单支避雷针保护范围的总和。

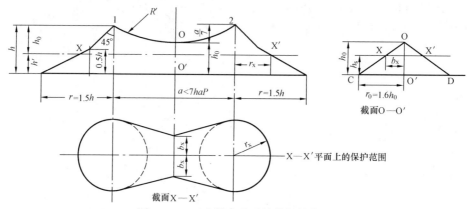

图 3-12　双支等高避雷针的保护范围

两避雷针外侧部分的保护范围的保护半径 r_x，可按单支避雷针来确定。

两支避雷针之间 1/2 保护宽度 b_x 的确定：画出 O—O′ 截面，从中即可找出。为此首先确定 O 点假想避雷针的高度 $h_0 = h_a / (7P)$，它在地面上的保护半径取 $r_0 = 1.6h_0$，其保护范围的外限为一通过 O 点的直线（即 OC 和 OD 直线），该直线与 h_x 水平面上的交点 X 与假想避雷针的水平距离即为 1/2 最小保护宽度，其表达式为

$$b_x = 1.6(h_0 - h_x) \tag{3-3}$$

式中　h_x——被保护物体的高度；

　　　h_0——假想避雷针的高度。

但设计时需注意 b_x 不得大于 r_x，两针之间的距离 a 不得大于 $7haP$，否则将会使 $h_x = 0$。

若为多支避雷针，只要所有相邻各对避雷针之间的联合保护范围都能保护，而且通过三支避雷针所做圆的直径 D，或者由四支或更多避雷针所组成多边形的对角线长度 D' 不超过有效高度的 8 倍（即 $D' \leqslant 8h_0$），则避雷针间的全部面积都可以受到保护。图 3-13 为多支避雷针的保护范围。

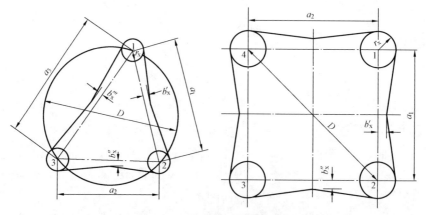

图 3-13　多支避雷针的保护范围

1~4—避雷针；a_1，a_2，a_3—避雷针之间的距离

迄今为止，还没有一种国际公认的计算保护范围的完善方法。

3. 避雷针的安装

避雷针受到雷击泄放电流时，沿接闪器、接地引下线和接地体上会出现高电位。这种高电位对于金属、砖石或混凝土结构一般不会造成破坏。所以像烟囱、冷水塔、架空线路杆塔、高压配电装置架构的避雷针接闪器和接地引下线，均可固定在其本体上。但这种高电位，对于易燃、易爆和敏感电子设备和低电压电气设备，便可能因出现火花或发生反击而起火爆炸或被电压击穿。通常要采取降低接地电阻或设置独立避雷针等措施来消除这种危险。

4. 避雷针的保护作用及用途

当被保护物附近上空雷云的放电先导发展到距地面和被保护物一定高度时，由于避雷针高出地面和被保护物体，而且又有良好的接地，便会影响雷云电场发生畸变，引导雷云放电先导向其自身发展，使避雷针构成雷电流入地的最短通道。在大多数情况下，雷电将击于避雷针而不击于被保护物体，因此避雷针具有引雷的作用。

避雷针常被用作发电厂和变电所的屋外配电装置、烟囱、冷水塔和输煤系统等的高建筑物和构筑物，油、气等易燃物品的存放设施以及微波通信天线等的直击雷保护装置。

二、避雷线

1. 避雷线的结构及作用

避雷线是架设在被保护物上方水平方向的金属线或金属带，顺着每根支柱引下接地线并与接地装置相连，引下线应有足够的截面，接地装置的接地电阻一般应保持在 10Ω 以下，是架空输电线路最常用的防雷设施。

避雷线的主要作用是对架空输电线路的导线进行屏蔽，将雷云对架空线路的放电引向自身并泄入大地，使线路导线免遭直接雷击。如果避雷线挂得较低，离导线很近，雷电有可能绕过避雷线直击导线，因此为了提高避雷线的保护作用，需要将它悬挂得高一些。

避雷线也可用以保护屋外配电装置和其他工业与民用建筑与构筑物。由于其保护区域可沿被保护物的顶部结构水平延伸，易于实现较大面积的遮蔽，且外形易于同周围景观协调，所以在建筑物的防雷措施中使用避雷线的作法也很普遍。

2. 避雷线的保护范围

避雷线和避雷针一样，也有一定的保护范围。

(1) 单根避雷线。用单根避雷线保护变电所的电气设备时，其保护范围如图 3 - 14 所示，图中 h 为避雷线的高度。

单根避雷线在被保护物高度 h_b 的水平面上的 1/2 保护宽度可按下式决定

当 $h_b > h/2$ 时　　　　　　　　$r_b = 0.47(h - h_b)P$　　　　　　　　(3 - 4)

当 $h_b < h/2$ 时　　　　　　　　$r_b = (h - 1.53h_b)P$　　　　　　　　(3 - 5)

其中，当 $h < 30m$ 时，$P = 1$；当 $h > 30m$ 时，$P = 5.5/\sqrt{h}$。

(2) 两根避雷线。用两根避雷线保护变电所电气设备时，其保护范围如图 3 - 15 所示。两根避雷线外侧的保护范围按单根避雷线来决定，两根避雷线内侧保护范围的横截面，则由通过避雷线顶点及中点 O 的圆弧确定，O 点的高度为

$$h_0 = \frac{h - a}{4P} \qquad (3 - 6)$$

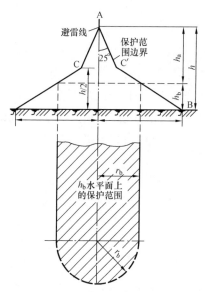

图 3-14　单根避雷线的保护范围

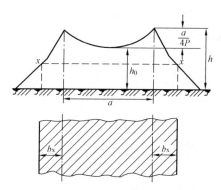

图 3-15　两根平行避雷线的保护范围

式中　a——两根避雷线间的距离；

　　　　h——避雷线的高度。

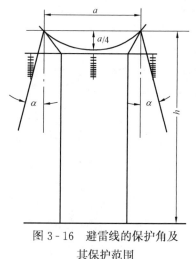

图 3-16　避雷线的保护角及
　　　　　其保护范围

用避雷线保护输电线路时，避雷线对外侧导线的遮蔽作用通常以保护角度 α 来表示。所谓保护角就是指避雷线到导线的直线和避雷线对大地的垂线之间的夹角，如图 3-16 所示。保护角越小，其保护可靠程度也越高。运行经验证明：在正常结构的杆塔上，当避雷线的保护角在 $20°\sim$ $25°$以下时，雷电绕过避雷线直击导线的可能性很小（小于0.001）。但要使保护角 α 减小，就需要增加避雷线的支持高度，这样将使线路造价大为增加。从安全、经济的观点出发，避雷线的保护角一般应保持在 $20°\sim30°$范围内为宜。

必须指出，为了降低雷电通过避雷线放电时感应过电压的影响，不论避雷针或是避雷线与被保护物之间必须有一定的安全空气距离，一般情况下不允许小于 5m。另外，防雷保护用的接地装置与被保护物的接地体之间也应保持一定的距离，一般不应小于 3m。

第三节　电 气 装 置 接 地

将变电所、输电线路的电气装置的某些金属部分用导体（接地线）与埋设在土壤中的金属导体（接地体）相连接，称为电气装置接地。接地线指电气设备接地部分与接地体连接用的金属导体。接地体指埋入地中并直接与大地接触的金属导体。

接地体和接地线总称为接地装置，是变配电所保护系统中的组成部分，对电气设备的安全和操作者的人身安全有重要作用。

一、电气装置接地的分类

电气装置接地按其作用不同分为工作接地、保护接地、防雷接地和防静电接地四种。

1. 工作接地

电气设备因为正常工作或排除故障需要的接地称为工作接地。例如，中性点直接（有效）接地系统中，自耦变压器中性点和需要接地的电力变压器中性点、线路并联电抗器中性点的小电抗器接地端、电压互感器接地端、接地隔离开关接地端等需接地；非直接接地系统中，消弧线圈接地端、接地变压器接地端和绝缘监视电压互感器一次侧中性点需接地。

2. 保护接地

当电气设备和操作工具的绝缘发生损坏时，其平时不带电的金属外壳或架构可能带电，为防止这种电压危及人身安全的接地称为保护接地。在三相五线制中性点直接接地的低压供用电系统中，为更有效地保护人身和设备安全还采用了保护接零。

电气设备的下列金属部分，除另有规定者外，均应接地或接中性线或接保护线：①电机、变压器、电器、耦合电容器、电抗器和照明器具以及工器具等的底座及外壳；②金属封闭气体绝缘开关设备（GIS）和大电流封闭母线外壳；③电气设备的传动装置；④互感器的二次绕组；⑤配电盘与控制台、箱、柜的金属柜架；⑥屋内外配电装置的金属架构和钢筋混凝土架构以及靠近带电部分的金属围栏和金属门；⑦交、直流电力电缆接线盒、终端盒的外壳和电缆的外皮，穿线的钢管等；⑧装有避雷线的电力线路的杆塔；⑨在非沥青地面的居民区内，无避雷线小接地短路电流架空电力线路的金属杆塔和钢筋混凝土杆塔；⑩装在配电线路上的开关设备、电容器等电气设备的底座及外壳；⑪铠装控制电缆的外皮、非铠装或非金属护套电缆的 1～2 根屏蔽芯线。

电气设备的下列金属部分，除另有规定者外，不需接地、接中性线或接保护线：①在木质、沥青等不良导体地面的干燥房间内，交流额定电压 380V 及以下、直流额定电压 440V 及以下的电气设备外壳，但当维护人员可能触及电气设备外壳和其他接地物体时除外，有爆炸危险的场所也除外；②在干燥场所，交流额定电压 127V 及以下，直流额定电压 110V 及以下的电气设备外壳，但有爆炸危险的场所除外；③安装在配电盘、控制台和配电装置间隔墙壁上的电气测量仪表、继电器和其他低压电器的外壳，以及当发生绝缘损坏时，在支持物上下会引起危险电压的绝缘子金属底座等；④安装在已接地的金属架构上的设备（应保证电气接触良好），如套管等，但有爆炸危险的场所除外；⑤额定电压 220V 及以下的蓄电池室内支架；⑥与已接地的机床底座之间有可靠电气接触的电动机和电器的外壳，但有爆炸危险的场所除外；⑦由发电厂、变电所和工业企业区域内引出的铁路轨道，但运送易燃易爆物者除外。

3. 防雷接地

为防雷保护装置泄放雷电流入大地的接地称为防雷接地。例如，避雷针、避雷线（带、网）、避雷器接地端和间隙接地端需接地，尚需在保护装置附近加装集中接地装置与其连接。

4. 防静电接地

为防止静电危险影响的接地称为防静电接地。例如，运输车、储油罐、输油管道和易燃易爆物的金属外壳需接地。

二、与接地有关的基本概念

1. 人体触电

当人体触电时，体内通过的电流使部分或整个身体遭到电的刺激和伤害，引起电伤和电击。电伤指人身体的外部受到电的伤害，如灼烧、电烙印等。电击则指人身体的内部器官受到的伤害。如电流作用于人的神经中枢，使心脏和呼吸机能的正常工作受到破坏，发生搐动和痉挛，失去知觉等现象，也可能使呼吸器官和血液循环器官的活动停止或大大减弱，而形成所谓假死。此时，若不及时采用人工呼吸和其他医疗方法救护，人将不能复生。一般的死亡事故，大都由电击造成。

人触电时受害程度与很多因素有关，与作用于人体的电压、人体的电阻、通过人体的电流数值及频率、电流通过的时间、电流在人体中流通的路径及个人体质情况等诸多因素有关，其中电流数值是危害人体的最直接的因素。

根据试验研究认为，频率为 50Hz 的交流电，在 10mA 以上开始对人有危害，当超过 50mA 时对人有致命危险。但是决定电流值的人体电阻有很大的变化范围，从 1500Ω 到几万欧，它与人的皮肤表面状况、接触面积、触电电压、电流作用时间和人的体质因素有关。当皮肤表面破损或潮湿时，电阻大为下降，最小值可达 800～1000Ω 以下。对一般情况，按安全电流范围和人体电阻曲线（人体电阻是随触电电压而改变），可求出安全电压范围为 50V。我国规定安全电压在没有高度危险的环境下是 65V，在有高度危险的环境下是 36V，在特殊危险的环境下是 12V。触电电压和允许通电时间的关系见表 3-3。

表 3-3   **触电电压与允许通电时间的关系**

预期触电电压（V）	<50	50	65	90	110	150	220	280
最大允许通电时间（s）	8	5	1	0.5	0.2	0.1	0.05	0.03

人体的触电有两种情况：

（1）人与带电部分过分接近或直接接触。为防止触电，对电气设备应设置遮栏，并保证通道的宽度，且必须遵守电气安全工作规程。

（2）人接触到平时不带电，但绝缘损坏后可能带电的电气设备的金属结构和外壳，应采用接地和接零来防止触电。

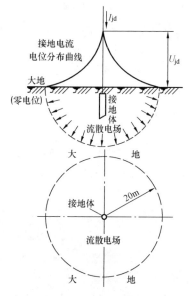

图 3-17 地中电流和对地电压

2. 接地电流和对地电压

当电气设备发生接地故障时，电流就通过接地体向大地作半球形散开，如图 3-17 所示，这一电流称为接地电流。

由于这半球形的球面，在距接地体越远的地方越大，所以距接地体越远的地方散流电阻越小，其电位也就越小，电位分布图如图 3-17 所示的曲线。

试验证明，在距单根接地体或接近故障点 20m 左右的地方，电位已趋近于零，即距离接地体或接地故障点 20m 以上的地方，称为电气的"地"或"大地"。

电气设备的接地部分，如接地的外壳和接地体等，与零电位的"大地"之间的电位差，称为接地部分的对地电压，见图 3-17 中的 U_{jd}。

3. 接触电压和跨步电压

当电气设备的绝缘损坏之后，站在接地电流形成的散流电场区域内的人，接触到设备外壳即感受到接地电压 U_{jc}，如图 3 - 18 所示。这种加在人身体两点之间的电位差称为接触电压。图 3 - 18 中人站在位置 1，手部触及已漏电的变压器，则手、脚之间的电位差等于漏电设备对地电压与他所站立地点对地电压之差 U_{jc}。

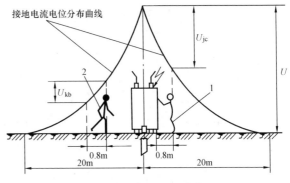

图 3 - 18 接触电压和跨步电压

跨步电压指人站在地上具有不同对地电位的两点，在人的两脚之间所承受的电位差。跨步电压与跨步大小有关，人的跨步一般按 0.8m 考虑；大牲畜的跨步可按 1.0～1.4m 考虑。图 3 - 18 中人站在位置 2 两脚之间的电位差 U_{kb} 即为他所承受的跨步电压。

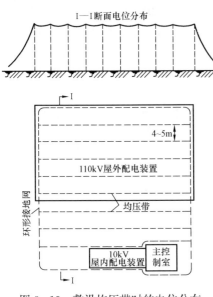

图 3 - 19 敷设均压带时的电位分布

为了保证人身安全，应采取措施减少接触电压和跨步电压，一般采用接地网的布置尽量使厂区内的电位分布均匀。例如将接地装置布置成环形，在环形接地装置内部加设相互平行的均压带，距离一般为 4～5m。为了节省材料，根据计算均压带扁铁宽度如小于 20mm 时，宜改用圆钢。在电气设备周围加装局部的接地回路，在被保护地区的人员入口处加装一些均压带，如图 3 - 19 所示。从 Ⅰ—Ⅰ 断面的电位分布曲线，可看出接触电压和跨步电压大为降低。此外，还可在设备周围、隔离开关操作地点及常有行人的处所，地表回填电阻率较高的卵石或水泥层等。为了减少经配电装置入地的电流，应加强配电装置与主厂房以及其他建（构）筑物接地网之间的联系，借以减小配电装置处的接触电压和跨步电压。

4. 散流电阻、接地电阻、冲击电阻

接地体对地电阻和接地线电阻的总和，称为接地装置的接地电阻。接地体的对地电压与通过接地体流入地中的电流之比值称为散流电阻。因为接地线的电阻很小，可忽略不计，因此，可认为接地电阻等于散流电阻。

当有冲击电流（如雷电流的值很大，为几十到几百千安；时间很短，为 3～6μs）通过接地体流入地中时，土壤即被电离，此时呈现的接地电阻称为冲击接地电阻。任一接地体的冲击接地电阻都比按通过接地体流入地中工频电流时求得的电阻（称为工频接地电阻）小。

5. 对接地电阻值的要求

接地电阻在现行电气设备接地装置规程中的规定如下：对于 1kV 以下的装置，一般不应大于 4Ω，但总容量为 100kV·A 以下的发电机、变压器或其并列机组的接地装置以及零线重复接地，可不大于 10Ω；对于 1kV 以上的装置，大接地电流系统的电气设备，其接地电阻不应大于 0.5Ω，小接地电流系统的电气设备一般不应大于 10Ω。

　　因此，一般中小型变配电所的接地电阻不应大于 4Ω。它满足了工作接地和保护接地的要求，也满足了安装在避雷器柜内的阀型避雷器对接地电阻的要求。

　　当不同电压等级的电气设备共用一个接地装置时，接地电阻应符合其中要求的最小值。为保证接地电阻的可靠性，在设计接地装置时应考虑到接地极的发热、腐蚀以及季节变化的影响。接地电阻值应在流过短路电流时，一年四季（包括土壤干燥或冻结时）都能满足要求。但防雷装置的接地电阻，只需考虑在雷雨季节中土壤干燥状态的影响。

　　6. 保护接地的原理及应用范围

　　在中性点对地绝缘的电网中带电部分意外地碰撞时，接地电流将通过触碰壳设备的人体和电网与大地之间的电容构成回路，如图 3-20（a）所示，流过故障点的接地电流主要是电容电流，一般情况下，此电流是不大的。但如果电网分布很广，或者电网绝缘强度显著下降，该电流可能达到危险程度，这样就有必要采取安全保护措施。

　　如果电气设备采用了保护接地措施，如图 3-20（b）所示，这时通过人体的电流仅仅是全部接地电流 I_{jd} 的一部分。显然，保护接地电阻 r_B 是与人体电阻并联的，r_B 越小，流经人体的电流也就越小，如果限制 r_B 在适当的范围内，就能保障人身的安全。所以在这种中性点不接地的系统中，凡因绝缘损坏而可能呈现对地电压的金属部分（正常时不带电）均应接地，这就是保护接地。

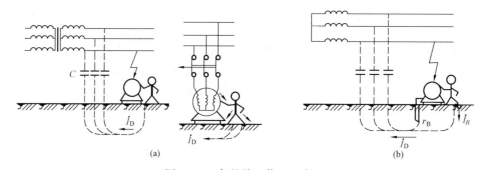

图 3-20　保护接地作用示意图

（a）无保护接地情况；（b）有保护接地情况

　　7. 保护接零

　　由变压器和发电机中性点引出并接地的中性线称之为电网的零线。接零是指电气设备在正常情况下不带电的金属部分直接和零线相连接，可以有效地起到保护人身和设备安全的作用，如图 3-21 所示。保护接零适用于三相四线制中性点直接接地的低压供用电系统。

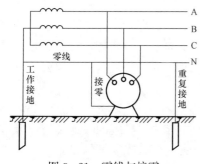

图 3-21　零线与接零

　　在采用保护接零的低压供用电系统中，当某一相线绝缘损坏碰壳时，单相接地短路电流就通过该相和零线构成回路。由于零线的阻抗很小，所以，单相短路电流很大，它足以使线路上的保护装置（如熔断器或低压断路器）迅速动作，从而使漏电设备断开电源，消除触电危险，起到保护作用。

　　为安全起见，在这种电网中的电气设备金属外壳除直接与零线连接外，零线还应在规定的地点做好重复接地，以保证保护接零的可靠性。这是为了确保保护接零安全可靠，除在电源处中性点进行工作接地外，还必须在零线的其他地方进行必要的接地，这称为重复接地。三相五线制供电就是将零线分为保护零线和工作零线，接线时要特别注意的是保护中性线需要另外设置，不得借用工作零线。如果接法有错误，一旦熔断器熔断或中性线断线，这时设备外壳将直接带上相电压，这对使用者来说是很危险的。因此，在没有条件实现保护接零的场合，宁可不采用保护接零，也不得借用工作零线当作保护零线。

必须指出的是，所有电气设备的保护零线均应以并联方式接在零干线上。

禁止在保护零线上安装熔断器或单独的断流开关。因为当碰壳引起短路电流使该熔体熔断或低压断路器跳闸时，保护接地或保护接零将被切断，该碰壳设备以及由该熔断器或低压断路器供电的所有设备处于无保护状态。如果此时相线没有被同时断开，这时工作人员是很危险的。

三、接地装置

按接地装置的布置，接地体分为外引式接地体和环路式接地体两种。接地线分为接地干线和接地支线。接地装置的布置如图 3-22 所示。变配电所中电气设备接地装置具有综合的性质，它包括变压器的工作接地、电气设备金属外壳的保护接地（保护接零的重复接地）以及防雷装置的接地等。这样，在电气设备的绝缘被击穿时，限制了接触电压的数值，保障了操作人员的安全。当有雷电压进入变配电所时，接地装置能迅速地将雷电流泄入大地。

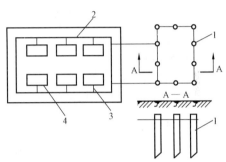

图 3-22　接地装置示意图
1—接地体；2—接地干线；3—接地支线；
4—电气设备

1. 一般要求

在设计和装设接地装置时，应先充分利用自然接地体，以节约投资和钢材。如果经实地测量自然接地体已经能够满足接地要求时，一般可不再装设人工接地装置（变电所除外），否则装设人工接地装置作为补充。

电气设备的人工接地装置的布置，应使接地装置附近的电位分布尽可能地均匀，尽量降低接触电压和跨步电压，以保证人身安全。如接触电压和跨步电压超过规定值时，应采取措施，以保证人身安全。

2. 自然接地体的利用

建（构）筑物的钢结构和钢筋、行车的钢轨、上下水的金属管道和其他工业用的金属管道（但可燃液体和可燃、可爆气体的管道除外），以及敷设于地下而数量不少于两根的金属电缆外皮等都可以用来作自然接地体。

在利用自然接地体时，一定要保证良好的电气连接。在建筑物钢结构的结合处，除已焊接者外，凡用螺栓连接或其他连接的，都要采用跨接焊接，跨接线一般采用扁钢。跨接线可选用 48mm^2 以上的扁钢和直径 6mm 以上的圆钢。利用电缆的外皮作为自然接地体时，接地线线箍的内部须烫上约 0.5mm 厚的锡层。电缆钢铠与接地线线箍相接触的部分，必须刮拭干净，以保证接触良好。

3. 人工接地体的装设

人工接地体有两种基本结构，垂直埋设的接地体和水平埋设的接地体，如图 3-23 所示。

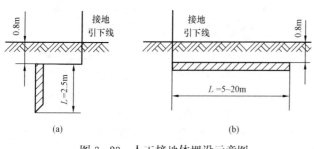

图 3-23　人工接地体埋设示意图
(a) 垂直接地体；(b) 水平接地体

最常见的垂直接地体为直径 50mm、长度 2.5m 的钢管。如果采用直径小于 50mm 的钢管，则由于钢管的机械强度较小、易弯曲，不适于采用机械方式打入土中；如果采用直径大于 50mm 的钢管，例如由 50mm 增大到 125mm 时，则散流电阻仅减少 1.5%，而钢材又耗费太多，经济上很不合算。如果钢管长度小于 2.5m 时，散流电阻增加很多；如果钢管长度大于 2.5m 时，散流电阻又减少得并不显著。由此可见，采用直径为 50mm、长度为 2.5m 的钢管作为单根接地体是最为经济合理的。为了减少外界温度变化对散流电阻的影响，所以埋入地下的接地体上部一般要离开地面 0.8m 左右。水平接地体长度一般以 5～20m 为宜。

4. 接地装置的应用

对于各种不同的土壤电阻率（参见表 3-4），一般采用不同形式的接地装置。

表 3-4　　　　　　　　　　　　土壤电阻率参考值

土壤名称	电阻率近似值（Ω·m）	土壤名称	电阻率近似值（Ω·m）
陶黏土	10	黄土	200
泥炭、泥灰岩、沼泽地	20	含砂黏土、砂土	300
捣碎的木炭	40	多石土壤	400
黑土、田园土、陶土	50	砂、沙砾	1000
黏土	60	河水	30～280
砂质黏土、可耕地	100		

（1）当土壤电阻率 $\rho < 300\Omega \cdot m$ 时，因电位分布衰减较快，可采用以垂直接地体为主的复合接地装置。

（2）当土壤电阻率 $300 < \rho \leqslant 500\Omega \cdot m$ 时，因电位分布衰减慢，可采用以水平接地体为主的复合接地装置。所谓复合接地装置就是将埋入地中的几根钢管或角钢（一般每隔 5m 打入一根）由扁钢互相连接起来，扁钢敷设在地下的深度不少于 0.3m，并由钢管的上端焊接。这种用扁钢连接起来的钢管所组成的复杂接地网就是最简单的复合接地装置，它是变电所中接地装置的主要类型。

为了降低变电所区域内的接触电压和跨步电压，应使配电装置区域内的电位分布尽可能均匀。为了达到这一目的，在配电装置区域内，适当的布置钢管、扁钢等，形成环形接地装置。对配电装置所占面积很大的区域内，在环形接地网中，还要敷设若干条相互平行的扁钢均压带，均压带之间的距离一般取 4～5m，环形外沿的各角应作成圆弧形，以减弱该处的电场，圆弧的半径一般取均压带间距离的一半，如图 3-19 所示。

为了降低接地网边缘经常有人出入的走道处的跨步电压，可在地下埋设两条不同深度而与接地网连接的扁钢，成"帽檐式"的均压带，则可使该处的电位分布显得较为平坦，如图 3-24 所示。"帽檐式"均压带的间距和埋设深度见表 3-5。

表 3 - 5		"帽檐式"均压带的间距和埋设深度		
间距 b_1（m）	1	2	3	4
间距 b_2（m）	2	4.5	6	—
埋设深度 h_1（m）	1	1	1.5	1
埋设深度 h_2（m）	1.5	1.5	2	—

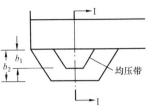

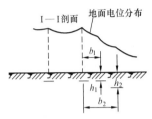

图 3 - 24　"帽檐式"均压带的布置

屋内接地装置是采用敷设在电气设备所在房屋每一层内的接地干线组成，屋内各层接地干线用几条上下联系的导线相互连接，屋内接地网应在几个地点与接地体连接。接地干线采用扁钢或圆钢，扁钢的厚度不小于 3mm、截面积不小于 $24mm^2$，圆钢的直径应不小于 5mm。

接地线应尽量采用金属结构、钢筋混凝土构件的钢筋、钢管等。接地线相互之间及与接地体之间的连接，均应采用搭接焊。搭接长度为扁钢宽度的 2 倍，或为圆钢直径的 6 倍，以保证牢固可靠。接地体应按设计要求安装。

电气装置中的每一接地元件，应采用单独的接地线与接地体或接地干线相连接，几个接地元件不可串联连接在一个接地线中。

接地线与电气设备的外壳连接时，可采用螺栓连接或焊接。

钢接地体和接地线的最小规格见表 3 - 6。

表 3 - 6			钢接地体和接地线的最小规格		
材　　料	规格及单位	地　　上		地　　下	
		户　内	户　外		
圆钢	直径（mm）	5	6	8	
扁钢	截面积（mm^2）	24	48	48	
	厚度（mm）	3	4	4	
角钢	厚度（mm）	2	2.5	4	
钢管	管壁厚度（mm）	2.5	2.5	3.5	

（3）对高土壤电阻率地区（当土壤电阻率 $\rho > 500\Omega \cdot m$ 时）应采取特别措施，如换以土壤电阻率低的黏土、黑土；或进行化学处理，以降低电阻率；或充分利用水工建筑物及其他与水接触的金属物体作自然接地体；或在就近的水中敷设外引式接地装置等。

5. 接地装置的维护

定期检查接地网，一般每年检查一次，防雷装置接地引下线在每年雷雨季节前检查一次。

检查及维护项目有：①检查接地线与电气设备外壳及同接地网的连接处是否接触良好；②检查接地线有无损伤、断开、腐蚀现象；③对接地线地面下 0.5m 以上部位，应挖开地面检查腐蚀程度；④定期测量接地装置的接地电阻，其数值应满足规定值。如不符合要求，要采取降低接地电阻措施。

四、接地电阻的测量

接地装置的接地电阻关系到电气设备和人身的安全以及电力系统的运行。除了在安装工程交接验收时要测量接地电阻外，运行中每隔 1～3 年还要测量一次。对接地电阻的测量一般选择在土壤最干燥的月份进行。

接地电阻的测量方法有多种，常用的方法有两种：一种是用接地电阻测量仪测量；另一种是用电流表－电压表法测量，但需要配备隔离变压器提供测量电压。

由于具有以下优点，工程上多采用接地电阻测量仪测量接地电阻：①本身有自带电源；②便于携带、使用方法简单，测量时不必计算，可直接从仪器上读出被测接地体的接地电阻值；③辅助接地体、接地棒与仪器成套供应，不需另行制作，可简化测量工作；④许多测量仪能消除接地棒、辅助接地体的接地电阻以及外界的杂散电流对测量结果所产生的影响，使测量更准确。

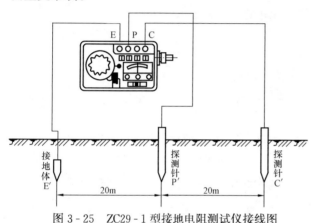

图 3-25　ZC29-1 型接地电阻测试仪接线图

接地电阻测量仪的外形同普通测量绝缘电阻的兆欧表，有 P、C、E 三个端子。E 端子接被测接地体 E′，P 端子接电位探测针 P′，C 端子接电流探测针 C′。常用接地电阻测量仪的测量范围见表 3-7。

图 3-25 为 ZC29-1 型接地电阻测试仪的接线图。这种接地电阻测量仪的准确度相当高，误差在 ±1.5％～±5％ 之间。每台接地电阻测量仪配带辅助探测针两根，5、20、40m 导线各一根。

为了避免杂散电流的干扰，发电机频率采用 120Hz。当以 150r/min 速度转动发电机时，便产生交流电源。观察指针窗口，就可以得到接地电阻的值。将探测针 P′ 移动多处，即可测得一组数据，取其平均值即为接地极的电阻值。

表 3-7　　　　　　　　　　　　　　常用接地电阻测量仪

型　　号	测量范围（Ω）	准　确　度	外形尺寸（mm）	质量（kg）
ZC-8 型	1/10/100 10/100/1000	在额定值的 30％ 以下为额定值的 ±1.5％	170×110×164	3
ZC29-1 型	10/100/1000	在额定值的 30％ 以上为指示值的 ±5％	172×116×135	2.3
ZC34-1 型晶体管	10/100/1000	±2.5％	210×110×130	1

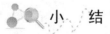 小　　结

电力系统中的过电压将会使电气设备的绝缘遭到破坏，危及人身和电气设备的安全。因此，本章重点讨论防止过电压的设备与设施，如避雷器、避雷针、避雷线以及电气装置接地。

本章的主要内容如下：

（1）避雷器的各种分类及型号；

（2）保护间隙与击穿保险器；

（3）管型避雷器的一般介绍；

（4）各种阀型避雷器的结构及工作原理，包括普通（碳化硅）阀式避雷器、磁吹避雷器和金属氧化物避雷器；

（5）避雷针的结构、保护范围、安装、保护作用及用途；

（6）避雷线结构及作用、保护范围；

（7）电气装置接地的分类；

（8）与接地有关的基本概念，包括人体触电、接地电流和对地电压、接触电压和跨步电压，散流电阻、接地电阻、冲击电阻，对接地电阻值要求，保护接地的原理及应用范围，保护接零等；

（9）对接地装置的一般要求，对自然接地体的利用；

（10）人工接地体的装设；

（11）接地装置的应用及维护；

（12）接地电阻的测量。

习　题

3-1　什么是过电压？按其产生的原因不同，一般可分为哪两类，其含义如何？

3-2　避雷器可按哪些内容进行分类？其作用是什么？

3-3　避雷器型号如何表示？

3-4　保护间隙的结构和特点是什么？是如何工作的？为什么要加辅助间隙？

3-5　击穿保险器如何工作？

3-6　什么是管式避雷器，为什么只用于线路上？

3-7　什么是阀式避雷器，阀片的特性是什么？

3-8　普通阀式避雷器有何特点？

3-9　磁吹避雷器与普通阀式避雷器有何区别？

3-10　氧化锌避雷器的阀片有何特点？

3-11　引雷导体由哪几部分组成？接闪器在防雷中起什么作用？

3-12　避雷针的保护范围如何确定？

3-13　避雷线的保护范围如何确定？

3-14　什么是电气装置接地？为什么要接地？

3-15　电气装置接地如何分类？

3-16　人体触电与什么因素有关，什么条件下对人有致命危险？安全电压范围是多少？

3-17　什么是电气的"大地"？什么叫工作接地、保护接地和重复接地，各有什么不同？

3-18　什么是接触电压和跨步电压？

3-19　什么叫接地电阻、接地（对地）电压？对接地电阻值是如何要求的？

3-20　什么是保护接零，为什么要采用保护接零？在 380V/220V 系统中零线上为什么一般不能装设熔断器和低压断路器？

3-21　人工接地体的装设有哪几种基本结构，应如何装设？

3-22　什么是复合接地装置？

3-23　为什么要设置"帽檐式"的均压带？

3-24　接地电阻如何测量？

3-25　某厂有一独立变电所，高 10m，其最近一角距离一高为 60m 的烟囱 50m 远，烟囱上装有一根 2.5m 高的避雷针。试验算此避雷针能否保护这座变电所。

3-26　某工厂的柴油贮存罐为圆柱形，直径为 10m，高出地面 10m，拟定由一根避雷针作为防雷保护，要求避雷针离柴油罐 5m。试计算避雷针的高度。

3-27　某总降压变电所户外装置占地面积为 $(50 \times 80)\ m^2$，最高设备为 7m，拟采用避雷针作为防雷击保护。试设计保护方案。

第四章 开 关 电 器

在供配电系统中，变电所是一次设备最集中的地方，而一次设备中又以开关电器数量最多、对运行影响最大。本章主要讨论开关电器，并介绍一些新型的低压电器。

第一节 开关电器的基本工作原理

一、开关电器的作用

在供配电系统中，开关电器所承担的任务是：在正常工作情况下可靠地接通或开断电路；在改变运行方式时灵活地切换操作；在系统发生故障时迅速切除故障部分以保证非故障部分的正常运行；在设备检修时隔离带电部分以保证工作人员的安全。

根据开关电器在电路中担负的任务，可以分为下列几类：

（1）仅用来在正常工作情况下，接通或开断正常工作电流的工作电器，如高压负荷开关、低压闸刀开关、接触器、磁力起动器等。

（2）仅用来开断故障情况下的过负荷或短路电流的开关电器，如高压熔断器。

（3）既用来接通或开断正常工作电流，也用来断开过负荷电流或短路电流的开关电器，如高压断路器、低压断路器（空气开关）等。

（4）不要求断开或闭合电流，只用来在检修时隔离电压的开关电器，如隔离开关等。

二、开关电器的电弧

1. 电弧与气体放电

开关电器在接通或开断电路时，触头间都会产生电弧。电弧是一种气体导电现象，各种形式的气体导电统称为气体放电现象。常温下，气体是不导电的，但在一定的条件下，气体分子可能被分离成电子和正离子，这种现象称为游离。气体放电就是游离气体的导电质点，即自由电子和正离子，在电场力作用下定向运动的结果。最常见的气体放电现象有三种，即电晕放电、火花放电和电弧放电。

实践证明，当开关电器切断电路时，如果触头间的电压大于 $10\sim20$V、电流大于 $80\sim100$mA，在断开的触头间就会出现电弧。此时，触头虽已分开，但是电流以电弧的形式维持，电路仍处于接通状态。只有在电弧熄灭后，电路才真正被切断。电弧是开关电器在开断过程中不可避免的现象。

2. 电弧的形成

一般情况下，对电弧的形成起决定性作用的是阴极表面发射的电子。阴极表面发射电子有两种形式，即热电子发射和强电场发射。开关电器的触头开始分离时，接触面积不断减少，使接触电阻迅速增大，当电流流过最后剩下的几个接触点时使这些点剧烈发热，温度很快升高而发射电子。这种由于电极的高温而使金属内的自由电子从金属表面逸出的现象称为热电子发射。而触头刚分开时，由于触头间的距离很小，即使触头间的电压很低，只有几百伏甚至几十伏，但是电场强度却很大。当电场强度超过一定值时（3×10^6V/m），将把金属中的自由电子从阴极表面拉出，这种现象称为强电场发射。以上两种形式中，强电场发射起着主导作用。

从阴极表面发射的自由电子，在电场力的作用下，向阳极加速运动，能量逐渐增加，并在运动中不断与其他中性粒子（如分子、原子）发生碰撞。如果高速运动的自由电子积累了足够的动能时，碰撞后将使中性粒子游离成自由电子和正离子，这种由于碰撞而产生的游离称为碰撞游离或电场游离，如图4-1所示。新形成的自由电子也以很高的速度向阳极运动，又将发生碰撞游离。这种碰撞连续发生，就像雪崩一样，使触头间带电粒子大量增加。当弧隙中带电粒子积累到一定的数量时，介质的导电性质发生改变，由绝缘体变成为导体。在外加电压的作用下，电流通过触头间隙，发出声响和强烈的白光，就形成了电弧。

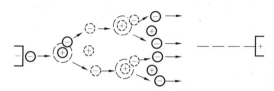

图4-1 碰撞游离过程

3. 电弧的维持

电弧燃烧时，弧柱的温度很高，弧柱中的自由电子主要靠热游离产生，是热游离维持了电弧的燃烧。热游离是电弧中的中性粒子在高温作用下热运动加剧、相互碰撞而发生的游离现象。另外，电弧稳定燃烧后，它的温度很高，阴极表面仍有热电子发射，并辅助热游离维持电弧。

总之，在电弧产生前，自由电子主要靠强电场发射、热电子发射和碰撞游离产生；在碰撞游离达到一定的程度形成电弧后，产生导电粒子、维持电弧燃烧的是热游离。

电弧产生和维持的物理过程可概括为：阴极在强电场作用下发射电子，电子在电压作用下产生碰撞游离，形成电弧，在高温下介质中发生热游离，并在阴极发生热发射，使电弧得以维持和发展，如图4-2所示。

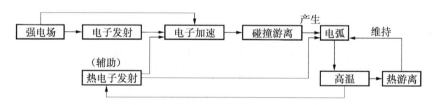

图4-2 电弧产生和维持的物理过程

4. 电弧中的去游离

在电弧中，发生游离过程的同时还进行着一个相反的过程，也就是带电粒子消失的过程，称为去游离。在稳定燃烧的电弧中，这两个过程处于动态平衡状态。如果游离过程大于去游离过程，电弧将继续炽热燃烧；如果去游离过程大于游离过程，电弧便愈来愈小，最后熄灭。

去游离的主要方式是复合和扩散。复合是异号带电质点的电荷彼此中和的现象。要完成复合过程，两异号质点需要在一定时间内处于很近的范围内，因此它们的相对速度愈大，复合的可能就愈小。电子的运动速度约为离子的1000倍（电子质量比离子小，容易加速），所以正负离子间的复合比电子和正离子间的复合容易得多，前者称为间接复合，后者称为直接复合。通常是电子在碰撞时先附着到中性质点上形成负离子，然后与正离子复合。另外一种间接复合是在固体物质表面进行的。电子首先附着在固体介质表面，然后再吸引正离子进行中和，这种复合又称为器壁复合。

扩散是带电质点从电弧内部逸出而进入到周围介质中的现象。扩散是由于带电质点的不规则热运动而发生的，电弧和周围介质的温度差以及离子浓度差越大，扩散作用也越强。

如果采取措施，加强复合作用和扩散作用，就能很快使电弧熄灭。

三、电弧的特性及熄灭

（一）直流电弧的特性

直流电路中产生的电弧称为直流电弧。直流电弧的特性可用弧长的电压分布和伏安特性来表示。

稳定燃烧的直流电弧，它的电压沿弧长方向的分布如图 4-3 所示，由图可见，电弧电压 U_{arc} 分为三个部分，即

$$U_{arc} = U_1 + U_2 + U_3$$

式中　U_1——阴极区压降；

　　　U_2——弧柱电压降；

　　　U_3——阳极区压降。

从图 4-3 可以看出，阴极区和阳极区的范围很小，在 10^{-4} cm 左右。在此范围内，电位梯度很高。阴极区压降的大小，决定于电极的材料和弧隙的介质，一般为 $10\sim20$V，此值的大小与电弧电流无关。这是由于运动速度很快的电子，从阴极发射以后很快离开阴极区，使阴极区集中了许多运动速度缓慢的正离子，形成电位的急剧改变。阳极区的压降小于阴极区，其压降是由于阳极附近具有未中和的负电荷所形成的。当电流很大时，阳极区压降接近于零。

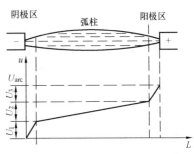

图 4-3　电弧电压沿弧长方向的分布

弧柱上的电压降与电流大小、弧隙长短，特别是介质及其状态有关。在电弧稳定燃烧的条件下，如果电弧周围介质情况不变，则当电流增大时，弧柱内部游离愈强，电子浓度随电流的增加而急剧增加，弧柱的电阻迅速减小，使得弧柱电压下降。弧柱压降与电流成反比，而与弧长成正比。

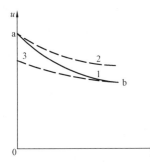

图 4-4　直流电弧的伏安特性

图 4-4 为直流电弧的伏安特性。其中曲线 1 表示电弧稳定燃烧时的电弧电压的静态伏安特性。所谓静态伏安特性是依据电流缓慢增加，每一点都达到了游离平衡状态的条件而作出的。电弧伏安特性曲线的特点是弧电流愈大弧电压愈小，这是因为弧电流增大时，电弧电阻减小得更快。如果弧电流从 a 点很快地增大，则得到的伏安特性曲线是比较高的曲线 2，曲线 2 的弧电压比曲线 1 高是因为电弧中的游离作用迟于电流的变化。同理，如果电弧电流从 b 点很快地减小，则得到比较低的曲线 3，因为此时电弧中的去游离作用较慢，迟于电流的变化，弧隙电导来不及减小。曲线 2 和曲线 3 称为动态伏安特性，是弧电流变化较快时的伏安特性，交流电弧就属于这种情况。

（二）交流电弧的特性及熄灭

1. 交流电弧的特性

在交流电路中，电流瞬时值随时间不断地变化，且交流电弧弧柱有很大的热惯性，所以交流电弧的伏安特性都是动态特性，如图4-5（a）所示。如果电流按正弦波形变化，得到与伏安特性对应的电弧电压波形图，如图4-5（b）所示。图中A点是产生电弧的电压，称为燃弧电压；而B点是电弧熄灭的电压，称为熄弧电压。由于是动态的原因，熄弧电压总是低于燃弧电压。

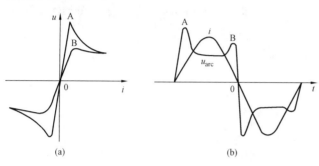

图4-5　交流电弧的伏安特性及电弧电压、电流波形图
（a）伏安特性；（b）电流、电压波形图

2. 交流电弧的熄灭

交流电流过零时，电弧将自然暂时熄灭，这是熄灭交流电弧的有利时机。如果此时采取一些措施，加强去游离过程使其大于游离过程，则在下半周电弧就不会重燃而最终熄灭。

在电弧电流过零前的几百微秒，由于电流减小，输入弧隙的能量也减小，弧隙温度剧降，因而弧隙的游离程度下降，弧隙电阻增大；当电流过零时，电源停止向弧隙输入能量。此时，由于弧隙不断散发热量，其温度继续下降，去游离继续加强；另外，由于电弧过零的速度较快，而弧隙温度的降低和弧隙介质恢复到绝缘的正常情况总需要一定的时间，因此，当电流过零后很短时间内，弧隙中的温度仍比较高，特别在开断大电流时还会存在热游离，致使弧隙具有一定的导电性（称为残余电导）。在弧隙电压的作用下，通过残余电导，使弧隙中有电流（称为残余电流）通过。而电源仍有能量输入弧隙，使弧隙温度升高，热游离加强。所以，此时在弧隙中存在着散失能量和输入能量的两个过程。如果输入的能量大于散失的能量，则弧隙游离过程将会胜过去游离过程，电弧会重燃，这种由于热游离而使电弧重燃的现象称为热击穿。反之，如果在电流过零时加强弧隙的冷却并使输入的能量小于散失的能量，弧隙将由导电状态向介质状态转变，电弧就会熄灭。

当电弧温度降低到热游离基本停止时，弧隙已转变为介质状态，此时，虽然不会出现热击穿而重燃，但是弧隙的绝缘能力（或称介质强度）恢复到绝缘的正常情况仍需要一定的时间，此过程称为弧隙介质强度的恢复过程，以能耐受的电压 $u_{med}(t)$ 表示。同时，在电弧电流过零后，弧隙电压将由熄弧电压经过由电路参数所决定的电磁振荡过程，逐渐恢复到电源电压，此过程称为电压恢复过程，以 $u_{res}(t)$ 表示。

弧隙介质强度的恢复过程，主要与弧隙的冷却条件有关，而弧隙电压的恢复过程，主要与线路参数有关。事实上，弧隙电压又影响到弧隙游离，弧隙电阻是线路参数之一，也影响弧隙电压的恢复。因此，弧隙中存在着这样两个相互联系且对立的恢复过程，是决定电流过零以后电弧是否重燃或熄灭的根本条件，如图4-6所示。从电压角度看交流电弧熄灭的条件为

$$u_{med}(t) > u_{res}(t) \tag{4-1}$$

式中　　$u_{med}(t)$——弧隙介质强度恢复所能耐受的电压；

$u_{res}(t)$——弧隙恢复电压。

图 4-6 中，当恢复电压按曲线以 $u_{res.1}$ 变化时，在 t_1 时间以后，由于恢复电压大于介质强度，电弧重燃；如按 $u_{res.2}$ 曲线变化，电弧就会熄灭。

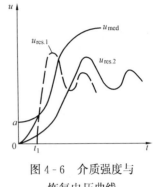

图 4-6 介质强度与
恢复电压曲线

由以上分析可知，交流电弧的熄灭，关键在于电流过零后，加强弧隙的冷却，使热游离不能维持，便不致发生热击穿；另一方面使弧隙的介质强度及其恢复速度始终要大于弧隙电压的恢复速度，即不能发生电击穿。一般对灭弧能力较弱的断路器，电弧可能因热击穿而重燃；而对灭弧能力较强的断路器，往往由于电击穿引起重燃。

从熄灭交流电弧的条件中可以看出，提高介质强度的恢复过程，对熄弧有利。从图 4-6 曲线看，在 $t=0s$ 电流过零瞬间，出现介质强度突然升高的现象。这是因为在电弧过零之前，弧隙充满着电子和正离子，当电流过零后，弧隙的电极极性发生改变，电子立即向新阳极运动，而比电子质量大 1000 多倍的正离子基本未动，从而形成弧隙间电子与正离子运动不平衡，在新阴极附近呈现正离子层，其电导很低，显示出一定的介质强度，在 $0.1\sim1\mu s$ 的短暂时间内即有 $150\sim250V$ 的初始介质强度，这种现象称为近阴极效应特性。初始介质强度出现以后，介质强度的增长速度就变得较慢。近阴极效应特性对低压短弧的熄灭具有很重要的意义，因此较普遍地应用于交流低压开关。但是对高压长弧而言，由于阴极介质强度与加于弧隙的高电压相比甚微，近阴极效应对于高压断路器的灭弧几乎不起作用。

四、开关电器的灭弧方法

1. 吹弧

用气体或液体介质吹弧，既能起到对流换热、强烈冷却弧隙，又可部分取代原弧隙中游离气体或高温气体。气体流速大，对流换热能力就强，进而加快电弧散热，增大对弧隙的冷却作用。

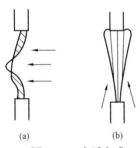

图 4-7 吹弧方式
(a) 横吹；(b) 纵吹

吹弧的方式有纵吹和横吹，如图 4-7 所示。吹动方向与弧柱轴线平行为纵吹；吹动方向与弧柱轴线垂直为横吹。纵吹主要使电弧冷却变细最后熄灭；横吹则将电弧拉长，表面积增大且加强冷却而熄弧，其效果较好。纵、横吹方式各有特点，很多断路器采用纵横混合吹弧方式，熄弧效果更好。

2. 采用多断口熄弧

高压断路器常制成每相有两个或更多个串联的断口，图 4-8 所示为断路器有双断口的灭弧方式。采用多断口是将电弧分割成若干小电弧段，在相等的触头行程下，多断口比单断口的电弧拉长，弧隙电阻增大，且电弧被拉长的速度（即触头分离速度）增加，加速了弧隙电阻的增大，同时也就增大介质强度的恢复速度。另外，由于加在每个断口的电压降低，使弧隙的恢复电压降低，因此灭弧性能更好。

但是，采用多断口的结构后，每一个断口在开断位置的电压分配和开断过程中的恢复电压分配出现了不均匀现象，如图 4-9 画出单相

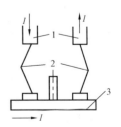

图 4-8 断路器
有双断口的灭弧方式
1—静触头；2—电弧；
3—动触头

断路器在开断接地故障以后的电容分布图。图中 U 为电源电压，U_1 和 U_2 分别为两个断口的电压。如电弧熄灭后，每个断口间可以看作一个电容 C_{eq}，中间的导电部分与断路器底座和大地间也可以看成是一个对地电容 C_0，于是，两个断口之间的电压分布情况，可按图 4-10 的电路图进行计算，即

$$\left.\begin{aligned} U_1 &= U\frac{C_{eq}+C_0}{2C_{eq}+C_0} \\ U_2 &= U\frac{C_{eq}}{2C_{eq}+C_0} \end{aligned}\right\} \tag{4-2}$$

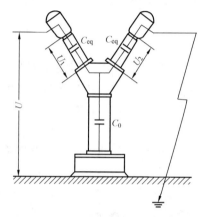

图 4-9　断路器中的电容分布

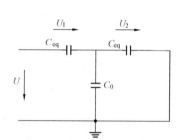

图 4-10　断口电压分布计算图

由式（4-2）可以看出，$U_1 > U_2$，则第一断口的工作条件比第二断口要严重。为了充分发挥每个灭弧室的作用，应使两个断口的工作条件接近相等，通常在每个断口并联一个比 C_{eq} 和 C_0 大得多的电容 C，称为均压电容，此时电压分布情况可按图 4-11 的电路图进行计算。

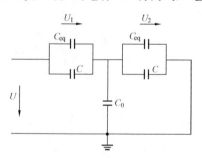

图 4-11　有均压电容的
断口电压分布计算图

由于 C 很大，$C+C_{eq} \gg C_0$，则按图 4-11 可计算出各断口的电压为

$$\left.\begin{aligned} U_1 &= U\frac{(C+C_{eq})+C_0}{2(C+C_{eq})+C_0} \\ &\approx U\frac{C+C_{eq}}{2(C+C_{eq})} = \frac{U}{2} \\ U_2 &= U\frac{(C+C_{eq})}{2(C+C_{eq})+C_0} \\ &\approx U\frac{C+C_{eq}}{2(C+C_{eq})} = \frac{U}{2} \end{aligned}\right\} \tag{4-3}$$

由此可见，接上均压电容后，只要电容量足够大，电压将平均分布在两个断口上，每个断口的工作条件基本上一样。

3. 利用短弧原理熄弧

这种方法是利用了交流电弧的初始介质强度，将电弧分割成许多短弧，当所有的介质强度总和大于施加于触头上的电压时，电弧熄灭。

低压电器中广泛采用的灭弧栅装置，即是这种将电弧分割成许多短弧的灭弧方式。如图

4-12所示，栅片是由铁磁材料制成，当触头间产生电弧后，利用电弧电流产生的磁场与铁磁材料间产生的相互作用力，使电弧被吸引到栅片内，将长弧分割成一串短弧，在每个短弧的阴极附近都有150～250V的介质强度。设有 n 个栅片，则整个灭弧栅总介质强度为 $n\times$ (150～250) V。如果施加在触头间的电压小于此值时，电弧将不能维持而熄灭。

4. 利用固体介质的狭缝灭弧

这种方法是将电弧拉入灭弧片的狭缝中，灭弧片由石棉水泥或陶土材料制成，迫使电弧直接与灭弧片冷壁接触，加强冷却作用，促使电弧熄灭。

形成狭缝的灭弧片结构有多种形式，其灭弧原理如图4-13所示。第Ⅰ种是直缝式；第Ⅱ种是曲缝式，又称迷宫式。当电弧被拉入迷宫后，电弧拉长成曲线形状，灭弧效果较好。这种方式常用于低压电器中的接触器、磁力起动器等。

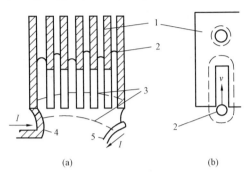

图4-12 电弧在灭弧栅内熄灭

（a）灭弧栅装置；（b）栅片结构

1—灭弧栅片；2—电弧；3—电弧移动位置；

4—静触头；5—动触头

5. 采用新介质

利用灭弧性能优越的新介质作为断路器的绝缘和灭弧介质，如 SF_6 气体、压缩空气或真空等。具体原理将在介绍使用这些介质的断路器时加以说明。

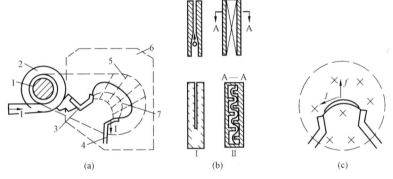

图4-13 狭缝灭弧原理图

（a）灭弧装置；（b）灭弧片；（c）磁吹力工作原理

Ⅰ—直缝式灭弧片；Ⅱ—迷宫式灭弧片

1—磁吹铁芯；2—磁吹线圈；3—静触头；4—动触头；5—灭弧片；6—灭弧罩；7—电弧移动位置

第二节 高压断路器及其操动机构

一、断路器的作用及基本结构

高压断路器的主要作用是：正常运行时，用来接通和开断电路中的负荷电流；在故障时，用来开断电路中的短路电流，切除故障电路，按照重合闸的要求还能关合短路电流。高压断路器是供配电系统中起着最重要的操作、控制、保护作用的开关电气设备，它具有完善的灭弧装置。

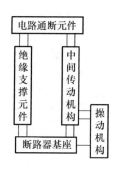

图 4 - 14 断路器
的基本结构示意图

断路器的类型很多，就其结构而言，都是由通断元件、绝缘支撑元件、中间传动机构、基座及操动机构五个基本部分组成，如图 4 - 14 所示。通断元件是核心元件，完成控制、保护等方面的任务。其他组成部分，都是配合通断元件，为完成上述任务而设置的。通断元件包括触头、导电部分及灭弧室等。触头的分合动作是靠操动机构通过传动元件来带动的。通断元件一般安放在绝缘支柱上，使处于高电位的触头及导电部分与地绝缘。绝缘支柱安装在基座上。

二、断路器的分类和型号

高压断路器有不同的类型，按照安装地点可分为户内式、户外式。按使用的灭弧介质可分为真空断路器、SF_6 断路器、油断路器、压缩空气断路器等。按操动机构可分为手动式、电磁式、液压式、弹簧式和液压弹簧式等类型。

根据国家技术标准的规定，断路器产品型号按下面顺序和代号组成：

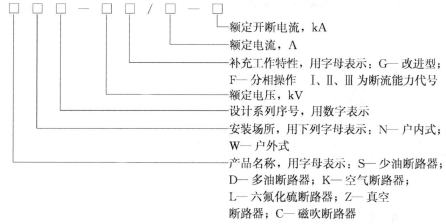

额定开断电流，kA
额定电流，A
补充工作特性，用字母表示：G— 改进型；
F— 分相操作　Ⅰ、Ⅱ、Ⅲ 为断流能力代号
额定电压，kV
设计系列序号，用数字表示
安装场所，用下列字母表示：N— 户内式；
W— 户外式
产品名称，用字母表示：S— 少油断路器；
D— 多油断路器；K— 空气断路器；
L— 六氟化硫断路器；Z— 真空
断路器；C— 磁吹断路器

例如，SN10 - 10/1000 - 16 型，即指额定电压 10kV、额定电流 1000A、额定开断电流 16kA、10 型户内式高压少油断路器，ZN1 - 10/300 - 3 型，指额定电压 10kV、额定电流 300A，额定开断电流 3kA，1 型户内式真空断路器。

三、各类断路器基本特点

（一）少油断路器

油断路器用绝缘油（变压器油）作为灭弧介质，按绝缘结构的不同，可分为少油断路器与多油断路器两种。

多油断路器中的油不仅用于灭弧和触头开断后弧隙的绝缘，还作为断路器的导电部分与接地部分的绝缘介质，因而用油量大、耗用钢材多，目前几乎被少油断路器取代。因其具有配套性（可在套管内装设电流互感器等），目前在 35kV 电压等级中尚有采用。

在少油断路器中，断路器的导电部分与接地部分之间绝缘主要靠瓷件完成，油只作灭弧和触头开断后弧隙的绝缘介质，用油量比多油断路器少得多。因而少油断路器体积小、质量小、油和钢材用量少、占地面积小、价格便宜。制造质量良好的少油断路器可以认为具有防爆、防火特征。在我国少油断路器的应用非常广泛。

我国生产的 20kV 以下的少油断路器为户内式，过去都用金属油箱固定在支持绝缘子上；新型的少油断路器都改用环氧树脂玻璃钢筒作为油箱，既节省钢材，又减少涡流损耗。

35kV 及以上的少油断路器为户外式（35kV 也有户内式的），均采用高强度瓷筒作为油箱，同时作为绝缘。

我国现在生产的少油断路器，户内型有 SN10 系列，电压从 6～35kV；户外型有 SW2、SW3、SW4、SW6、SW7 等系列，电压等级为 35～330kV。下面介绍两种典型的断路器。

1. SN10 - 10 型少油断路器

SN10 - 10 型少油断路器是目前 6～10kV 电压级使用最广泛的断路器，根据额定工作电流和额定开断电流的不同，又分为 SN10 - 10Ⅰ 型、SN10 - 10Ⅱ 型和 SN10 - 10Ⅲ 型。

SN10 - 10 型断路器是三相分箱结构，每相一个断口；可安装于固定式开关柜内或手车式开关柜内，单独装配使用，所以分框架式和手车式两种结构；可配用 CD10 或 CT7、CT8 操动机构。

SN10 - 10Ⅰ、Ⅱ 型与 SN10 - 10Ⅲ/1250 型断路器的结构基本相似，如图 4 - 15 所示。其结构由三大部分组成，即由框架、传动部分和油箱组成。框架 2 用于支撑油箱 1 和传动部分，它由角钢和钢板焊接而成。在框架 2 上装有分闸限位器（图中未画出）、合闸缓冲器 11、分闸弹簧 10、传动主轴 6 和轴承、支持绝缘子 3 等。传动主轴上焊有几个拐臂，一个通过绝缘传动拉杆 4 与油箱基座上的外拐臂相连，一个与分闸弹簧相连，另外一个通过垂直拉杆与操动机构相连（图中未画

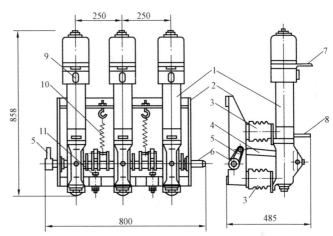

图 4 - 15　SN10 - 10Ⅰ、Ⅱ 和 SN10 - 10Ⅲ/1250 型断路器结构图
1—油箱；2—框架；3—支持绝缘子；4—传动拉杆；5—拐臂；
6—传动主轴；7—上出线座；8—下出线座；
9—油标；10—分闸弹簧；11—合闸缓冲器

出）。传动部分由主轴 6、轴承以及上述的垂直拉杆和绝缘传动拉杆 4 等组成，用于将操动机构的动力传给油箱中的动触头。断路器每一相本体用 2 只支持绝缘子固定，其主体是油箱，箱中部是灭弧装置。

SN10 - 10 型断路器三相油箱并行排列，每一相本体的结构如图 4 - 16 所示。其外部结构从上到下依次为铝帽 3、上出线座 4、绝缘筒 26、下出线座 14、基座 16。按照各部分作用，油箱大致可分为导电系统、灭弧室、油气分离器 2、分闸缓冲器 20 和传动部分。

导电系统由上出线座 4、静触头座 6、触指 9、导电杆（动触头）13、滚动触头（中间触头）15、下出线座 14 组成。断路器合闸后，电流就依次通过上述零部件形成通路。

油气分离器 2 使油滴和气体分离，气体排出油箱，油滴经逆止阀 35 返回。

如图 4 - 17 所示，灭弧室由封闭静触头的绝缘套筒 3、5 片形状各异的隔弧板、2 只绝缘垫圈和外部绝缘筒 4 等组成。上面的 4 片隔弧板形成 3 个电弧横吹口。绝缘套筒 3 和最上 1 片隔弧板把灭弧的上部分成内、外两空间，外部空间的油直接与断路器顶部空气相通。

2. SW6 型少油断路器

SW6 - 110 型少油断路器是目前 110kV 系统中使用很广泛的断路器。它是三相分离结

构，由 3 个独立的"Y"形单元组成，操动机构使之同步动作。每个单元由 3 节瓷套管组成，为积木式结构，如图 4 - 18 所示。两个断口及灭弧室分别置于"Y"形单元的两侧瓷套管中。Y 形单元中部为三角形机构箱，下面的支柱瓷套管内有绝缘提升杆与支架下的传动机构相连。整个瓷套管内全部充满绝缘油。

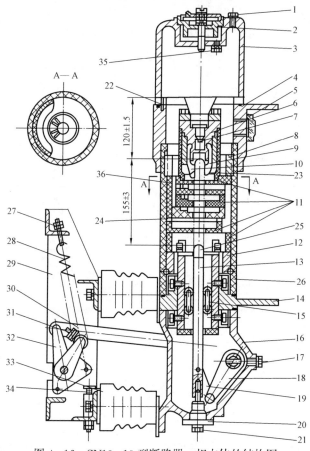

图 4 - 16　SN10 - 10 型断路器一相本体的结构图

1—注油螺钉；2—油气分离器；3—铝帽；4—上出线座；5—油标；6—静触头座；7—逆止螺钉；8—螺纹压指；9—触指；10—弧触指；11—灭弧室；12—下压圈；13—导电杆；14—下出线座；15—滚动触头；16—基座；17—螺杆；18—内拐臂；19—连杆；20—分闸缓冲器；21—放油螺钉；22—定位销；23—绝缘套筒；24—绝缘垫圈；25—弧（动）触头；26—外部绝缘筒；27—螺母；28—分闸弹簧；29—框架；30—绝缘拉杆；31—分闸限位器；32—拐臂；33—绝缘子；34—合闸缓冲器；35—逆止阀；36—隔弧壁

图 4 - 19 为 SW6 少油断路器的灭弧室及中间机构箱的内部结构图（一个断口）。装于支柱瓷套筒里的提升杆（图中未示出）带动中部三角形机构箱中的连杆，使导电杆上下运动，进行分合闸操作。断路器在合闸位置时，导电杆插入静触头中，电流经接线板 22、上静触头 15、导电杆 3、下静触头 7，再经过下铝法兰至导电板 38，经另一个相同结构的灭弧室，最后从另一灭弧室的引线端流出。

灭弧装置的主体是一个高强度玻璃钢筒，它既起压紧保护瓷套的作用，又承受灭弧时的高压力，从而保证了在开断短路电流时不致发生爆炸。灭弧室由 6 片灭弧片相叠而成。每片中心开孔，让动触头导电杆通过，各灭弧片之间形成油囊，采用逆流原理（即开断时，动触头往下运动，电弧产生的气泡往上运动，动触头端部的弧根总是与下面冷态且新鲜的油接触，称为逆流原理），动触头向下运动产生电弧后，电弧直接与油囊内的油接触，油被分解形成高压力的气泡，并通过灭弧片中间的圆孔不断对电弧向上纵吹，使电弧冷却并熄灭。

少油断路器一般都属于自能式断路器，即利用电弧自身的能量加热油，使油分解产生气体吹灭电弧。自能式断路器在开断小电流时，由于电弧的能量较小，造成断路器的开断能力不足，使电弧容易重燃；在开断容性电流时，还会出现过电压。

所以在 SW6 型少油断路器中，在上静触头的末端装有一个由弹簧压紧的压油活塞 17（可参见图 4 - 19），推动活塞柄插入上静触头底部的孔中。在合闸位置，导电杆插入上静触头即将此柄向上抬起，使压油活塞的弹簧拉紧；分闸时，导电杆退出插座，活塞在弹簧作用下迅速下落，同时将新鲜冷油射向上静触头的弧根，这对切断小电流和容性电流十分有利。解决了自能式断路器不易开断小电流和电容电流的问题。

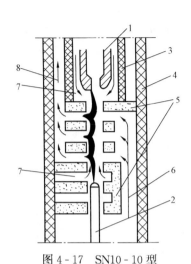

图 4-17 SN10-10 型
断路器的灭弧室结构图

1—静触头；2—导电杆；3—绝缘套筒；
4—外部绝缘筒；5—隔弧板；6—油流；
7、8—油气流

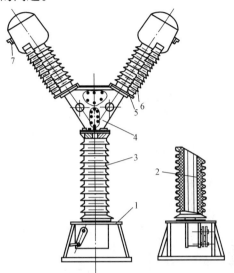

图 4-18 SW6-110 型少油断路器结构图

1—底架；2—提升杆；3—支柱瓷套；
4—中间机构箱；5—灭弧室；
6—均压电容；7—接线板

灭弧室排出的气体都聚集在断路器顶部的铝帽中，通过油气分离装置，分离出混在气体中的油，气体通过一个小孔排出，而油又流回到灭弧室内。为了防止由于灭弧室中压力过大而引起爆炸，铝帽中装有安全阀 27。压力过大时，安全阀破碎，使压力释放。铝盖上还有排气门。

SW6 系列断路器中，110kV 电压的每相为一个单元，三相共用一个操动机构，而 220kV 的每相为两个单元（共 4 个断口）相串联，每相用一个操动机构进行分相操作。绝缘支柱套筒随电压等级而增加（110kV 采用 1 个，220kV 采用 2 个），构成断路器对地的主绝缘。

从断路器结构、技术性能、运行维护几方面分析，少油断路器具有以下优点：油量少，节省钢材，结构简单，制造方便；积木式结构，可制成各种电压等级产品；开断电流大，全开断时间短；运行经验丰富，易于维护，噪声低。

少油断路器的缺点是：不适宜于多次重合闸，不适宜于严寒地区（油少易凝冻）；油量少易劣化，需要一套油处理装置。

（二）压缩空气断路器

压缩空气断路器是利用高压的压缩空气（通常为 1～4MPa）来吹熄电弧并作为弧隙绝缘介质的，压缩空气装置同时也是断路器操作控制的动力源。

压缩空气具有良好的绝缘和灭弧性能，在气体压力约达到 100kPa 时，其绝缘性能可达到或超过变压器油。空气是大量存在于自然界中，且经压缩后作为绝缘介质具有不会老化、性能稳定的优点，这就使断路器触头间的开距可做得比较小，电弧短，开断能力强，而此开断能力与开断电流的大小无关。这种断路器，无论在闭合或开断位置，都充有压缩空气，排气孔只在开断过程中才开启，在足够的储气压力下，触头刚一开断，就立即形成强烈吹弧，气流不仅带走弧隙中大量的热量，降低弧隙温度，而且直接带走弧隙中的游离气体，代之以

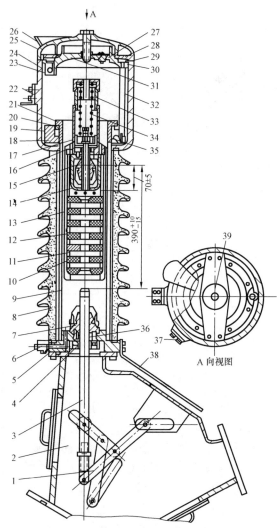

图 4-19　SW6 型断路器的灭弧室
及中间机构箱的内部结构图

1—直线机构；2—中间机构；3—导电杆；4—导向套；5—接线座；6—放油阀；7—下静触头；8—瓷套；9—外玻璃钢筒；10—隔弧板；11—灭弧管；12—灭弧筒；13—隔弧板；14—保护环；15—上静触头；16—支持座；17—压油活塞；18—垫圈；19—逆止阀；20—压圈；21—连接管；22—接线板；23—逆止阀；24—铝帽；25—帽盖；26—排气门；27—安全阀；28—盖板；29—挡圈；30—密封圈；31—安全阀盖；32—导气管；33—管；34—弹簧；35、36—密封圈；37—油标；38—导电板；39—螺套

新鲜的压缩空气，使弧隙的绝缘性能很快恢复，燃弧时间很短。但在开断小电流时，由于吹弧能力过强，可能使小电流的电弧在电流自然零点以前被强行切断，尤其在开断空载变压器时，容易形成过电压。

压缩空气断路器多用于对断流容量、开断时间、自动重合闸等有较高要求的系统中，目前主要用于 110kV 及以上高电压电力系统中。

压缩空气断路器的主要优点是：体积、质量较小（操动机构与断路器合为一体）；额定电流、开断电流大（开断电流可达 70kA），开断时间短（全开断时间仅 0.04s），开断能力不受重合闸影响；维护周期长，无火灾危险。

压缩空气断路器的缺点是：结构比较复杂，工艺和材料要求高，有色金属消耗量大，价格昂贵；噪声大，需要装设复杂的压缩空气装置（包括空气压缩机、储气筒、管道等）。

（三）真空断路器

真空断路器以真空作为灭弧和绝缘介质。

所谓真空指的是绝对压力低于 100kPa 的气体稀薄空间。气体稀薄的程度用"真空度"表示。真空度就是气体的绝对压力与大气压的差值。气体的绝对压力值愈低，就是真空度愈高。试验表明，气体间隙的击穿电压随着气体压力的提高而降低，当气体压力高于 1.33×10^{-2} Pa 以上，击穿强度迅速降低，真空断路器灭弧室内的气体压力不能高于此值。一般在出厂时其气体压力为 1.33×10^{-5} Pa。

真空间隙的气体稀薄，分子的自由行程大，发生碰撞的几率很小，碰撞游离不是真空间隙击穿产生电弧的主要原因。所以，在真空条件下绝缘强度很高，熄弧能力很强。

真空断路器宛如一只大型电子管，所有灭弧零件都密封在一个绝缘的玻璃外壳内，如图 4-20 所示。动触杆与动触头的密封靠金属波纹管来实现。波纹管一般由不锈钢制成。在动触头外面四周装有金属屏蔽罩，常用无氧铜板制成。屏蔽罩的作用是防止触头间隙燃弧时飞出的电弧生成物（金属蒸气、金属离子、炽热的金属液滴等）沾污玻璃外壳内壁而破坏其绝缘性能。屏蔽罩固定在玻璃外壳的腰部，燃弧时屏蔽罩吸收的热量容易通过传导的方式散去，有利于提高开断能力。

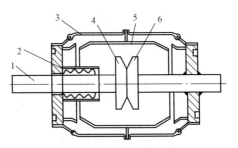

图 4 - 20 真空灭弧室的原理结构图

1—动触杆；2—波纹管；3—外壳；
4—动触头；5—屏蔽罩；6—静触头

真空断路器中电弧是在触头电极蒸发的金属蒸气中形成的，触头材料及其表面状况对熄弧影响很大。要求使用难以蒸发的良导体作为触头材料，如铜—铋（Cu—Bi）合金，铜—铋—铈（Cu—Bi—Ce）合金等；同时要求触头表面非常平整，如果电极表面有微小的突起部分，将会引起电场能量集中，使这部分发热而产生金属蒸气，这将不利于电弧的熄灭。

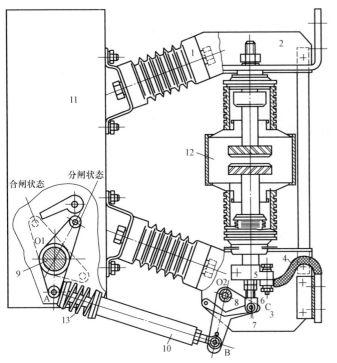

图 4 - 21 ZN12 - 10 型断路器结构图

1—绝缘子；2—上出线端；3—下出线端；4—软连接；5—导电夹；
6—万向杆端轴承；7—轴销；8—转向杠杆；9—主轴；10—绝缘
拉杆；11—机构箱；12—真空灭弧室；13—触头压力弹簧

ZN12 - 10 型断路器为引进国外先进技术的国产化产品，如图 4 - 21 所示。该断路器主要由外屏蔽罩式陶瓷外壳真空灭弧室、弹簧操动机构和绝缘支撑件组成。在用钢板焊接成的机构箱上固定有 6 只环氧树脂绝缘子，每相 2 只绝缘子呈 V 形布置。在绝缘子上固定着铸铝合金材料制成的上、下出线端 2 和 3，用来安装真空灭弧室 12。下出线端装有软连接 4，其一端与灭弧室动导电杆上的导电夹 5 相连。在动导电杆下端装有万向杆端轴承 6，通过轴销 7 与下出线端上的转向杠杆 8 相连。开关传动主轴 9 上的拐臂末端连有绝缘拉杆 10，从而驱动导电杆进行分合闸操作。该断路器配用的专用弹簧操动机构与断路器本体在结构上连为一体。

真空断路器的优点：触头开距短（10kV 级只有 10mm 左右），体积小，质量小，触头不易氧化；熄弧时间短（开断时间小于 0.01s，有半周波断路器之称），可频繁操作（熄弧后触头间隙介质恢复速度快）；运行维修简单，灭弧室损坏即换，能防火防爆，噪声低。

真空断路器的缺点：灭弧室工艺及材料要求高；开断电流及断口电压不能做得很高。

在断路器无油化的发展趋势下，真空断路器越来越多地取代了油断路器而成为供配电系统中主要的断路器形式。据统计，在世界范围内，无油化断路器已占 80%，其中真空产品占 60％，SF₆ 产品占 20％。真空断路器的技术性能也在不断提高，国外 10kV 真空断路器开断电流已达 100kA，单断口电压已达到 110kV。我国真空断路器的电压为 6～35kV 等级，并在不断提高。

（四）SF₆ 断路器

六氟化硫断路器是利用 SF₆ 气体作为绝缘和灭弧介质的断路器。

SF₆ 气体是一种化学性能非常稳定的惰性气体，在常态下无色、无嗅、无毒、不燃、无老化现象，具有良好的绝缘性能和灭弧性能。SF₆ 气体的绝缘性能超过空气的两倍，当压力约为 300kPa 时，其绝缘能力与变压器油相等。SF₆ 在电流过零后，介质绝缘强度恢复很快，其恢复时间常数只有空气的 1％，即其灭弧能力比空气高 100 倍。

SF₆ 断路器的灭弧室采用压气式。压气式的灭弧室是按压气活塞原理制成，在开断过程中，活塞将灭弧室内局部气体压缩提高其压力，经过喷嘴喷向电弧，以达到灭弧的目的，正常情况下，灭弧室内外的压力相等。我国研制的 SF₆ 断路器均为单压式结构，单压式结构也有两种类型：定开距和变开距。

定开距的结构特点是：触头开距设计得较小，110kV 的开距只有 30mm，触头行程短，灭弧时间短，熄弧能力强，但它的压气室体积较大。

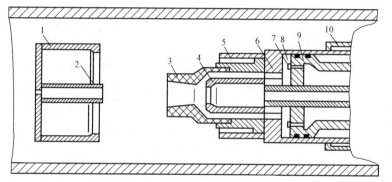

图 4-22　变开距灭弧室结构图

1—主静触头；2—弧静触头；3—喷嘴；4—弧动触头；5—主动触头；
6—压气缸；7—逆止阀；8—压气室；9—固定活塞；10—中间触头

变开距的灭弧室如图 4-22 所示，灭弧室的可动部分由动触头、喷嘴和压气缸组成。分断时，压气室内气体被压缩，气压升高，触头分离，产生电弧，同时高压气流通过喷嘴强烈吹弧，使电弧熄灭。其特点是：触头在分断过程中开距不断增大，最终的开距比较大，故断口电压可以做得较高，初始介质强度恢复速度较快，喷嘴与触头分开，喷嘴的形状不受限制，可以设计得比较合理，有利于改善吹弧的效果，提高开断能力。但绝缘喷嘴易被电弧烧损。

LW8-35 型 SF₆ 断路器为国内联合设计的户外式 SF₆ 断路器，其结构如图 4-23 所示。LW8-35 型 SF₆ 断路器本体为三相分立的落地罐式结构。主体由瓷套 2、电流互感器 3、灭弧室单元、吸附器 5、传动箱 11 和连杆组成，配有 CT4 型弹簧操动机构。该断路器采用压气式灭弧原理。吸附器内装有吸附剂，其作用是吸附灭弧后生成的微量低氟化物和金属氟化物。传动箱为钢板焊接构件，其功能是将机构输出的水平运动，通过拐臂转换成提升杆的垂直运动，从而带动动触头分合闸。

SF₆ 断路器的优点：结构简单，体积小，质量小；额定电流和开断电流很大，断口耐压高，灭弧时间短，允许开断次数多；噪声低，维护量小，检修周期长，寿命长，运行稳定，安全可靠，防火防爆。

SF₆ 断路器的缺点：对工艺及密封要求严格，对材料要求高；价格高。

目前，我国生产的 SF_6 断路器有户内落地罐式和户外敞开式，电压为 10 ～ 500kV，在高压和超高压系统中应用十分广泛。SF_6 全封闭组合电器（GIS）是今后高压和超高压系统的发展方向。

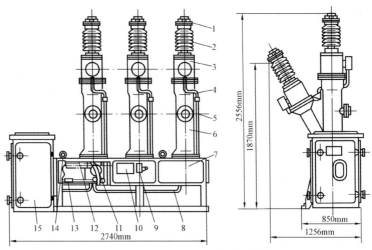

图 4-23　LW8-35 型 SF_6 断路器结构图

1—出线帽；2—瓷套；3—电流互感器；4—互感器连线护套；5—吸附器；
6—外壳；7—底架；8—气体管道；9—分合指示；10—铭牌；
11—传动箱；12—分闸弹簧；13—螺套；
14—起吊环；15—弹簧操动机构

四、高压断路器的参数及其意义

高压断路器的参数有：额定电压、额定电流、额定开断电流、热稳定电流、动稳定电流、关合电流以及分闸时间、合闸时间和重合闸性能等。

（1）额定电压 U_N，是表征断路器绝缘强度的参数，它是断路器长期工作的标准电压。我国标准规定，高压断路器的额定电压有以下等级：3、6、10、20、35、63、110、220、330、500kV。

为了适应供配电系统运行电压的变化，规定断路器长期使用的最高工作电压为 $1.15U_N$（330、500kV 电压级为 $1.1U_N$）。

（2）额定电流 I_N，是表征断路器通过长期电流能力的参数，即在规定的环境温度下，断路器长期允许通过的最大工作电流。我国标准规定，高压断路器的额定电流有以下等级：200、400、630（1000）、1250、1600（1500）、2000、3150、4000、5000、8000、10000、12500、16000、20000A。

（3）额定开断电流 I_{Noc}，是表征断路器开断能力的参数，是指在额定电压下，断路器能可靠开断的最大短路电流。其数值用断路器触头分离瞬间短路电流周期分量有效值表示。

（4）热稳定电流和热稳定电流的持续时间。热稳定电流是表征断路器通过短时电流能力的参数，它反映断路器承受短路电流热效应的能力。热稳定电流用断路器处于合闸状态下，在一定持续时间内，所允许通过电流的最大周期分量有效值表示，此时断路器不会因为短时发热而损坏。国家相关标准规定：断路器的额定热稳定电流等于额定开断电流。热稳定电流的持续时间为 2s，需要大于 2s 时推荐 3s；经用户和制造厂协商，也可选用 1s 或 4s。

（5）动稳定电流，也是表征断路器通过短时电流能力的参数，它反映断路器承受短路电流电动力效应的能力。当断路器在合闸状态下或关合瞬时，允许通过的电流最大峰值，称为动稳定电流，又称极限通过电流或额定峰值耐受电流。动稳定电流为 2.5 倍的额定热稳定电流。断路器通过动稳定电流时，不会因为电动力的作用而受到损坏。

（6）关合电流 i_{cl}，是表征断路器关合短路故障能力的参数。当线路存在短路时，断路器合闸就会有短路电流流过，这种故障称为"预伏故障"。当断路器关合有预伏故障线路时，在触头尚未接触前几毫米就会发生预击穿，随之出现短路电流，给断路器关合造成阻力，影响动触头合闸速度及触头的接触压力，甚至出现触头弹跳、熔焊以至断路器爆炸等事故，这种情况远比在合闸状态下开断短路电流更为严重。关合电流在数值上与动稳定电流相等。

（7）分闸时间 t_{0C}，是表征断路器操作性能的参数。分闸时间包括固有分闸时间和熄弧时间两部分：固有分闸时间是指从得到分闸命令（操动机构分闸线圈励磁）到触头分离瞬间的时间间隔；熄弧时间是指从触头分离到各相电弧熄灭为止的时间间隔。

（8）合闸时间，是表征断路器操作性能的参数。合闸时间是指从接到合闸命令（操动机构合闸线圈励磁）到断路器所有极触头都接触瞬间的时间间隔。

（9）自动重合闸性能，也是表征断路器操作性能的参数。架空输电线路的短路故障，大多是临时性故障。当短路电流切断后，故障亦随之消失。为了提高供电的可靠性，故多装有自动重合闸装置。

自动重合闸就是断路器在故障跳闸以后，经过一定的时间间隔又自动进行关合。重合后，如故障已消除，即恢复正常供电，称为自动重合成功；如果故障并未消失，断路器必须再次断开，切除故障，称为自动重合失败。在重合失败后，如确认是永久性故障应立即组织检修。但有时无法判断是暂时性故障还是永久性故障，而该线路供电又很重要，允许 3min 后再强行合闸一次，称为"强送电"。同样，强送电也可能成功或失败。失败时，断路器必须再开断一次短路电流。

断路器在完成强送电后的动作程序，称为自动重合闸的操作循环，记作

$$分—\theta—合分—t_{0C}—合分$$

式中　θ——断路器开断故障电路从电弧熄灭起到电路重新接通的时间，称为无电流间隔时间，一般为 0.3s 或 0.5s；

　　　t_{0C}——强送电时间，一般为 180s。

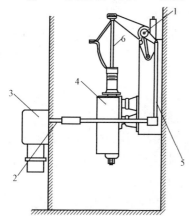

图 4-24　断路器与操动机构的联系图
1—断路器主轴；2—操动机构主轴；
3—操动机构；4—断路器；
5—连杆；6—导电杆

断路器分闸时间与无电流间隔时间之和（$t_{0C}+\theta$）称为自动重合闸时间。

五、断路器的操动机构

断路器都须配备操动机构。操动机构的作用是使断路器合闸和分闸，并使合闸后的断路器维持在合闸状态。为了达到以上目的，断路器的操动机构必须具有合闸机构、分闸机构和维持机构。

操动机构通常与断路器分离，使用时用传动机构与断路器连接起来。图 4-24 是断路器与操动机构之间的联系图。能源输入操动机构后，转变成机械能。操动机构的机械运动通过传动机构，把位移传递给提升机构，最终使断路器触头运动，达到合闸和分闸的目的。

操动机构种类很多，根据断路器合闸所需能量的不同，操动机构可分电磁式、弹簧式、液压式、气动式、手动式。一种型号的操动机构有时可以配合使用在几种不同型号的断路器上，而一种型号的断路器有时又可采用几种不同种类的操动机构。断路器采用何种形式操动机构应根据制造厂家的推荐由用户自选，但大多数是由制造厂配套供应。

操动机构是独立设备，有相应的型号：

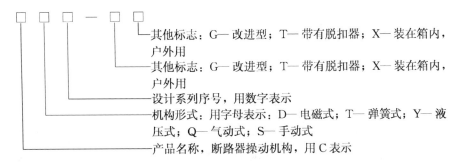

高压断路器的操动机构，大多数是由制造厂配套供应，仅部分少油断路器有电磁式、弹簧式或液压式等几种形式的操动机构可供选择。一般电磁式操动机构虽需配有专用直流合闸电源，但其结构简单可靠；弹簧式的结构比较复杂，调整要求较高；液压操动机构加工准确度要求较高。

为了可靠地完成断路器分闸和合闸操作任务，保证断路器在电力系统中安全可靠运行，对操动机构提出以下基本要求：

（1）必须具有足够的合闸和分闸操作功率；

（2）必须具有高度的动作可靠性；

（3）动作要迅速；

（4）结构要简单、尺寸要小，质量要小，价格要低。

六、断路器的选择

1. 对断路器的要求

为保证供配电系统安全运行，不论何种断路器，在运行中都必须满足系统对它提出的基本要求。这些要求有以下几方面：

（1）断路器在额定条件下，应能长期可靠地工作。

（2）应具有足够的断路能力。由于电网电压较高，正常负荷电流和短路电流都很大，当断路器在开断电路时，触头间会产生强烈的电弧，只有当电弧完全熄灭，电路才能真正断开。因此要求断路器有足够的断路能力，尤其在短路故障时，应能可靠地切断短路电流，并保证具有足够的热稳定度和动稳定度。

（3）具有足够的关合能力。能可靠地关合电网中的短路故障，不发生触头弹跳、熔焊以至断路器爆炸等事故。

（4）具有尽可能短的开断时间。当电网发生短路故障时，要求断路器迅速切断故障电路，这样可以缩短电网的故障时间和减轻短路电流对电气设备的损害。

（5）结构简单，价格低廉。在要求安全可靠的同时，还应考虑到经济性，因此，断路器应力求简单、尺寸小、质量小、价格低。

2. 选择断路器的步骤及方法

高压断路器按下列项目选择和校验：①形式和种类；②额定电压；③额定电流；④开断电流；⑤关合电流；⑥动稳定；⑦热稳定。

在确定形式和种类后，断路器选择的原则是：按正常工作情况选择，按短路情况校验。

（1）断路器种类和形式的选择。高压断路器应根据断路器安装地点、环境和使用技术条件等要求选择其种类和形式。各电压等级选用断路器类型的情况参见表4-1。

表 4 - 1 各电压等级选用断路器类型参考表

电压等级	选用断路器类型	电压等级	选用断路器类型
60kV 及以下	少油断路器 真空断路器 SF$_6$ 断路器	220～330kV	少油断路器 SF$_6$ 断路器 空气断路器
		500kV	SF$_6$ 断路器

(2) 按额定电压选择。高压断路器的额定电压 U_N 应大于或等于装置地点电网额定电压 $U_{N \cdot ne}$，即

$$U_N \geqslant U_{N \cdot ne} \qquad (4 - 4)$$

(3) 按额定电流选择。高压断路器的额定电流 I_N 应大于或等于该回路的最大持续工作电流 $I_{w \cdot max}$，即

$$I_N \geqslant I_{w \cdot max} \qquad (4 - 5)$$

当断路器使用的环境温度不等于设备最高允许环境温度时，应对断路器的额定电流进行校验。计算 $I_{w \cdot max}$ 时有以下几个特殊的规定：

1) 考虑到发电机、调相机和变压器在电压降低 5% 时，输出功率保持不变，故取其相应回路的 $I_{w \cdot max}$，$= 1.05 I_N$；

2) 母联断路器回路一般可取母线上最大一台发电机或变压器的 $I_{w \cdot max}$；

3) 出线回路的 $I_{w \cdot max}$，除考虑该线路正常运行时的负荷电流（包括线路损耗）外，还应考虑事故时由其他回路转移过来的负荷电流。

(4) 按开断电流选择。高压断路器的额定开断电流应满足

$$I_{Noc} > I_{kp} \qquad (4 - 6)$$

式中 I_{kp}——高压断路器触头实际开断瞬间的短路电流周期分量有效值。

当断路器的额定开断电流较系统的短路电流大很多时，为了简化计算，也可用次暂态电流 I''_{kp} 进行选择，即

$$I_{Noc} > I''_{kp}$$

校验短路应按照最严重的短路类别进行计算，但由于断路器开断单相短路的能力比开断三相短路电流大 15% 以上，因此只有当单相短路比三相短路电流大 15% 以上时才作为短路计算条件。

一般中、慢速断路器，由于开断时间较长（大于 0.1s），短路电流非周期分量衰减较多，能满足国家标准规定的非周期分量不超过周期分量幅值 20% 的要求，故可用式（4 - 6）计算。对于使用快速保护和高速断路器时，其开断时间小于 0.1s，当在电源附近短路时，短路电流的非周期分量可能超过周期分量 20%，因此其开断电流应计及非周期分量的影响。短路全电流的计算式为

$$I_{kt} = \sqrt{I_{kp}^2 + (\sqrt{2} I''_{kp} e^{-\frac{t_k}{T_a}})^2} \qquad (4 - 7)$$

$$t_k = t_p + t_{div}$$

式中 I_{kp}——开断瞬间（$t = t_k$）短路电流周期分量有效值，当开断时间小于 0.1s 时，$I_{kp} \approx I''_{kp}$；

t_k——开断时间，s；

t_p——主保护动作时间，s；

t_{div}——断路器固有分闸时间，s；

T_a——非周期分量衰减时间常数，对高压电力网络，T_a 一般可取 0.05s。

装有自动重合闸装置的断路器，当操作循环符合厂家规定时，其额定开断电流不变。

（5）按关合电流选择。为了保证断路器在关合短路时的安全，断路器的短路关合电流 i_{cl} 不应小于短路电流最大冲击值 i_{sh}，即

$$i_{cl} \geqslant i_{sh} \tag{4-8}$$

（6）按动稳定校验。高压断路器的动稳定电流幅值 $i_{F \cdot st}$ 应不小于三相短路时通过断路器的冲击电流 i_{sh}，即

$$i_{F \cdot st} \geqslant i_{sh} \tag{4-9}$$

（7）按热稳定校验。高压断路器允许的发热量 $I_h^2 t$ 应不小于短路期内短路电流发出的热量 $I_\infty^2 t_{eq}$，则有

$$I_h^2 t \geqslant I_\infty^2 t_{eq} \tag{4-10}$$

第三节 高 压 隔 离 开 关

一、隔离开关的用途及结构

隔离开关是一种最简单的高压开关，类似低压闸刀开关，在实际中也有称为刀闸的。由于隔离开关没有专门的灭弧装置，所以不能用来开断负荷电流和短路电流。一般隔离开关只能在电路已经断开的情况下进行分合闸操作，或接通及开断符合规定的小电流的电路。

在配电装置中，隔离开关的主要用途有：

（1）隔离电压。保证电气装置中检修工作的安全，在需要检修的部分和其他带电部分之间，用隔离开关构成明显可见的空气绝缘间隔。

（2）切换电路。在双母线或带旁路母线的主接线中，可利用隔离开关作为操作电器，进行母线切换或代替出线操作。隔离开关在操作中必须遵循"等电位原则"。

（3）切合小电流。由于隔离开关能通过拉长电弧的方法来灭弧，具有切断小电流的可能性，所以隔离开关可用于下列操作：

1）断开和接通电压互感器和避雷器；

2）断开和接通母线或直接连接在母线上设备的电容电流；

3）断开和接通励磁电流不超过 2A 的空载变压器或电容电流不超过 5A 的空载线路；

4）断开和接通变压器中性点的接地线（系统没有接地故障时才能进行）。

二、隔离开关的结构

1. 绝缘结构部分

隔离开关的绝缘主要有两种：一是对地绝缘，二是断口绝缘。对地绝缘一般是由支柱绝缘子和操作绝缘子构成。它们通常采用实心棒形瓷质绝缘子，有的也采用环氧树脂或环氧玻璃布板等作绝缘材料。断口绝缘是具有明显可见的间隙断口，绝缘必须稳定可靠，通常以空气为绝缘介质，断口绝缘水平应较对地绝缘高 10％～15％，以保证断口不发生闪络或击穿。

2. 导电系统部分

（1）触头。隔离开关的触头是裸露在空气中的，表面易氧化和脏污，这就要影响触头接触的可靠性。故隔离开关的触头要有足够的压力和自清扫能力。

　　（2）闸刀（或称导电杆）。其是由两条或多条平行的铜板或铜管组成，铜板厚度和条数是由隔离开关的额定电流决定的。

　　（3）接线座。常见有板形和管形两种，一般根据额定电流的大小而有所区别。

　　（4）接地闸刀。隔离开关的接地闸刀的作用是为了保证人身安全所设的。当断路器分闸后，将回路可能存在的残余电荷或杂散电流通过接地闸刀可靠接地。带接地闸刀的隔离开关有每极一侧或每极两侧类型。

三、隔离开关的分类和型号

隔离开关可按下列原则进行分类：

（1）按绝缘支柱的数目可分为单柱式、双柱式和三柱式三种；

（2）按闸刀的运行方式可分为水平旋转式、垂直旋转式、摆动式和插入式四种；

（3）按装设地点可分为户内式和户外式两种；

（4）按是否带接地闸刀可分为有接地闸刀和无接地闸刀两种；

（5）按极数多少可分为单极式和三极式两种；

（6）按配用的操动机构可分为手动、电动和气动等；

（7）按用途分一般用、快速分闸用和变压器中性点用。

隔离开关型号含义如下：

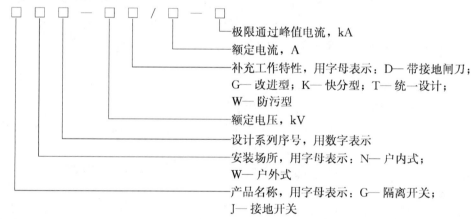

```
□ □ □ — □ □ / □ — □
            │          └── 极限通过峰值电流，kA
            │          额定电流，A
            │          补充工作特性，用字母表示：D— 带接地闸刀；
            │                       G— 改进型；K— 快分型；T— 统一设计；
            │                       W— 防污型
            │          额定电压，kV
            │          设计系列序号，用数字表示
            │          安装场所，用字母表示：N— 户内式；
            │                       W— 户外式
            │          产品名称，用字母表示：G— 隔离开关；
                                         J— 接地开关
```

例如，GN2-10/400 型，即指额定电压 10kV、额定电流 400A，2 型户内式隔离开关。又如，GW5-60GD/1000 型，指额定电压 60kV、额定电流 1000A，改进的、带接地闸刀的 5 型户外隔离开关。

四、户内外隔离开关示例

户内式高压隔离开关用于户内有电压无负载时切断或闭合 6～10kV 电压等级的电气线路。它一般由框架、绝缘子和闸刀三部分组成，单相或三相联动操作。户内式隔离开关可安装在户内钢支架或墙上，其操动机构可安装在支架、墙上或网门上。GN2 型户内式隔离开关结构如图 4-25 所示。

户外式高压隔离开关用于户外有电压无负载时切断或闭合 6～500kV 电压等级的电气线路。它一般由底座、支柱绝缘子、主闸刀、接地闸刀、动静触头和操动机构等组成，单相或三相联动进行操作。户外式隔离开关可安装在户外支架或支柱上，也可安装于户内。

户外式隔离开关的工作条件比较恶劣，绝缘要求较高，应保证在冰、雨、风、灰尘、严

寒和酷热等条件下可靠地工作。户外式隔离开关应具有较高的机械强度，因为隔离开关可能在触头结冰时操作，这就要求隔离开关触头在操作时有破冰作用。

户外式隔离开关有单柱式、双柱式和三柱式三种。GW4 型户外式隔离开关采用双柱式结构，绝缘子采用棒式，体积小、质量小、技术性能较好，如图 4-26 所示。

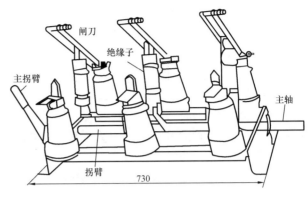

图 4-25 GN2 型户内式隔离开关结构图

GW5 型户外式隔离开关采用 V 形结构，体积更小，技术性能先进，如图 4-27 所示。

GW6 型户外式隔离开关采用单柱式，应用在 220kV 的配电装置中，由于其剪刀式结构，能有效地节约占地面积，如图 4-28 所示。

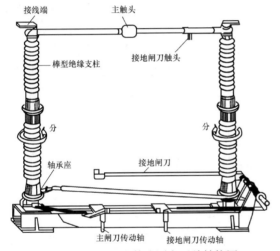

图 4-26 GW4 型户外式隔离开关结构图

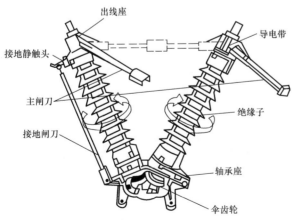

图 4-27 GW5 型户外式隔离开关结构图

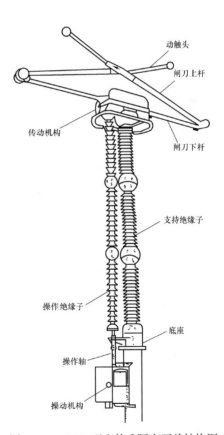

图 4-28 GW6 型户外式隔离开关结构图

五、接地隔离开关

接地隔离开关（或称接地开关）用于在检修电气设备时，将 $10\sim500\text{kV}$ 电气线路进行接地，以确保人身安全。其一般由接地闸刀、静触头、支柱绝缘子和底座组成，单相或三相联动进行操作。通常在每段母线上装设 $1\sim2$ 组接地闸刀（或接地器），63kV 及以上断路器两侧的隔离开关和线路隔离开关的线路侧也应装设接地闸刀（首选带接地闸刀的隔离开关）。接地开关分为户内式和户外式，户内式接地开关额定电压为 10kV，户外式接地开关额定电压为 $110\sim500\text{kV}$。户内式有 JN1 型，户外式有 JW1、JW2、JW3、JW4 型。

六、操动机构及连锁机构

操动机构是与各类高压隔离开关、接地开关配套，对主闸刀或接地闸刀进行关合操作的机构。应用操动机构操作隔离开关，可以使操作方便、省力和安全，并便于在隔离开关和断路器之间实现闭锁，以防止误操作。操动机构按不同驱动方式，可分为手动操动机构和电动操动机构。各类操动机构可按各自不同的具体要求安装在相应设备上，有些高压隔离开关、接地隔离开关配有固定的几种型号的操动机构。操动机构一般随高压隔离开关成套供货，也可单独供货。当使用电动操动机构时，可以对隔离开关实现远方控制和自动控制。手动式操动机构结构简单、价格便宜、使用广泛，其型号为 CS 系列。电动操动机构结构较复杂，但可配辅助开关，价格较贵，其型号为 CJ 系列。

一般隔离开关配置在断路器的两侧，只有断路器开断后才能开断隔离开关。因为隔离开关不能带负载进行分合闸操作。因此必须利用带连锁装置的机构来保证隔离开关的操作按正确步骤进行。连锁装置有机械连锁、电磁连锁。随着计算机在电力系统的应用，电子型的防误锁也越来越多地得到应用。

七、隔离开关基本参数及选择方法

隔离开关的主要参数有额定电压、额定电流、热稳定电流和动稳定电流（极限通过电流），参数的意义同断路器。

对于隔离开关，有以下几点基本要求：

（1）有明显的断开点，根据断开点可判明被检修的电气设备和载流导体确已与电网隔离。

（2）断口应有足够可靠的绝缘强度，断开后动、静触头间应有足够的电气距离。保证在最大工作电压和过电压条件下断口不被击穿；相间和相对地也应有足够的绝缘水平。

（3）具有足够的动、热稳定性，能承受短路电流所产生的发热和电动力。

（4）结构简单、分合闸动作灵活可靠。

（5）隔离开关与断路器配合使用时，应具有机械的或电气的连锁装置，以保证断路器和隔离开关之间正常的操作顺序。

（6）隔离开关带有接地闸刀时，主闸刀与接地闸刀之间也应设有机械的或电气的连锁装置，以保证二者之间的动作顺序。

根据要求，按相应参数选择隔离开关的步骤和方法如下：

首先根据配电装置特点和使用要求及技术经济条件确定隔离开关的类型，然后

（1）按照额定条件选择：

电压条件 $\qquad\qquad\qquad\qquad\qquad U_N \geqslant U_{N \cdot ne}$

电流条件 $\qquad\qquad\qquad\qquad\qquad I_N \geqslant I_{W \cdot max}$

（2）按短路条件校验：

热稳定 $I_h^2 t \geqslant I_\infty^2 t_{eq}$

动稳定 $i_{F \cdot st} \geqslant i_{sh}$

第四节 高 压 负 荷 开 关

一、高压负荷开关用途

高压负荷开关是具有一定开断能力和关合能力的高压开关设备，其性能介于隔离开关和断路器之间。高压负荷开关与隔离开关一样有明显的断开点，不一样的是它有简单的灭弧装置，因而具有比隔离开关大得多的开断能力，通常用来开断和关合电网的负荷电流。但是它不能开断电网的短路电流，这是负荷开关和一般断路器的主要区别。

负荷开关的结构比较简单，相当于隔离开关和简单灭弧装置的结合，主要由导电系统、简单的灭弧装置、绝缘子、底架、操动机构等部分组成。

由于负荷开关造价较低，使用方便，因此应用很广。额定电压为 10kV 的高压负荷开关，其额定电流一般在 400A 以下，多用于容量较小、供电要求不太高的配电网络中。由于负荷开关具有一定开断或关合能力，在配电网络中，也常用负荷开关来开断小电流，如变压器的励磁电流、供电线路对地电容电流等，用它开断电容器组特别有效。在以上这些方面，高压负荷开关比隔离开关优越，不会因灭弧问题而引起故障。虽然高压负荷开关不能用来开断短路电流，但如果将它和高压熔断器串联成一体，用负荷开关开断负荷电流，用高压熔断器作为过载和短路保护，即可代替断路器工作。所以高压负荷开关在 10、6kV 配电系统中，多与隔离开关、熔断器、热脱扣器、分励脱扣器及灭弧装置组成为组合式高压电器。这种组合式高压电器开断能力较好，即使在大容量的配电网络中有时也可应用。

近年来，高压负荷开关大量用于负荷开关柜、环网供电单元及箱式变电所。在我国，随着城市电网的建设和改造，高压直接深入负荷中心，形成高压受电—变压器降压—低压配电的格局，高压负荷开关因与熔断器配合保护变压器特性优良而广泛应用。现在系统中断路器与负荷开关的应用比例达到 2.5∶1。

二、高压负荷开关分类和型号

负荷开关按照灭弧介质及作用原理分为压气式、产气式、真空式和 SF_6 式（以往的油负荷开关和磁吹负荷开关已被淘汰）。负荷开关按用途分为一般型和频繁型两种，产气式和压气式为一般型，真空式和 SF_6 式为频繁型。一般型分合操作次数为 50 次，频繁型为 150 次。频繁型适用于频繁操作和大电流系统，而一般型用在变压器中小容量范围。

高压负荷开关型号含义为

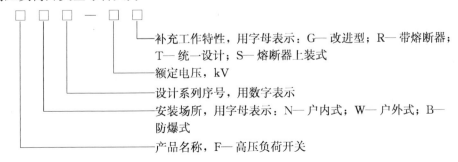

补充工作特性，用字母表示：G— 改进型；R— 带熔断器；
T— 统一设计；S— 熔断器上装式

额定电压，kV

设计系列序号，用数字表示

安装场所，用字母表示：N— 户内式；W— 户外式；B—
防爆式

产品名称，F— 高压负荷开关

例如，FN3-10R 型，即指额定电压 10kV、带熔断器、3 型户内式高压负荷开关。

1. 产气式负荷开关

产气式负荷开关采用自能灭弧方式。开断时，灭弧材料在电弧高温的作用下气化并形成局部压力，使电弧受到强烈冷却和吹动，使电弧熄灭。分解出的气体有 H_2、O_2、CO 及化合物，其中 H_2 和 CO 具有强烈的灭弧性能。在小电流时，电弧能量不足以产生灭弧气体，这时主要靠气壁冷却效应或电动力驱使电弧运动，拉长电弧使之熄灭。

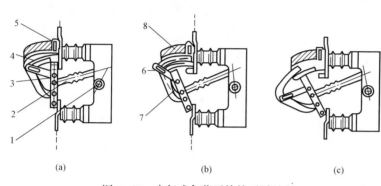

图 4-29 所示为一种产气式负荷开关的灭弧过程。在这种灭弧室中，仅隔离闸刀和弧刀运动，而灭弧室本身不动。首先在主轴 1 和绝缘拉杆 2 的驱动下，打开隔离闸刀 3，即打开主触头，此时电流转移到保持触头 4 和随动弧刀 5 构成的随动系统。当主触头达到规定的开距后，保持触头处的随动弧刀脱扣，通过在此储能的

图 4-29　产气式负荷开关的灭弧过程
(a) 合闸状态；(b) 主触头断开；(c) 分闸位置
1—开关主轴；2—绝缘拉杆；3—隔离闸刀；4—保持触头；
5—随动弧刀；6—随动销；7—弹簧；8—灭弧室

弹簧就可以快速加速到分闸位置，接着在保持触头和随动弧刀尖端产生的电弧在灭弧室 8 中熄灭。

2. 压气式负荷开关

压气式负荷开关是利用活塞和气缸在开断过程中相对运动压缩空气而熄弧。增大活塞和气缸容积，加大压气量，就可以提高开断能力，但由此也带来结构复杂和操作功率大等缺点。

图 4-30 为压气式负荷开关的典型结构，它依靠导电杆上下垂直运动而压气灭弧。在这种结构中，载流和灭弧仍然分开。压缩空气要由操动机构提供压缩功。

对压气式负荷开关，为了提高灭弧性能，有时也采用压气和产气混合作用结构。

3. 真空负荷开关

真空灭弧室适用于开断大电流和频繁操作。而真空负荷开关只开断负荷电流和转移电流。转移电流是指熔断器与负荷开关在转移开断职能时的三相对称电流值，当小于该值时，首相电流由熔断器断开，而后两相电流由负荷开关断开。这些电流远小于断路器的开断电流，因此真空灭弧室结构相对断路器要简单，而且管径小。

4. SF_6 负荷开关

SF_6 负荷开关根据旋弧式原理进行灭弧，灭弧效果较好，具有开断能力强、质量小、检修周期长（达 10 年）等特点。SF_6 负荷开关适用于 10kV 户外安装，作切断与关合负荷电流并能关合额定短路电流之用，目前在城市与农村电网中已经大量地使用。FW11-10 型户外式 SF_6 高压负荷开关结构如图 4-31 所示。

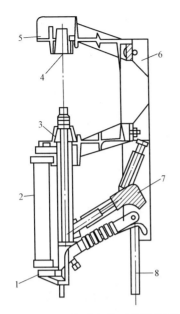

图 4-30 压气式负荷开关结构图

1—熔断器底座；2—熔断器；3—下绝缘子；

4—上静燃弧触头；5—钟形上绝缘子；

6—框架；7—主转轴；8—接地刀闸

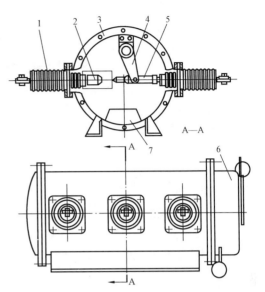

图 4-31 FW11-10 型户外式 SF₆ 负荷开关结构图

1—瓷套管；2—静触头；3—箱体；4—绝缘拐臂；

5—动触头；6—操动机构箱；7—吸附剂罩

三、高压负荷开关主要参数

高压负荷开关技术参数有额定电压、额定电流、额定开断电流、额定关合电流、极限通过电流、热稳定电流等。高压负荷开关的选择方法可借鉴断路器的选择。

第五节 自动重合器和自动分段器

自动重合器和自动分段器是实现配电网自动化的理想设备，恰当利用它们的相互配合关系，不需要建设通信通道，就能隔离故障区域和恢复健全区域供电，实现馈线自动化。

一、自动重合器

1. 自动重合器的特性及应用

自动重合器是一种能够检测故障电流，在给定时间内断开故障电流并能进行给定次数重合的一种有"自具"能力的控制开关。所谓自具，即本身具有故障电流检测和操作顺序控制与执行的能力，无需附加继电保护装置和另外的操作电源，也不需要与外界通信。现有的重合器通常可进行三次或四次重合。如果重合成功，重合器则自动中止后续动作，并经一段延时后恢复到预先的整定状态，为下一次故障做好准备。如果故障是永久性的，则重合器经过预先整定的重合次数后，就不再进行重合，即闭锁于开断状态，从而将故障线段与供电源隔离开来。

重合器在开断性能上与普通断路器相似，但比普通断路器有多次重合闸的功能。在保护控制特性方面，则比断路器的"智能"高得多，能自身完成故障检测、判断电流性质、执行开合功能；并能记忆动作次数、恢复初始状态、完成合闸闭锁等。重合器适合于户外柱上安装，既可以在变电所内安装，也可以在配电线路上安装。一般断路器由于操作电源和控制装置的限制，一般只能在变电所使用。

不同类型的重合器，其闭锁操作次数、分闸快慢动作特性及重合间隔时间等不尽相同，其典型的四次分断三次重合的操作顺序为：分 $\xrightarrow{t_1}$ 合分 $\xrightarrow{t_2}$ 合分 $\xrightarrow{t_3}$ 合分，其中 t_1、t_2 可调，随产品不同而异。重合次数及重合闸间隔时间可以根据运行中的需要调整。一般可整定为"一快三慢"、"二快二慢"和"一快三慢"的组合。这里"快"指快速分闸，一般动作时间 $<0.06s$，快速分闸一般设定在第一、二次，主要目的是消除瞬时性的故障，保护线路设备。而后面几次的动作一般可设为慢动作，即为延时分闸，这种延时使得与线路上各分段点设置的分段器、熔断器进行配合，分断故障点。

自动重合器用于中压配电网的以下场合：①变电所内，配电线路的出口；主变压器的出口；②配电线路的中部，将长线路分段，避免由于线路末端故障全线停电；③配电线路的重要分支线入口，避免因分支线故障造成主线路停电。

实践证明，在配电网中应用重合器具有下述优点：

（1）节省变电所的综合投资。重合器装设在变电所的构架和线路杆塔上，无需附加控制和操纵装置，故操作电源、继电保护屏、配电间皆可省去，因此，基建面积可大大缩小，土建费用可大幅度降低。

（2）提高重合闸的成功率。统计表明，在配电网中有 $80\%\sim95\%$ 的故障属于暂时性故障。而重合器采用的多次重合方案，将会提高重合闸的成功率，减少非故障停电次数。

（3）缩小停电范围。重合器多与分段器、熔断器配合使用，可以有效地隔离发生故障的线路，缩小停电范围。

（4）提高操作自动化程度。重合器可按预先整定的程序自动操作，而且配有远动附件，可接收遥控信号，适于变电所集中控制和遥远控制，这将大大提高变电所自动化程度。

（5）维修工作量小。重合器多采用 SF_6 和真空作为介质，在其使用期间一般不需保养和检修。

因此，重合器近年来在我国配电网中得到了广泛的应用。

2. 自动重合器的分类和常用型号

目前国内外生产的重合器的类型如下。

（1）按相别分类：有作用于单相电路或三相电路的重合器。

（2）按灭弧介质分类：有 SF_6 和真空介质的重合器。两者区别在于灭弧能力的强弱。

（3）按控制方式分类：有液压控制式、电子控制式和液压电子混合控制式三种。

液压控制式的优点是不受电磁的干扰，但受温度的影响较大，特性较难调整。电子控制式的优点是控制灵活、特性较容易调整，具有较高的灵敏度，但必须具备多套硬件设备。

（4）按安装方式分类：柱上式、地面式和地下式。

自动重合器的常用型号为：

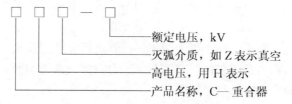

额定电压，kV
灭弧介质，如 Z 表示真空
高电压，用 H 表示
产品名称，C—重合器

例如，CHZ-12型重合器，表示额定电压12kV、采用真空灭弧室的高压自动重合器。

3. 一种重合器的结构示例

图4-32为CHZ-12型油绝缘真空重合器的本体结构图。它由真空开关本体、电子控制系统和快速储能弹簧操动机构等三部分组成。开关本体为三相共箱式结构，箱体由导电回路、绝缘系统、传动系统和密封体等组成。导电回路是由进出线导电杆、动静端支座9和12、导电夹13与真空灭弧室11连接而成。外绝缘是通过套在进出线导电杆上的高压瓷套实现的。内绝缘为复合材料，主要是通过箱体内变压器油及绝缘隔板等来实现的，同时也解决了凝露的问题。其外形如图4-33所示。

重合器主回路三相进线侧分别装设电流互感器，用来获取主回路电流信号提供给电子控制器进行检测和判别。电子控制器以单片机为核心，自带控制与保护，自备操作电源，采用长期充电方式，可以实现"三遥"控制功能，便于稳定安全可靠运行。

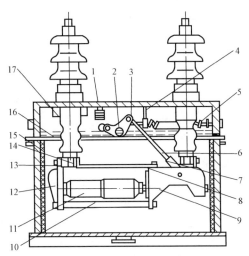

图4-32 CHZ-12型油绝缘
真空重合器的本体结构图

1—分闸缓冲装置；2—三相主轴；3、7—拐臂；4—支撑件；5—分闸弹簧；6—绝缘操作杆；8—绝缘板；9—动端支座；10—绝缘杆；11—真空灭弧室；12—静端支座；13—导电夹；14—夹板；15—绝缘纸板；16—变压器油；17—电流互感器

智能测控系统，即电子控制器在一个小箱内安装后用电缆连接，固定在开关本体的下端。电子控制器采用微处理器结构，全户外运行设计，抗电磁干扰能力强，防雷电冲击、耐腐蚀、防尘、防水、适应低温环境与交变湿热条件。

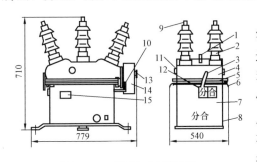

图4-33 CHZ-12型真空
重合器外形图（单位：mm）

1—吊环；2—瓷套；3—分合指示；4—箱盖；5—封密件；6—起吊耳环；7—箱体；8—放油阀；9—导电杆；10—油标；11—注油孔；12—分合指示牌；13—储能指示；14—操动机构；15—铭牌

当重合器的负荷侧线路发生故障时，故障电流通过装在开关本体内主回路上的电流互感器而送入电子控制器，控制器对此电流信号进行处理和判别，如果判定此电流大于预先整定的最小动作电流时，控制电路起动，按预先整定的动作程序，自动向操动机构发出指令进行分合闸操作。在程序进行的过程中，每次完成重合闸动作后，控制器都要检测故障信号是否仍然存在，如故障已消除，控制器将不再发出分闸命令，直到预先整定的复位时间到来时自动复位，处于预警状态，而开关本体保持在合闸状态，线路恢复供电；如故障仍然存在，那么控制器将继续按程序动作，直至完成整定的动作次数后闭锁，开关本体最终保持在分闸状态。

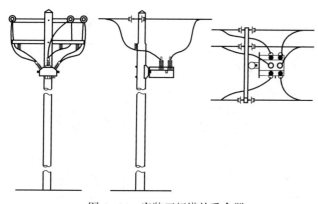

图 4 - 34 安装于杆塔的重合器

当手动合闸于故障回路时，控制器只发出一次分闸命令而闭锁，这是对开关本体的特别保护措施，可以避免重合器进行不必要的开断与闭合，同时提醒操作人员，线路故障尚未排除。

图 4 - 34 给出重合器安装于杆塔上的示意图。

4. 重合器主要的技术参数及意义

重合器有许多技术参数，但其中以额定电压、额定电流、短路开断电流、最小脱扣电流、时间—电流（$t-i$）特性最为重要。

最小脱扣电流是重合器能检测到且及时切断的最小电流，重合器既不要误动作，又要有相应的灵敏度。

时间—电流特性是一组反映电流与动作时间的曲线。该曲线具有瞬时动作特性和延时动作特性，使用重合器时可根据手册上提供的（$t-i$）曲线进行选择整定。

二、自动分段器

1. 自动分段器的特性及应用

自动分段器是配电网中用来隔离线路区段的自动开关设备，它与电源侧前一级开关（重合器或断路器或熔断器）相配合，在无电压或无电流的情况下自动分闸。当发生永久性故障时，分段器在预定次数的分合操作后闭锁于分闸状态，从而达到隔离故障线路区段的目的。若分段器未完成预定次数的分合操作，故障就被其他设备切除了，分段器将保持在合闭状态，并经一段延时后恢复到预先整定状态，为下一次故障作好准备。分段器可开断负荷电流、关合短路电流，但不能开断短路电流，因此不能单独作为主保护开关使用。

自动分段器一般装设在重要的 10kV 配电分支线路上，与重合器配合使用，可以将永久性故障的分支线及时地从配电网中分离出去，以保证正常线路继续运行，方便了巡线工查找故障点和迅速排除故障。

2. 自动分段器的分类和常用型号

自动分段器的分类如下。

（1）按相别分类：有单相、三相。

（2）按灭弧介质分类：有油、SF_6 和真空介质。

（3）按控制方式分类：有液压控制式、电子控制式。

（4）按动作原理分类：有跌落式分段器、重合分段器、组合式分段器。

（5）按判断故障方式分类：有电压—时间式分段器（又称自动配电开关）、过电流脉冲计数式分段器。

自动分段器的常用型号为

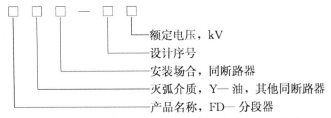

额定电压，kV
设计序号
安装场合，同断路器
灭弧介质，Y—油，其他同断路器
产品名称，FD—分段器

例如，FDLW1-10 型，为额定电压 10kV、SF_6 作绝缘介质、设计序号 1 的户外型的分段器。

3. 一种分段器的结构示例

分段器和重合器同样是一种有自具功能的开关设备，它与重合器最主要的区别是没有短路开断能力，它只根据"记忆"的过电流脉动次数而动作。这里介绍一种电压—时间型真空分段器，它识别故障和恢复供电的方式为电压型，是一种柱上自动配电开关；用真空灭弧而用 SF_6 绝缘，电寿命 10000 次。这种分段器由真空开关、开关电源变压器和故障检测装置三部分组成。

真空开关主要对线路进行分合操作，具有手动及电动操作功能。电动操作时，失压自动分闸，无需另外施加分闸电源。具有关合短路电流、合分负荷电流的能力，可单独作为频繁操作型负荷开关使用。其内部结构如图 4-35 所示，箱体 8 采用模压钢板焊接组装而成，形成一个气密结构。内分主回路和操动机构两部分，由金属板隔开，既保证不受气候环境的影响，又能增强内部绝缘性能。所配操动机构为电磁弹簧机构，采用低压合闸电源，具有很高的安全性和灵活性。

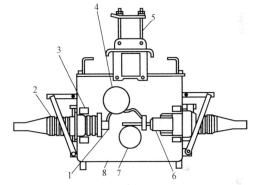

图 4-35　分段器真空开关内部结构图
1—隔离断口；2—圆锥形模铸绝缘套管；3—电流互感器；
4—绝缘轴（隔离断口驱动）；5—悬挂；6—真空灭弧室；
7—绝缘轴（真空灭弧室驱动）；8—密封箱体

开关电源变压器主要为真空开关提供操作电源，并为故障检测装置及柱上遥控终端单元提供检测信号，连接于真空开关的两侧，便于在多电源网络中应用。

故障检测装置是真空开关大脑，能根据线路的情况对其进行智能化操作，故障的定位、隔离和电源自动转供均由其实时自动完成。故障检测装置单独悬挂在柱上，不怕暴雨和强风。内部采用专用微处理器，利用存储器中预置的各种故障判据及调度命令，结合硬件电路实现开关的智能控制。对故障的判定不依赖于流经线路的电流，而采用采集故障电压的特性，这样就可以与配电网的运行方式无关，并且不存在选择性问题，可较好地适用于各种网络。同一台故障检测装置既可作分段用，又可作联络用。

4. 分段器的主要技术参数

现以电压—时间式分段器为例说明其参数的定义。其主要技术参数有额定电压、额定电流、最大负荷开断电流、最小动作电流、起动电流、延时合闸时限 X 时限、延时分闸时限 Y 时限、闭锁合闸时限 Z 时限等。

（1）X 时限——延时合闸时限。为分段器从接到电信号后至合闸的时间，该时限可以整定，一般整定在 7s 以上。

（2）Y 时限——延时分闸时限。为分段器从接到失电的信号至分闸的时间，该时间也可以整定，一般整定在 3s。

（3）Z 时限——闭锁合闸时限。

分段器合闸后，闭锁合闸回路起动并延时一段时间（Z 时限），如果在这段时间，线路无故障电流（或故障电流已消失），则解除闭锁合闸回路，电路恢复正常；否则在 Z 时限内若仍有故障电流信号，则引起电源侧重合器（或断路器）分闸，这时由于分段器失去电源，闭锁合闸回路处在闭锁状态，当重合器再次合闸，由于该分段器合闸回路闭锁，该段线路合不上闸，隔离永久性故障段。

设重合器或断路器的保护动作时间为 t，为使分段器可靠工作，对于 X，Y，Z 时限的整定必须满足

$$t + Y < Z < X$$

三、自动重合器与自动分段器的简单配合原理

现举例说明应用于放射式配电网的分段器动作过程，如图 4-36 所示。

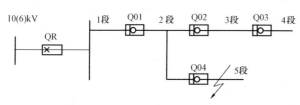

图 4-36　放射式配电网中重合器、分段器的动作过程

该例中共有 5 个区段供电，设备有重合器 QR，分段器 Q01～Q04，Q01～Q03 的 X 时限都整定为 7s，Q04 整定为 21s。当重合器 QR 合闸，Q01～Q04 的合闸顺序按合闸顺延时差，依次合闸送电，设故障发生在 5段，并设为永久性故障。

第一次分、合闸：

（1）重合器 QR 在保护动作时间 t 后跳闸，所有的分段器（Q01～Q04）由于失去电压，延时 Y 时限后跳闸。

（2）重合器在一定的时间间隔内合闸（第一次重合），各个分段器在电源侧送电后，依次按 X 时限合闸，即 Q01 在 7s 后合闸；Q02 在 Q01 合闸后又延时 7s 合闸，即从 QR 重合闸起算 14s 后合闸；Q03 在 QR 合闸 21s 后合闸；而 Q04 则在 28s 后合闸。

第二次分、合闸：

（1）由于 5 段发生永久性故障，则当 Q04 合闸时，5 段故障还存在，而引起重合器 QR又第二次跳闸，所有的分段器也在 Y 时限延时后分闸，而 Q04 由于 Z 延时闭锁时间未到就失电，则闭锁合闸电路未解除，为下次合闸做好闭锁准备。

（2）重合器 QR 第二次重合闸，Q01、Q02、Q03 依次重合，恢复正常供电，而 Q04 由于合闸回路闭锁，而无法合上，从而隔离了故障段。而其他线段恢复了正常供电。

各分段器的动作时序图如图 4-37 所示。

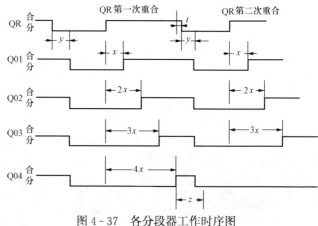

图 4-37　各分段器工作时序图

第六节 熔 断 器

一、熔断器的作用

熔断器是最简单和最早使用的一种保护电器（俗称保险），用来保护电路中的电气设备，使其在短路或过负荷时免受损坏。熔断器是人为串联在电路中的一个最薄弱的导电环节，当电路发生短路或过负荷时，熔体熔断将电路断开，使其他电气设备得到保护。

熔断器因具有结构简单、体积小、质量小、价格低廉、维护方便、使用灵活等特点，而广泛使用在 60kV 及以下电压等级的小容量装置中，主要作为小功率辐射形电网和小容量变电所等电路的保护，也常用来保护电压互感器。在 3～60kV 系统中，除上述作用外还与负荷开关、重合器及断路器等其他开关电器配合使用，用来保护电力线路、变压器以及电容器组。目前在 1kV 及以下的装置中，熔断器用得最多。它常和刀开关电器在一个壳体内组合成负荷开关或熔断器式刀开关。

二、熔断器的分类及型号

熔断器的种类很多，按电压等级可分为高压和低压两类；按有无填料可分为有填充料式和无填充料式；按结构形式可分为螺旋式、插入式、管式以及开敞式、半封闭式和封闭式等；按动作性能分为固定式和自动跌开式；按工作特性分为有限流作用和无限流作用；按使用环境可分为户内式和户外式；按熔体的更换情况可分为易拆换式和不易拆换式等。下面按电压分类并给出其型号。

1. 低压熔断器的型号

通常额定电压在 1000V 及以下的熔断器为低压熔断器，其种类很多，基本型号如下：

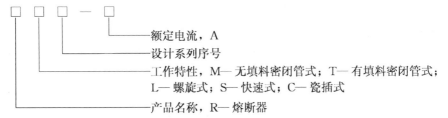

额定电流，A
设计系列序号
工作特性，M—无填料密闭管式；T—有填料密闭管式；
L—螺旋式；S—快速式；C—瓷插式
产品名称，R—熔断器

例如，RM10—600 型表示额定电流 600A、设计序号为 10 的无填料密闭管式熔断器。

2. 高压熔断器的型号

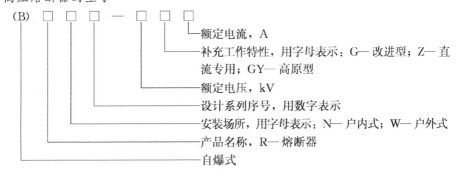

额定电流，A
补充工作特性，用字母表示：G—改进型；Z—直
流专用；GY—高原型
额定电压，kV
设计系列序号，用数字表示
安装场所，用字母表示：N—户内式；W—户外式
产品名称，R—熔断器
自爆式

例如，RW4-10/50 型，即指额定电流 50A、额定电压 10kV、户外 4 型高压熔断器。

三、熔断器的结构原理

熔断器主要由金属熔体、支持熔体的触头和外壳（熔管）组成。其工作原理是：金属熔体是一个易于熔断的导体，在正常工作情况下，由于电流较小，通过熔体时的温度虽然上升，但熔体不致熔化，电路可靠接通；一旦电路发生过负荷或短路，电流增大，熔体由于自身温度超过熔点而熔化，将电路切断。某些熔断器内还装有特殊的灭弧物质，如产气纤维管、石英砂等。

熔体是熔断器的核心。目前熔断器所采用的熔体材料有铅、锌等，这些材料的熔点较低而电阻率较大，所制成的熔体截面也较大。这样，在熔化时将产生大量的金属蒸气，使电弧不易熄灭。所以这类熔体只能应用在 500V 及以下的低压熔断器中。在高压熔断器中，熔体往往采用铜、银等，这些材料的熔点较高，电阻率较低，所制成的熔体截面可较小，有利于电弧的熄灭。但这些材料的缺点是在小而持续时间长的过负荷时，熔体不易熔断，结果使熔断器损坏。克服此缺点的最简便方法是在铜或银熔体的表面焊上小锡球或小铅球，当熔体发热到锡或铅的熔点时，锡或铅的小球先熔化，而渗入铜或银的内部，形成合金，电阻增大，发热加剧，同时熔点降低，首先在焊有小锡球或小铅球处熔断，形成电弧，从而使熔件沿全长熔化。这种方法称为冶金效应法，亦称金属熔剂法。

当电路发生短路故障时，其短路电流增长到最大值是要有一定时限的，如熔断器的熔断时间（包括熄弧时间）小于短路电流达到最大值的时间，即可认为熔断器限制了短路电流的发展。此种熔断器称为限流熔断器，否则为不限流熔断器。用限流熔断器保护的电气设备，遭受短路时所受损害可大为减轻，且可不用校验动稳定和热稳定。

四、熔断器的保护特性

1. 熔断器的保护特性

熔断器的熔断时间 t 与熔断电流 I 的大小有关，其规律是与电流平方成反比。图 4-38 所示为 t 与 I 的关系曲线，称为熔断器的安秒特性，也称熔断器的保护特性曲线。

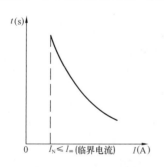

图 4-38　熔断器的安秒特性
I_∞—熔断器临界电流；I_N—熔断器额定电流

由图 4-38 曲线可见，熔断电流 I_∞ 的熔断时间在理论上是无限大的，称为最小熔化电流或称临界电流，即通过熔体的电流小于临界值就不会熔断。所以选择熔体的额定电流 I_N 应小于 I_∞，通常取 I_∞ 与 I_N 的比值为 1.5～2，称为熔化系数。该系数反映熔断器在过载时的不同保护特性，例如要使熔断器能保护小过载电流，熔化系数就应低些；为了避免电动机起动时的短时过电流使熔体熔化，熔化系数就应高些。

2. 熔断器的过电流选择比

熔断器的保护特性曲线由制造厂试验作出。保护特性曲线对不同额定电流的熔体分别作出，图 4-39 所示为额定电流不同的 2 个熔体 1 和 2 的保护特性曲线。熔体 1 的额定电流小于熔体 2 的额定电流，熔体 1 的截面也小于熔体 2。同一电流通过不同额定电流的熔体时，额定电流小的熔体先熔断，如图中通过短路电流 I_{fl} 时，$t_1 < t_2$，熔体 1 先熔断。

若在配电干线与支线中都以熔断器作为保护电器，当支线发生过负荷或短路时，有过电流通过两级熔断器时，则下一级熔断器 FU1 应熔断，上一级熔断器 FU2 不应熔断，这就是动作的选择性，如图 4-40 所示；如果上一级熔断器熔断，即为非选择性熔断。当发生非选择性熔断时，必将扩大停电范围，造成不应有的损失。

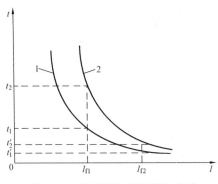

图 4-39 熔断器的保护特性曲线

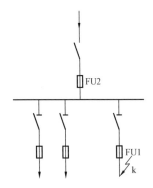

图 4-40 熔断器动作选择示意图

为了保证上下几级熔断器的选择性，规定上下级熔断器的额定电流比为过电流选择比。不同的熔断器过电流选择比不同，通常为 1.6∶1 和 2.0∶1。在图 4-40 中，若配置选择比为 1.6∶1 的熔断体，设支线中 FU1 的熔断体额定电流为 100A，则干线中 FU2 的熔断体额定电流必须为 160A 及以上，才能保证动作的选择性。当上下两级熔断体的额定电流比超过选择比时，则选择性更有保证。过电流选择比的数值越小对电路来说动作更协调，而对熔断器的制造要求更高。

五、高压熔断器

在高压电网中，高压熔断器可作为配电变压器和配电线路的过负荷与短路保护，也可作为电压互感器的短路保护。按照使用环境，高压熔断器分为户内式和户外式。

（一）户内式高压熔断器

户内式高压熔断器全部是限流型。下面介绍 RN1 型和 RN2 型两种形式。RN1 型适用于 3～35kV 的电力线路和电气设备的保护；RN2 型专门用于保护 3～35kV 的电压互感器。

RN1 型和 RN2 型熔断器的结构相同，是由两个支柱绝缘子、触座、熔丝管及底板四部分组成。图 4-41（a）为 RN1 型和 RN2 型熔断器的外形图。熔断体 1 卡在静触头座 2 内，静触头座 2 和接线座 5 固定在支持绝缘子 3 上，绝缘子固定在底座 4 上。

熔断器的熔断体装在充满石英砂的密封熔丝管内，如图 4-41（b）、（c）所示。熔丝管 6 两端有黄铜端盖 7，熔丝管内有绕在陶瓷芯 9 上的熔体 10，熔体 10 是由几根并联的镀银铜丝组成，中间焊有小锡球 11，如图 4-41（b）所示。另一类型熔体由两种不同直径的铜丝做成螺旋形，连接处焊有小锡球，如图 4-41（c）所示。在熔断体内还有细钢丝 13 作为指示器熔体，它与熔体 10 并联，一端连接熔断指示器 14。熔管中填入石英砂 12，两端焊上顶盖 8，使熔断体密封。

当过负荷电流流过时，熔体在小锡球处熔断，产生电弧，电弧使熔体 10 沿全长熔断，随后指示器熔体 13 熔断，熔断指示器 14 被弹簧弹出，如图 4-41（b）中的 14′。

（二）户外式高压熔断器

户外式高压熔断器的种类较多，现仅介绍户外高压限流熔断器、户外高压跌落式熔断器等。

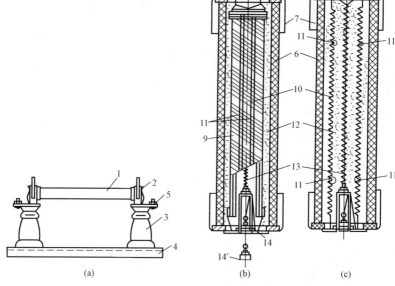

图 4-41 RN1 型和 RN2 型熔断器外形和内部结构图

（a）外形图；（b）、（c）熔丝管的内部结构

1—熔丝管；2—静触头座；3—支持绝缘子；4—底座；5—接线座；6—瓷质熔管；

7—黄铜端盖；8—顶盖；9—陶瓷芯；10—熔体；11—小锡球；12—石英砂；

13—细钢丝；14、14′—熔断指示器

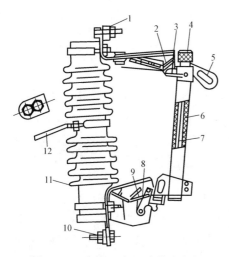

图 4-42 RW4-10 型跌落式熔断器
基本结构图

1—上接线端；2—上静触头；3—上动触头；
4—管帽；5—操作环；6—熔管；7—熔丝；
8—下动触头；9—下静触头；10—下接线
端；11—绝缘子；12—固定安装板

（1）RW4 型户外跌落式熔断器用于 10kV 及以下配电线路或配电变压器。图 4-42 为 RW4-10 型跌落式熔断器的基本结构。图示为正常工作状态，通过固定安装板安装在线路中（成倾斜），上下接线端（1、10）与上下静触头（2、9）固定于绝缘子 11 上，下动触头 8 套在下静触头 9 中，可转动。熔管 6 的动触头借助熔体张力拉紧后，推入上静触头 2 内锁紧，成闭合状态，熔断器处于合闸位置。当线路发生故障时，大电流使熔体熔断，熔管下端触头失去张力而转动下翻，使锁紧机构释放熔管，在触头弹力及熔管自重作用下，回转跌落，造成明显的可见断口。

这种熔断器的灭弧原理是靠消弧管产气吹弧和迅速拉长电弧而熄灭，它还采用了"逐级排气"的新结构。由图 4-42 可见，熔管上端有管帽 4，在正常运行时是封闭的，可防雨水滴入。分断小的故障电流时，由于上端封闭形成单端排气（纵吹），使管内保持较大压力，有利于熄灭小故障电流产生的电弧；而在分断大电流时，由于电弧使消弧管产生大量气体，气压增加快，上端管帽被冲开，而形成两端排气，以免造成熔断器机械破坏，有效地解决了自产气电器分断大、小电流的矛盾。

（2）RW9-35 型户外限流熔断器的结构如图 4-43 所示。除额定电流为 0.5A 的供保护电压互感器使用外，其余的供线路和变压器保护用。

六、低压熔断器

（1）RM 型。常用有 RM1、RM3、RM10 型，它们均为无填料封闭管式熔断器。熔管为绝缘耐温纸等材料压制而成，熔体多数采用铅锡、铅、锌和铝金属体材料，熔断器规格有 15～600A 六个等级，各级都可以配入多种容量规范的熔体（但不能大于熔管的额定值）。RM10 型无填料封闭管式熔断器的结构如图 4-44 所示。

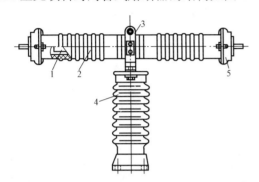

图 4-43　RW9-35 型户外限流熔断器的结构图

1—熔断体；2—瓷套；3—紧固件；

4—支持绝缘子；5—接线帽

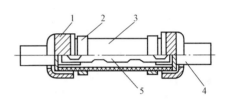

图 4-44　RM10 型无填料封闭管式

熔断器的结构图

1—铜管帽；2—管夹；3—纤维熔管；

4—触刀；5—变截面 V 形锌熔体

（2）RT 型。常用为 RT0 型，是有填料封闭管式熔断器。熔管由绝缘瓷制成，内填石英砂，以加速灭弧。熔体采用紫铜片，冲压成网状多根并联形式，上面熔焊锡桥，并有熔断信号装置，便于检查。熔断器规格有 100～1000A 五个等级，各级熔断管均可配以多种容量的熔体（不能超过它的额定值），属于快速型熔断器。RT0 型有填料封闭管式熔断器的结构如图 4-45 所示。

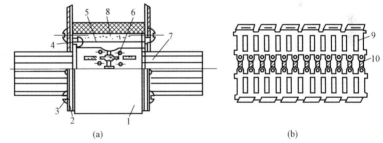

图 4-45　RT0 型有填料封闭管式熔断器结构图

（a）熔管结构示意图；（b）熔件

1—熔管管体；2—盖板；3—螺钉；4—指示器；5—康铜丝；

6—熔件；7—刀型触头；8—石英砂；9—栅网状熔件；10—锡桥

（3）RL 型。常用 RL1、RL2、RLS 型，它们是一种螺旋管式熔断器。熔断管由瓷质做成，内填石英砂，并有熔断信号装置，便于检查。RL1 型有 15～200A 四种规格，RL2 有 25～100A 三种规格，各级均可配用多种容量级的熔体管心。RL 型属于快速型熔断器，体积小、装拆方便、操作安全。RL1 型螺旋管式熔断器的结构如图 4-46 所示。

（4）RS 型。常用有 RS0、RS3 型，也是快速型熔断器，结构和 RT0 型类似。熔断器规格有 10～350A 十种，等级较多，便于选择。

（5）RC 型。常用 RC1 型，是插入式熔断器，用瓷质制成，插座与熔管合为一体，结构简单，拆装方便，熔体配用材料同 RM 型。规格由 10～200A 六种可供选用。RC1A（1A 表示设计序号）型半封闭插入式熔断器的结构如图 4 - 47 所示。

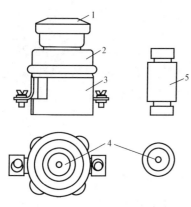

图 4 - 46　RL1 型熔断器结构图
1—载熔体；2—瓷保护环；3—底座；
4—熔断指示器；5—熔断体

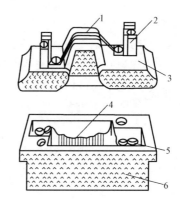

图 4 - 47　RC1A 型半封闭插入式熔断器结构图
1—熔体；2—动触头；3—瓷盖；4—石
棉带；5—静触头；6—底座

（6）R1 型。这是一种封闭管式熔断器，熔管以胶木或塑料压制而成，规格只有 10A 一种，内可装配 0.5～10A9 种容量等级的熔体。这是一种专为二次线系统保护用的熔断器。

七、熔断器技术参数

熔断器的技术参数应区分为熔断器底座（支持件）即熔断器的技术参数和熔断体的技术参数。原因是同一规格的熔断器底座可以装设不同规格的熔断体，相应的保护特性不同，所以两者不能混淆。

熔断器的技术参数有：额定电压、额定电流、电流种类、额定频率和外壳防护等级等。熔断体的技术参数有：额定电压、额定电流、分断范围、使用类别、额定开断能力、电流种类和额定频率等。

一种规格的熔断器底座可以装设几种规格的熔断体，但要求熔断体的额定电流不得大于熔断器的额定电流，因此其额定电流的表示形式为：熔断器底座的额定电流/熔断体的额定电流。

第七节　低 压 断 路 器

一、低压断路器的用途

低压断路器是低压配电网中性能最完善的开关电器，又是重要的控制和保护电器。它不仅可以切断负荷电流，而且可以切断短路电流，并对电路起保护作用，即当电路有过负荷、短路或电压严重降低等情况时能自动分断电路。低压断路器曾称为自动空气开关或自动开关。

低压断路器结构上着重提高灭弧能力，故不适用于频繁操作，常用在低压大功率电路中作为主控电器，如低压配电变电所的总开关、大负荷电路和大功率电动机的控制等。

低压断路器的灭弧介质一般是空气，近年来利用真空作灭弧介质的真空断路器也得到很大发展。传统的交流低压断路器的灭弧过程，是使电流过零、电弧自然熄灭后不再重燃。新型的限流断路器能在电路中的短路电流还未达到最大非对称短路电流以前，将电弧电流减小，并强制熄灭，从而大大减轻了电路中各种电器及导体在短路电流流过时受到的危害。

低压断路器具有如下基本特点：

（1）关合和开断的能力大。低压断路器能关合和开断的电流最大可达 50kA，基本上能开断各种接线方式（包括某些环形并联运行方式）的低压配电网络中可能出现的短路电流，并能确保网络安全、可靠地运行。

（2）保护特性好。低压断路器有多种脱扣器，如特大短路瞬时动作脱扣器、过载延时脱扣器、短路延时脱扣器、欠压脱扣器和分励脱扣器等。每台断路器可装设其中的几种或全部。合理地选择和正确调整就能有选择地、可靠地保护低压配电线路和用电设备，以防止事故扩大和提高供电的可靠性，以满足不同保护和控制方案的需要。

（3）供电恢复好。在排除事故以后，能迅速恢复供电。

（4）操作方便。除用手动操作外，还有可供远距离操动用的电动（电动机或电磁铁）操动机构。

（5）维护方便，使用安全。在规定的使用寿命期间，除进行一般维护工作外，无需调换任何零件，性能比较稳定。装置式低压断路器的整个导电部分完全密封在塑料外壳内，结构紧凑，体积小，使用安全。

二、低压断路器分类及型号

低压断路器常用的分类：

（1）按电源种类分为交流和直流两种。

（2）按结构形式分为万能式（框架式）和装置式（封闭式或塑料外壳式）两种。

（3）按极数分为单极、双极、三极和四极式。

（4）按使用类别分为非选择型（A类）和选择型（B类）两类。对于非选择型，只要通过的电流达到或超过动作值，低压断路器就断开电路，即对它没有明确的选择性动作要求。对于选择型，即使是通过的电流已超过其动作值，也要延时动作，要等到串联在其负荷侧的另一短路保护电器不动作后再动作，即有明确的选择性动作要求。

低压断路器的常用型号为

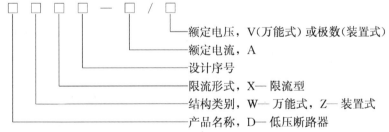

例如，DW15-200型低压断路器，表示额定电流200A、万能式的低压断路器。

三、低压断路器的原理

低压断路器的种类很多，构造比较复杂，但工作原理基本是一样的。它是由触头系统、灭弧系统、保护装置及传动机构等几部分组成。触头系统由传动机构的搭钩闭合而接通电源与负载，使电气设备正常运行。过流线圈和负载电路串联，正常运行时，过流线圈的磁力不足以使铁芯吸合，当因短路或其他故障使负载电流增大到某一数值时，过电流线圈使铁芯吸合，并带动杠杆把搭钩顶开，从而打开触头分断电路。欠电压线圈和负载电路并联，正常运行时，欠电压线圈的磁力使铁芯吸合，保持开关在合闸状态。如由于某种原因使电压降低，欠电压线圈吸力减小，衔铁被弹簧拉开，同样带动杠杆把搭钩打开，使电路分断。另外，还装有热继电器作为过载保护。

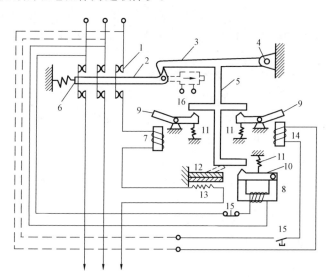

图 4-48　三极式低压断路器工作原理图

1—触头；2—锁键；3—搭钩（代表自由脱扣机构）；4—转轴；5—杠杆；6—弹簧；7—过流脱扣器；8—欠压脱扣器；9、10—衔铁；11—弹簧；12—热脱扣器双金属片；13—加热电阻丝；14—分励脱扣器（远距离切除）；15—按钮；16—合闸电磁铁（DW 型可装，DZ 型无）

图 4-48 为三极式低压断路器的工作原理图。如图所示为合闸状态，此时触头 1 与锁键 2 连在一起，锁键与搭钩 3 锁住，维持合闸位置，此时弹簧 6 处于拉长状态。搭钩 3 可以绕转轴 4 转动，如果搭钩 3 向上被杠杆 5 顶开，即锁键与搭钩脱扣，则触头 1 在弹簧 6 作用下迅速跳开，脱扣动作由各种脱扣器来完成。这些脱扣器有：

（1）过电流脱扣器 7，当电流超过某一规定值时，开关自动跳开。

（2）失压（欠电压）脱扣器 8，当电压低于某一值时使开关迅速跳闸。

（3）热脱扣器 12，主要用于过载保护，它是双金属片结构。

（4）分励脱扣器 14，供远距离控制使开关跳闸，也可以外接继电保护装置。

需要说明，不是任何低压断路器都装设有这些脱扣器。用户应根据需要，在订货时向制造厂提出所选用的脱扣器种类。

四、低压断路器结构简介

1. 万能式断路器

万能式低压断路器一般都有一个框架结构的底座，因此曾被称为框架式断路器。所有的组件（如触头系统和脱扣器等）均经绝缘后安装在底座中，便于制造、拆卸和安装。这种断路器具有可维修的特点，可装设较多的附件，也有较多的结构变化。

万能式断路器的极限断流能力较高，因为有良好的接触系统和灭弧室。大容量的接触触头都采用双挡或三挡触头，为提高触头的动、热稳定性，触头导电回路布置成具有电动力补偿的作用。开关的灭弧室多为去离子栅或复式灭弧室，在去离子栅上增设灭弧栅，以降低电弧飞溅距离。开关的额定电流在 200～600A 时，一般具有电磁传动操动机构。开关额定电流在 1000A 以上者，一般具有电动机传动操动机构，并都兼有操作手柄。

常用的万能式断路器有 DW10、DW5 等系列。DW10 系列开关额定电流等级分为 200、400、600、1000、1500、2500、4000A，而 DW5 系列开关额定电流为 400、600、1000、1500A 多种。

图 4-49 为 DW10 型万能式断路器的结构图。

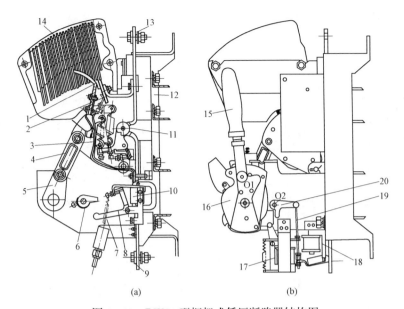

图 4-49 DW10 型框架式低压断路器结构图

(a) 触头及灭弧系统；(b) 侧视图

1—灭弧触头；2—辅助灭弧触头；3—软连片；4—绝缘连杆；5—驱动柄；
6—脱扣用凸轮；7—整定过流脱扣器用弹簧；8—过流脱扣器打击杆；
9—下导电板；10—过流脱扣器；11—主触头；12—框架；13—上导
电板；14—灭弧室；15—操作手柄；16—操动机构；17—失压脱
扣器；18—分励脱扣器；19—拉杆；20—脱扣用杠杆

2. 塑料外壳式断路器

塑料外壳式低压断路器的所有元件组装在绝缘的塑料外壳内，减小了外界对断路器的影响。断路器的接线端子从断路器的背面引出。在断路器的正面不可能触及带电部分，使用起来很安全。塑料外壳式断路器体积小，外观整洁。

塑料外壳式断路器触头系统采用简单的单挡触头与去离子栅灭弧室。开关的过电流脱扣器多采用热双金属片和电磁脱扣器串联，以达到两段保护特性，可用作电动机保护。大容量开关的操动机构采用储能闭合式；而50A 以下的操动方式多为手动，有扳动式和按钮式两种。大容量的断路器，可加装失电压脱扣器、分励脱扣器和电动机传动操动机构。塑壳式低压断路器额定电流比万能式断路器小，因此使用十分广泛。各类工矿企业、公共建筑及生活住宅的电力和照明线路中都有应用。

常用的塑料外壳式断路器有 DZ10、DZ5 系列。DZ10 系列的额定电流为 100、200、500A；DZ5 系列的额定电流为 10、20、25、50A，其中 10、25A 为单极，20、50A 为三极。

图 4-50 DZ10 型塑料外壳式低压断路器外形图

图 4-50、图 4-51 分别为 DZ10 型塑料外壳式断路器的外形图和结构图。

3. DW 型和 DZ 型低压断路器的主要区别

(1) 结构。DW 型均为外露式结构，主要附件都能看见；DZ 型则为封闭式结构，各部件都在封闭的绝缘外壳中，结构紧凑，对人身及周围设备有较好的安全性。

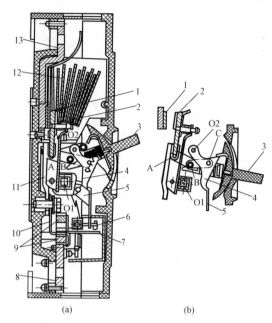

图 4-51　DZ10 型塑料外壳式低压断路器结构图

(a) 合闸装置；(b) 手动分闸

1—静触头；2—动触头；3—操作手柄；4、5、6—脱扣机构；7—热双金属片；8—下导电板；9—电磁脱扣器的铁芯和衔铁；10—导电板；11—软连接；12—灭弧罩；13—上导电板

(2) 容量。DW 型断路器的额定电流为 200～4000A，而 DZ 型断路器目前最大额定电流是 600A。

(3) 操动。DW 型断路器容量在 600A 及以下，除手动操动外，还配置有电磁铁合闸操动机构；1000A 及以上，配有电动合闸操动机构。利用手动操动合闸时，断路器触头的闭合速度与操动过程的速度有关。DZ 型断路器除手动操动外，并配有电动操动机构，触头闭合速度与操动过程的速度无关。

(4) 脱扣。DW 型过载和短路脱扣器由电磁元件构成，瞬时动作，开关脱扣后即可再合闸。DZ 型过载脱扣器为热元件装置，短路脱扣器是电磁元件，热元件不能瞬时动作，而且动作后一般要等一段时间，待热元件散热恢复原位后，才能再合闸。

(5) 调整。DW 型的过载脱扣可以在刻度范围内根据负荷情况适当调节整定值，而 DZ 型出厂时调整好后，用户实际是不能自选调节的。

(6) 保护。DZ 型动作掉闸时间可在 0.02s 左右，比 DW 型要快。与同容量级的 DW 型比较，DZ 型的极限分断电流能力要比 DW 型的大，而且结构为封闭式，保护性能较好。

(7) 附件。DW 型的附件如脱扣器、辅助触点随时可以装配，而 DZ 型的附件一般必须在订货时提出，用户不便自选增装。

(8) 质量。DW 型与同容量的 DZ 型相比，前者要比后者重 2 倍以上。

五、低压断路器主要技术参数

1. 额定电流

对于低压断路器，额定电流有两个值，一个是断路器的额定电流 I_N，这就是它的额定持续工作电流，也就是过电流脱扣器的额定电流；另一个是断路器壳架等级的额定电流 I_{Nm}，这是该断路器中所能装设的最大过电流脱扣器的额定电流。I_{Nm} 在型号中表示出来，如 DZ20-400 型中的 400，就是该外壳中能装设的最大过电流脱扣器的额定电流，而实际装设的脱扣器的额定电流可能要比 400A 小。

2. 分断能力

低压断路器的分断能力是指在规定的条件下能够接通和分断的短路电流值。

3. 限流能力

对限流式低压断路器和快速低压断路器要求有较高的限流能力，一般要求限流系数（K＝实际分断电流峰值/预期短路电流峰值）在 0.3～0.6 之间。为了达到较高的限流能力，要求限流电器的固有动作时间小于 3ms。

4. 动作时间

框架式和塑料外壳式低压断路器的动作时间一般为 30～60ms；限流式和快速自动开关一般小于 20ms。

5. 使用寿命

一般自动开关的寿命根据容量不同为开合 2000～20000 次。

6. 保护特性

保护特性即指低压断路器的过电流保护特性，它可以用各种过电流情况与开关动作时间的关系曲线来描述。为了要起到更好的保护作用，自动开关的保护特性必须与被保护对象如电动机、电缆的允许发热特性相匹配。

对配电用选择型低压断路器要求两段或三段保护特性。图 4-52 曲线上出现一个或两个明显的曲折点，将特性曲线分成两段或三段，即通常称做两段或三段保护特性。图中 ab 为过载部分，特点是电流大，动作时间短；bc 段电流小，动作时间长——即反时限特性；df 段为瞬时动作特性；ce 段为短延时特性，它是属于定时限的，即在电流达一定值时经过一定时间的延时后而动作。所以从特性曲线中可以清楚地看到：abdf 为过载长延时和短路时瞬时动作的两段保护特性，abce 为过载时长延时和短路时短延时的两段保护特性。

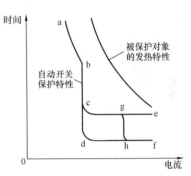

图 4-52 低压断路器保护特性曲线

第八节 刀开关及其组合电器

本节简单介绍刀开关、组合开关和低压负荷开关，这些开关设备通常用来切断和接通 500V 以下的交直流电路，主要靠在空气中拉长电弧或利用灭弧栅将电弧截为短弧的原理灭弧。

一、刀开关和刀熔开关

刀开关又称闸刀开关或闸刀，是一种具有刀形触点的最简单的低压开关，它只能用于手动操作接通或开断低压电路的正常工作电流。在低压配电网中，刀开关常和熔断器配合使用，开断过负荷和短路电流。

刀开关的分类方法很多：

（1）按结构分，有单极、双极和三极三种。

（2）按操作方法分，有中间手柄、旁边手柄和杠杆操作三种。

（3）按用途分，有单投和双投两种。

（4）按灭弧机构分，有带灭弧罩和不带灭弧罩两种。没有灭弧罩的刀开关，不能断开大的负荷电流，一般只用于隔离电源。带有灭弧罩的刀开关，可用来切断额定电流。在开断电路时，刀片与触头间产生的电弧因磁力作用而被拉入钢栅片的灭弧罩内，切断成若干短弧而迅速熄灭。

刀开关和刀形转换开关型号含义如下：

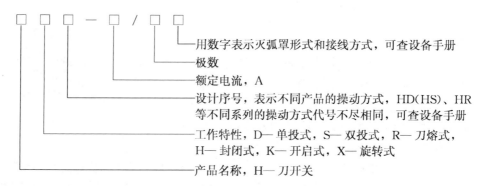

用数字表示灭弧罩形式和接线方式，可查设备手册

极数

额定电流，A

设计序号，表示不同产品的操动方式，HD(HS)、HR
等不同系列的操动方式代号不尽相同，可查设备手册

工作特性，D— 单投式，S— 双投式，R— 刀熔式，
H— 封闭式，K— 开启式，X— 旋转式

产品名称，H— 刀开关

例如，HD13 - 400/31 表示单投隔离开关，（13）中央杠杆操动机构，400A 三相，（31）带有灭弧罩。又如，HS13 - 400/31 表示双投隔离开关，中央杠杆操动机构，400A 三相，带有灭弧罩。

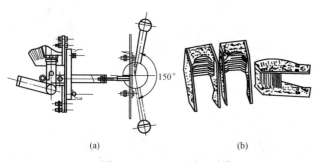

图 4 - 53　HD13 型刀开关
(a) 外形图；(b) 灭弧罩

图 4 - 53（a）为 HD13 型闸刀开关的结构。由于它的额定电流大于 600A，所以每一极有两个矩形截面的接触支座（固定触头），刀刃为两个接触条（动触头），与支座接触的部分压成半圆形突部，使之形成线接触。在固定触头两侧，装有弹簧卡子，用来安装灭弧罩。灭弧罩的外形如图 4 - 53 所示。

为了使用方便和减小体积，将前述刀开关在结构上留出安装熔丝或熔断器的位置，组成具有一定短路分断能力和接通能力的开关电器称为熔断器式刀开关，如 HR3、HR5、HR11 系列的产品。熔断器式刀开关又称刀熔开关，主要用于中央配电屏、动力箱及电缆、导线的过载和短路保护。在正常馈电情况下，用于不频繁地接通或分断电路。

图 4 - 54 是 HR3 系列刀熔开关的结构示意图。它是以具有高分断能力的 RT0 系列有填料式熔断器作触刀，做成两断口带灭弧室的刀开关。可以通过杠杆操作，也可侧面直接操作，极限分断能力达 50kA，在正常供电情况下，接通和切断电源由刀开关承担，当线路发生过载或短路故障时，由熔断器切断故障电流。每次故障分断后，需要更换熔断器再继续使用。图 4 - 55 给出另一种刀熔开关的外形图。

额定电流 200A 及以下的交流刀熔开关相间均带有安全挡板；400A 及以上的都装有灭弧罩。

还有一种低压开关叫隔离器，它的分断和接通电路的能力比一般开关的要小，在断开状态下具有足够的隔离距离，并有动触头位置的指示器。它的主要作用是在断开状态下具有隔离电源的功能，造成隔离电源可靠的断开点。而开关不要求具有这种作用。所谓足够安全的隔离距离是指在它的隔离间隙上应能承受的冲击耐压峰值，比非隔离用电器能承受的高一个等级。

二、低压负荷开关

低压负荷开关简称负荷开关，有 HH 和 HK 两大系列。其主要用于低压配电网的电气装置和配电设备中的不频繁地接通、分断负荷电路及短路保护。

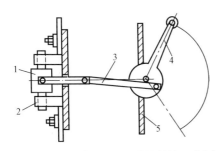 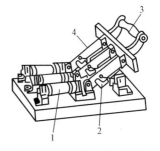

图 4-54　HR 型刀熔开关的结构示意图
1—RT0 型熔断器；2—触头；3—连杆；
4—操作手柄；5—低压配电屏板面

图 4-55　刀熔开关外形图
1—熔断器；2—速断刀片；
3—手柄；4—主刀片

　　HK 低压开启式负荷开关由隔离开关和熔断器组成，由上下胶盖扣罩，熔体扣于下盖罩，可开盖更换，又称胶盖闸，有 HK1、HK2 和 HK1-P 等型号。

　　图 4-56 给出 HK1 系列负荷开关的外形图，它由刀开关、熔体、接线座、胶盖及底板等组合而成。开关全部导电件装在一块底板上，其上部用带有绝缘的外壳笼罩，使开关在合闸状态时，手不会触及导电体。上盖采用标准螺钉与底板紧固，下盖以铰链连于底板，使更换熔体方便。

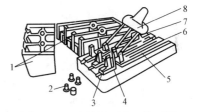

图 4-56　胶盖闸刀和刀熔开关
1—胶盖；2—胶盖紧固螺丝；3—进线座；
4—静触头；5—熔体；6—出线座；
7—刀片式动触头；8—瓷柄

　　HH 型负荷开关是一种隔离开关和熔断器组合在铁壳中的封闭式负荷开关，带有灭弧装置，又称铁壳开关。它具有机械连锁装置，合闸后打不开铁壳，打开铁壳后合不上闸，安全可靠，能快速分断和接通，操作灵活方便。熔断器为瓷插式。有 HH2、HH3、HH4、HH5 和 HH11 等型号。图 4-57 为 HH3 型负荷开关的外形图。

三、组合开关

　　组合开关用 HK 表示，也称转换开关。从本质上说组合开关是刀开关的一种，区别在于刀开关的操作是上下的平面动作，而组合开关的操作是左右旋转平面动作。组合开关能按线路的一定要求组合成多种不同接法的开关，控制电动机的起动、变速、停止、换向及控制线路换接，故其在各种配电设备和控制设备中应用甚广。

　　组合开关的种类很多，如 HZ2、HZ3、HZ4、HZ5、HZ10 系列，其共同结构特点是均由多节触头座，用转轴串接组装而成，故称组合开关。静触头座安装在塑料压制的盒内，每层一极呈立体布置，这样不仅减少了安装面积且结构简单、紧凑，操作安全可靠。它转换电路较多，且触头多为双断点，分断能力较高。图 4-58 为 HZ10 系列组合开关结构图。

　　HZ10 系列的结构是由若干动静触头（刀片）分别装于数层绝缘件内，动触头装在附有手柄的转轴上，随转轴旋转至不同位置而造成接通或断开，如图 4-58 所示。其特点是由于采用了弹簧储能，使开关可以快速闭合及分断，从而使触头合、分的速度与手柄旋转速度无关，提高了开关的电气性能。

　　应注意的是，组合开关的通断能力较低，不能用来分断故障电流。用作电动机正反转控制时，必须在电动机完全停止转动后，才允许反向接通。组合开关的接线方式很多，需根据实际需要正确选用相应规格的产品。其本身不带过载和短路保护，若电路要求有上述保护时，则应同时另外装设。

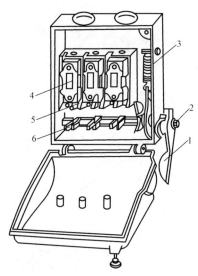

图 4-57 铁壳开关外形图

1—手柄；2—转轴；3—速断弹簧；

4—速断体；5—夹座；6—闸刀

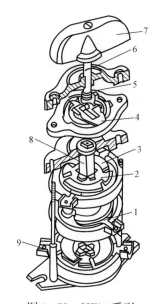

图 4-58   HZ10 系列

组合开关结构图

1—静触片；2—动触片；3—绝缘垫板；

4—凸轮；5—弹簧；6—转轴；7—手

柄；8—绝缘杆；9—接线柱

第九节 低压控制电器

一、接触器

1. 接触器用途、分类及型号

接触器是一种用来频繁地接通或切断负载主电路和大容量控制电路、便于实现远距离控制的自动切换电器。接触器的应用非常广泛，统计资料表明，电力系统总售电量的一半以上是通过它分配到各种用电设备上去的。由于接触器功能较多，且每小时可带电操作 1200 次，甚至还能短时接通与分断超过数倍额定电流的过负载；又具有使用安全、维修方便、价格低廉等优点，故随着生产过程自动化的进一步发展，它的应用将更加广泛。

一般情况下接触器是用按钮操作的，在自动控制系统中也可用继电器、限位开关或其他控制元件组成自动控制电路以实现控制。接触器除前述功能外，还具有失压或欠压保护作用。

接触器的型号含义如下：

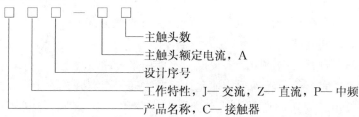

例如，CJ10-20 型表示设计序号 10、额定电流 20A 的交流接触器。

交流接触器常用型号有，老产品 CJ0 系列、CJ1 系列、CJ3 系列、CJ8 系列，新产品 CJ10 系列、CJ12 系列等几种。CJ10 系列、CJ12 系列可以代替 CJ0、CJ1、CJ3、CJ8 系列，它的电气寿命和机械寿命要高出老产品系列两倍以上，在用作可逆运行控制时，有较好的可靠性。还有从德国西门子公司引进技术制造的新型接触器，型号为 3TH 和 3TB 系列。

接触器的分类如下：

（1）按所控制的电流种类划分，有交流和直流两种。

（2）按操作方式可分，电磁式、气动式及电磁—气动式。

（3）按灭弧介质分，空气式（有灭弧室或隔弧板）、油浸式、真空式等。通常使用的是空气电磁式接触器。

2. 接触器动作原理与结构

无论是交流还是直流接触器，它们主要由电磁机构、触头系统和灭弧装置等组成（见图 4-59）。其中电磁机构是感知元件，当它感测到一定值的电信号时就会带动触头闭合或分断，而它主要包括电磁铁线圈、铁芯和衔铁（见图 4-60）。接触器的电磁铁线圈串接于控制电路中，当线圈通电后会产生电磁吸力，使动铁芯（或称衔铁）吸合，进而带动动触头与静触头闭合、接通主电路；若线圈断电后，电磁吸力便消失，在复位弹簧作用下动铁芯将释放，从而带动动触头与静触头分离，切断主电路。

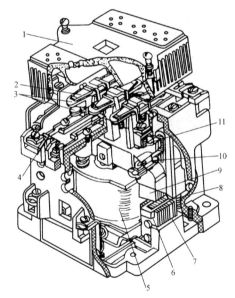

图 4-59 CJ 系列交流接触器结构图
1—灭弧罩；2—触头压力弹簧片；3—主触头；4—反作用弹簧；5—线圈；6—短路环；7—静铁芯；8—缓冲弹簧；9—动铁芯；10—辅助动合触点；11—辅助动断触点

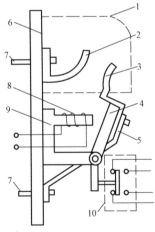

图 4-60 电磁接触器的基本结构图
1—灭弧罩；2—静触头；3—动触头；4—衔铁；5—连接导线；6—底座；7—接线端子；8—电磁铁线圈；9—铁芯；10—辅助触点

为了自动控制的需要，接触器除了接通和开断主电路用的主触头外，还有为了实现自动控制而接在控制回路中的辅助触点，如图 4-61 所示。辅助触点通过联动机构与主触头联系，两者同时动作。它们分属于不同的电路，主触头在主电路中，辅助触点接在控制回路或其他辅助电路中。一个接触器通常有几对辅助触点。辅助触点分为动断触点（常闭触点）和

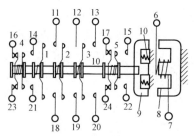

图 4-61　交流接触器的触头
与电磁机构

1～3—主触头；4、5—辅助触点；
6、7—线圈；8—铁芯；9—衔铁；
10—弹簧；11～24—触头的接线柱

动合触点（常开触点）。

3. 真空接触器

在有爆炸和火灾危险的场所，如煤矿井下或化工厂，电气触头开断时产生的电弧会引起爆炸，另外在使用环境恶劣的场所，空气中的水分、化学气体和粉尘等又会破坏触头的接触面，增大接触电阻，这就要使用能够适应这种工作环境的最理想的真空接触器。真空接触器是将动静触头密封在真空灭弧室内，以真空作为灭弧介质，在开断电流时电弧无外露、无喷弧区、触头的接触情况和熄弧性能不受外界环境影响，特别适用于煤矿、石油、化工、冶金和水泥等行业使用。真空灭弧室的结构原理参见真空断路器。

国外于 20 世纪 60 年代开始生产低压真空接触器，我国 20 世纪 80 年代开始设计真空接触器，现已形成 CKJ、CKJ5、CKJ6 等系列产品，其中 K 表示真空。

如图 4-62 所示为 CKJ5-400 型真空接触器的结构。其主要由真空灭弧室 5、绝缘框架、金属底座 13、电磁系统、传动机构、辅助触点 12 和整流装置等组成。直流电磁操动机构由铁芯、吸合线圈 9、磁轭 10、衔铁 8 和绝缘拐臂 1 组成。合闸时，吸合线圈 9 通电，衔铁 8 吸合，同时通过拐臂 1 在接触弹簧 3 和真空灭弧室 5 负压共同作用下动静触头闭合；分闸时，吸合线圈 9 断电，分闸弹簧 11 使衔铁释放，转动拐臂 1，拉开动静触头。

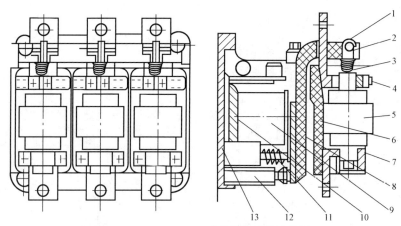

图 4-62　CKJ5-400 型真空接触器结构图

1—拐臂；2—拉杆；3—接触弹簧；4—动导电夹块；5—真空灭弧室；
6—绝缘支座；7—静导电夹块；8—衔铁；9—吸合线圈；10—磁轭；
11—分闸弹簧；12—辅助触点；13—底座

二、热继电器

1. 热继电器的用途、分类及型号

热继电器是一种应用广泛的保护性低压控制电器。它是利用电流通过热元件所产生的热效应反时限动作的一种继电器。当负载电流超过允许值时，反映被保护设备工作状态的热继电器便会动作、切断电路，从而对电气设备起过负荷保护作用。此外，它也可以对其他电器设备的发热状态进行控制。

电动机如长期过载、频繁起动、欠压运行或缺相运行，都可能会使其电流超过额定值。若超过的量不大，熔断器不会熔断。长时间过电流将会引起电动机过热，加速绕组的绝缘老化，缩短电动机使用寿命，严重时甚至烧坏电动机。因此，交流电动机通常都设置由热继电器构成的过负荷保护。

热继电器按动作原理可分为：

(1) 双金属片式。利用两种热膨胀系数不同的金属（常为锰镍与铜板）轧制成双金属片，受热后发生弯曲，从而推动机构使触头闭合进而切断电路。

(2) 热敏电阻式。它是利用某种材料的电阻值随温度变化的物理性能而制成的。

热继电器按额定电流等级可分为 10、40、100A 和 160A 四种；按极数或相数可分为两相、三相结构及三相带断相保护等三种。

热继电器型号含义：

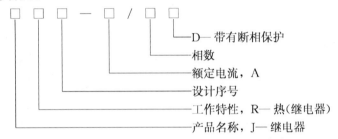

D— 带有断相保护
相数
额定电流，A
设计序号
工作特性，R— 热(继电器)
产品名称，J— 继电器

例如，JR15-10/2 型表示额定电流 10A、两相结构、设计序号 15 的热继电器。

目前应用较广泛的是双金属片热继电器，因为这种热继电器结构简单、体积小和成本较低。常用的热继电器有 JR15、JR16 及 JR20 等系列。新型热继电器一般都带有断相保护、温度补偿、动作脱扣指示等功能，有些还具有手动断开分断触点的断开检验按钮，动作脱扣灵活性检查等装置。它们都可直接安装在配套的接触器上，也可单独用螺钉安装或卡装在卡轨上。

2. 热继电器基本原理和结构

双金属片式热继电器是利用双金属片受热后发生弯曲的特性来断开触点的。如图 4-63 所示，将两种线膨胀系数不同的金属片牢固地轧焊在一起，如果左侧金属片膨胀得多，右侧金属片膨胀得少，那么双金属片就向右弯曲，即向膨胀系数小的金属片侧弯曲。热继电器就是利用双金属片这个特性制成的。

热继电器由双金属片、热元件、触点系统及操动机构、整定电流装置、复位按钮组成（见图 4-64）。

图 4-63 双金属片对温度的反应
(a) 受热前；
(b) 受热后

使用时热元件 2 与被保护电动机串联，动断触点串联在交流接触器的控制回路中。电动机正常工作时触头不动作，当过负荷时，若其电流大于额定值，热元件会发出更多的热量，使两种不同膨胀系数的双金属片 1 受热弯曲并推动导板 3 向右移动，导板又推动温度补偿片 4 使推杆 11 绕轴转动，从而推动了动触头连杆 5 并使动触头与静触头 6 脱离、断开了接触器线圈的控制电路，接触器释放切断主电路，从而起到了过载保护作用。热继电器动作后的复位方式有如下两种：

(1) 自动复位。将调节螺钉拧进一段距离，此时触头开距最小，使动触头连杆 5 的复位弹簧 8 始终位于连杆 5 转轴的左侧。当热元件冷却后，双金属片恢复原状，触头 5 在弹簧 8 的作用下自动复位并与静触头 6 闭合。

（2）手动复位。将调节螺钉拧出一段距离，此时触点开距最大，使复位弹簧 8 位于连杆 5 的转轴右侧。双金属片冷却后，由于弹簧 8 的作用，动触头将不能自动复位。这时必须按动复位按钮 9，推动动触头连杆 5，使弹簧 8 偏到连杆转轴的左侧，便可利用弹簧的拉力使动触点复位。要注意，一般热继电器出厂时，其触点都调整为手动复位。

图 4-65 为 JR15 系列热继电器外形图。

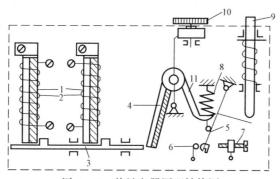

图 4-64　热继电器原理结构图

1—双金属片；2—热元件；3—导板；4—温度补偿双金属片；

5—动触头连杆；6—动断静触点；7—调节螺丝（动合静触

点）；8—弹簧；9—复位按钮；10—整定值调节轮；11—推杆

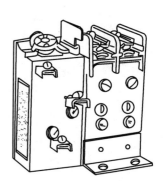

图 4-65　JR15 系列热

继电器外形图

热继电器的保护特性是反时限的，即过负荷电流 I 与额定电流 I_N 比值越大时，热继电器的动作时间 t 就越短（见图 4-66）。选用时应使其保护特性曲线 2 位于电动机允许过载特性曲线 1 的安全侧，且使两曲线要尽量靠近。

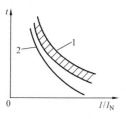

图 4-66　热继电器

的保护特性

1—电动机的允许过负荷曲线；

2—热继电器的保护特性曲线

三、起动器

起动器的作用是供控制电动机起动、停止或反转，是具有过负荷保护性能的开关电器。起动器有全电压起动器和减压起动器两类，全电压起动也称为直接起动。电磁起动器是常用的直接起动器，它由接触器和过负荷保护元件等组成，除了能在正常情况下控制电动机的启、停和反转外，还能起到电动机的过负荷保护作用，当电动机过负荷时能自动切断电路。但是它与接触器一样不能断开短路电流，必须和熔断器等短路保护电器配合使用。

起动器的过负荷保护能力是通过过负荷继电器实现的。过负荷继电器分为电磁式过负荷继电器、热过负荷继电器和半导体过负荷继电器。目前绝大部分异步电动机都采用热继电器作为过负荷继电器。热继电器式过负荷继电器在电路过负荷时必定有发热过程，因此都是延时动作，根据它的反时限工作特性，其延时与过负荷电流的大小有关。有的热继电器还能反应于断相。过负荷时，继电器触点将控制回路断开，再由接触器主触头断开过负荷电路。

图 4-67 为电磁起动器控制电动机的原理接线图。在起动器 SM 三相触头的负荷侧有热继电器 K 的发热元件——双金属片，发热元件与主电路串联。起动器的负荷端接电动机，电源端经短路保护电器——熔断器 FU1、闸刀开关 Q1 接入交流电源。热继电器的辅助触点 K 串接

在控制电路中，起动按钮 S2 与辅助的动合触点 SM 并联。

起动电动机时，按下起动按钮 S2，使起动器的控制回路接通，于是电磁线圈中有电流流过，产生的电磁力克服弹簧的阻力，使衔铁吸合，主触头 SM 接通主电路，电动机起动，辅助的动合触点 SM 同时闭合，使起动器自保持，电动机正常运转。

电动机起动时，很大的起动电流通过热继电器，使双金属片发热。但是起动时间很短，产生的热量不会使双金属片产生足够的位移，动断触点 K 不会打开。

要使电动机停止时，按下停止按钮 S1，控制回路断开，衔铁返回，主触头和辅助触头也断开，电动机断电，停止运转。

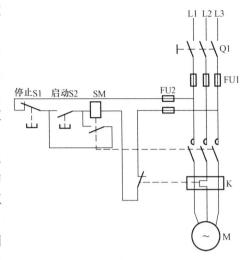

图 4-67　电磁起动器控制
电动机的原理接线图

电动机过负荷时，只要过负荷电流和过负荷时间达到规定数值，热过负荷继电器动作，串联在控制回路中的动断触点打开，控制回路断开，电动机停转，起动器起到了过负荷保护的作用。与接触器相同，起动器也有欠电压保护的作用，当控制电源电压降到其额定电压的 75% 时，电磁铁释放，起动器断开，电动机停转。

第十节　漏 电 保 护 器

一、漏电保护器的功能与原理

电力配电线路和供电、用电设备的绝缘都不是绝对可靠的。即使是绝缘完好的电器，在承受电压正常运行时，也总有极微小的泄漏电流，但不会引起什么危害。可当绝缘受损、老化等情况发生时，泄漏电流增大，用电设备金属外壳就可能带电，导致人身触电事故，在有易燃易爆物品或气体的场所，泄漏电流容易引起火灾和爆炸事故。泄漏电流对于用电设备也可称为漏电电流。

漏电保护器就是漏电电流动作保护器的简称，是低压断路器的一个重要分支。它主要用来保护人身电击伤亡，以及防止因电气设备或线路漏电而引起的火灾事故。它是在规定条件下当漏电电流达到或超过给定值时，能自动断开电路的一种机械开关电器或组合电器。

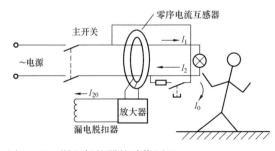

图 4-68　漏电保护器的动作原理

目前生产的漏电保护器多为电流动作型，现以单相漏电保护器为例说明其工作原理。在电气设备正常运行时，各相线路上的电流相量和为零（见图 4-68）。当线路或电气设备绝缘损坏而发生漏电、接地故障或人身触及外壳带电设备时，则有漏电电流通过地线或人体，再经大地流回电源。此时电路上的电流相量和 $(\dot{I}_1 + \dot{I}_2)$ 不为零，而是电

流 $\dot{I}_0$（称电路的剩余电流），$\dot{I}_0$ 经高灵敏的剩余电流互感器检出，并在其二次回路感应出电压信号。当漏电电流达到或超过给定值时，漏电脱扣器便立即动作、切断电源，从而起到了漏电保护作用。

漏电保护器是在低压断路器内增设一套漏电保护元件而成，故其除了具有漏电保护功能外，还具有低压断路器的相关功能。

二、漏电保护器的分类和型号含义

（一）分类

1. 按脱扣器的区别分类

按脱扣器的区别分类有电磁式和电子式两类：

（1）电磁式。由互感器检测到的信号直接推动高灵敏度的释放式漏电脱扣器而动作，这种电磁式不需要主电路供给控制电源，因此在主电路缺相的情况下，保护器仍能起保护作用且工作可靠。

（2）电子式。通过电子线路放大，并经晶闸管或晶体管开关接通漏电脱扣器线圈而使保护器动作，电子式灵敏度高但需辅助电源，受电源电压波动影响大，抗干扰能力不如电磁式。

2. 按结构和功能分类

按结构和功能可分成下列四类。

（1）漏电开关。其由零序电流互感器、漏电脱扣器和主开关组装在绝缘外壳中而成。它具有漏电保护及手动通、断电路的功能，一般不具备过载及短路保护能力。

（2）漏电断路器。其具有漏电保护及过载保护功能。例如 DZ15L、DZ15LE 均是在 DZ15 断路器的基础上加装漏电保护器而成；DZ25L 是在 DZ25 系列断路器的基础上加装漏电保护而成。

漏电断路器的技术参数和断路器不同的部分主要有额定漏电动作电流和额定漏电不动作电流。额定漏电动作电流是在规定条件下该漏电流流过时，漏电断路器必须动作的电流。额定漏电不动作电流是指在规定的条件下不会使漏电断路器动作的电流。一般额定漏电不动作电流值为额定漏电动作电流值的 1/2。

（3）漏电继电器。其由零序电流互感器和执行继电器组成。它只具备检测和判断功能，由继电器发出信号，控制断路器或通过信号元件发出声光信号。

（4）漏电保护插头或插座。它是漏电保护器的派生产品，由漏电保护开关与插头或插座组合而成。适于用作各种手持式或移动电气设备和家用电器的末端保护，可提高触电保护效果。

（二）型号含义

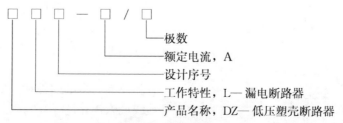

第二和第三位置互换可表示不同类型的漏电保护器，如 DZL18～20 为漏电开关，

DZ25L 为漏电断路器。

三、常用的漏电保护器

常用的漏电保护器有下列三种。

（1）DZ15L 系列漏电保护器。它是与 DZ15 系列断路器同时研制的，是在 DZ15 系列断路器基础上增加漏电保护部分而构成，也是机械工业系统提供的第一种符合 IEC 有关标准的漏电保护器，填补了我国漏电保护器的空白。它属于一种纯电磁式漏电保护器，适用于交流 50Hz、额定电压至 380V、额定电流至 63A 的电路，作触电、漏电保护之用；并可用来保护线路和电动机的过载及短路；还可作为线路的不频繁转换及电动机的不频繁起动之用。

由于该系列漏电保护器是由 DZ15 系列断路器派生的，故基本结构与 DZ15 断路器相同，仅在其下部增加了漏电保护部分即零序电流互感器、漏电脱扣器和试验装置三个部分。图 4-69 表示了三极与四极漏电断路器的工作原理与结构。检测元件（零序电流互感器）、执行元件（漏电脱扣器）、试验装置及带有过载短路保护的主断路器全部零部件均装在一个塑料外壳中；当被保护电路有漏电或人身触电时出现了 I_0，若 I_0 达到漏电动作电流值，零序电流互感器的二次绕组

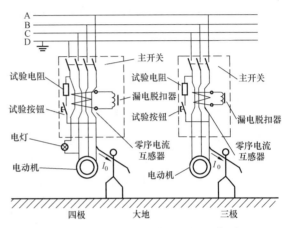

图 4-69　DZ15L 漏电保护器的工作原理

就输出一个足以使漏电脱扣器动作的信号，漏电脱扣器使断路器动作并分断电路，达到了防止触电的保护目的。

（2）DZ15LE、DZ25L、DZ15LD 系列漏电保护器。它们适用于交流 50Hz、额定电压 380V 配网中作为漏电、触电保护用，并可作配电线路与电动机的过载、短路及缺相保护，亦可作线路的不频繁转换及电动机的不频繁起动用。

上述系列漏电保护器也是由 DZ15、DZ25 系列低压断路器发展而来，它们均为电子式保护器。DZ15LD 系列为多功能保护器，除具有漏电保护、过载及短路保护功能外，还具有缺相、欠压及三相不平衡保护等功能。

（3）DZL18～20 型漏电保护器。该系列漏电保护器适于额定电压 380V 低压网络中作为线路和设备的漏电保护用；而 DZL18～20 型漏电开关仅适用于交流 220V、额定电流 20A 及以下的单相电路中，主要作为人身触电保护、防止设备绝缘损坏，以及漏电电流引起的火灾事故。当加装热脱扣器后，可以作线路过载保护用；与熔断器串联，还可达到短路保护的目的。

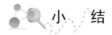 小　结

开关电器和一些新型的低压电器是电力系统中非常重要的设备，但其种类很多，本章的重点是介绍基本结构及作用原理。

断路器、隔离开关等开关电器均可以接通和开断电路，但仅有断路器设置专门的灭弧装

置，既可以开断正常工作电流，亦可开断短路电流。熔断器开断后不能接通电路。

本章的主要内容如下：

（1）开关电器的主要作用。

（2）电弧的形成和维持；交流电弧的特性；熄灭交流电弧的方法。

（3）高压断路器的作用、分类、型号和基本结构；各种断路器特点、外形结构；操动机构分类；断路器主要参数及基本选择方法。

（4）隔离开关作用、分类、型号和基本结构、典型设备外形，主要参数。

（5）高压负荷开关作用、分类、型号和基本结构、典型设备外形，主要参数。

（6）自动重合器作用、分类、型号和典型结构，主要参数。

（7）自动分段器作用、分类、型号和典型结构，主要参数；自动重合器与自动分段器的配合原理。

（8）熔断器的作用、分类、型号、结构原理、保护特性；户内外高低压熔断器示例；主要技术参数。

（9）低压断路器的作用、分类、型号、原理和基本结构，主要参数。

（10）刀开关作用、分类、型号、典型结构和外形。

（11）接触器、热继电器、起动器的作用、分类、型号和基本原理。

（12）漏电保护器作用、原理、分类、型号；常用类型介绍。

习　题

4-1　什么是碰撞游离和热游离？它们在电弧燃烧中起什么作用？

4-2　交流电弧熄灭的基本条件是什么？

4-3　什么是交流电弧的近阴极效应？举例说明哪种开关电器利用了这一特性。

4-4　熄灭交流电弧有哪些基本方法？

4-5　简述高压断路器的作用及基本结构。

4-6　高压断路器按灭弧方式分为哪几种类型？举例说明高压断路器的型号含义。

4-7　简述少油、真空、SF_6断路器的基本特点及各自适用范围。

4-8　隔离开关的作用是什么？为何不能用隔离开关切断负荷电流和短路电流？

4-9　举例说明隔离开关的型号含义。

4-10　接地开关的作用是什么？

4-11　高压负荷开关的作用与断路器和隔离开关的作用分别有什么不同，它用在什么场合？

4-12　举例说明高压负荷开关的型号意义。

4-13　自动重合器的作用是什么？它的"自具"能力是什么含义？举例说明自动重合器的型号。

4-14　简述自动分段器的作用及型号。它如何与自动重合器配合使用？

4-15　熔断器一般用在哪些场合，起什么作用？

4-16　举例说明高低压熔断器的型号意义。

4-17　限流熔断器的特点是什么？

4-18 低压断路器为什么能对电路起保护作用？通常用的两种低压断路器的型号如何表示？

4-19 HD、HS、HR、HH、HK、HZ 是什么形式的开关设备，主要区别是什么？

4-20 接触器和其他的低压开关设备有什么区别？

4-21 目前常用的热继电器基于什么工作原理？

4-22 起动器主要由什么元件组成？有什么功能？

4-23 漏电保护器是不是一种开关电器，它靠什么来动作的？

第五章　配电装置及组合电器

配电装置是变电所中由各种电气设备组合而成的进行电力传输和再分配的电气设施，属于变电所的一种特殊电工建筑物。在变电所的电气主接线设计好以后，将其中的开关电器、载流导体以及其他辅助设备依据规定的技术要求，合理地布置和连接起来，就形成了配电装置。因为配电装置中安装着开关电器（断路器、隔离开关等），所以对变压器、线路的控制以及系统运行方式的改变，都在配电装置中进行。

第一节　屋内外配电装置

一、配电装置的分类

在电气主接线中，同一电压等级的开关电器、载流导体和辅助设备安装在同一场所，形成一个电压等级的配电装置。变电所的电气主接线有几个电压等级，就会有几个对应电压等级的配电装置。

按电压等级来区分，有低压配电装置（380/220V）、高压配电装置（6～220kV）和超高压配电装置（330kV 及以上）。

按电气设备和载流导体的安装场所来区分，有屋外配电装置、屋内配电装置、成套配电装置、SF_6 全封闭组合电器。

（一）屋内配电装置

屋内配电装置必须建造房屋，电气设备和载流导体布置在屋内，避开大气污染和屋外恶劣气候的影响。其特点是：

（1）由于允许安全净距小和可以分层布置，故占地面积较小；

（2）维修、巡视和操作在室内进行，不受气候影响；

（3）外界污秽空气对电气设备影响较小，可减少维护工作量；

（4）房屋建筑投资较大。

目前，在变电所中，60kV 及以下的配电装置多采用屋内配电装置；在 110～220kV 装置中，当有特殊要求（如战备或变电所深入城市中心）或处于严重污秽地区（如海边或化工区）时，经过技术经济比较，也可以采用屋内配电装置。

（二）屋外配电装置

屋外配电装置是把所有电气设备和导体布置在屋外，暴露在大气中。其特点是：

（1）土建工程量和费用较小，建设周期短；

（2）扩建比较方便；

（3）相邻设备之间距离较大，便于带电作业；

（4）占地面积大；

（5）受外界空气影响，设备运行条件差，须加强绝缘；

（6）外界气象变化对设备维修和操作均有影响。

在变电所中，110kV 及以上电压配电装置多为屋外型配电装置。

（三）成套配电装置

成套配电装置是指在制造厂预先将开关电器、互感器等安装成套，然后运至安装地点。其特点是：

（1）电气设备布置在封闭或半封闭的金属外壳中，相间和对地距离可以缩小，结构紧凑，占地面积小；

（2）所有电器元件已在工厂组装成一整体，大大减小现场安装工作量，有利于缩短建设周期，也便于扩建和搬迁；

（3）运行可靠性高，维护方便；

（4）耗用钢材较多，造价较高。

成套配电装置适用于 35kV 及以下电压，国内生产的 3~35kV 高压成套配电装置，广泛应用在大、中型变电所中。

（四）SF_6 全封闭组合电器

这种配电装置采用加压 SF_6 气体作为全封闭电器内部的相间绝缘和相对地绝缘，所以绝缘强度很高。它的特点是：

（1）体积小，占地少；

（2）可安装在屋外，无须建筑物；

（3）不易发生故障，检修周期长，运行可靠性高。

SF_6 全封闭组合电器可以装于室外，也可装于室内，是当前较先进的配电装置，适用于各种电压等级。我国已能生产 110~330kV 的 SF_6 全封闭组合电器，今后将逐步推广应用。

配电装置应满足以下基本要求：①配电装置的设计必须贯彻执行国家基本建设方针和技术经济政策；②保证运行可靠，按照系统和自然条件，合理选择设备，在布置上力求整齐、清晰，保证具有足够的安全距离；③便于检修、巡视和操作；④在保证安全的前提下，布置紧凑，力求节省材料和降低造价；⑤安装和扩建方便。

二、屋内外配电装置的安全净距

配电装置的整个结构尺寸，是综合考虑设备外

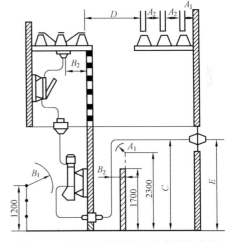

图 5-1　屋内配电装置安全净距校验图

形尺寸、检修和运输的安全距离等因素而决定的。对于敞露在空气中的配电装置，在各种间隔距离中，最基本的是带电部分对接地部分之间和不同相带电部分之间的空间最小安全净距，即 A_1 和 A_2 值。在这一距离下，无论在正常最高工作电压或出现内外过电压时，都不致使空气间隙击穿。A 值与电极的形状、冲击电压波形、过电压及其保护水平和环境条件等因素有关。其他电气距离，是在 A 值的基础上再考虑一些实际因素决定的。

屋内、外配电装置中各有关部分之间的最小安全净距见表 5-1 和表 5-2。这些距离可分为 A、B、C、D、E 五类，其含意参见图 5-1 和图 5-2。

表 5 - 1　　　　　　　　　　**屋内配电装置的最小安全净距（mm）**

符号	适 用 范 围	额 定 电 压（kV）									
		3	6	10	15	20	35	60	110E	110	220E
A_1	(1) 带电部分至接地部分之间 (2) 网状和板状遮栏向上延伸线距地 2.3m 处，与遮栏上方带电部分之间	70	100	125	150	180	300	550	850	950	1800
A_2	(1) 不同相的带电部分之间 (2) 断路器和隔离开关的断口两侧带电部分之间	75	100	125	150	180	300	550	900	1000	2000
B_1	(1) 栅状遮栏至带电部分之间 (2) 交叉的不同时停电检修的无遮栏带电部分之间	825	850	875	900	930	1050	1300	1600	1700	2550
B_2	网状遮栏至带电部分之间	175	200	225	250	280	400	650	950	1050	1900
C	无遮栏裸导体至地（楼）面之间	2375	2400	2425	2450	2480	2600	2850	3150	3250	4100
D	平行的不同时停电检修的无遮栏裸导体之间	1875	1900	1925	1950	1980	2100	2350	2650	2750	3600
E	通向屋外的出线套管至屋外通道的路面	4000	4000	4000	4000	4000	4000	4500	5000	5000	5500

注　E 指中性点直接接地系统。

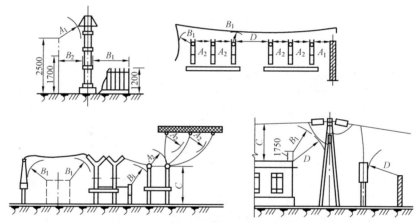

图 5 - 2　屋外配电装置安全净距校验图

表 5 - 2　　　　　　　　　　**屋外配电装置的最小安全净距（mm）**

符号	适 用 范 围	额 定 电 压（kV）							
		3～10	15～20	35	60	110E	110	220E	330E	500E
A_1	(1) 带电部分至接地部分之间 (2) 网状遮栏向上延伸线距地 2.5m 处与遮栏上方带电部分之间	200	300	400	650	900	1000	1800	2500	3800
A_2	(1) 不同相的带电部分之间 (2) 断路器和隔离开关的断口两侧引线带电部分之间	200	300	400	650	1000	1100	2000	2800	4300
B_1	(1) 设备运输时，其外廓至无遮栏带电部分之间 (2) 交叉的不同时停电检修的无遮栏带电部分之间 (3) 栅状遮栏至绝缘体和带电部分之间 (4) 带电作业时的带电部分至接地部分之间	950	1050	1150	1400	1650	1750	2550	3250	4550

续表

符号	适 用 范 围	额 定 电 压 （kV）								
		3～10	15～20	35	60	110E	110	220E	330E	500E
B_2	网状遮栏至带电部分之间	300	400	500	750	1000	1100	1900	2600	3900
C	（1）无遮栏裸导体至地面之间 （2）无遮栏裸导体至建筑物、构筑物顶部之间	2700	2800	2900	3100	3400	3500	4300	5000	7500
D	（1）平行的不同时停电检修的无遮栏带电部分之间 （2）带电部分与建筑物、构筑物的边沿部分之间	2200	2300	2400	2600	2900	3000	3800	4500	5800

注 E系指中性点直接接地系统。

三、屋内配电装置

（一）屋内配电装置总体结构

屋内配电装置的安装形式有两种：一种是将各设备在现场组装构成配电装置（称装配式配电装置），另一种是直接选用成套配电装置。供配电系统的变电所中，安装重型设备的屋内配电装置都采用装配式，如高电压等级（35、60kV）较多采用装配式，而中低电压级（10kV及以下）多用成套式。电力用户的屋内配电装置，只有少数大型企业因需要安装 SN$_4$ 大型开关电器和电抗器，采用装配式屋内配电装置；一般的工矿企业等的屋内配电装置都由成套配电装置组成。这里主要介绍装配式屋内配电装置，成套配电装置在下一节详细介绍。

屋内配电装置中的所有电气设备都安装在屋内，架空进出线通过穿墙套管引入，电缆进出线通过电缆引入配电装置。屋内通常按电压与所装电器分为高压配电室、低压配电室、变压器室、电容器室等。

变电所中6～10kV装配式配电装置，按其布置形式的不同，一般可以分为三层、二层和单层。三层式是将所有电气设备依其轻重分别布置在三层中，它具有安全可靠性高、占地面积小等特点，但其结构复杂、施工时间长、造价较高、检修和运行不大方便。二层式是在三层式的基础上改进而来，所有电气设备分别布置在二层中，与三层相比，它的造价较低、运行和检修较方便，但占地面积有所增加。三层式和二层式均用于出线有电抗器的情况。单层式是将所有电气设备布置在一层，占地面积较大，如容量不太大，通常采用成套开关柜，以减少占地面积，适用于出线无电抗器的情况。35～220kV 的配电装置，只有二层和单层式。目前在我国已很少采用三层式屋内配电装置。

为了表示整个配电装置的结构，以及其中设备的布置和安装情况，常用三种图表示，即平面图、断面图和配置图。平面图按比例绘制，图中示出房屋轮廓、配电装置的位置与数量、各种通道、电缆沟等，并标出它们的尺寸。配置图是按平面图中的配电装置、通道等的相对关系，标出各间隔的序号、间隔名称、该间隔开关柜的方案编号、通道名称，画出各间隔电器的图形符号以及进出线的方式与方向等。配置图用于了解整个配电装置中设备的内容与布置及用于统计设备的数量，它可不按比例绘画。图 5-3 为平面图和配置图示例。断面图是配电装置典型间隔的剖面，表示间隔中各设备的具体布置及相互连接。此图要按比例画出，以校验其各部分的安全净距（成套装置内部可不校验）。

在进行电气设备配置时，应注意以下各点：

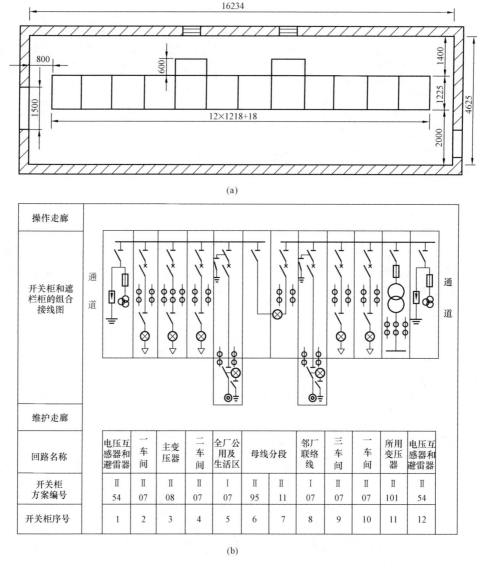

图 5-3 采用 GG—IA (F3) I 或 II 型开关柜的屋内配电装置

(a) 平面图; (b) 配置图

（1）同一回路的电气设备和导体应布置在一个间隔内，以保证检修安全和限制故障范围；

（2）尽量将电源布置在一段的中部，使母线截面通过较小电流；

（3）较重的设备布置在下层（如变压器、电抗器），以减轻楼板的荷重并便于安装；

（4）充分利用间隔的位置；

（5）布置对称，便于操作；

（6）容易扩建。

在间隔中，电气设备的布置尺寸除满足表 5-1 最小安全净距外，还应考虑设备的安装和检修条件，进而确定间隔的宽度和高度。设计时，可参考一些典型方案进行。

（二）装配式屋内配电装置

由于这类配电装置所涉及的内容较多，所以现仅就具体设备、间隔、小室和通道等介绍几个有关的问题。

1. 母线及隔离开关

母线通常安装在配电装置的上部，一般呈水平、垂直或前后排列布置。水平布置在中小容量发电厂和变电所的配电装置中采用较多，垂直布置用于 20kV 以下、短路电流较大的装置中，直角三角形布置方式常用于 6～35kV 大、中容量的配电装置中。6～10kV 母线水平布置时，母线相间距离 a 为 250～350mm；垂直布置时，a 为 700～800mm。35kV 母线水平布置时，a 约为 500mm。表 5-3 为母线的相序排列和颜色。

双母线（或分段母线）布置中的两组母线应以垂直的隔墙（或板）分开，这样一组母线故障时，不会影响另一组母线，且检修亦可安全。为了消除母线、绝缘子和套管中可能产生的危险应力，在固定连接的长母线上必须按规定加装母线补偿器。

表 5-3　　母线的相序排列和颜色

母线相别	颜色	垂直排列	水平排列	前后排列
A	黄	上	左	远
B	绿	中	中	中
C	红	下	右	近

母线隔离开关，通常设在母线的下方。为了防止带负荷误拉隔离开关引起飞弧造成母线短路，在 3～35kV 双母线布置的屋内配电装置中，母线与母线隔离开关之间宜装设耐火隔板。两层以上的配电装置中，母线隔离开关宜单独布置在一个小室内。

2. 断路器及其操动机构

断路器通常设在单独的小室内。断路器（含油设备）小室的形式，按照油量多少及防爆结构的要求，可分为敞开式、封闭式以及防爆式。四壁用实体墙壁、顶盖和无网眼的门完全封闭的小室称为封闭小室；如果小室完全或部分使用非实体的隔板或遮栏，则称为敞开小室；当封闭小室的出口直接通向屋外或专设的防爆通道，则称为防爆小室。

为了防火安全，屋内 35kV 以下的断路器和油浸互感器，一般安装在两侧有隔墙（板）的间隔内；35kV 及以上的断路器和油浸互感器则应安装在有防爆隔墙的间隔内，当间隔内单台电器设备总油量在 100kg 以上时，应设置储油或挡油设施。

断路器的操动机构设在操作通道内。手动操动机构和轻型远距离操动机构均装在壁上；重型远距离控制操动机构则落地装在混凝土基础上。

3. 互感器和避雷器

电流互感器无论是干式或油浸式，都可以和断路器放在同一小室内。穿墙式电流互感器应尽可能作为穿墙套管使用。

电压互感器经隔离开关和熔断器接到母线上，它需占用专门的间隔，但在同一间隔内，可以装设几个不同用途的电压互感器。当母线接有架空线路时，母线上应装避雷器，由于其体积不大，也可以和电压互感器共用一个间隔（以隔层隔开），并可共用一组隔离开关。

4. 电抗器

因电抗器较重，多装在第一层的小室内。电抗器按其容量不同有三种不同的布置方式：三相垂直、品字形和三相水平布置，如图 5-4 所示。通常线路电抗器采用垂直或品字形布置。当电抗器的额定电流超过 1000A、电抗值超过 5%～6% 时，由于质量及尺寸过大，垂

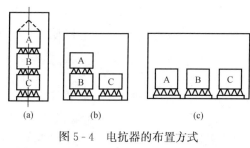

图 5 - 4　电抗器的布置方式

(a) 垂直布置；(b) 品字型布置；(c) 水平布置

直布置会有困难，且使小室高度增加较多，故宜采用品字形布置；额定电流超过 1500A 的母线分段电抗器或变压器低压侧的电抗器，则采取水平装设。

5. 配电装置室的通道和出口

配电装置的布置应便于设备操作、检修和搬运，故需设置必要的通道。凡用来维护和搬运各种电气设备的通道，称为维护通道；如通道内设有断路器（或隔离开关）的操动机构、就地控制屏等，称为操作通道；仅和防爆小室相通的通道，称为防爆通道。配电装置内各种通道的最小宽度（净距），不应小于表 5 - 4 所示的数值。

为了保证工作人员的安全及工作便利，不同长度的屋内配电装置室，应有一定数目的出口。当长度大于 7m 时，应有两个出口（最好设在两端）；当长度大于 60m 时，在中部适当的地方宜再增加一个出口。配电装置室的门应向外开，并装弹簧锁，相邻配电装置室之间如有门时，应能向两个方向开启。

6. 电容器室

一些变电所为了改善电压质量或提高功率因数，装设有电力电容器。一般低压电容器分散布置在用电设备的附近，高压电容器则布置在各变电所内集中补偿。

运行经验表明，1000V 及以下的电容器运行比较安全，故可不另行单独设置低压电容器室，而将低压电容器柜与低压配电柜连在一起布置。1000V 以上的油浸纸绝缘电容器，为了保证运行人员的安全，一般是单独集中安装于变（配）电所中的高压电容器室内。电容器室通风散热不良，往往是造成电容器损坏的重要原因。故电容器室应有良好的自然通风，通常将其地坪抬高，较室外地坪高 0.8m，在墙的下部设进风窗，上部设出风窗。通风窗的实际建筑面积根据电容器容量计算。进、出风窗应设有网孔不大于 10mm×10mm 的铁丝网，以防止小动物进入而造成事故。如自然通风不能保证室内温度不超过 40℃ 时，应增设机械通风装置。仅当电容器容量不大时，允许考虑设置在高压配电室或无人值班的高低压配电室内。

高压电容器室的大小主要由电容器容量和对通道的要求所决定，通道要求应满足表 5 - 4 中的规定。电容器室的建筑面积可按每 100kvar 约需 4.5m² 估算。

表 5 - 4　　　　　　　　　配电装置室内各种通道最小宽度（净距）（m）

通道分类 布置方式	维护通道	操　作　通　道		防爆通道
		固定式	手车式	
一面有开关设备	0.8	1.5	单车长+0.9	1.2
二面有开关设备	1.0	2.0	双车长+0.6	1.2

7. 变压器室

变压器室的最小尺寸根据变压器外形尺寸和变压器外廓至变压器室四壁应保持的最小距离而定，按规程规定不应小于表 5 - 5 所列的数值（参照图 5 - 5）。

变压器室的高度与变压器的高度、运行方式及通风条件有关。根据通风的要求，变压器室的地坪有抬高和不抬高两种。地坪不抬高时，变压器放置在混凝土的地面上，变压器室的高度一般为 3.5～4.8m；地坪抬高时，变压器放置在抬高的地坪上，下面是进风洞。地坪抬高高度一般有 0.8、1.0 及 1.2m 三种。变压器室高度一般亦相应地增加为 4.8～5.7m。变压器室的地坪是否抬高，由变压器的通风方式及通风面积所确定。当变压器室的进风窗和出风窗的面积不能满足通风条件时，就需抬高变压器室的地坪。

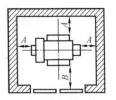

图 5-5　变压器室尺寸

表 5-5　　变压器外廓与变压器室四壁的最小距离（m）

变压器容量（kV·A）	320 及以下	400～1000	1250 及以上
至后壁和侧壁净距 A	0.6	0.6	0.6
至大门净距 B	0.6	0.8	1.0

变压器室的进风窗因位置较低，必须加铁丝网以防小动物进入；出风窗，因位置高于变压器，则要考虑用金属百叶窗来防挡雨雪。

当变电所内有两台变压器时，一般应单独安装在变压器室内，以防止一台变压器发生火灾时，影响另一台变压器的正常运行。变压器室允许开设通向电工值班室或高、低压配电室的小门，以便运行人员巡视，特别是严寒和多雨地区，此门材料要求采用非燃烧材料。对单个油箱油重超过 1000kg 的变压器，其下面需设储油池或挡油墙，以免发生火灾，使灾情扩大。

变压器室大门的大小一般按变压器外廓尺寸再加 0.5m 计算，当一扇门的宽度大于 1.5m 时，应在大门上开设小门，小门宽 0.8m，高 1.8m，以便日常维护巡视之用。另外，布置变压器室时，应避免大门朝西。

8. 电缆隧道及电缆沟

电缆隧道及电缆沟是用来放置电缆的。电缆隧道为封闭狭长的构筑物，高 1.8m 以上，两侧设有数层敷设电缆的支架，可放置较多的电缆，人在隧道内能方便地进行电缆的敷设和维修工作。但其造价较高，一般用于大型电厂。电缆沟则为有盖板的沟道，沟宽与深不足 1m，敷设和维修电缆必须揭开水泥盖板，很不方便。沟内容易积灰和积水，但土建施工简单、造价较低，常为变电所和中、小型电厂所采用。

众多事故证明，电缆发生火灾时，烟火向室内蔓延，将使事故扩大。故电缆隧道（沟）在进入建筑物（包括控制室和开关室）处，应设带门的耐火隔墙（电缆沟只设隔墙）。这也可以防止小动物进入室内。

（三）装配式屋内配电装置示例

图 5-6 为二层、二通道、双母线、出线带电抗器的 6～10kV 配电装置的断面图。母线和母线隔离开关设在第二层。为了充分利用第二层的面积，母线是单列布置，三相垂直排列，相间距离为 750mm，用隔板隔开。母线隔离开关装在母线下面的敞开小间中，二者之间用隔板隔开，以防止事故蔓延。第二层中有两个维护通道，母线隔离开关靠近通道的一侧，设有网状遮栏，以便巡视。

第一层布置断路器和电抗器等笨重设备，分两列布置，中间为操作通道，断路器及隔离开关均集中在第一层操作通道内操作，比较方便。出线电抗器小室与出线断路器沿纵向前后布置，电抗器垂直布置，下部有通风道，能引入冷空气，而热空气则从靠外墙上部的百叶窗排出。对电抗器的监视，可在屋内进行。电流互感器采用穿墙式，兼作穿墙套管。发电机、变压器回路采用架空引入，出线采用电缆经电缆隧道引出。

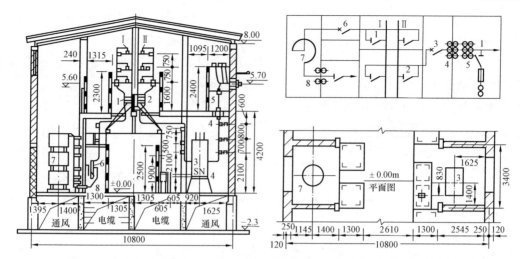

图 5-6　二层、二通道、双母线、出线带电抗器的 6～10kV 配电装置断面图

1、2—隔离开关；3、6—断路器；4、5、8—电流互感器；7—电抗器

在母线隔离开关下方的楼板上，开有较大的孔洞，便于操作时对隔离开关进行观察，也可免设穿墙套管，但如发生故障，两层便相互影响。

由于配电装置中母线呈单列布置，增加了配电装置的总长度。同时，配电装置通风较差，需要采用机械通风装置。

图 5-7 为单层、二通道、单母线分段、35kV 的屋内配电装置的断面图。母线三相采用垂直布置，导体竖放挠度小、散热条件较好。母线、母线隔离开关与断路器分别设在前后间

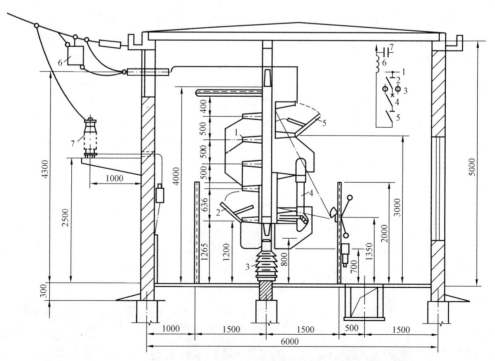

图 5-7　单层、二通道、单母线分段 35kV 屋内配电装置断面图

1—母线；2，5—隔离开关；3—电流互感器；4—断路器；6—阻波器；7—耦合电容

隔内，中间用隔墙隔开，可减少事故影响范围。间隔前后设有操作和维护通道，通道上侧开窗，采光、通风都较好。隔离开关和断路器均集中在操作通道内，故操作比较方便。配电装置中所有的电器均布置在较低的地方，施工、检修都很方便。由于采用新型户内少油断路器SN10－35 体积小、油量少、质量小，故还具有占地面积小、投资少的优点。其缺点是：出线回路的引出线要跨越母线（指架空出线），需设网状遮栏；单列布置通道较长，巡视不如双列布置方便，对母线隔离开关的开闭状态监视不便。

四、屋外配电装置

（一）屋外配电装置分类

屋外配电装置绝大多数是装配式，新型的屋外 SF₆ 组合电器在后续的内容里介绍。根据电气设备和母线布置的高度，屋外配电装置可分为中型、半高型和高型等类型。

中型配电装置的所有电气设备都安装在同一水平面内，并装在一定高度的基础上，使带电部分对地保持必要的高度，以便工作人员能在地面活动；中型配电装置母线所在水平面稍高于电器所在的水平面。将母线隔离开关布置在母线下是分相中型。中型布置是我国屋外配电装置普遍采用的一种方式。

高型和半高型配电装置的母线和电器分别装在几个不同高度的水平面上，并重叠布置。凡是将一组母线与另一组母线重叠布置的，称为高型配电装置。如果仅将母线与断路器、电流互感器等重叠布置，则称为半高型配电装置。由于高型与半高型配电装置可大量节省占地面积，因此，近几年高型和半高型布置得到广泛的应用。

（二）屋外高压配电装置的若干问题

1. 母线及构架

屋外配电装置的母线有软母线和硬母线两种。软母线为钢芯铝绞线、软管母线和分裂导线，三相呈水平布置，用悬式绝缘子悬挂在母线构架上。软母线可选用较大的档距，但档距愈大，导线弧垂也越大，因而导线相间及对地距离就要增加，母线及跨越线构架的宽度和高度均需要加大。硬母线常用的有矩形、管形和分裂管形。矩形硬母线用于 35kV 及以下的配电装置中，管形硬母线则用于 60kV 及以上的配电装置中。管形硬母线一般采用柱式绝缘子，安装在支柱上，由于硬母线弧垂小且无拉力，故不需另设高大的构架。管形母线不会摇摆，相间距离即可缩小，与剪刀式隔离开关配合可以节省占地面积。

屋外配电装置的构架，可由型钢或钢筋混凝土制成。钢构架经久耐用，机械强度大，可以按任何负荷和尺寸制造，便于固定设备，抗震能力强，运输方便，但钢结构金属消耗量大，需要经常维护。钢筋混凝土构架可以节约大量钢材，也可满足各种强度和尺寸的要求，经久耐用，维护简单。钢筋混凝土环形杆可以在工厂成批生产，并可分段制造，运输和安装尚比较方便，但不便于固定设备。以钢筋混凝土环形杆和镀锌钢梁组成的构架，兼顾了二者的优点，目前已在我国 220kV 及以下的各类配电装置中广泛采用。

表 5-6 为 35～500kV 中型屋外配电装置（软母线）在设计中采用的有关尺寸，这些尺寸能保证在多数情况下满足表 5-2 中最小安全净距的要求。例如，母线和进出线的相间距离以及导线到构架的距离，是按在过电压或最大工作电压的情况下，并在风力和短路电动力的作用下导线发生非同步摆动时最大弧垂处应保持的最小安全净距而决定的；另外，还考虑到带电检修的可能性。

2. 电力变压器

变压器基础一般做成双梁并铺以铁轨，轨距等于变压器的滚轮中心距。为了防止变压器发生事故时，燃油流散使事故扩大，单个油箱油量超过 1000kg 以上的变压器，按照防火要求，在设备下面需设置贮油池或挡油墙，其尺寸应比设备外廓大 1m，储油池内一般铺设厚度不小于 0.25m 的卵石层。

主变压器与建筑物的距离不应小于 1.25m，且距变压器 5m 以内的建筑物，在变压器总高度以下及外廓两侧各 3m 的范围内，不应有门窗和通风孔。当变压器油质量超过 2500kg 时，两台变压器之间的防火净距不应小于 5~10m，如布置有困难，应设防火墙。

3. 电气设备的布置

按照断路器在配电装置中所占据的位置，可分为单列、双列和三列布置。断路器的各种排列方式，必须根据主接线、场地地形条件、总体布置和出线方向等多种因素合理选择。

表 5 - 6　　　　　　　　　35~500kV 中型屋外配电装置中有关尺寸（m）

名　称	电压等级（kV）	35	60	110	220	330	500
弧　垂	母　线	1.0	1.1	0.9~1.1	2.0	2.0	3.0
	出　线	0.7	0.8	0.9~1.1	2.0	2.0	3.0
线间距离	π型母线架	1.6	2.6	3.0	5.5		
	门型母线架	—	1.6	2.2	4.0	5.0	8.0
	出　线	1.3	1.6	2.2	4.0	5.0	8.0
构架高度	母线构架	5.5	7.0	7.3	10.5	13	20
	出线构架	7.3	9.0	10	14.5	17.5~19.0	27
	双层构架	—	12.5	13	21		
构架宽度	π型母线架	3.2	5.2	6.0	11.0		
	门型母线架	—	6.0	8.0	14.0~15.0	20	30
	出　线	5.0	6.0	8.0	14.0~15.0	20	30

少油（或空气、SF_6）断路器有低式和高式两种布置。低式布置的断路器放在 0.5~1m 的混凝土基础上，其优点是检修比较方便，抗震性能好，但低式布置必须设置围栏，因而影响通道的畅通。一般在中小型配电装置中，断路器多采用高式布置，即把断路器安装在高约 2m 的混凝土基础上，基础高度应满足：①断路器支柱绝缘子最低裙边的对地距离为 2.5m；②断路器和其他设备的连线对地面距离应符合 C 值要求（见表 5 - 2）。

隔离开关和电流、电压互感器等均采用高式布置，其支架高度的要求与断路器相同。

避雷器也有高式和低式两种布置。110kV 及以上的阀型避雷器由于器身细长，多落地安装在 0.4m 的基础上。磁吹避雷器及 35kV 避雷器形体矮小，稳定度较好，一般可采用高式布置。

4. 电缆沟和道路

屋外配电装置中电缆沟的布置，应使电缆所走的路径最短。电缆沟按其布置方向，可分为纵向和横向电缆沟。一般横向电缆沟布置在断路器和隔离开关之间，大型变电所的纵向（即主干）电缆沟，因电缆数量较多，一般分为两路。

为了运输设备和消防的需要，应在主要设备附近铺设行车道路。大、中型变电所内一般均应铺设宽 3m 的环形道路，车道上空及两侧带电裸导体应与运输设备保持足够的安全净距。同时应设置 0.8~1m 的巡视小道，以便运行人员巡视电气设备。其中电缆沟盖可作为部分巡视小道。

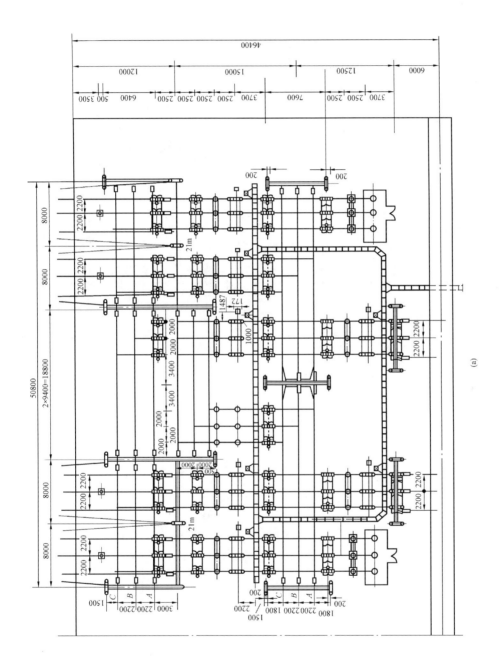

图 5 - 8 双列布置的中型配电装置（一）

(a)110kV屋外配电装置平面图

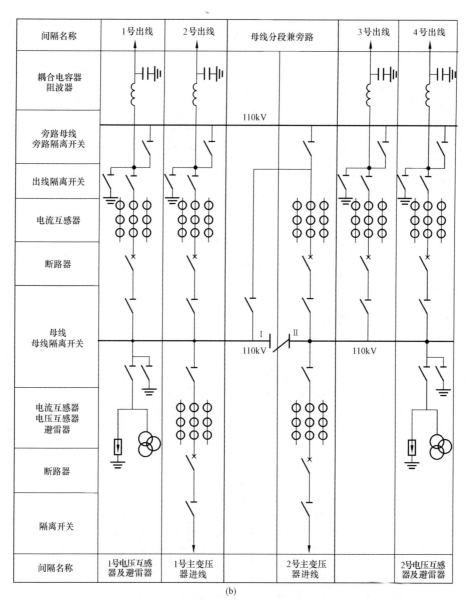

图 5-8 双列布置的中型配电装置（二）

(b) 配置图

（三）中型配电装置的实例

图 5-8 为双列布置的中型配电装置，图 5-8（a）为平面图，图 5-8（b）为配置图，图 5-8（c）为变压器间隔断面图，图 5-8（d）为出线间隔断面图。由图 5-8（b）可见，该配电装置是单母线分段、出线带旁路、分段断路器兼作旁路断路器的接线。

由图 5-8（c）、（d）可见，母线采用钢芯铝绞线，用悬式绝缘子串悬挂在由环形断面钢筋混凝土杆和钢材焊成的三角形断面横梁上；间隔宽度为 8m；采用少油断路器；所有电气设备都安装在地面的支架上，出线回路由旁路母线的上方引出。各净距数值如图 5-8（d）所示，括号中的数值为中性点不接地电网。变压器回路的断路器布置在母线的另一侧，距离

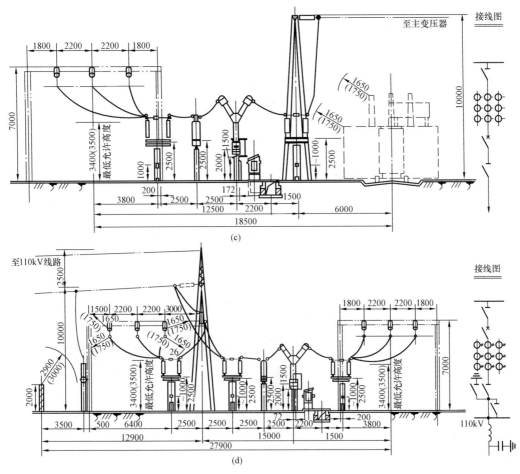

图 5-8　双列布置的中型配电装置（三）

(c) 变压器间隔断面图；(d) 出线间隔断面图

旁路母线较远，变压器回路利用旁路母线较困难，所以，这种配电装置只有出线回路带旁路母线。

第二节　成套配电装置

成套配电装置是制造厂成套供应的设备。根据一次线路方案的要求将同一回路的开关电器、测量仪表、保护电器和辅助设备都组装在全封闭或半封闭的金属柜内。制造厂生产出各种不同回路的开关柜或标准元件，用户可按照主接线选择相应回路的开关柜或元件，组成一套配电装置。

成套配电装置分为低压成套配电装置、高压成套配电装置和 SF_6 全封闭组合电器三类。按安装地点不同，又分为屋内和屋外型。低压成套配电装置只做成屋内型；高压成套配电装置有屋内和屋外两种，由于屋外有防水、锈蚀问题，故目前大量使用的是屋内型；SF_6 全封闭电器也因屋外气候条件较差，电压在 330kV 以下时多布置在屋内。本节主要介绍前两类。

一、低压成套配电装置

1. 低压成套配电装置的作用、分类

低压成套配电装置是低压电网中用来接受和分配电能的成套配电设备，它用在 500V 以下的供配电电路中。一般说来，低压成套配电装置可分为配电屏（盘、柜）和配电箱两类；按其控制层次可分为配电总盘、分盘和动力、照明配电箱。总盘上装有总控制开关和总保护器；分盘上装有分路开关和分路保护电器；动力、照明配电箱内装有所控制动力或照明设备的控制保护电器。总盘和分盘一般装在低压配电室内；动力、照明配电箱通常装设在动力或照明用户内（如车间、泵站、住宅楼）。

表 5-7   低压成套设备的主要种类及用途

种　类	特　点	适　用　范　围
固定面板式成套开关设备（低压配电屏）	电器元件在屏内为一个或多个回路垂直平面布置。各回路的电气元件未被隔离。要求安装场所没有可能引起事故的小动物	作为集中供电的配电装置
封闭式动力配电柜	电器元件为平面多回路布置。回路间可不加隔离措施，也可采用接地的金属板或绝缘板隔离	适用于车间等工业现场的配电
抽屉式成套开关设备（动力配电中心、电动机控制中心）	电器元件安装在一个可抽出的部件中，构成一个供电功能单元。功能单元在隔离室中移动时具有三种位置：连接、试验、断开。该设备具有较高可靠性、安全性和互换性	适用于供电可靠性要求高的工矿企业、高层建筑，作为集中控制的配电中心
照明、动力配电箱	配电箱的供电系统可为三相四线制、三相五线制和单相三线制	适用作企业车间、办公楼、宾馆和商店的动力照明配电装置

2. 低压配电屏

我国生产的低压配电屏基本可分为固定式（即固定式低压配电屏）和手车式（又称抽屉式低压开关柜）两大类，常用配电屏的型号有 BDL 型（靠墙式）、BSL 型（独立式）、BFC 型（防尘抽屉式）。现在 BDL 型与 BSL 型已属淘汰产品，而代之以 PGL1、PGL2 型和抽屉式配电屏。

（1）PGL 型低压配电屏。PGL 型低压配电屏型号含义如下：

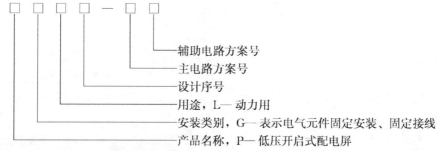

PGL 型低压配电屏的结构是敞开式的，由薄钢板和角钢制成。屏顶置放低压母线，并设有防护罩，屏内装有低压开关、闸刀、熔丝及有关表计。图 5-9 为 PGL 型低压配电屏结构示意图。屏面有门，在上部屏门上装有测量仪表，中部面板上设有闸刀开关的操作手柄和控制按钮等，下部屏门内有继电器、二次端子和电能表。其他电器元件都装在屏后。屏间装

有隔板，可限制故障范围。

　　PGL2 型配电屏的主电路方案与 PGL1 型基本相同，只是其电气设备的参数不完全一样。实际应用中，PGL1 型应用更为广泛。PGL1 与 PGL2 型配电屏的一次接线方案举例见表 5 - 8。其他方案及其主要电气设备参数具体选用时可参看其产品样本，这里不再多述。

　　PGL 型低压配电屏是全国统一设计的产品，结构简单、价廉，并可双面维护，检修方便。它适于在发电厂、变电所和厂矿企业的交流 50Hz、额定工作电压不超过 380V 的低压配电系统中供作动力、配电和照明之用。低压配电屏（柜）布置形式如图 5 - 10 所示。

　　（2）抽屉式配电屏（柜）。抽屉式低压柜为封闭式结构，它的特点是：密封性能好，可靠

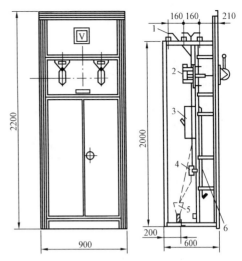

图 5 - 9　PGL1 型低压配电屏结构示意图
1—母线及绝缘框；2—闸刀开关；3—低压断路器；
4—电流互感器；5—电缆头；6—继电器

性高，主要设备均装在抽屉内或手车上；回路故障时，可拉出检修或换上备用抽屉（或手车），便于迅速恢复供电；布置紧凑，占地面积小。其缺点是结构比较复杂，工艺要求较高，钢材消耗较多，价格较高。现以 BFC 型抽屉式配电屏为例进行介绍。

表 5 - 8　　　　　　　　PGL1 型与 PGL2 型配电屏一次接线方案（举例）

型　号	PGL1 型低压配电屏				PGL2 型低压配电屏			
一次接线	07	09	15	30	05	07	30	64
方案编号	A				A	B		
一次接线方案图								
用　途	架空受电或馈电	受电及馈电	联络或馈电	馈　电	架空受电或馈电		馈　电	

　　BFC 型抽屉式配电屏型号含义如下：

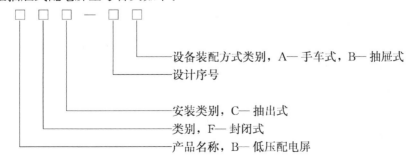

　　　　　　　设备装配方式类别，A— 手车式，B— 抽屉式
　　　　　　　设计序号
　　　　　　　安装类别，C— 抽出式
　　　　　　　类别，F— 封闭式
　　　　　　　产品名称，B— 低压配电屏

BFC 型低压开关柜又称配电中心，而专门用来控制电动机的则称为电动机控制中心。

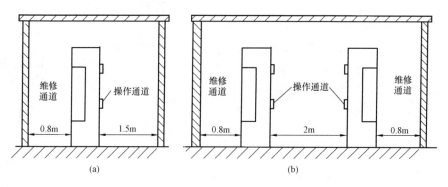

图 5-10 低压配电屏（柜）布置形式

(a) 单列布置；(b) 双列布置

BFC 型低压开关柜主要用于工矿企业和变电所作为动力配电、照明配电和控制之用，额定频率为 50～60Hz，额定电压不超过 500V。这类开关柜采用封闭式结构，离墙安装，元件装配方式有固定式、抽屉式和手车式几种。其中抽屉式与手车式均有试验和工作两种位置。

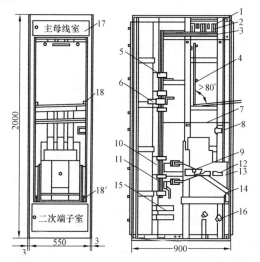

图 5-11 BFC-2 型手车式配电柜结构图

1—主母线夹；2—主母线；3—支母线；4、5—继电器板；6——一次静触头；7—绝缘板；8—二次插头座；9—电气连锁行程开关；10、11——一次静触头；12—空气开关；13—限位板；14—手把；15—电流互感器；16—二次端子；17—门；18、18′—侧壁

BFC 型低压开关柜产品系列较多，有时同一个系列号的产品，几家制造厂的结构形式、线路方案代号和内部元件选用等方面也多有不同。具体选用时，应注意参考相应制造厂的技术资料。下面以 BFC-2 型为例说明该型柜的基本特点。

BFC-2 型手车式配电柜如图 5-11 所示，主要安装 DW 型自动空气开关，一律制成手车式。DW 型自动空气开关手车靠推进机构推入柜内的试验位置和工作位置。推进机构上装有电气连锁，用以防止手车带负荷从工作位置拉出或手车从合闸位置推入柜内的误操作。

BFC-2 型单面抽屉柜如图 5-12（a）所示。该柜主要安装 DZ 型自动空气开关、RT0 型熔断器和 CJ-10 型交流接触器等电气设备。抽屉靠电气连锁的连接片与轨道配合，使抽屉可处于柜内的工作位置和试验位置，并防止抽屉带负荷从工作位置拉出的误动作。

BFC-2 型双面抽屉柜如图 5-12（b）所示。该柜的外形尺寸与 BFC-2 型手车式配电柜完全相同，柜的前后两面均有抽屉单元，母线放在柜的中间。

低压配电屏还有 GGL 型、GCL 系列动力中心和 GCK 系列电动机控制中心（G—柜式结构，G—固定式，C—抽屉式，L—动力中心，K—控制中心），这里不一一介绍。

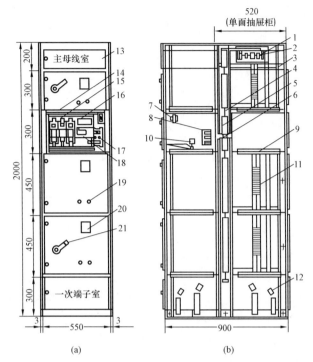

图 5 - 12　BFC－2 型单、双面抽屉柜结构图

（a）单面抽屉柜；（b）双面抽屉柜

1—主母线夹；2—主母线；3—隔板；4—支母线夹；5—支母线；6—一次进线
插座；7—二次插座；8—一次出线插头；9—轨道；10—电气连锁行程开关；
11—二次端子；12—一次端子；13—门；14—抽屉；15—熔断器；16—电流
互感器；17—一次出线插座；18—热继电器；19—按钮；20—电流表；
21—空气开关操动机构

3. 照明、动力配电箱

低压配电箱相当于小型的封闭式配电盘（屏），供交流 50Hz、500V 房屋或户外的动力和照明配电用。内部装有断路器、闸刀、熔断器等部件，其尺寸大小多有不同，视内装部件的多少而定。

（1）照明配电箱。XM 类照明配电箱适用于非频繁操作照明配电用。采用封闭式箱结构，悬挂式或嵌入式安装，内装小型断路器、漏电开关等电器。有些产品并装有电能表和负荷开关。

照明配电箱的型号含义如下：

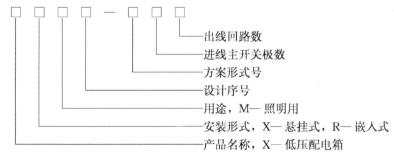

目前常用照明配电箱的型号、安装方式、箱内主要电器元件及适用场合见表 5 - 9。

表 5-9   **常用照明配电箱的型号、安装方式、箱内主要电器元件及适用场合**

型 号	安装方式	箱内主要电器元件	备 注
XM—34—2	嵌入、半嵌入、悬挂	DZ12 型断路器	可用于工厂企业及民用建筑
XXM—□	嵌入、悬挂	DZ12 型断路器、小型蜂鸣器等	可用于民用建筑
PXT—□	嵌入、悬挂	DZ6 型断路器	可用于工厂企业、民用建筑
$X_R^X M—1N$	嵌入、悬挂	DZ12、DZ15、DZ10 型断路器，小型熔断器	可用于工厂企业及民用建筑
$X_R^X M—2$	嵌入、悬挂	DZ12 型断路器	可用于民用建筑
XRM—□	嵌入、悬挂	DZ12 型断路器	可用于工厂企业及民用建筑
$X_R^X M—3$	嵌入、悬挂	DZ12 型断路器、JC 漏电开关	可用于民用建筑

照明配电箱的盘面布置和盘后接线，如图 5-13 所示。配电箱可以是板式（见图 5-14），也可以是箱式（见图 5-15）。箱式可以根据箱面的大小，制成双门或单门两种，如图 5-16 所示。箱式可以分铁制、木制两种。

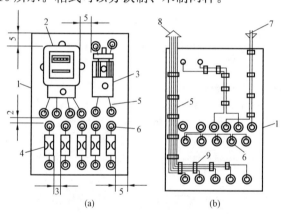

图 5-13 照明配电盘（cm）

（a）盘面布置示意图；（b）盘后接线示意图

1—盘面；2—电能表；3—胶盖闸；4—瓷插式熔断器；5—导线；6—瓷嘴（或塑料嘴）；7—电源引入线；8—电源引出线；9—导线固定卡

图 5-14 木制照明配电板示意图

图 5-15 木制照明配电箱示意图

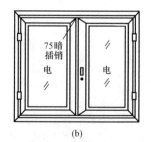

图 5-16 木制照明配电箱单门、双门示意图

（a）单扇门立面；（b）双扇门立面

（2）动力配电箱。动力配电箱是将电能分配到若干条动力线路上去的控制和保护装置。动力配电箱的形式很多，分开启式和封闭式两种。目前有 XL－3、XL－10、XL－11、XL－12、XL－14、XL－15、XL－20、XL－21 和 XL－31 等多个系列，生产厂家也很多。各产品的主电路方案也已在一定程度标准化，各制造厂都编有相应代号以方便选用，选用时应注意参阅制造厂家的样本资料。现以 XL(F)－15 型为例说明其型号及结构。

XL(F) 系列动力配电箱的全型号含义如下：

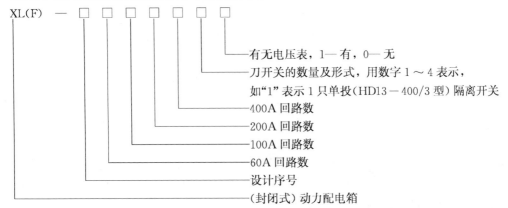

因此，知道配电箱的全型号，就可以知道配电箱所控制的设备容量和数量（包括出线回路数）。反之，根据动力负荷回路数和回路的额定电流（A），也可以写出（或选择出）动力配电箱的型号来。

XL（F）－15 型 6、8 回路动力配电箱外形及内部结构如图 5-17 所示。它是用隔离开关作总控制，用 RT0 型熔断器作分路短路保护的。

二、高压成套配电装置

1. 高压开关柜的分类、型号、"五防"

高、中压开关柜是以断路器为主体，将其他各种电器元件按一定主接线要求组装为一体的成套电气设备。除一次电器元件外，还包括控制、测量、保护和调整等方面的元件和电气连接、辅件、外壳等，有机组合在一起即构成开关柜。高压开关柜应用在 3～10kV 系统中，35kV 系统也已开始大量采用开关柜。

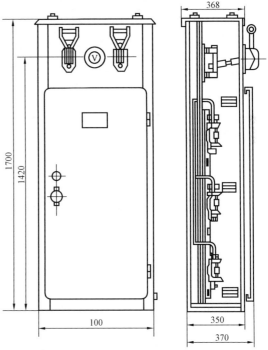

图 5-17　XL（F）－15 型 6、8 回路动力配
电箱外形及内部结构图（mm）

我国目前生产的 3～35kV 高压开关柜，按结构形式可分为固定式和手车式两种。固定式高压开关柜断路器安装位置固定，采用隔离开关作为断路器检修的隔离措施，结构简单；断路器室体积小，断路器维修不便。手车式高压断路器安装于可移动手车上，断路器两侧使用一次插头与固定的母线侧、线路侧静插头构成导电回路，检修的隔离措施采用插头式的触

头，断路器手车可移出柜外检修。同类型断路器手车具有通用性，可使用备用断路器手车代替检修的断路器手车，以减少停电时间。固定式高压开关柜中的各功能区相通是敞开的，容易造成故障的扩大。手车式高压开关柜的各个功能区是采用金属封闭或者采用绝缘板的方式封闭，有一定的限制故障扩大的能力。固定式高压开关柜检修的隔离措施采用母线和线路的隔离开关；而手车式高压开关柜拉出即与主回路分断，于柜外检修。

手车柜目前大体上可分为铠装型和间隔型两种。金属封闭铠装型开关柜采用金属板材组成全封闭结构，各小室间均采用金属板材作隔离，而金属封闭间隔式开关柜柜体结构与金属封闭铠装型开关柜基本相同，但部分间隔使用绝缘板。间隔型比铠装型造价低，深度尺寸小，可简化触头盒和活门结构。但从整个开关柜的造价比例看，间隔型节省部分不多，而安全等级要比铠装型低得多。因此近几年来铠装型柜多而间隔柜少。

铠装型手车的位置可分为落地式和中置式两种。落地式的主要特点是落地手车易于兼容少油、SF_6、真空断路器，配置电磁或弹簧操动机构。制造工艺较中置式要求低，手车进出和停放方便，便于维修。中置式开关柜是在真空、SF_6 断路器小型化后设计出的产品。手车小型化后，有利于手车的互换性和经济性，提高了电缆终端的高度，符合用户的要求；同时也使柜体尺寸（宽度）大为缩小；可实现单面维护。总的来讲，中置柜的使用性能有所提高，近几年来国内外推出的新柜型以中置式居多。

高压开关柜的型号有两个系列的表示方法：

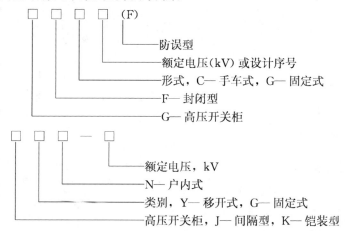

为防止电气误操作和保证人身安全，要求高压开关柜具有"五防"的功能：

（1）防止误分、误合断路器；

（2）防止带负荷将手车拉出或者推进；

（3）防止带电将接地开关合闸；

（4）防止接地开关合闸位置合断路器；

（5）防止进入带电的开关柜内部。

2. 固定式高压开关柜示例

KGN—12 型铠装固定式开关柜用于交流 3～10kV、50Hz 系统中，用于接受和分配电能。该开关柜为金属封闭铠装式结构，柜体由角钢及钢板焊接而成，柜内用金属隔板分割成母线室、断路器室、电缆室、操动机构室、保护仪表室及压力释放通道。KGN—12 型开关柜的外形及结构如图 5-18 所示。

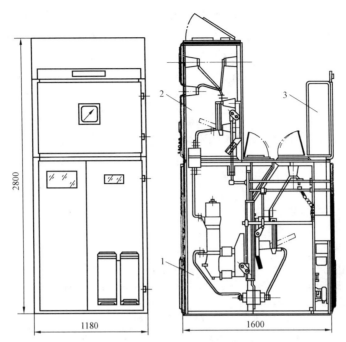

图 5-18　KGN-12 型开关柜外形及结构图

1—本体；2—母线室；3—继电器室

母线室在柜体后上部，母线呈品字型排列，用瓷绝缘子支撑，带接地开关的隔离开关也装在母线室内，便于与主母线连接。断路器室位于柜体后下方，断路器通过上下拉杆和水平轴在电缆室与操动机构连接。断路器通过套管或电流互感器与进出线电气连接。断路器室还设有压力释放通道。

电缆室作电缆出线用，室内还装有带接地开关的隔离开关，断路器与隔离开关的水平传动轴也在该室内。操动机构室内安装操动机构合闸接触器及熔断器及连锁板，机构不外露，且门上有主母线带电显示氖灯显示器。

继电器室在柜体前部上方，室内的安装板用于安装各种继电器等，门上可安装指示仪表、信号元件、操动开关等二次元件。

开关柜为双面维护，前面检修电器室的二次元件、维护操动机构及其传动部分、程序锁及机械连锁、检修电缆和下隔离开关等。后面维护主母线、带接地开关的隔离开关及断路器。后门上设有观察窗，后壁还有照明灯给断路器室照明，以便观察断路器的油位和断路器的运行情况。

3. 铠装型移开式开关柜

KYN1-12 型铠装移开式金属封闭开关柜用于交流 50Hz、额定电压 3～10kV、额定电流 3150A 的单母线及单母分段系统中，作为接受和分配电能用。该开关柜有完善的"五防"闭锁装置，适合各类电厂、变电所及工矿企业。

KYN1-12 型开关柜柜体用钢板弯制焊接组合而成，全封闭型结构，由继电器室、手车室、母线室和电缆室四部分组成。各部分用钢板分隔，螺栓连接，具有架空进出线、电缆进出线及左右联络的功能。其外形及内部结构如图 5-19 所示。

手车是由角钢和钢板焊接而成，分为断路器手车、电压互感器避雷器手车、电容器避雷器手车、所用变压器手车、隔离手车及接地手车等。断路器根据需要可配少油或真空断路器。相间采用绝缘隔板，电磁操动机构采用 CD_{10}，弹簧操动机构采用 CT_8。手车上的面板就是柜门，门上部有观察窗及照明灯，能清楚地观看断路器的油位指示。门正中的模拟线旁有手车位置指示旋钮，同时具有把手车锁定在工作位置、试验位置及断开位置的功能。旁边有紧急分闸按钮及分合闸位置指示孔，能清楚反映少油断路器的工作状态。手车底部装有接地触头及 5 个轮子，其中 4 个滚轮能沿手车柜内的导轨进出，当抽出柜后，另一附加转向小轮能使手车灵活转动。手车在试验位置可使用推进装置使手车均匀插入或抽出。该产品还具有同类型的手车可互换及防止不同类型"手车"误入其他柜内的措施。

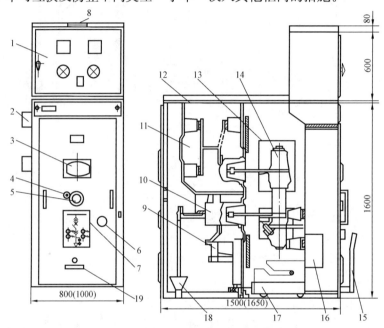

图 5-19　KYN1-12 型铠装移开式金属封闭开关柜结构及外形图（mm）
1—仪表室；2——次套管；3—观察窗；4—推进机构；5—手车位置指示及锁定旋钮；
6—紧急分闸旋钮；7—模拟母线牌；8—标牌；9—接地开关；10—电流互感器；
11—母线室；12—排气窗；13—绝缘隔板；14—断路器；15—接地开关手柄；
16—电磁式弹簧机构；17—手车；18—电缆头；19—厂标牌

继电仪表室底部用 4 组减震器与柜体连成一体，前门可装设仪表、信号灯、信号继电器、操作开关等。小门装电能表或继电器，室内活动板上装有继电器，布置合理、维修方便，二次电缆沿手车室左侧壁自底部引至仪表继电器室。

柜体顶部装有泄压孔，手车室、母线室及电缆室均装有泄压活门，在发生内部闪络可及时打开，泄放内部压力和隔开带电间隔。柜体的前后柜之间用钢板及活门隔离，柜内装电流互感器、接地开关、电压互感器等元件。各段母线室用金属板隔开，后门用螺栓紧固。电流互感器采用专门设计具有较高的动、热稳定电流倍数，电流互感器与一次触头盒组成一体，均能承受与主回路一致的动热稳定电流。

手车面板上装有位置指示旋钮的机械闭锁装置，只有断路器处于分闸位置时，手车才可以抽出或插入。手车在工作位置时，一、二次回路接通；手车在试验位置时，一次回路断开，二次回路仍然接通，断路器可作分合闸试验；手车在断开位置时，一、二次回路全部断开，手车与柜体保持机械联系。

断路器与接地开关装有机械连锁，只有断路器分闸，手车抽出后，接地开关才能合闸。手车在工作位置时，接地开关不能合闸，防止带电挂接地线。接地开关接地后，手车只能推进到试验位置，能有效防止带地线合闸。

柜后的上下门装有连锁，只有在停电后手车抽出，接地开关接地后，才能打开后下门，再打开后上门。通电前，只有先关上后上门，再关上后下门，接地开关才能分闸，使手车能插入工作位置，防止误入带电间隔。

仪表板上装有带钥匙的 KK 控制开关（或防误型插座），防止误分误合主开关。各柜间连锁可按一次线路方案要求加装电气连锁或程序锁等。

4. 间隔型移开式开关柜

JYN2－12 型手车柜内部结构及外形如图 5-20 所示。JYN2－12 型金属封闭间隔型移开式开关柜用于三相交流 50Hz、额定电压 3～10kV、额定电流 3000A 的单母线系统中，用于接受和分配电能。

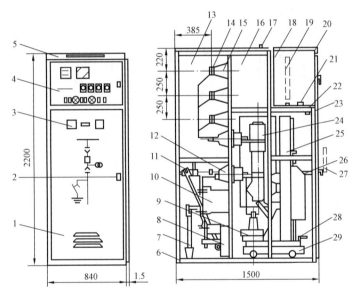

图 5-20　JYN2－12 型手车柜内部结构及外形图（mm）

1—手车室门；2—门锁；3—观察窗；4—仪表板；5—用途标牌；6—接地母线；7——次电缆；8—接地开关；9—电压互感器；10—电流互感器；11—电缆室；12——次触头隔离罩；13—母线室；14——次母线；15—支持瓷瓶；16—排气通道；17—吊环；18—继电仪表室；19—继电器屏；20—小母线室；21—端子排；22—减震器；23—二次插头座；24—油（或真空）断路器；25—断路器手车；26—手车室；27—接地开关操作棒；28—脚踏锁定跳闸机构；29—手车推进机构扣攀

该开关柜用钢板弯制焊接而成，柜的整体由固定的壳体和装有滚轮可移动的落地手车两部分组成，电缆室用盖板封口，防止小动物侵入，故称为全封闭型手车式开关柜。该开关柜具有防误操作装置。

开关柜壳体用钢板分隔成手车室、母线室、电缆室和继电仪表室四部分。柜体前上部分是继电仪表室，下门内是手车室及断路器的排气通道，一次隔离触头采用触头盒且装有活门。二次插头为手插式。柜的后上部是主母线室，下部是电缆室，后门封板上有观察窗。下封板与接地开关有连锁，上封板下面装有电压显示装置，当母线带电时灯亮，不能拆卸上封板。

手车用钢板焊接而成，上部有观察窗及照明灯，底部装有滚轮能沿水平方向移动，还装有接地触头导向装置、脚踏锁定跳闸机构及手车杠杆推进机构和扣攀。手车拉出后用附加转向小轮使手车灵活转向移动。手车分断路器车、电压互感器车、电压互感器避雷器车、电容器避雷器车、所用变压器车、隔离手车及接地手车七种。

第三节　箱式变电所

一、箱式变电所的组成、特点、应用范围

箱式变电所也称组合式变电所，产生于 20 世纪 70 年代。其构造大体上是一个箱式结构，设有高压开关小室、变压器小室及低压配电开关小室三个部分，额定电压为 10、35kV，可安装 1250kV·A 及以下变压器。其特点是：占地面积小；工厂化生产、速度快、质量好；施工速度快，仅需现场施工基础部分；外形美观，能与住宅小区环境协调一致；适应性强，具有互换性，便于标准化、系列化；维护工作量小，节约投资。因此，箱式变电所在国内外都受到重视与欢迎，已得到普遍地应用，是非常有前景的电气设备。

近年来，低压供电的负荷密度不断增大，对供电的可靠性和质量也提出了很高的要求。在这种情况下，如果以某一较大容量的变电所为中心，以低压向周围的用户供电，将耗费大量的有色金属，电能损耗很大，还不能保证供电质量。反之，如果以高电压深入负荷中心，在负荷中心建变电所，就能缩短低压供电半径，提高供电质量，节约有色金属，降低电能损耗。在负荷中心最适宜建设箱式变电所。因此，箱式变电所已被广泛用于工厂、矿山、油田、港口、机场、车站、城市公共建筑、集中住宅区、商业大厅和地下设施等场所。

二、箱式变电所分类、型号

箱变形式可分为欧式、美式和一体化式。欧式箱变是将变压器作为一个单独部件，集高压柜、变压器、低压柜三位一体，按一定的接线方案组合在一个或几个箱体而构成紧凑型成套配电装置。箱体有两种构成方式，即"目"字形布置和"品"字形布置。"目"字形布置的高低压室较宽，便于实现环网或双电源接线的环网供电方案。变压器室存在通风散热的问题，小容量时可自然通风；容量较大时，需通过相应测温装置，自动测得室内温度，以控制机械强迫通风。"品"字形布置的优点是小巧紧凑，占地面积小，与同容量的"目"字形布置相比减少占地 60%，变压器有 3 个面暴露在箱体外，散热条件好，且能与高低压设备壳体分离，便于维护、检修。另一类是美式箱式组合变压器，其结构分为前后两部分：前部为接线柜，接线柜内包括高低压端子、高压负荷开关、插入式熔断器、高压分接开关操作手柄、油位表、油温计等；后部是油箱体及散热片，变压器绕组、铁芯、高压负荷开关、插入式熔断器都在油箱体内。箱体采用全密封结构。一体化箱变为双层结构，高、低压室置于变压器室上面。不同型式箱变的外形如图 5-21 所示。

欧式、美式和一体化式箱变各有优缺点。欧式箱变的体积较大，高低压开关和变压器都

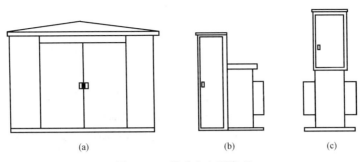

图 5-21　箱式变电所类型

(a) 欧式箱变；(b) 美式箱变；(c) 一体化箱变

设于一大壳体内，散热条件差，需装机械排风装置。美式箱变由于变压器冷却片直接对外散热，散热条件相对较好，但其造型较欧式差，其外观难与住宅小区等绿化环境配合。一体化箱变占地更少，优、缺点与美式箱变相似。另外，美式、一体化式箱变现国内只能制造 630kV·A 容量以下的，欧式箱变却可达 1250kV·A。

普通箱式变电所型号分为高压开关设备型号、干式变压器柜型号和低压开关设备型号。

高压开关设备型号含义如下：

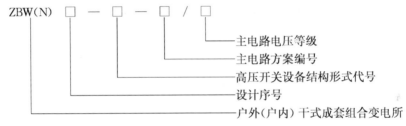

干式变压器柜型号含义如下：

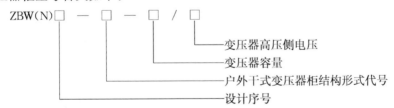

低压开关设备型号含义如下：

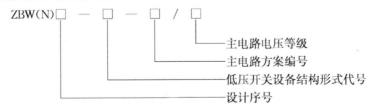

三、箱式变电所的基本结构

箱式变电所结构与各种接线设备所需空间有关。环网、终端供电线路方案，设计有封闭、半封闭两大类，高低设备室分为带操作走廊和不带操作走廊式结构，可满足 6 种负荷开关、真空开关等任意组合的需要。高压室、变压器室、低压室为一字形排列，根据运输的要求设计有整体式和分单元拆装式两种。

　　箱体采用钢板夹层（可填充石棉）和复合板两种，顶盖喷涂彩砂乳胶。箱体具有防雨性能。为监视、检修、更换设备需要设计通用门，既可双扇开启也可单扇开启，变压器室设有两侧开门的结构。变压器小室有供变压器移动用的轨道（外壳明显处设置铭牌和危险标志）。

　　变电所的高低压侧均应装门，且有足够的尺寸，门向外拉，门上有把手、锁、暗闩，门的开启角度不小于90°，门的开启有相应的连锁。高压侧满足"五防"的要求。不带电情况，门开启后有可靠的接地装置，在无电压信号指示时，方能对带电部分进行检修。高低压侧门打开后，有照明装置，确保操作检修的安全。

　　外壳有通风孔和隔热措施，必要时可采用散热措施，防止内部温度过高。高低压开关设备小室内的空气温度应不致引起各元件的温度超过相应标准的要求。同时还采取措施保证温度急剧变化时，内部无结露现象发生。当有通风口时，应有滤尘装置。

　　箱式变电所的进出线方式可为下列四种之一：架空线进出、电缆进出、架空线进电缆出、电缆进架空线出。

　　箱式变电所高压受电设备采用高压负荷开关串接熔断器的方案。这种方案目前在国外城网配电领域里得到了广泛的应用，特别是作为箱式变电所高压受电保护方案尤为适宜，这主要是由于：

　　（1）这种保护方案基本能满足大多数箱式变电所使用场合的负荷情况，既能控制、分断正常负荷电流，又能承受和保护短路故障。

　　（2）由于体积小，易于在有限的空间内实现高压环网方案，从而更好地突出箱式变电所体积小的特点。

　　（3）线路简单，维修保养工作量小，特别适合箱式变电所无人值班的实际使用情况。

　　（4）成本大大降低。断路器成本通常为相同额定参数负荷开关的2～3倍，采用高压负荷开关串接熔断器代替断路器突出了箱式变电所的自身特点，增加了与土建变电所的竞争能力。

　　目前国内几乎所有的生产厂，都在使用这种高压保护方案，它是箱式变电所高压受电设备的发展方向。

　　箱式变电所10kV配电装置常用负荷开关加熔断器和环网供电装置，从邻近架空线连接到变压器高压端。进线方式可采用电缆线或架空绝缘线。作为公用箱式变电所时，箱式变电所的低压出线视变压器容量而定，一般不超过4回，最多不超过6回；也可以1回总出线，到邻近的配电室再进行分支供电。作为独立用户用箱式变电所时，可以采用一回路供电。

　　关于箱式变电所的过电压保护，目前大多数箱式变电所内都装有避雷器，作为所内变压器和其他高压受电设备的过电压保护。

　　国内箱式变电所变压器低压侧主开关大致采用DZ10、DW10、DW15型三种自动开关，低压侧支路上采用的电器，大致有RM、RT系列熔断器和DZ、DW系列自动开关。在箱式变电所变压器容量为200～630kV·A时，采用DW10或DW15作为低压主断路器。当容量超过800kV·A时，应尽量选用DW15开关。

　　图5-22为箱式变电所一次线路方案举例。图5-23为箱式变电所的结构示意图。图5-24为箱式变电所的外形图。

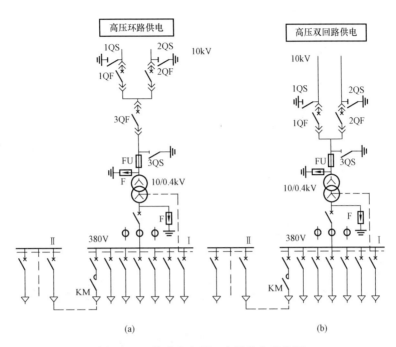

图 5-22　箱式变电所一次线路方案举例

（a）高压环路供电；（b）高压双回路供电

1~3QS—接地开关；1~3QF—高压真空开关；KM—交流接触器（低压备用自投）

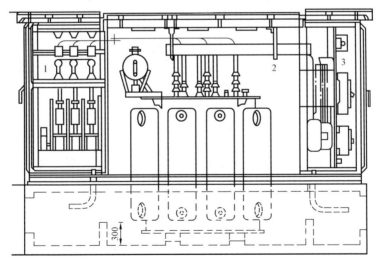

图 5-23　箱式变电所结构示意图

1—高压室；2—变压器室；3—低压室

四、户外配电变压器台

户外组合式全绝缘配电变压器台供电装置，系用于 10kV "T" 型分支线路供电系统。容量为 100~315kV·A，可代替户外配电变压器台及变压器。它不仅适用城市公共建筑、工矿企业、矿山、油田、港口、车站和集中住宅小区等配电网络，也适用于架空线供电、地

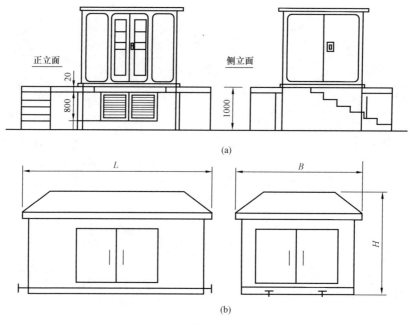

图 5-24 箱式变电所外形

(a) 外形（一）；（b）外形（二）

下电缆供电系统。其比微型箱式变电所结构简单，外形尺寸小，质量小，性能可靠，而且不需要维修，是今后城市电网改造优选产品，是城市电网改造的发展趋势。

户外组合式全绝缘配电变压器台的原理图和外形图分别如图 5-25、图 5-26 所示。

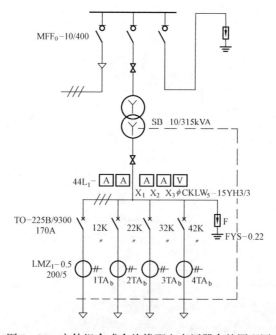

图 5-25 户外组合式全绝缘配电变压器台的原理图

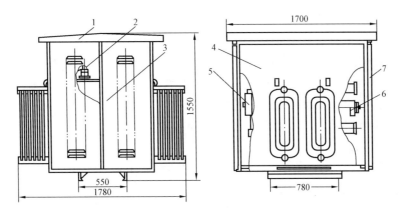

图 5 - 26 户外组合式全绝缘配电变压器台的外形图

1—箱盖；2—变压器；3—门锁；4—箱身；5—低压配电侧；6—高压配电侧；7—门板

第四节 SF₆ 全封闭组合电器

一、SF₆ 全封闭组合电器定义、特点、应用、主要技术参数

气体绝缘全封闭组合电器（Gas-Insulator Switchgear，GIS），是指将一座变电所中除变压器以外的一次设备，包括断路器、隔离开关、接地开关、电压互感器、电流互感器、避雷器、母线、电缆终端、进出线套管等，经优化设计有机地组合成一个整体，并全部封闭在接地的金属外壳中，壳内充以 SF₆ 气体作为高压设备的绝缘和断路器灭弧介质，所以也称 SF₆ 全封闭组合电器。

GIS 的主要优点是：

（1）集成度高。因采用绝缘性能卓越的 SF₆ 气体做绝缘和灭弧介质，可使组合电器导体之间、导体对地之间的最小电气距离极大地缩小，所以能够大幅度缩小变电所的容积，实现小型化。

（2）可靠性高。由于带电部分全部密封于惰性 SF₆ 气体中，完全隔离盐雾、积尘、积雪等，不受外界环境条件的影响，大大提高了可靠性。此外具有优良的抗地震性能。

（3）安全性能好。带电部分全部密封于接地的金属壳体内，因而没有触电的危险；SF₆ 气体为不燃性气体，所以无火灾危险。

（4）杜绝对外部的不利影响。因带电部分以金属壳体封闭，对电磁和静电实现屏蔽，所以不会发生噪声和无线电干扰等问题。

（5）安装周期短。由于实现小型化，可在工厂内进行整机装配和试验合格后，以单元或整个间隔运达现场，因此既可以缩短现场安装工期，又可提高可靠性。

（6）维护方便，检修周期长。因结构布置合理，灭弧系统先进，大大提高产品的使用寿命。因此检修周期长，维修工作量小，而且由于小型化，离地面低，维护方便。

GIS 的主要缺点是：

（1）制造工艺要求高。GIS 对材料性能、加工准确度和装配工艺要求极高，工件上的任何毛刺、油污、铁屑和纤维都会造成电场不均，使 SF₆ 气体抗电强度大大下降。

（2）金属耗量大，价格昂贵。

（3）增加了 SF_6 气体系统和技术检测。需要专门的 SF_6 气体系统和压力监视装置，对 SF_6 气体的纯度和水分都有严格的要求。

（4）检修措施要求严密。需防止 SF_6 气体中的残留有毒物质对检修人员产生伤害。

（5）故障损失十分严重，损坏维修周期长。与常规空气绝缘的敞开式变电所不同，GIS 中的绝缘介质 SF_6 气体是一种非自恢复绝缘。SF_6 中不允许产生局部放电和电晕放电，非预见性的过电压损坏或绝缘配合失当时的放电现象有可能使整个 GIS 系统遭受破坏。而其封闭式结构更使检修难度增大，检修时间长。

目前，我国的 SF_6 全封闭组合电器通常使用的起始电压为 60kV，并在下列情况下采用：①布置场地特别狭窄地区，如地下、市内变电所；②加强外绝缘有困难的高海拔地区；③高烈度地震区；④严重污秽地区；⑤重冰雹、大风沙地区。

对于 GIS 设备，构成 GIS 的各个电器单元，如断路器、互感器等，有各自的技术参数，而 GIS 作为一个整体也有技术参数。以表 5 - 10 给出部分 110kV GIS 产品的主要技术参数。

表 5 - 10　　　　　　　　110kV 电压等级的部分 GIS 产品的主要技术参数

型 号	L－SEP/145	ELK－04/110	ZF6－110	ZF3－110
GIS 额定电压（kV）	145	123	126	126
GIS 工频耐压（对地/断口，kV）	275	230/265	230/230	230/230
GIS 母线额定电流（A）	1250	1600	1600	1600
GIS 热稳定电流（kA）	40（3s）	31.5/40	31.5	31.5
GIS 动稳定电流（kA）	100（峰值）	80/100	80	80
GIS 额定雷电冲击绝缘水平（对地，kV）		550	450	550
GIS 额定雷电冲击绝缘水平断口间（kV）		630	510/550	550
母线形式	共箱	共箱	共箱	分箱
断路器额定电流（A）	1250	1250/1600	1250/1600	1250/1600
断路器额定开断电流（kA）	40	31.5/40	31.5	31.5
断路器合闸时间（ms）	65	65	≤120	≤120
断路器分闸时间（s）	＜54	30	36	≤50
断路器操动机构形式	液压	液压	气动、弹操	液压
隔离开关额定电流（A）	1250	1250/1600	1250/1600	1250
接地开关额定关合峰值电流（kA）	100	80/100	80	80
接地开关机械寿命			3000	3000

二、GIS 的分类

GIS 在国外的大规模应用始于 20 世纪 60 年代后期，我国 GIS 首先是从水电站开始使用，继而在城网中逐步推广。GIS 的结构有分相式和共相式两种，220kV 及以上则多为分相式。目前，我国电网中 110kV 的 GIS 分相式与共相式并存，进口产品与国产产品（含合资厂）并存。世界上 GIS 的发展趋势是共相式，已生产的有 72.5～500kV 产品。

理论上，共相式 GIS 的主要优点有：

（1）由于三相导体共筒，SF_6 气体密封件的用量较之分相式大为减少，故其年漏气率可大为降低。

（2）结构上因气室隔板、环氧支撑绝缘子等功能件少，而使共相式 GIS 故障率略低，可靠性高些。

（3）对于中性点非有效接地系统而言，共相式 GIS 中的单相闪络接地更易于发展成相间短路，这有利于起动继电保护而快速切除接地故障。但在分相式结构情况下，其各相导体独立置于不同的气室，发生单相接地时不便形成相间短路。而单相接地电流在中性点不接地或谐振接地方式时很小，继电保护不会立即动作于跳闸，致使接地放电电流因较长时间存在而烧损筒内元件。绝大部分欧洲国家的 110kV 系统习惯采用非有效接地方式运行，因此共相式 GIS 在欧洲更受欢迎。而我国 110kV 系统为有效接地系统，故不需要考虑这一特点。

（4）共相式 GIS 各相母线对称地共置于同一气室内，电场优化设计的结果，可使在最大电场强度（于内导体表面处）相同时，外壳内壁处的电场较之分相式略为降低，且最大场强出现在各相导体的相同处，这不但有利于抑制 GIS 中因导电微粒引起的局部放电，更有利于遏制隔板绝缘子表面相对地间树枝状放电的形成。因此，世界上一些著名的 110kV GIS 供应商多采用共相式结构。

当然，分相式 GIS 亦拥有结构简单、布置紧凑、隔板绝缘子应力特性好和电压向上兼容性好等主要优点。

三、GIS 结构示例

GIS 可制成不同连接形式（间隔形式）的标准独立结构，再以一些过渡元件（如弯头、三通、伸缩节等），即可适应不同形式主接线的要求，组成成套配电装置。

图 5-27～图 5-29 所示为几种 220kV GIS 标准独立结构的断面图及进出线间隔。为了

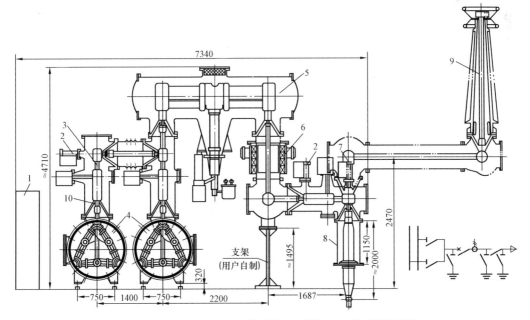

图 5-27　ZF2—220 型全封闭组合电器进、出线间隔外形图

1—电气及机械柜；2—接地开关；3—隔离开关；4—三相母线筒；5—断路器；
6—电流互感器；7—快速接地开关；8—电缆终端；9—引线套管；10—盆式绝缘子

便于支撑和检修，母线布置在下部，双断口断路器水平布置在上部，出线用电缆，整个回路按照电路顺序成Ⅱ型布置，使装置结构紧凑。母线采用三相共箱式，其余元件均采用分相式。盆式绝缘子用于支撑带电导体和将装置分隔成不漏气的隔离室。隔离室具有便于监视，便于发现故障点、限制故障范围以及检修或扩建时减少停电范围的作用。在两级母线汇合处设有伸缩节，以减少温差和安装误差引起的附加应力。另外装置外壳上还设有检查孔、窥视孔和防爆盘等设备。

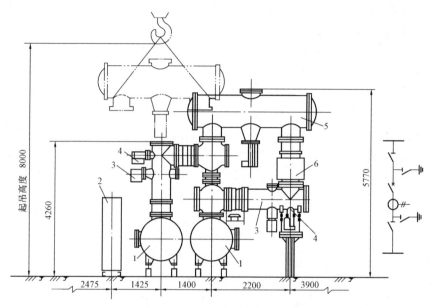

图 5 - 28　母联间隔外形图

1—母线筒；2—电气及机械柜；3—隔离开关；4—慢速接地开关；5—断路器；6—电流互感器

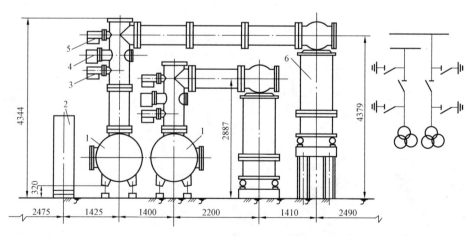

图 5 - 29　ZF2—220 型电压互感器间隔外形图

1—母线筒；2—电气柜；3—快速接地开关；4—隔离开关；5—慢速接地开关；6—电容式电压互感器

四、C—GIS 简介

气体绝缘封闭柜式组合电器（Cubicle Gas—Insulator Switchgear，C—GIS），由真空断路器、隔离开关、电流互感器、电压互感器、接地开关、母线等电器单元组合而成。它的绝

缘介质采用 SF_6 气体，断路器采用真空断路器。

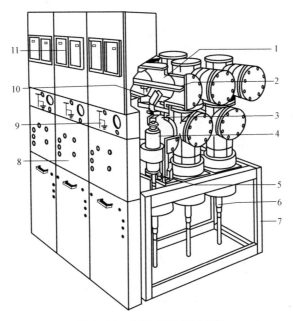

图 5-30　充气式箱式变电所

1—有盖的铸铝箱；2—母线排；3—带上、下绝缘套管的断路器连接
端；4—真空断路器；5—电流互感器；6—电缆终端；7—构架；
8—开关柜操作面板；9—三位置开关断路器位置指示器；
10—三位置开关；11—仪表、继电器

图 5-30 所示为一种用于配电网中的充气式箱式变电所。其内部采用的真空断路器，隔离开关和互感器等都密封于充以 0.1MPa SF_6 气体的铝制金属壳内，SF_6 气体仅做绝缘介质，不做灭弧使用。母线、断路器、隔离开关、电流互感器等为三相分箱结构，三相之间的 SF_6 气体是相互贯通的，而每个独立的开关柜之间的 SF_6 气体相互是不通的。其最高额定电压为 36kV，额定电流最高达 2500A。其一次接线图见图 5-31。

母线侧的三位置开关，兼有母线隔离开关和线路接地开关的作用，但不能作为母线接地开关。

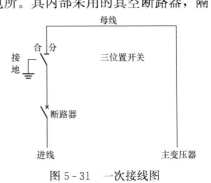

图 5-31　一次接线图

小　结

配电装置和组合电器是在变电所中用于接受和分配电能的装置，起着十分重要的作用。本章主要内容如下：

(1) 配电装置的定义、分类、最小安全净距；

(2) 屋内配电装置分类、布置方式、图例；

(3) 屋外配电装置分类、布置方式、图例；

（4）成套配电装置定义、分类、应用；

（5）低压成套配电装置的型号、分类、基本结构；

（6）高压成套配电装置型号、分类、"五防"、基本结构；

（7）箱式变电所特点、用途、型号、分类、基本构成；

（8）户外配电变压器台简介；

（9）SF$_6$全封闭组合电器定义、特点、应用、主要技术参数、分类、基本结构；

（10）SF$_6$气体绝缘全封闭柜式组合电器简介。

习 题

5-1 配电装置是如何定义和分类的？

5-2 什么是最小安全净距？

5-3 表示配电装置结构时，常用哪三种图形，这三种图形与设备是如何相互对应的？

5-4 屋外配电装置有几种类型，如何区分？

5-5 低压成套配电装置分为几类？各举一例常用的设备型号。

5-6 高压开关柜的应用电压是多少？基本形式有几种？举两例高压开关柜的型号。

5-7 箱式变电所有哪几个组成部分？箱式变压器运用于什么场所？举一例箱式变电所的型号。

5-8 GIS组合电器有何特点？哪种场合应用较多？

第六章　电　力　线　路

电力系统中的发电厂往往远离电力负荷中心，现代的火力发电厂一般建在能源基地，而水力发电厂只能建在水力资源处。因此，由发电厂发出的电能需要通过电力线路向电力负荷中心输送，并分配给用户使用。

第一节　电力线路的分类及基本构成

一、电力线路的分类

（1）按用途分：输电线路和配电线路。由发电厂向电力负荷中心输送电能的线路以及电力系统之间的联络线路称为输（送）电线路；由电力负荷中心向各个电力用户分配电能的线路称为配电线路。

（2）按电压等级分：低压、高压、超高压和特高压线路。电压等级在 1kV 以下的为低压线路；1kV 及以上的为高压线路；330kV 及以上的为超高压线路；765（800）kV 及以上的为特高压线路。

输送电能容量越大，线路采用的电压等级就越高。相邻的电压等级通常相差 2～3 倍。目前我国配电线路的电压等级不超过 10kV；输电线路的电压等级有 35（60kV）、110、（154kV）、220、330、500kV。其中 60kV 和 154kV 等级在新建线路中不再使用。采用超高压输电，可有效地减少线损、降低线路单位造价、少占耕地，使线路走廊得到充分利用。目前输电线路的电压等级已达 1150kV。

（3）按结构特点分：架空线路和电缆线路。架空线路由于结构简单、施工简便、建设费用低、施工周期短、检修维护方便、技术要求较低等优点，已得到广泛的应用。电缆线路受外界环境因素的影响小，但需用特殊加工的电力电缆，费用高、施工及运行检修的技术要求高，目前仅用于城市和跨海输电等特殊情况。

（4）按输送电流的性质分：交流线路和直流线路。实际中最常见的是三相交流线路。与交流线路相比，在输送相同功率的情况下，直流线路需要的投资较少，主要材料消耗低，线路的走廊宽度也较小；作为两个电网的联络线，改变传送方向迅速方便，可以实现相同频率甚至不同频率交流系统之间的不同步联系，能降低主干线及电网间的短路电流。随着换流技术的不断完善和换流站造价的降低，超高压直流输电有着广泛的应用前景。我国于 1987 年 9 月建成第一条 ±500kV 超高压直流输电（葛洲坝至上海）线路，全长 1051km，每极采用 4×LGJQ－300 型导线，输送容量为 1200MW。

（5）按回路数分：单回路、双回路和多回路线路。三相交流系统中，由一组三相导线组成的电力线路称为一回线路，也称单回线路。

二、电力线路的基本构成

现在按照结构特点的分类方法，介绍电力线路的基本组成。架空线路将导线架设在室外的杆塔上，电缆线路一般埋于地下的电缆沟或管道中。由于架空线路的建设费比电缆线路低得多，

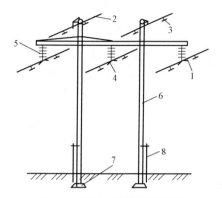

图 6-1　架空线路结构示意图
1—导线；2—避雷线；3—防振锤；
4—线夹；5—绝缘子；6—杆塔；
7—基础；8—接地装置

便于架设、维护和修理，因此大部分电力线路都采用架空线路，只在不适宜用架空线路的地方（如大城市配电系统，过江、跨海、严重污秽区等）采用电缆线路。

1. 架空线路的构成

架空线路的结构示意图如图 6-1 所示。架空线路主要由导线、避雷线、绝缘子、金具、杆塔、基础和接地装置等元件组成。

（1）导线。传导电流，输送电能。由绝缘子串悬挂在杆塔上。

（2）避雷线。避雷线悬挂在导线上方，有接地点，又称为架空地线。其主要作用是将雷电流引入大地，以保护线路免受雷电直击，在雷击杆塔时还起分流作用，对导线起屏蔽作用。

（3）绝缘子。支持或悬挂导线和避雷线，使带电体与接地杆塔之间保持良好的绝缘。

（4）金具。金具是电力线路所用金属部件的总称。可用于导线的连接，导线和绝缘子、绝缘子和杆塔之间的连接，有的金具对导线起保护作用。常用金具有线夹、接续金具、连接金具、保护金具和拉线金具等。应用时应尽量选择标准金具。

（5）杆塔和拉线。杆塔起支持导线、避雷线和其他附件的作用，使导线之间、导线和杆塔以及大地之间保持一定的安全距离，并保证导线对地面、交叉跨越物或其他建筑物等具有允许的安全距离。

拉线用来平衡杆塔的横向荷载和导线张力，减少杆塔根部的弯矩。使用拉线可减少杆塔材料的消耗量，降低线路的造价。

（6）杆塔基础。杆塔基础的作用是支撑杆塔，传递杆塔所受荷载至大地。杆塔基础的形式很多，应根据所用杆塔的形式、沿线地形、工程地质、水文和施工运输等条件综合考虑确定。

（7）接地装置。接地装置的作用是导泄雷电流入地，保证线路具有一定的耐雷水平。根据土壤电阻率的大小，接地装置可采用杆塔自然接地或人工设置接地体。接地装置的设计应符合电气方面的有关规定。

2. 电缆线路的基本构成

电缆线路一般是埋设在地下、海底或电缆沟中，因此电缆本身除输送电能的导线外，需要有良好的绝缘层，还应按照不同埋设情况的要求制作包护层，详细内容在电缆线路中介绍。

第二节　架　空　线　路

一、导线和避雷线

导线和避雷线通称架空线。

1. 架空线的材料

架空线路的导线和避雷线架设在户外，不仅受到自重、风压、冰雪和温度变化的影响，还要受到空气中各种化学物质的侵蚀，因此其材料必须有良好的导电性能、相当高的机械强度和抗化学腐蚀能力。

铜是理想的导线材料，其导电性能和机械强度均好，但价格较贵，除特殊需要外，输电线路一般不使用。

铝的导电性能仅次于铜，质轻价廉，但机械强度较低。纯铝导线仅用于两相邻杆塔间水平距离（档距）较小的10kV及以下线路。此外铝的抗腐蚀性也较差，不宜在污秽区使用。

铝合金的导电性能与铝相近，机械强度接近铜，价格却比铜低，并具有较好的抗腐性能；不足之处是铝合金受振动断股的现象比较严重，使其使用受到限制。随着断股问题的解决，铝合金将成为一种很有前途的导线材料。

钢的导电性能差，但具有较高的机械强度，且价格较低。钢材料的架空线常作为避雷线使用，作为导线仅用于跨越江河山谷的大档距及其他要求机械强度大的场合。为提高抗防腐蚀性，钢线需要镀锌处理。

因此，常用的架空线材料是铝、铝合金等，避雷线一般用钢导线。

2. 常用架空线的结构及型号、规格

架空线路一般用裸导线，其结构形式主要有单股线、多股绞线、钢芯铝绞线、扩径导线、空心导线、分裂导线等几种。裸导线结构如图6-2所示。

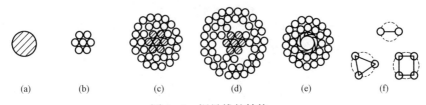

图6-2 裸导线的结构

(a) 单股线；(b) 多股绞线；(c) 钢芯铝绞线；(d) 扩径导线；(e) 空心导线；(f) 分裂导线

由于多股绞线的性能优于单股线，所以架空线路一般采用多股绞线，如图6-2(b)所示。其股数安排规律是除中心一股芯线外，第一层6股，每加一层增加6股。但多股绞线的机械强度不够，目前一般用钢芯铝绞线，如图6-2(c)所示。铝线为载流部分，钢芯承担主要的机械荷载，其性能优越，已在10kV以上架空线路上得到广泛应用。

为减小电压为220kV及以上输电线路的电晕损耗或线路电抗，多采用分裂导线或扩径导线。分裂导线是把每相导线分成若干根，相互间保持一定距离（一般放在正多边形的顶点位置），如图6-2(f)所示。扩径导线是在钢芯外面有一层不为铝线所填满的支撑层，人为扩大导线直径而不增大载流部分的截面积，如图6-2(d)所示。

常用架空线的型号、规格，由材料、结构（以汉语拼音的第一个字母大写表示）、额定载流截面积（mm²）和钢线部分额定截面积（mm²）等几部分组成。字母含义为：T—铜；L—铝；G—钢；J—多股绞线；LH—铝合金；F—防腐型等。例如，LGJ—400/50表示钢芯铝绞线，载流部分的额定截面积为铝400mm²，钢芯部分额定截面积为50mm²（旧标准中是将钢芯铝绞线按机械强度分为普通型LGJ、轻型LGJQ和加强型LGJJ，无"/50"这部分）；LGJF—150/25表示额定截面积为铝150mm²、钢25mm²的防腐型钢芯铝绞线；LH_AJ—400表示额定截面积为400mm²的热处理铝镁硅合金绞线；LH_BGJ—400/50表示额定截面积为铝合金400mm²、钢50mm²的钢芯热处理铝镁硅稀土合金绞线。

钢绞线标记的内容较多，如GJ—1×7—7.8—125—甲表示1×7结构、直径7.8mm、抗拉强度125kg/mm²、甲组锌层的钢绞线。

3. 架空线的种类及用途

架空线的种类及其用途见表 6-1。钢芯铝绞线既有较高的导电率，又有较好的机械强度，是目前最常用的导线品种。钢芯铝绞线的芯线为单股或多股镀锌钢绞线，外层为单层或多层的铝绞线。由于交流电的集肤效应，四周电阻率较小的铝部截面主要起载流作用，机械荷载则主要由芯部的钢线承受。

表 6-1　　　　　　　　　　　　　　架空线的种类及用途

种　类	型　号	结构及特点	用　途
铝绞线	LJ	用圆铝单线多股绞制而成	对 35kV 架空线路，铝绞线截面积不得小于 35mm²；对 35kV 以下线路，铝绞线截面积不得小于 25mm²
钢芯铝绞线	LGJ	芯线为单股或多股镀锌钢绞线，主要承担张力，外层为单层或多层铝绞线	铝钢截面积比 m>4.5 钢芯铝绞线用于一般地区，m≤4.5 用于重冰区或大跨越地段
铝合金绞线	LH$_A$J LH$_B$J	用铝合金线多股绞制而成，LH$_A$ 为热处理铝镁硅合金；LH$_B$ 为热处理铝镁硅合金稀土	抗拉强度高，可减小弧垂，降低线路造价
钢芯铝合金绞线	LH$_A$GJ LH$_B$GJ	在钢绞线外面绞铝合金股线，质量接近钢芯铝绞线，强度超过钢芯铝绞线和铝合金绞线	抗拉强度高，用于超高压线路和大跨越地段
防腐型绞线	LGJF LH$_A$GJF$_1$ LH$_B$GJF$_1$ LH$_A$GJF$_2$ LH$_B$GJF$_2$	在钢芯或各层间涂防腐材料，提高绞线的抗腐蚀能力 F$_1$ 为轻防腐型，仅钢芯涂防腐剂，质量增加 2%；F$_2$ 为中防腐型，钢芯和内层铝线涂防腐剂，质量增加 5%	用于沿海及其他腐蚀性严重的地区
铝包钢绞线	GLJ	在单股钢线外面包铝层，制成单股线或多股绞线	线路大跨越或避雷线通信使用
压缩型钢芯铝绞线	LGJY	对一般钢芯铝绞线进行径向压缩，外层线变成扇形，表面光滑，外径略小，可减小风压荷载和冰雪荷载	铝钢截面积比 m>4.5，适用于农村、山区小档距及有一定拉力的线路；m≤4.5，适用于农村、山区大档距等拉力较大线路
扩径钢芯铝绞线	LGJK	内层间有空隙，在同样质量下，增大了有效半径，载流能力提高，并可减少电晕损失	用于电晕严重地区
分裂导线		使用普通导线，安装间隔棒保持其间隔和形状。相当于大大增加了导线的半径，临界电晕电压高，电抗小，导纳大，无需专门制造	用于超高压线路。我国二分裂导线可用于 220、330kV 线路，500kV 采用四分裂导线
硬铜单线铜绞线	TY TJ	用硬铜拉制成单股线，或用多股制成绞线	不推荐使用。必须用时，最小截面为：≥35kV 线路不许用单线，绞线截面积不小于 25mm²；≤10kV 单股截面不小于 16mm²，绞线不小于 16mm²
镀锌铁单线镀锌钢绞线	GY GJ	用碳素钢拉制成单股线，外表镀锌，或用多股单线制成绞线	一般用作架空避雷线 作导线用时：≥35kV 不许用单股，绞线截面积不小于 16mm²；≤10kV，单股直径不小于 3.5mm，绞线截面积不小于 10mm² 大跨越段可采用高强度镀锌钢绞线作导线，但应具有较高的导电率

4. 避雷线应用问题

避雷线可分为一般避雷线、绝缘避雷线、屏蔽避雷线和复合光纤避雷线四种。

（1）一般避雷线。一般避雷线主要使用镀锌钢绞线，其型号的选择视所保护的导线型号而定，见表 6-2。重冰区、严重污秽区应挑高一两级或选用防腐型架空线。由于一般避雷线逐塔接地，会因感应效应而产生较大的附加电能损失。例如，一条长 200～300km 的 220kV 输电线路的附加电耗每年可达几十万千瓦时，一条长 300～400km 的 500kV 线路则高达数百万千瓦时。

表 6-2   避雷线与导线配合表

导线型号	LGJ—35 LGJ—50 LGJ—70	LGJ—95 LGJ—120 LGJ—150 LGJ—185 LGJQ—150 LGJQ—185	LGJ—240 LGJ—300 LGJQ—240 LGJQ—300 LGJQ—400	LGJ—400 LGJQ—500 及以上
避雷线型号	GJ—25	GJ—35	GJ—50	GJ—70

（2）绝缘避雷线。为降低线路的附加电能损失，目前我国设计的超高压输电线路往往将避雷线加以绝缘。绝缘避雷线利用一只带有放电间隙的绝缘子与杆塔隔开，雷击时利用放电间隙击穿接地，因此绝缘避雷线具有与一般避雷线同样的防雷效果。同时绝缘避雷线还可作为载波通信的通道，必要时的检修电源，还方便了杆塔接地电阻的测量。值得注意的是，绝缘避雷线上往往感应有较高的对地电压，在导线和避雷线都不换位（在杆塔上交换悬挂位置）时，330、500kV 线路绝缘避雷线的感应电压可分别达到 23kV 和 50kV 左右。因此绝缘避雷线必须适当换位，可以大大降低感应电压，对它的任何操作都应按带电作业考虑。当绝缘避雷线仅用于防雷保护时，应采用分段绝缘中间接地。

（3）屏蔽避雷线。屏蔽避雷线与一般避雷线分段配合架设，防止输电线路电磁感应对附近通信线路的影响。屏蔽避雷线需要使用良导电线材，目前多用 LGJ—95/55 型钢芯铝绞线。因需耗用有色金属，成本较高，所以只在对重要通信线路的影响超过规定标准时才考虑架设屏蔽避雷线。

（4）复合光纤避雷线。复合光纤避雷线有两种架设形式。一种是在已有的一根架空避雷线上，按一定的节径比缠绕 WWOP 型光纤电缆。光纤电缆实现高抗电磁干扰的通信，原架空避雷线仍起防雷保护作用，又起支撑光纤电缆的作用。第二种形式是架设一根 OPGW 型复合光纤电缆作为一根避雷线，复合光纤电缆的外层铝合金绞线起防雷保护和屏蔽作用，芯部的光导纤维起通信作用。复合光纤避雷线可根据工程实际需要向生产厂家定制。

二、绝缘子和金具

1. 绝缘子

架空线路使用的绝缘子有针式、悬式、瓷横担、棒式瓷绝缘子和合成绝缘子等。

针式绝缘子用于电压不超过 35kV 的线路，其外形如图 6-3 所示。

悬式绝缘子成串使用，以往用陶瓷制成，现在已开始

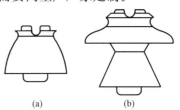

(a)   (b)

图 6-3 针式绝缘子外形图
(a) 10kV 线路用；(b) 35kV 线路用

使用钢化玻璃制造，用于 35kV 及以上电压等级的线路，如图 6 - 4（c）所示。悬式绝缘子型号中，X—悬式瓷绝缘子，LX—悬式玻璃绝缘子，P—机电破坏负荷，C—槽形连接，D—避雷线（地线）用，W—防污型，H—钟罩防污型，Z—直流型，Q—球面形；短横线后数字表示额定机电破坏负荷数（t）。当使用 X—4.5 型时，35kV 不少于 3 片；60kV 不少于 5 片；110kV 不少于 7 片；154kV 不少于 10 片；220kV 不少于 13 片；330kV 不少于 19 片；500kV 不少于 28 片。

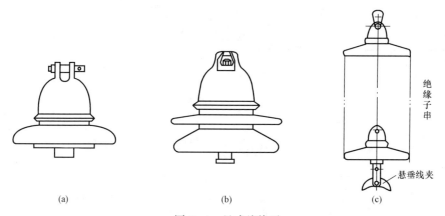

图 6 - 4　悬式绝缘子

(a) X—4.5 型；(b) XW—4.5 型；(c) 绝缘子串

　　瓷横担起绝缘子和杆塔横担两种作用，具有较高的绝缘水平，因省去了杆塔的金属横担和充分利用了杆塔高度，可节省大量的钢材，且安装方便，可节约线路本体投资 20%～30%。我国 10～35kV 线路已广泛使用瓷横担，110～220kV 线路也已使用。瓷横担的缺点是承受弯矩和拉力的强度低，易发生脆断，引起断线倒杆事故。

　　棒式瓷绝缘子是一个瓷质整体，其作用相当于若干悬式绝缘子组成的悬垂绝缘子串。但它质量较小、长度短，可节省钢材，还可以降低杆塔高度。棒式瓷绝缘子的缺点是制造工艺复杂，成本较高，且运行中易因振动而断裂。

　　合成绝缘子是棒形悬式合成绝缘子的简称，由伞盘、芯棒和金属端头等组成，110kV 以上线路用合成绝缘子还配有 1～2 个均压环。伞盘由硅橡胶为基体的高分子聚合物制成，具有良好的憎水性，抗污能力强。芯棒采用环氧玻璃纤维制成，具有很高的抗拉强度和良好的减振性、抗蠕变性以及抗疲劳断裂性。根据需要合成绝缘子的一端或者两端可以装置均压环。合成绝缘子适用于海拔 1000m 以下地区，尤其用于污秽地区，能有效地防止污闪的发生。

　　2. 金具

　　金具是组装架空线路的各种金属零件的总称，主要有以下几大类，现简单介绍其用途，实际使用时可参阅有关产品说明书或手册。

　　(1) 线夹。其作用是将导线固定在绝缘子上，分为直线杆塔使用的悬垂线夹和耐张杆塔使用的耐张线夹。图 6 - 5 所示为两种常用的线夹。

　　(2) 接续金具。其用于导线或避雷线的接续。常用的接续金具是压接管和跳线线夹。压接管如图 6 - 6 所示。

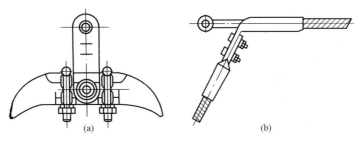

图 6 - 5 线夹示例

（a）中心回转型悬垂线夹；（b）压接型耐张线夹

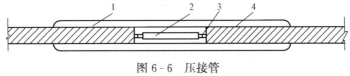

图 6 - 6 压接管

1—铝管；2—钢管；3—钢芯；4—铝绞线

（3）连接金具。其用来将绝缘子组装成串并悬挂在杆塔的横担上。常用连接金具如图6 - 7所示。

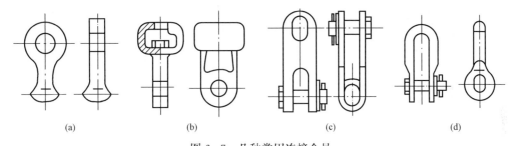

图 6 - 7 几种常用连接金具

（a）球头挂环；（b）碗头挂板；（c）直角挂板；（d）U形挂板

（4）保护金具。其分为防震保护金具和绝缘保护金具两种。防震金具包括护线条、防震锤等。绝缘保护金具包括悬重锤等。常用保护金具示例见图6 - 8。

（5）拉线金具。常用拉线金具如图6 - 9所示，其中楔型耐张线夹也用于避雷线。

三、杆塔

杆塔的形式很多，分类方法各异。其按材料可分为木杆、钢筋混凝土杆和铁塔三种。目前木杆已基本不使用。

钢筋混凝土杆是目前使用最广泛的杆塔，其结构简单、节约钢材、基础简易、工程量小、工程造价低、施工周期短，且具有较高的强度，经久耐用、运行维护费用低。其缺点是笨重，运输困难，因此对于较高的水泥电杆均采用分段制造，现场组装，每段电杆的质量在5000～10000kN以下。35～110kV线路上大量使用的是钢筋混凝土电杆，新建330kV及以下线路，在平地、丘陵等便于运输和施工的地区，应首先考虑采用钢筋混凝土电杆。图6 - 10（a）、（b）所示为钢筋混凝土杆单杆、π型杆。

常见的铁塔是型钢用螺栓连接或焊接起来的空间桁架，少数国家也有铝合金塔或钢管混凝土结构塔。近年来城市人均用电量不断增加，110～220kV变电所开始进入市区，受线路

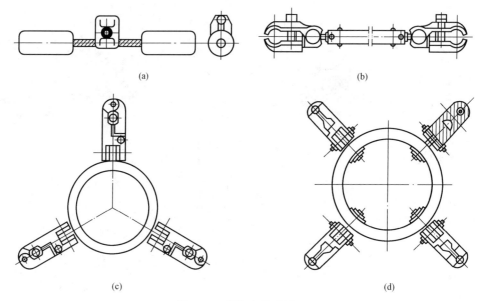

图 6-8 保护金具示例

（a）FF 型防振锤；（b）FJQ 型刚性双分裂间隔棒；（c）FJZ 型阻尼三分裂间隔棒；（d）JX4 型阻尼四分裂间隔棒

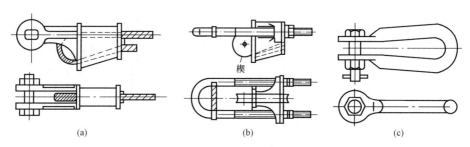

图 6-9 拉线金具示例

（a）耐张楔型线夹；（b）可调式 UT 线夹；（c）U 形环

走廊的限制，常规塔型不便使用，人们研制出了占地面积小的钢管单杆。钢管单杆虽加工工艺复杂、投资较大，但美观大方、适应市区环境，是城市架空输电线路杆塔发展方向之一。

　　铁塔具有坚固可靠，使用周期长的优点，但钢材消耗量大、造价高、施工工艺复杂，维护工作量大。根据结构形式和受力特点，铁塔可分为拉线塔和自立塔两类。拉线式铁塔能比较充分地利用材料的强度特性，较大幅度地降低钢材消耗量。在空旷地区，采用拉线塔既有良好的承载能力，又有较好的经济效益。自立式铁塔仅使用在 220kV 以上线路交通不便和地形受限必须使用铁塔的地方和少数跨越高塔。技术经济分析表明，目前 500kV 线路采用铁塔比较合理，即铁塔主要用在超高压、大跨越的线路及某些受力较大的耐张杆塔、转角杆塔上。图 6-10（c）所示为丰字型双回路铁塔。

　　按杆塔在线路中承担的任务可分为下述几种。

1. 直线杆塔

直线杆塔又称为中间杆塔，主要用来悬挂导线，一般只承受垂直方向的重力和水平方向的风力，绝缘子串与导线相互垂直，如图 6-11 所示。因其所受荷载小，所以材料消耗量少，造价亦低。

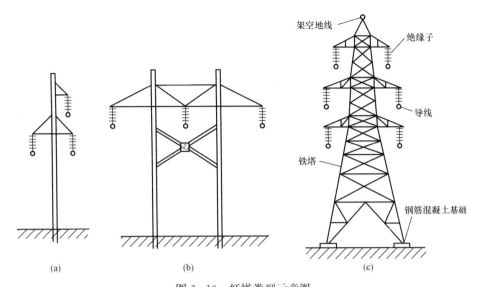

图 6-10 杆塔类型示意图

(a) 混凝土单杆；(b) 混凝土 π 型杆；(c) 铁塔（丰字型双回路）

2. 耐张杆塔

耐张杆塔又称为锚型杆塔，主要承担线路正常及故障（如断线）情况下导线的拉力，使断线故障限制在两个耐张杆塔之间的耐张段内，如图 6-11 所示。耐张杆塔上绝缘子串与导线是在同一条曲线上，两侧与不承受拉力的跳线相连。

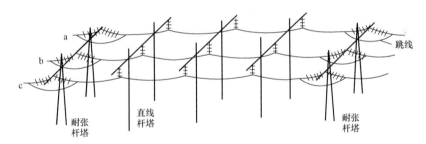

图 6-11 一个耐张段内的线路

3. 转角杆塔

转角杆塔用于承受线路转向处的侧向拉力，转角大时做成耐张杆塔形式，转角不大于 5° 时做成直线杆塔的形式。

4. 终端杆塔

终端杆塔是线路进出线的第一基杆塔，承受线路上最近一个耐张段导线的单向拉力，一般还兼作转角杆塔，因此承受较大的荷载，材料消耗量和造价也较大。

5. 跨越杆塔

跨越杆塔位于线路与河流、山谷、铁路的交叉处，具有悬点高、荷载大、结构复杂，耗钢量大及投资高等特点。国内跨越杆塔目前大多采用组合构件铁塔，钢管塔或独立式钢筋混凝土塔等。我国扬州扬东—无锡斗山 500kV 输电线路江阴长江大跨越，跨宽 2303m，南塔高 346.5m，是世界上最高的输电铁塔之一。

6. 换位杆塔

换位杆塔用来完成架空导线的换位。

四、导线的排列方式与换位

1. 导线的排列方式

导线的排列方式主要取决于线路的回路数、线路运行的可靠性、杆塔荷载分布的合理性以及施工安装、带电作业是否方便，并应使塔头部分结构简单、尺寸小。单回线路的导线常呈三角形、上字形和水平排列，双回线路有伞形、倒伞形、六角形和双三角形排列，如图6-12所示。在特殊地段还有垂直排列等形式。

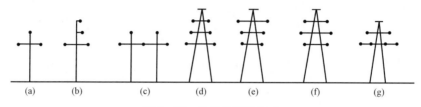

图 6-12　导线的排列方式

（a）三角形；（b）上字形；（c）水平排列；（d）伞形；（e）倒伞形；（f）六角形；（g）双三角形

相关运行经验表明，单回线路水平排列比三角形排列运行可靠性高，特别是重冰区、多雷区和电晕严重的地区。这是因为水平排列的线路杆塔高度较低，雷击机会减少；三角形排列的下层导线因故（如不均匀脱冰时）向上跃起时，易发生相间闪络和导线间相碰事故。但导线水平排列的杆塔比三角形排列的复杂，造价高，并且所需线路走廊也较大。因此，普通地区可结合具体情况选择水平排列或三角形排列，重冰区、多雷区宜采用水平排列，电压在220kV以下、导线截面积不太大的线路采用三角形排列比较经济。

由于伞形排列不便于维护检修，倒伞形排列防雷性比较差，因此目前双回线路同杆架设时多采用六角形排列。这样可以缩短横担长度、减少塔身扭力，获得比较满意的防雷保护角，耐雷水平提高。

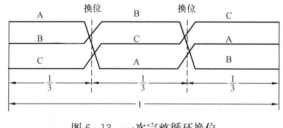

图 6-13　一次完整循环换位

2. 导线的换位

由于三相导线在杆塔上的排列不对称，可能导致三相导线的感性、容性电抗不对称（三相电气参数不平衡），对电力系统的运行产生不利的影响，必须利用三相导线轮流换位来使三相参数对称。一般200km以上的线路应进行完整的循环换位，如图6-13所示。

第三节　电　力　电　缆

一、概述

电缆由一根或数根导线绞合而成的线芯（导电部分）、相应包裹的绝缘层和外加保护层三部分组成。用于电力传输和分配大功率电能的电缆称为电力电缆。

电力电缆线路主要由电缆、电缆附件及线路构筑物三部分组成。但有些电缆线路还带有附件，如压力箱、护层保护器、压力和温度示警装置等。

电缆附件指除电缆本体外的其他部件和设备，如中间接头、终端头，高压充油电缆线路中的塞止接头盒、绝缘连接盒、压力箱，高压充气和压力电缆线路中的供气和施加压力设备等。这些附件可起到导体连接、绝缘和密封保护等作用。

线路构筑物指电缆线路中用来支持电缆和安装电缆附件的部分，如引入管道、电缆井及电缆进线室等。

与架空线路相比，电力电缆的线路具有以下特点：

(1) 供电可靠，受外界气候条件和周围环境干扰的影响小；

(2) 电缆线路埋设于地下或敷设于地下隧道内，同一隧道可容纳多回线路，线路比较隐蔽，也有利于防止断线落地触电及保证安全用电，适于在城市繁华地区敷设；

(3) 运行简单方便、维护工作量小、费用较低；

(4) 电缆的送电容量大，有助于提高电力系统的功率因数，这是电缆最大的优点。

电力电缆线路虽然有上述若干优点，但也有不足之处：

(1) 成本高，一次性投资费用较大。同样的导线截面积，电缆送电容量要小于架空线路。

(2) 敷设后不易再变动，不适宜作临时性使用。

(3) 电缆线路的接头和分支接头制作工艺要求较高。

(4) 地下电力电缆寻找故障困难，不及架空线路那样可以显而易见。

(5) 电缆发生故障后进行修复及恢复供电时间是架空线路的很多倍。

二、电力电缆的分类

1. 按电压等级分类

电力电缆按额定工作电压有 1、3、6、10、20、35、110、220、330、500kV 的电力电缆。

考虑到施工技术要求、电缆接头、电缆终端头结构特征及运行维护等方面的因素，又可分为：①低压电力电缆（≤35kV）；②中压电力电缆（>35kV）；③高压电力电缆（110～220kV）；④超高压电力电缆（>220kV）。

中、低电压电缆主要有油浸纸绝缘电缆、橡胶绝缘电缆、聚氯乙烯绝缘电缆和交联聚乙烯绝缘电力电缆。高压电力电缆有自容式充油电力电缆、钢管充油电力电缆、聚乙烯绝缘电缆和交联聚乙烯绝缘电缆等。

2. 按电缆结构特点分类

(1) 带绝缘电缆：又称统包型电缆，即缆芯成缆后，在外面包有统包绝缘，并置于同一内护层的电缆。

(2) 分相型：有分相屏蔽型和分相铅（铝）包型。

(3) 钢管型：电缆外绝缘有钢管护套，分钢管充油、充气电缆和钢管油压式、气压式电缆。

(4) 扁平型：三芯电缆的外形是扁平状，一般用于大跨度海底电缆。

(5) 自容型：护套内部有压力的电缆，分自容式充油电缆和充气电缆。

3. 按绝缘材料分类

(1) 油浸纸绝缘：①不滴流油浸渍纸绝缘金属套电力电缆，由电缆纸绕包与不滴流浸渍剂组合绝缘的电缆；②黏性油浸渍纸金属套电力电缆，由电缆纸绕包与黏性浸剂组合绝缘的电力电缆；③油压油浸渍纸绝缘型电缆；④气压黏性浸渍纸绝缘型电缆。

（2）橡胶绝缘：①天然橡胶绝缘型电缆；②乙丙橡胶绝缘型电缆（简称 EPR 电缆）。

（3）塑料绝缘：①聚氯乙烯电力电缆（简称 PVC 电缆）；②聚乙烯电力电缆（简称 PE 电缆）；③交联聚乙烯电力电缆（简称 XLPE 电缆）。

4. 按电缆线芯数目分类

按电缆线芯数目或电能输送方式分为：①单芯（用于传输直流电及特殊场合，如高压电机引出线）；②双芯（用于传输单相交流电或直流电）；③三芯（用于三相交流电网中）；④四芯（用于低压配电线路或中性点接地的三相四线制电网中）；⑤五芯（工作接地和保护接地分别占用两芯）及以上电力电缆。

5. 按敷设环境条件和传输电能形式分类

按敷设环境条件和传输电能形式分类可分为：地下直埋、地下管道、沟架式、架空敷设、矿井、高海拔、盐雾、大高差、多移动、潮热区和水下敷设（或称海底电缆）等类型。

6. 按传输电能形式分类

根据传输电能形式的不同可分为：交流电缆和直流电缆。

目前电力电缆的绝缘部分多数为应用于交流系统而设计。直流电力电缆的电场分布与交流电力电缆不同，需要进行特殊设计。这里不再详述。

三、电力电缆的型号

电力电缆的型号说明了电缆的结构、使用场合和某些特征。型号由类别、导体、绝缘、内护层、派生部分组成，其代号用汉语拼音字母和阿拉伯数字组成，见表 6 - 3。拼音字母表示电力电缆的用途、绝缘材料、线芯材料及特征；数字表示铠装层类型和外护层类型。

表 6 - 3　　　　　　　　　　电力电缆结构代号含义

绝缘种类		导电线芯		内护层		派生结构		外护层	
代号	含义	代号	含义	代号	含义	代号	含义	代号	含义
Z	纸	L	铝芯	H	橡套	D	不滴流	0	裸金属铠装（无外被层）
V	聚氯乙烯	T	铜芯省略	HF	非燃性护套	F	分相	1	无金属铠仅有麻被层
X	橡皮			V	聚氯乙烯护套	G	高压	2	钢带铠装
XD	丁基橡胶			Y	聚乙烯护套	P	滴干绝缘	3	单层细钢丝铠装
Y	聚乙烯			L	铝包	P	屏蔽	4	双层细钢丝铠装
YJ	交联聚乙烯							5	单层粗钢丝铠装
				Q	铅包	Z	直流	6	双层粗钢丝铠装
								1	1 级防腐，在金属铠装代号前 1 位
								2	2 级防腐，在金属铠装代号前 1 位
								9	在金属铠装层外加聚氯乙烯护套

注 阻燃电缆在前面加 ZR 代号。

其他电缆的型号含义：K—控制电缆；P—信号电缆；B—绝缘电缆；R—绝缘软电缆；Y—移动式软电缆；H—电话电缆；CY—充油电缆。

例如，①ZLQ20—10，3×120：表示铝芯、纸绝缘、铅包、裸钢带铠装、额定工作电压10kV、三芯、截面积为120mm^{2}的电力电缆。②ZQF2—35，3×95：表示铜芯、纸绝缘、分相铅包、钢带铠装、额定工作电压35kV、三芯、截面积为95mm^{2}的电力电缆。③ZR—VLV29—3，$3 \times 240 + 1 \times 120$：表示聚氯乙烯绝缘、钢带铠装、阻燃聚氯乙烯护套、电压为3kV、三芯、截面积为240mm^2、加单芯120mm^{2}的电力电缆。④YJLV22—3×120—10—300：表示铝芯、交联聚乙烯绝缘、聚乙烯内护套、双目钢带铠装、聚氯乙烯外被层、三芯、截面积为120mm^2、额定工作电压为10kV、长度为300m的电力电缆。⑤CYZQ102220/1×400：表示铜芯、纸绝缘、铅包、铜带径向加强、聚氯乙烯护套、额定电压220kV、单芯、截面积为400mm^{2}的自容式充油电缆。

四、电力电缆的基本结构

电力电缆的基本结构由线芯、绝缘层和包护层三部分组成。为了改善电场的分布情况，减小切向应力，有的电缆还有屏蔽层。对多芯电缆，为方便制作成型，在其电缆绝缘线间还增加有填芯和填料。目前大多数35kV及以下电压的电力电缆用油浸纸绝缘，110kV及以上电压的电力电缆常用单芯充油电缆。

1. 电力电缆的导电线芯

（1）电力电缆的导电线芯材料。电力电缆的导电线芯主要采用铜、铝材料制成。

（2）电缆线芯截面形状及特点。按导体截面有圆形、椭圆形、扇形、中空圆形等形状。较小截面（16mm^2）的导电线芯由单根导线制成。较大截面（$\geqslant$25mm^2）的导电线芯由多根导线分数层绞合制成，绞合时相邻两层扭绞方向左右相反。

高压电缆导体多采用圆形截面中空圆形导体，在6kV及以下的多芯电缆，也以圆形作准则。10~110kV的电缆导体一般都采用扇形截面，见图6-14。

(a)　　　　　　　　　　(b)　　　　　　　　　　(c)

图 6-14　电缆芯线形状
(a) 圆形；(b) 半圆形；(c) 扇形

充油电缆或充气电缆的线芯一般都成中空圆形的线芯结构，单芯充油电缆结构示意图见图6-15。

2. 绝缘层

电缆的绝缘可分相绝缘和带绝缘两种。相绝缘是每个线芯的绝缘；带绝缘是将多芯电缆线芯合在一起，然后施加的绝缘，这样可使线芯相互绝缘，并与外皮隔开。绝缘层材料有油浸纸、橡胶、纤维、塑料、气体等。

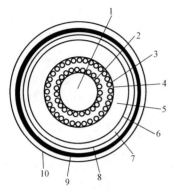

图 6-15　单芯充油电缆

1—油道；2，3—弓形线；4—线芯屏蔽；
5—绝缘层；6—绝缘屏蔽；7—铅护套；
8—内衬层；9—加强层；10—外护层

3. 护层

电力电缆的保护层简称护层，由内护层和外护层两部分组成。

电缆的内护层主要有铅护套、铝护套、橡皮护套和塑料护套四种类型。铅、铝护套多用于油浸纸绝缘电缆；橡胶、塑料护套多用于橡胶、塑料类绝缘电缆。内层可保护绝缘不受损伤，外层可防止外界机械损伤和化学腐蚀。

图 6-16 所示为三相电缆的常见构造示意图。

4. 电缆附件简介

电缆附件指电力电缆线路与其他电缆线路以及其他电气设备连接所使用的部件，是所有电力电缆线路不可缺少的重要组成部分。

在电力电缆线路中连接其他电气设备，且位于一段电缆末端的终端封头，称为电缆终端接头盒，通称电缆终端头（以下简称终端）。按照使用场所、使用材料或连接的设备不同，电缆终端可分为户内终端、户外终端、环氧电缆终端、热缩电缆终端、预制电缆终端、象鼻电缆终端及气体绝缘金属封闭电器电缆终端等。

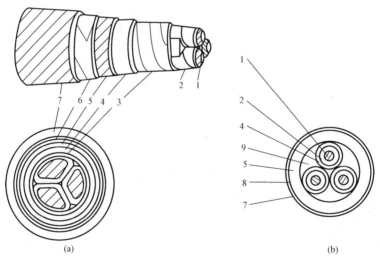

图 6-16　电缆构造示意图

（a）三相统包型；（b）分相铅包型

1—导体；2—相绝缘；3—纸绝缘；4—铅包皮；5—麻衬；6—钢带铠甲；7—麻被；8—钢丝铠甲；9—填充物

在一条电缆线路中，中间总有若干接头，只有将一条电缆线路各电缆段的中间连接起来才能正常工作，这种用来连接电缆与电缆的附件称为电缆中间接头盒，通称电缆中间接头（以下简称接头）。电缆接头可分为直接电缆接头、绝缘电缆接头、塞止电缆接头、过渡电缆接头、分支电缆接头、电缆软接头等。

电缆接头是电缆终端头和电缆中间接头的总称。

图 6-17 所示为几种电缆终端头的结构图。图 6-18 所示为 1~10kV 环氧树脂电缆接头结构图。图 6-19 所示为铅套管式地下电缆接头。

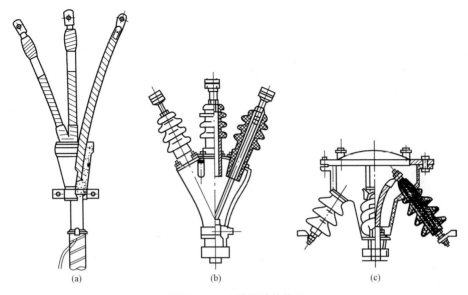

图 6-17 电缆终端结构图

(a) NTH 型户内环氧树脂终端；(b) 扇形终端；(c) 倒挂式终端

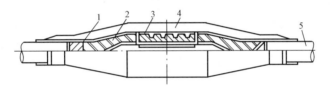

图 6-18 1～10kV 环氧树脂电缆接头

1—统包绝缘层；2—线芯绝缘；3—扎锁管（管内两线芯对接）；

4—扎锁管包层；5—铅包

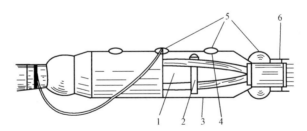

图 6-19 铅套管式地下电缆接头

1—铅连接管；2—瓷撑板；3—铅套管；4—铅帽；

5—铅封锡焊；6—接地线

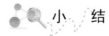 小 结

　　电力线路按结构特点主要分为架空线路和电缆线路，本章对这两部分的分类、结构等问题进行了介绍。由于电缆的种类很多，因此仅介绍最基本的内容。

　　本章的主要内容如下：

（1）电力线路的各种分类；

（2）架空线路和电缆线路的基本构成；

（3）架空线的材料、结构及型号、规格；

（4）架空线种类及用途。避雷线应用问题；

（5）架空线路的绝缘子、金具、杆塔简介；

（6）导线的排列方式与换位；

（7）电力电缆的基本概念；

（8）电力电缆的各种分类；

（9）电力电缆的型号；

（10）电力电缆的基本结构。

 习　题

6-1　电力线路有哪些分类？

6-2　架空线路主要由哪几部分元件构成，各部分分别起什么作用？

6-3　常用架空线的型号、规格如何表示？

6-4　为什么要采用钢芯铝绞线、分裂导线、扩径导线？在结构上各有何特点？

6-5　直线杆塔和耐张杆塔有何区别？

6-6　架空线的导线为什么需要换位？什么情况下需要完整的循环换位？

6-7　电缆的主要构成部分有哪些？与架空线比较，有何特点？

6-8　电缆线路如何分类？

6-9　电缆的型号、规格如何表示？

第七章　无功功率补偿装置

在供用电系统中有许多感性负载，是依靠电磁场来传递能量或转换能量，如变压器和电动机等设备。这些设备所需要的无功功率除由发电厂中的发电机提供外，还由分散安装在系统各变电所和各种类型的用电部门中的并联电容器、调相机及静止补偿器等无功功率补偿装置提供。这些无功功率补偿装置提供的感性无功功率可使电网中输送的无功功率减小，从而达到提高功率因数、提高电压质量、减少电能损耗和提高电网输送电能的目的。

电力系统中的无功功率补偿装置可以根据补偿的过程和功能，分为静态无功补偿和动态无功补偿两大类；还可根据补偿的方式，分为串联补偿和并联补偿两类。静态无功补偿装置包括并联电容器，中、低压和超高压并联电抗器。动态无功补偿包括调相机、静止补偿装置等。以上所列静态和动态无功补偿设备都属于并联补偿，而串联补偿指串联电容器补偿。如果将串联电容器专用于调压，其作用非常简单，只是抵偿线路的感抗，因此将串联电容器单纯用于调压的方式并不多见。

在各种补偿设备中，中、低压并联电抗器的主要功能是从系统中吸收过剩的感性无功功率，以保证电压水平不超限。超高压并联电抗器主要是补偿超高压线路的充电功率，可降低系统的工频过电压。本章将讨论并联电容器、调相机、静止补偿装置和并联电抗器等几种主要的无功功率补偿装置。

第一节　电　容　器

一、电容器的分类及型号

1. 电容器的分类

（1）按安装方式分：户内式和户外式电容器。

（2）按相数分：单相和三相电容器。

（3）按接入电力系统的方式分：并联和串联电容器。并联电容器用于补偿感性无功功率。串联电容器用于补偿电力线路的感抗。

（4）按额定电压分：高压和低压电容器。

高压电容器的额定电压为 1.05、3.15、6.3、10.5、11、12、19kV 等。单相高压电容器的容量有 30、50、100、200、334kvar 等，可生产 1000、1200、1667kvar 等大容量电容器。三相电容器主要有 100、200kvar 两种。特大容量三相高压并联电容器单台容量可为 1200、1500、1800、3600kvar。

低压电容器的额定电压为 0.23、0.4、0.525、0.69kV，容量为 1～100kvar。

（5）按用途分：高压交流滤波电容器，交流电动机电容器，耦合电容器，电容分压器，电热电容器，断路器电容器，脉冲电容器，防护电容器，直流滤波电容器等。

（6）按结构分：电解电容器，纸、膜、复合介质电容器，金属化、金属箔电容器，自愈式电容器，压缩气体电容器，浸渍、干式、水冷、自冷式电容器等。

2. 电容器型号

电容器的型号由系列代号、介质代号、设计序号、额定电压、额定容量、相数或频率、尾注号或使用环境等部分组成，符号代号一般用汉语拼音字头表示。系列代号及含义见表7-1，介质代号及含义见表7-2。

表7-1　　　　　　　　　　　　　　电容器系列代号及含义

代号	含义	代号	含义	代号	含义
A	交流滤波电容器	F	防护电容器	X	谐振电容器
B	并联电容器	J	断路器电容器	Y	标准电容器
C	串联电容器	M	脉冲电容器	Z	直流电容器
D	直流滤波电容器	O	耦合电容器		
E	交流电动机电容器	R	电热电容器		

表7-2　　　　　　　　　　　　　　电容器介质代号及含义

代号	含义	代号	含义	代号	含义
Y	矿物油浸纸介质	GF	硅油浸复合介质	BM	异丙基联苯浸全膜介质
W	烷基苯浸纸介质	TF	偏苯浸复合介质	WM	烷基苯浸全膜介质
G	硅油浸纸介质	FF	二芳基乙烷浸复合介质	GM	硅油浸全膜介质
T	偏苯浸纸介质	BF	异丙基联苯浸复合介质	Z	植物油浸渍介质
WF	烷基苯浸复合介质	FM	二芳基乙烷浸全膜介质	C	蓖麻油浸渍介质

额定电压单位为kV，额定容量单位为kvar。金属化电极用J表示。

电容器型号中无尾注号时，为一般使用环境条件的产品。型号最后一部分的符号含义为：B—可调式；G—高原地区用；TH—湿热地区用；H—污秽地区用；W—户外式（户内式不标记）；R—内有熔丝。

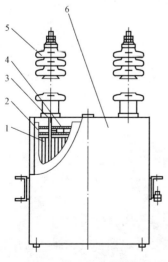

图7-1　高压并联电容器的外形图及结构图
1—元件；2—绝缘件；3—连接件；
4—内放电电阻；5—出线套管；6—箱壳

例如：①BWF0.4—12—1型，表示并联、烷基苯浸介质、0.4kV、12kvar、单相户内式电容器；②BGMJ0.4—10—3型，表示并联、硅油浸渍、0.4kV、10kvar、三相户内式电容器。

二、电容器结构及运行维护

由于电容器种类繁多，在结构上各有特点，因此重点介绍与无功功率补偿及调整电压有关的并联和串联电容器。

1. 高压并联电容器

高压并联电容器一般为油浸式，主要由元件、绝缘件、连接件、出线套管和箱壳等组成，在有的电容器内部还设有放电电阻和熔丝，在1000kvar以上的电容器中常设有油补偿装置和放电线圈。高压并联电容器的外形图及结构图如图7-1所示。

电容器元件、绝缘件等的制造和装配均应在高度洁净的环境中进行；然后按工艺要求对电容器进行严格的真空干燥浸渍处理，除去水分、空气等，并用经过预处理的洁净绝缘油进行充分的浸渍；最后进行封口，使其内部介质不与大气相通，防止介质受大气作用发生早期老化，影响电容器的使用寿命和可靠性，这对保持电容器的密封性是十分重要的。

（1）元件。元件是电容器的基本电容单元。高压并联电容器中的元件通常由4～10张薄层介质与2张铝箔相互重叠配置后绕卷、压扁而成，如图7-2所示。元件的电压通常不高于2kV。

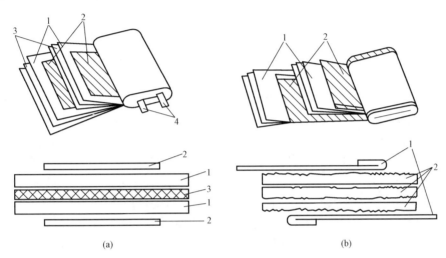

图7-2　电容器元件结构图
（a）缩箔插引线片结构；（b）铝箔凸出折边结构
1—薄膜；2—铝箔；3—电容器纸；4—引线片

缩箔插引线片结构是电容器元件的传统结构［见图7-2（a）］，其极板利用率高，生产工艺简单，但由于在铝箔边缘常具有肉眼看不见的毛刺和尖角，使元件边缘的电场集中，在过电压作用下，电场集中的地方首先发生局部放电。为了防止早期损坏，电容器只能在较低的电场强度下工作。

铝箔凸出折边结构是针对缩箔插引线片结构的缺点而提出的一种新型结构，其特点如图7-2（b）所示。上、下两张铝箔分别向一边凸出于固体介质之外，铝箔的另一边则向内折边，并处于固体介质层之内，这样就消除铝箔边缘的毛刺和尖角对边缘电场分布的不良影响，使电容器元件的起始局部放电场强和熄灭局部放电场强大幅度提高。

（2）箱壳。高压并联电容器通常采用由厚度为1～2mm的薄钢板制成的矩形箱壳，其机械强度高，易于焊接、密封和散热，箱壳内部的填充系数高，也便于安装。电容器中的绝缘油因温度改变引起的体积变化可由箱壳大面的弹性变形来进行补偿。在箱壳的顶部开有供装配出线瓷套的孔和注油孔，箱壳两侧焊有供安装和起吊用的吊攀，为了防止箱壳底部焊缝在搬运中磨损，影响箱壳的密封性和机械强度，有的产品在箱壳底部焊有垫铁或槽钢。在1000kvar及以上的特大容量高压并联电容器的箱壳上常设有散热器。为了安全，在所有电容器的金属箱壳上均装有供接地或固定箱壳电位用的接地片或接地螺栓。

（3）内部绝缘和电气连接。在电容器内部的各个元件之间、串联段之间和心子与箱壳之间，通常都设有由电缆纸、绝缘纸板或塑料薄板制成的绝缘件，使相互间的绝缘达到要求的

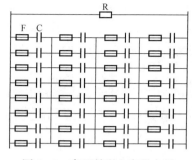

图 7 - 3　高压并联电容器内部
电气连接示意图

R—放电电阻；F—熔丝；C—元件电容

绝缘水平，并使元件间的相互位置得到固定。

为了使电容器具有预定的额定容量和额定电压，元件之间必须按设计要求进行电气连接，如图 7 - 3 所示。

在电容器内部的引出端常接有内放电电阻，当电容器从电网上切除时，可在规定的时间（10min）内将电容器上的剩余电压降到 75V 安全电压以下，以保证操作人员的安全，防止再投入时产生高倍数的涌流和过电压，并由此而引发人身、设备事故。电容器的内放电电阻通常设置在电容器箱壳的上部，应有足够的耐受电压能力和功率，通常由多个电阻串并联后组成，电阻之间和电阻与出线端的连接必须可靠。

（4）出线结构。高压并联电容器的出线结构分单套管出线和双套管出线两类。双套管出线结构的两个出线端均对壳绝缘，具有相同的绝缘水平。单套管出线结构的两个出线端中只有一个经套管引出与外壳相绝缘，另一个与箱壳连接后引出。在海拔 1000m 以上的高原地区、湿热带地区、重污秽地区运行的电容器，应根据具体情况采用相应结构和等级的套管。

（5）维护检查。为保证电容器的安全运行，应对电容器进行定期检查、清扫和维护。

1）检查和清扫电容器的箱壳、套管和接线端子，如接线松动应用力矩扳手拧紧；箱壳上的油漆脱落、起层应及时进行补漆，如发现电容器局部有少量渗油应用锡焊或环氧树脂胶进行补漏；如发现电容器有漏油、外壳严重变形、外熔断器动作，则应进行检查并将损坏的电容器及熔断器及时更换。

2）检查和核对不平衡电流，如果表明电容器组中有损坏，应找出故障并用参数相近的电容器来取代故障电容器。

（6）安全规则。在安装、检查、维护电容器时必须严格遵守安全规则。

1）在操作人员触碰电容器之前，必须对电容器进行充分放电，电容器的各接线端均必须相互短接并接地。

2）在处理渗漏油电容器时，应尽量避免皮肤与油及油蒸气接触。如果皮肤上沾油，可用肥皂和清水清洗。如油进入眼睛，可用温水清洗。对油和废弃物，可采用燃烧法处理。

（7）成套装置实例。图 7 - 4 所示为高压并联电容器成套装置典型接线之一，其系列代号为 TBB。为避免当电容器击穿时造成相间短路，引发电容器箱壳爆裂的恶性事故发生，装置中的电容器组应采用星形连接，而其中的串联电抗器是防止谐波放大、涌流等现象而采用。

当将电容器组从网络中开断时，如果断口间的绝缘强度低于恢复电压，在电容器上将会出现

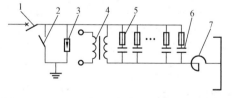

图 7 - 4　TBB 型高压并联电容器装置接线图
1—断路器；2—接地开关；3—避雷器；4—放电线圈；5—熔断器；6—电容器；7—串联电抗器

$(3\sim5) U_N$ 的操作过电压，电容器的介质会受到损伤，甚至击穿。所以用于投切电容器组的断路器应不重燃，能耐受合闸涌流、操作灵活、触头无弹跳、能经受频繁投切，通常可选用性能优良的真空开关或六氟化硫断路器。为了防止过电压损伤电容器，常设有避雷器。

当电容器要在很短的时间间隔内投切时，在电容器组的端子上应并联接入放电线圈，以

防止过电压损害电容器组的绝缘。

在电容器装置中一般设有过电流保护、过电压保护、欠电压保护、内部故障保护（零序电压保护、电压差动保护、桥式电流差动保护、中性线不平衡电流或不平衡电压保护）等。

2. 自愈式低压并联电容器

这是一种在其介质发生击穿时能迅速自动恢复其性能的低压并联电容器。该电容器中采用蒸发在介质层上的能够自愈的金属化层作电极，所以也称为金属化电容器。自愈式低电压并联电容器（以下简称自愈式电容器）主要用于改善 1000V 及以下工频电力系统的功率因数。

（1）基本结构。自愈式电容器的结构有多种形式，图 7-5 所示为多个电容单元组成的电容器组。

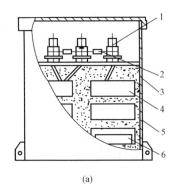
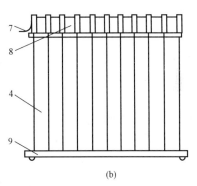

(a)　　　　　　　　　　　　　　　(b)

图 7-5　电容器单元的组合

(a) 内部组合；(b) 积木式组合

1—端子；2—放电电阻；3—外壳；4—电容器单元；5—蛭石；6—散热片；

7—引出电缆；8—保护罩；9—底座

元件是组成自愈式电容器的基本单元，如图 7-6 所示，通常由两张单面金属化薄膜在心轴上绕卷而成。

（2）介质。主要采用 $5 \sim 12 \mu m$ 厚的自愈式电容器专用聚丙烯薄膜，其表面经过电晕处理，使蒸涂在其上的金属化层与基膜间具有较强的附着力。用于灌注自愈式电容器的绝缘油必须具有优良的相容性。常用的绝缘油有蓖麻油、菜籽油、硅油等，金属化薄膜在这些油中长期浸泡不会发生显著溶胀和金属化层脱落。为了改善金属化电容器的局部放电性能，也有在

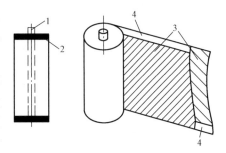

图 7-6　自愈式电容器结构图

1—心轴；2—喷合金层；

3—金属化层；4—薄膜

油中预先溶入 SF_6 气体的。在干式电容器中常充入 SF_6 气体或树脂。

（3）极板。自愈式电容器的极板是在真空容器中蒸发在聚丙烯薄膜上的金属化层，其厚度仅为 $0.01 \sim 0.02 \mu m$。极板材料主要是铝和锌，铝锌复合金属化膜的性能较好。

金属化膜上金属化层的厚度是至关重要的，过厚会影响其自愈性能，过薄会使其电容损失率和损耗功率增加。

为了将极板引出，在自愈式电容器元件的两个端面需喷涂熔融状态的金属。为了增强喷

涂的锌层与连接导线间的钎焊强度，在有的元件端面还喷涂第二层含锡量为 90% 的锡、锑、铜合金。

（4）内保护装置。为了防止自愈式电容器外壳爆裂，通常在电容器内部设有外壳防爆槽或压力保护装置、温度保护装置，限制合闸涌流的阻尼线圈、放电装置等。

（5）运行维护。

1）定期检查，及时将外壳鼓胀、过热和有严重漏油的电容器退出运行，并用额定值相同、实际容量和性能相近的电容器替换。

2）定期对电容器进行停电清扫。

3）定期检查开关和保护装置的动作是否可靠，熔断器是否动作。

（6）成套装置实例。图 7-7 所示为自愈式低压并联电容器成套装置示意图。

为避免个别电容器组频繁投切，通常采用自动循环投切制，即先投入的先切除，后投入的后切除。控制系统应有延时功能，延时时间宜控制在 60s，还需要有过电压保护。

根据实际需要还应设有串联电抗器、电流表、电压表、指示灯和报警系统等。当网络中高次谐波含量较多时，应设置低压交流滤波支路。

3．串联电容器

（1）结构。串联电容器的外形与内部结构与并联电容器相似，如图 7-8 所示。

额定电压在 1kV 及以下的串联电容器，其内部元件的电气连接为全并联，在每个元件上均串有一根内熔丝。箱壳通常采用 2mm 厚的钢板焊接而成，具有较高的耐受爆裂的能力。在有的串联电容器的箱盖上还装有测量其内部油压的压力表。电容器的套管通常是 6kV 级的，接线端子和内部连接导体均具有较大的截面积，以满足串联电容器在运行中要求有较大流通能力的需求。引线片从元件两端引出。

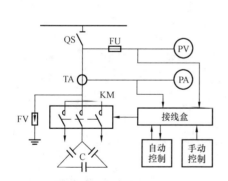

图 7-7　自愈式电压并联电容器
成套装置示意图

QS—隔离开关；TA—电流互感器；FU—熔断器；
KM—交流接触器；C—电容器组；PV—交流
电压表；PA—交流电流表；
FV—低压氧化锌避雷器

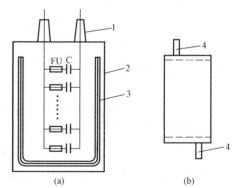

图 7-8　串联电容器内部结构图
（a）内部结构；（b）元件结构
1—套管；2—外壳；3—主绝缘；4—引线片；
FU—熔断器；C—元件

（2）运行性能。串联电容器在运行中会受到过电流和过电压的作用，要求串联电容器必须具备较强的承受过负荷能力。串联电容器的工作场强通常比并联电容器的工作场强低 15%～20%。串联电容器的额定过负荷能力、性能要求，分别见表 7-3、表 7-4。

（3）成套装置实例。串联电容补偿装置的典型接线如图 7-9 所示。装置中放电间隙的动作电压应整定在电容器组预定电压的 3.5～4 倍。当放电间隙燃弧时，电容器的放电电流峰值由阻尼电阻或阻尼电抗器加以限制，使其不超过电容器额定电流的 100 倍。

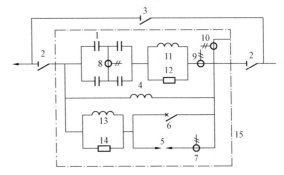

图 7-9 大于 10000kvar 串联电容补偿装置接线图
1—电容器；2—隔离开关；3—旁路隔离开关；4—放电电抗器；5—放电间隙；6—旁路断路器或负荷开关；7—放电间隙保护用电流互感器；8—不平衡保护用电流互感器；9—不平衡、次谐波及过负荷保护用电流互感器；10—台架故障保护用电流互感器；11—阻尼电抗器；12—阻尼电阻器；13—附加阻尼电抗器；14—附加阻尼电阻器；15—绝缘台架

当装置串接到 6kV 以上的线路时，电容器及有关设备必须安装在对地绝缘的台架上，台架的绝缘水平应与该线路对地绝缘水平相同。为了限制放电能量，在大型的串联电容器装置中还设有辅助台架，全部串联电容器分成若干组后分别装设在各个辅助台架上。主台架对地的绝缘水平与线路的绝缘水平相同，辅助台架与主台架之间的绝缘水平可较低。

表 7-3 串联电容器的额定值

名　称	额　定　值								
额定电压（kV）	0.6	1.0	1.2	1.5	1.8	2.0			
额定容量（kvar）	20	25	30	40	45	50	70	80	100

表 7-4 串联电容器的过负荷能力

过 电 流 值	允 许 时 间
$1.10I_N$	每 12h 运行 8h
$1.35I_N$	每 6h 运行 30min
$1.50I_N$	每 2h 运行 10min，在整个使用期内允许有 10 次在 $1.50I_N$ 下运行 1h

第二节　同　步　调　相　机

同步调相机是最早采用的一种无功功率补偿设备。然而随着静电电容器和静止补偿器的发展，因同步调相机投资大，运行维护复杂等原因，已逐渐退居次要地位。但是，同步调相机能提供短路电流，动态响应时间较快，在动态过程中仍是支撑电压的一种重要手段。因此，在一些特定情况下仍具有实际作用。本节将对同步调相机作简要介绍。

一、同步调相机的工作原理

同步调相机是一种特殊设计的，显著过励磁或欠励磁，只能发出或吸收无功功率的发电机，总是在 $\cos\varphi \approx 0$ 的工况下运行。其基本电磁关系、工作原理及运行调节与发电机相同，区别在于同步调相机无原动机，需要消耗电力系统中一定的有功功率，维持自身的运转。

过励磁运行时相当于并联电容器，发出无功功率；欠励磁运行时相当于并联电抗器，吸收无功功率。装在负荷中心附近的调相机，在电力系统需要感性无功功率时，可以采用过励磁的运行方式；当系统中感性无功功率过剩时，它可以欠励磁运行，自系统吸收大约相当于其额定容量 $50\%\sim65\%$ 的感性无功功率。因此，调相机可用来改善电网的功率因数，或用作调整输电线路终端和中间各点的电压数值。

二、额定容量

同步调相机的额定容量一般是指其过励磁（进相）运行时的容量，应同时标明进相容量与欠励磁（滞相）运行时的容量。同步调相机总的补偿能力则为进相容量加滞相容量。

同步调相机过励磁运行时励磁电流较大，为了减少绕组用铜量和使绕组温升不超过允许值，同步调相机的气隙较小，以此来降低励磁电流。因此，同步调相机的同步电抗 X_d 偏高。设计时的滞相容量值大约为进相容量的 $1/X_d$ 倍，所以正常的同步调相机的滞相容量约为其进相容量的 50%。如果要提高滞相容量，可以增加电机的气隙长度，从而降低 X_d 来解决，但这样会增加电机的体积。提高滞相容量的另一途径是采用负励磁法，即当同步调相机的励磁电流降到零后将励磁电流反向，以达到提高滞相容量的目的，提高的倍数约等于调相机的 X_d/X_q，即约为 1.3 倍。

三、同步调相机的结构简介

隐极同步电机的 $X_d \approx X_q$，电磁功率中的附加分量为零，即当励磁电流为零时，没有无功功率输出。为了得到较大的滞相容量，同步调相机多制成凸极转子式的。

空冷的凸极同步调相机，其结构形式与凸极同步电动机的相同。

同步调相机不传动其他机械，没有轴伸，所以对容量在 30Mvar 及以上的大型同步调相机，应采用氢气冷却，因为不需对旋转零部件进行氢气密封，使密封结构简单。氢冷的同步调相机整个外壳（包括机座和端罩）犹如一个氢气的密封容器。为了避免氢气加剧电刷和集电环的磨蚀，氢冷同步调相机宜制成无刷励磁结构。由于氢冷同步调相机密封良好，且不传动其他机械，有条件时可安装于户外，以节约基建投资。

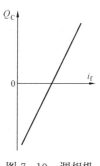

图 7-10　调相机的调节方式

四、同步调相机的起动方法

同步调相机的容量一般比较大，但是它不带机械负载，对起动转矩的要求不高。在选择起动方法时主要考虑的是起动电流对电网的影响，常用的起动方法是减压异步起动。为了进一步降低起动电流，也可以采用辅助电动机的起动方法。

五、同步调相机的调节方式

调相机的调节方式与同步发电机相同，也是改变励磁电流，从而改变向电力网提供连续调节的感性或容性无功功率。端电压为定值时，无功功率 Q_C 与励磁电流 i_f 之间基本是线性关系，如图 7-10 所示。

第三节　静止无功补偿装置

一、基本工作原理

静止无功补偿装置（static var compensator，SVC）是由并联电容器 C 和各种容量无级连续可调的并联感性无功设备 L 联合组成的一种装置，简称静补，其原理示意图如图 7-11

所示。它可以进相、滞相运行，向电力网提供可快速无级连续调节的容性和感性无功，降低电压波动和波形畸变率，全面提高电压质量。并兼有减少有功损耗，提高系统稳定性，降低工频过电压的功能。故在某些场合下已可代替运行维护较复杂的调相机。

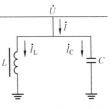

图 7-11　静止无功补偿装置原理图

虽然静止无功补偿装置有很多种形式，但其发出的无功功率都是来自并联电容器，无功功率的吸收都是由各种形式的并联电抗器或特殊设计的变压器实现。静止补偿装置总输出的无功功率的改变，一是通过投切并联电容器组、电抗器或是通过改变并联电抗元件的电抗值来达到。通常静止无功功率补偿装置有多个并联支路、多种补偿形式。20 世纪 90 年代开始投入工业应用的静止同步补偿装置的原理与传统 SVC 截然不同，它是通过具有直流电压源的开关型逆变器产生感性或容性交流无功补偿电流。

投切电容器组或电抗器是改变静补总无功最直接的方法，可用断路器或晶闸管阀实现。晶闸管阀比断路器成本高，但其响应速度快，投切操作对系统的冲击小，对操作的次数没有限制，维修的频度也远比断路器低。投切方式只能做到级差调节，做不到连续调节。

二、静止补偿器的结构类型

静止无功补偿装置可分为电磁型和晶闸管控制型两大类。晶闸管控制型又可分为开关控制和相位控制两种。

电磁型静止无功补偿装置是利用装置自身的饱和特性根据系统电压的变化来改变与系统间的无功功率交换，有可控饱和并联电抗器型（controllable saturated reactor，CSR）及自饱和并联电抗器型（saturated reactor，SR）。电磁型静止无功补偿装置正常情况下工作于电抗器特性的饱和段，其输出含有谐波。

晶闸管开关控制型的静止无功补偿装置有：晶闸管投切并联电容器型（thyristor switched capacitor，TSC）和晶闸管投切并联电抗器型（thyristor switched reactor，TSR）。晶闸管相位控制型是利用触发相位角控制阀的导通时间，以控制通过它的电流。这类装置包括晶闸管控制并联电抗器型（thyristor controlled reactor，TCR）及晶闸管控制变压器型（thyristor controlled transformer，TCT）。由于对触发角进行了相位控制，在全导通与全不导通之间变化时，电流的波形会畸变，其输出具有谐波的成分。

静止无功补偿系统（SVS）常常是由多个并联支路组成的，电容器支路或含有电容器组的滤波器支路是系统的无功来源；电抗器以及高漏抗变压器支路是吸收无功的。静补的设计是根据工程的需要将不同性能的支路组配而成。

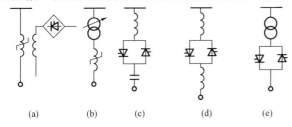

(a)　　(b)　　(c)　　(d)　　(e)

图 7-12　几种静止无功补偿装置接线示意图
(a) CSR；(b) SR；(c) TSC；(d) TCR、TSR；(e) TCT

几种主要类型的静止无功补偿装置的接线示意图如图 7-12 所示，技术性能和适用范围的比较见表 7-5。

TCR、TCT、TSC、TSR 型静止无功补偿装置的控制系统一般包括阀控和主控两部分。阀控的主要功能为接受来自主控的命令，转换为触发脉冲，将触发脉冲分配到各个晶闸管。主控的功能为获取电流、电压、功率等测量量，根据电力系统运行要求，经运算分析后将输出的命令送给阀控。应用中有可能需要综合一些附加控制功能，以达到抑制系统的某些振荡的目的。控制方式有开环和闭环两种。开环控制调节速度快，适用于电弧炉一类快速冲击负荷以及其他需要快速响应的场合；闭环控制调节误差小，适用于维持电网节点电压等应用。

表 7-5   **几种主要类型的静止无功补偿装置性能和适用范围比较**

性能和适用范围	CSR	SR	TCR	TCT	TSC	TSR
动态响应速度	较慢	很快	快	快	快	快
连续调节	能	能	能	能	级差调节	级差调节
过载能力	约1.3倍	短期3~5倍 较长期1.3倍	决定于晶闸管	决定于晶闸管	决定于晶闸管	决定于晶闸管
高次谐波情况	有	不大	有	有	无	无
增加附加控制	可以	不能	可以	可以	可以	可以
能否分相控制 三相电压平衡	不能，但有改善作用	不能，但有改善作用	可以	可以，但有局限性	可以，但有局限性	可以，但有局限性
配有载调压 变压器	不	需要	不	不	不	不
噪声（dB）	100左右	100左右	约75	约85	约60	约75
损耗（%）	1.5	1.5	0.7	1.5	0.3	0.7
对系统适应性	近年在输电系统用	限制过电压	强	—	适用	适用
对用户适应性	适用	适用	适用	适用	适用	不适用
发展动向	以前很少用近年在输电系统用	已少有使用	应用广泛	应用已很少	较广泛	超高压输电应用较多

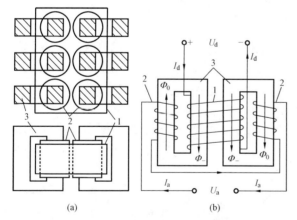

图 7-13 可控饱和并联电抗器（CSR）结构原理图
(a) 结构布置；(b) 单相原理接线
1—直流控制绕组；2—交流工作绕组；3—铁芯；
U_a、I_a—交流工作电压、电流；Φ_0—交流磁通；
Φ—直流磁通；U_d、I_d—直流控制电压、电流

1. 可控饱和并联电抗器（CSR）

三相结构的饱和并联电抗器本身的结构原理如图 7-13 所示。中间两柱各放一个相同的交流工作绕组，相互串联反接如图 7-13 (b) 所示，使磁通 Φ_0 在直流控制绕组中感应的电动势为零。当 $I_d = 0$ 时，铁芯不饱和，饱和电抗器基本不吸收无功；当 I_d 增大时，铁芯随之饱和，感抗值下降，饱和电抗器吸收无功并随之相应增大。因此，可通过调节 I_d 来改变饱和电抗器吸收的无功功率。

CSR 的主要优点是结构简单、运行可靠、出力能连续平滑地调节、短时过载能力较大，运行维护工作简单；缺点是反应慢、无功出力和电压平方成正比、能耗及投资都较大。其可用于轧钢机等冲击负荷的无功补偿。

不能分相快速调节，产生的高次谐波多、噪声大，能耗及投资都较大。其可用于轧钢机等冲击负荷的无功补偿。

2. 自饱和并联电抗器（SR）

自饱和并联电抗器型静止补偿装置主要由有载调压变压器、自饱和电抗器、斜率校正电容器、振荡阻尼器、过电压保护器和滤波器等组成。其原理接线和伏安特性分别如图 7-14 和图 7-15 所示。

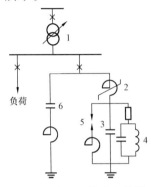

图 7-14　自饱和并联电抗器
型（SR）静补原理接线图

1—有载调压变压器；2—自饱和电抗器；

3—斜率校正电容器；4—振荡阻尼器；

5—过电压保护器；6—滤波器

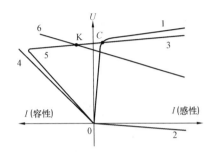

图 7-15　自饱和并联电抗器
（SR）型静补伏安特性

1—自饱和电抗器特性；2—斜率校正电容
器特性；3—自饱和回路特性；4—滤波器
特性；5—综合特性；6—电网等值特性

在图 7-15 中，当电网电压变化时，曲线 6 将上下平移，而有载调压变压器又可使曲线 3 和 5 上下平移，以使饱和电抗器在电网电压缓慢变动时能始终工作在规定范围内，避免长期过载或欠载过多。串联斜率校正电容器为了补偿饱和电抗器的斜率电抗，校正其伏安特性的斜率，使曲线 1 变为曲线 3。并联振荡阻尼器和过电压保护器是为了保护斜率校正电容器免遭危险的次谐波振荡和过电压的危害。滤波器是为了吸收母线负荷和电抗器本身产生的高次谐波，并兼作无功电源。图 7-15 的 0C 是装置的额定电压，当负荷或电网电压发生变化时，饱和电抗器通过不断改变其吸收的无功功率，使它与滤波器、负荷和电网之间的无功供需处于动态平衡，使母线电压稳定在额定电压下运行。

自饱和电抗器通常采用特殊的内部接线方式来抑制其自身因铁芯饱和而产生的谐波。SR 型静补可用于用户负荷补偿、输配电网补偿等。

3. 晶闸管控制并联电抗器（TCR）

主要由电抗器、晶闸管阀和控制器等部分组成，其结构如图 7-16 所示。TCR 型静补采用反向并联晶闸管阀与电抗器串联，利用晶闸管阀相位角控制导通的功能，使得电抗器所吸收的无功电流得到连续性控制：触发角为 90°时全导通，触发角的继续增大使该电抗支路所吸收的无功电流逐渐减小，触发角为 180°时晶闸管阀全关闭。

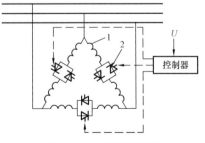

图 7-16　晶闸管控制
并联电抗器（TCR）

1—主电抗器；2—晶闸管阀

控制触发导通的相位角会导致谐波的发生：当施加正弦电压时，电抗器仅产生奇次谐波，各次谐波电流的最大百分比分别为：3 次 13.78%，5 次 5.05%，7 次 2.59%，9 次 1.57%，11 次

1.05%，13 次 0.75%。由单相产品可组成星形连接或三角形连接的三相产品。三角形连接可补偿三相不平衡无功负荷，而且可以消除本身的 3 倍次基波频率的谐波电流对电力网的影响；把 TCR 分成相同容量的两组，接成互差 30°的 12 脉波方式，可消除 5 次和 7 次谐波电流。星形连接接地只适用于三相平衡无功负荷的补偿。

第四节 电 抗 器

电抗器是在电路中用于限流、稳流、无功补偿、移相等的一种电感元件。

一、电抗器分类及型号

1. 电抗器的分类

（1）按绕组内有无铁芯分：空心式、铁芯式和饱和式电抗器。

（2）按绝缘介质分：油浸式和干式电抗器。

（3）按用途分：限流电抗器、并联电抗器、消弧线圈、中性点电抗器、起动电抗器、滤波电抗器、阻波器、阻尼电抗器、平波电抗器、电炉电抗器和调节用电抗器等。

额定电压在 35kV 及以下的限流电抗器一般做成混凝土柱式结构；110kV 及以下的串联、并联电抗器，均采用干式空心玻璃纤维结构；超高压并联电抗器采用单相或三相油浸带气隙铁芯式结构。

2. 电抗器的型号

电抗器型号的构成有几种形式，主要由产品型号代号、设计序号、额定容量（kvar）、电压等级（kV）、额定电流（A）、电抗（%）和尾注等组成。

上述产品型号代号一般用汉语拼音字头表示，代号排列顺序及含义见表 7-6。尾注中户外型用"W"表示，户内型不用表示。

表 7-6　　　　　　　　　电抗器型号代号排列顺序及含义

序号	分 类	含 义	字母	序号	分 类	含 义	字母
1	用 途	消弧线圈	X	2	相 数	单相干式	
		并联电抗器	BK			单相油浸	D
		串联电抗器	CK			三 相	S
		轭流式饱和电抗器	EK	3	绕组外绝缘介质	变压器油	
		分裂电抗器	FK			空气（干式）	G
		滤波电抗器	LX			浇注成型固体	C
		混凝土柱式电抗器	NK	4	冷却装置种类	自然循环冷却	
		中性点接地电抗器	JK			风冷却	F
		起动电抗器	QK			水冷却	S
		自饱和电抗器	RK	5	油循环方式	自然循环	
		调幅电抗器	TK			强迫油循环	P
		限流电抗器	XK	6	结构特征	铁 芯	
		试验用电抗器	YK			空 心	K
		平衡电抗器	GK				
		放电线圈	FD	7	绕组导线材质	铜	
		接地电抗器（变压器）	DK			铝	L
		平波电抗器	PK				

例如：①NKL－6－400，表示额定电压 6kV、额定电流 400A、水泥柱式、铝电缆线圈电抗器；②XKK－6－200－6，表示额定电压 6kV、额定电流 200A、干式、空心、铜线圈限流电抗器；③CKGKL－6－20/190.5－5，表示系统电压 6kV、额定容量 20kvar、端电压 190.5V、电抗百分值 5（％）、干式、空心、铝线圈串联电抗器；④BKS－30000/15，表示额定容量 30000kvar、额定电压 15kV、油浸铁芯式、铜线圈、三相并联电抗器；⑤BKK－500/10，表示额定容量 500kvar、系统电压 10kV、干式、空心并联电抗器。

二、电抗器的结构

1. 空心式电抗器

空心式电抗器只有绕组，没有铁芯，实质上是一个空心的电感绕组。磁路的磁导小，电感值也小，而且不存在饱和现象，电感值是常数，不随通过电抗器电流的大小而改变。

空心式电抗器多数是干式，当电抗较大时，需要制成油浸式，此时可在油箱内部设置磁屏蔽或电磁屏蔽，以防止磁通进入油箱而引起损耗增大和局部过热。干式空心电抗器的绕组可以是浸渍式或包封式，也可用电缆绕制后用水泥浇注的水泥电抗器（见图 7-17）。包封绕组的干式空心电抗器若选用能耐户外气候条件的绝缘材料，就可用于户外。

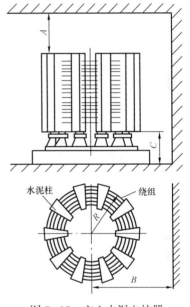

图 7-17 空心水泥电抗器

2. 铁芯式电抗器

铁芯式电抗器的磁路是一个心柱带间隙的铁芯，铁芯柱外面套有绕组。由于磁性材料的磁导率比空气大得多，所以在其他参数相同的情况下，铁芯式电抗器的电感值比空心式大，但超过一定电流后，电感值由于铁芯饱和而逐渐减小。相同容量的铁芯式电抗器体积比空心式的小。

铁芯式电抗器的结构与变压器十分相似，但电抗器每相只有一个绕组，结构上的主要差别在于铁芯。铁芯式电抗器的铁芯柱由若干个铁芯饼叠装而成，铁芯饼间用非磁性绝缘板隔开，形成间隙。铁芯饼与铁轭由压紧装置通过非磁性材料制成的螺杆拉紧，形成一个整体，如图 7-18 所示。铁轭和所有铁芯饼均应接地。

铁芯饼间的交变磁通所产生的强大电磁吸力会导致振动和噪声，运行一段时间后间隙材料的收缩可使铁芯松弛，振动加剧。为防止这种现象，大型并联电抗器在螺杆下放有弹簧。

铁芯式电抗器的铁芯柱叠积方式有其特点。主磁通通过铁芯柱中的间隙时，由于边缘效应而向外扩散，从而造成附加损耗，见图 7-19，应采取适当的叠积方式，以减少这种损耗。小容量以及间隙不大或短时工作的中等容量的电抗器的铁芯饼和一般变压器的一样，用硅钢片平行叠积而成，叠片中有冲孔，用螺杆夹紧。大容量并联电抗器采用辐射形铁芯饼，叠积方式为辐射形。

由于结构上的原因，铁芯式电抗器的噪声和箱壁振动都比容量相当的变压器大。

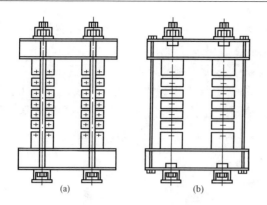

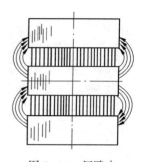

图 7-18 铁芯式电抗器的铁芯   图 7-19 间隙中

(a) 拉紧螺杆穿过铁芯柱与绕组之间；(b) 拉紧螺杆位于绕组外面   磁通的扩散

带铁芯的电抗器也可制成空心壳式，绕组内部无铁芯，外部则由铁轭包围，因此也可把这种结构归之为空心带磁屏蔽式。

3. 饱和式电抗器

饱和式电抗器包括饱和电抗器与自饱和电抗器，其磁路是一个闭合的铁芯，无间隙，除交流工作绕组外，还有直流控制绕组。利用磁性材料非线性的特点工作。改变直流控制电流，可以改变铁芯的饱和特性，从而改变交流侧的等效电感。

饱和电抗器的铁芯结构如同单相电力变压器，自饱和电抗器的铁芯结构则类似于电流互感器。

小   结

无功功率补偿装置能够提供或吸收感性无功功率，可使电网中输送的无功功率减小，从而达到提高功率因数、提高电压质量、减少电能损耗和提高电网输送电能的目的。本章主要讨论了并联电容器、调相机、静止补偿装置和并联电抗器等几种主要的无功功率补偿装置。

本章的主要内容如下：

(1) 电容器按安装方式、相数、接入方式、额定电压、用途和结构的分类；

(2) 电容器型号；

(3) 高压并联电容器组成部分、结构、运行维护、安全规则和成套装置实例；

(4) 自愈式低电压并联电容器的基本结构、介质、极板、内保护装置及运行维护；

(5) 串联电容器的结构、运行性能和成套装置实例；

(6) 同步调相机的工作原理、额定容量、结构、起动方法及调节方式简介；

(7) 静止补偿装置的基本工作原理、结构类型；

(8) 可控饱和并联电抗器（CSR）、自饱和并联电抗器（SR）、晶闸管控制并联电抗器（TCR）型静止补偿装置的基本结构和性能；

(9) 电抗器按绕组内有无铁芯、绝缘介质和用途的分类；

(10) 电抗器的型号；

(11) 空心式、铁芯式和饱和式电抗器的结构。

习　　题

7-1　应用无功功率补偿装置后能够达到什么目的?

7-2　主要的无功功率补偿装置有哪些?

7-3　电容器可按哪些内容进行分类?

7-4　电容器型号如何表示?

7-5　高压并联电容器的元件如何制成,电气上如何连接?

7-6　TBB 型高压并联电容器装置中除电容器外的元件各起什么作用?

7-7　自愈式低压并联电容器的"自愈"指什么内容?

7-8　为什么要求串联电容器必须具备较强的承受过负荷能力?

7-9　同步调相机的基本工作原理是什么? 其调节方式有何特点?

7-10　静止无功补偿装置最基本的构成和工作原理是什么?

7-11　自饱和电抗器型静止补偿装置如何工作?

7-12　电抗器可按哪些内容进行分类?

7-13　电抗器型号如何表示?

7-14　从结构上看电抗器主要有哪几类?

第二篇 用 电 设 备

第八章 用电及用电设备概述

电能是一种最方便、最清洁、最容易输送和控制，并能以简单的装置高效地转换为其他能源的二次能源，是通过水、煤、油、核、光能等一次能源加工转换而得到。各类用户借助能量转换器具将电能转换为机械能、热能、化学能、光能等不同形式的能量，以满足社会政治、经济、文化和人民生活的需要。

能量转换器具种类众多、形式各异，如电气照明器具、各种类型的电动机、各种电加热炉窑、电焊、电解、电气化铁路拖动系统、各种家用电器等，都是通过能量转换器具将电能转换为其他形式的能量。

第一节 用 电 综 述

一、电力用户分类

供电企业根据管理的需要，将电力用户进行分类。法国、日本等国家将用户分为电灯用户与电力用户两大类。中国按照供用电关系、销售电价、供电电源特征、用电时间特性或负荷特性等对电力用户进行分类，见表8-1。

表 8-1　　　　　　　　　　　　　　电 力 用 户 分 类

电力用户分类		分 类 说 明
按供用电关系	直供	与供电企业建立直接抄表收费合同关系的用户
	趸售	从供电企业趸购电能，再将电能转售给消费者，以此取得经营利益的用户
	转供电	在供电企业的公用供电设施尚未到达或供电能力不足的地区，供电企业以委托代理的方式请该地区有供电能力的直供用户，就近向其他消费者供电
按销售电价	居民生活	按居民生活电价结算电费的用户，仅有家庭生活照明和家用电器
	非居民照明	按非居民照明电价结算电费的用户，指其他非生产场所的照明和空调用电，信号、装饰和广告用电，道路照明用电，以及用电容量不足3kW的医疗器具用电等
	商业	按商业电价结算电费的用户，指从事商品交换或提供商业性、金融性等行业的照明用电
	非工业	按非工业电价结算电费的用户，指用电容量在3kW及以上，属于科研试验性或非工业性用电的用户，包括非工业性电力拖动、电加热、电解和电化学等动力用电，交通运输、通信广播、基建施工以及营业性文化设施用电等
	普通工业	按普通工业用户电价结算电费的用户，指受电变压器容量在315kV·A以下，或低压受电的工业性生产用电，包括工业生产用电、事业性单位附属工厂生产用电、交通通信等修配厂用电、城镇自来水厂用电等
	大工业	按两部制电价结算电费的用户，指受电变压器容量在315kV·A及以上的工业生产用电，包括工业生产用电、事业单位附属工厂生产用电、交通通信等修配厂用电、自来水厂用电等

电力用户分类		分 类 说 明
按销售电价	农业生产	按农业电价结算电费的用户，指农业养殖业和种植业用电，包括农田排涝和灌溉用电，田间作业、打井、脱粒、育苗用电，非营业性农民口粮加工和饲料加工用电，渔业、畜牧业用电等
	贫困县农业排灌	国家对贫困县的农田排涝和灌溉用电给予优惠政策的电价结算电费
按供电电源特征	高压用户	以 3kV 及以上电压供电的用户
	低压用户	以 0.4kV 及以下电压供电的用户
	双（多）电源用户	有两个或两个以上独立电源供电的用户
	专线用户	有一条或两条以上供电线路专门供电的用户
按用电时间特性或负荷特性	临时用户	用电时间短暂，一般不超过 6 个月的用户
	季节性用户	一年之中，用电的时间随季呈规律性变化的用户
	重要用户	有用电负荷级别分类标准中的一级和二级重要负荷的用户

二、用电产业的划分

用电产业的划分在世界各国有不同的构成。例如美国、英国等国家，主要按照工业、交通、居民生活、农业、商业、服务业等作为用电产业的用电构成。

我国是按照《国民经济行业用电分类》进行分类的，主要分为三类产业用电，见表 8 - 2。

表 8 - 2　　　　　　　　　　　　　　**用电产业的分类**

用电产业	用 电 行 业
第一产业	农业、林业、畜牧业、渔业、水利业等
第二产业	工业用电的采矿业，制造业，电力、燃气及水的生产和供应业，建筑业等
第三产业	除第一、第二产业以外的其他行业，包括交通运输、仓储和邮政业，商业、住宿和餐饮业，信息传输、计算机服务和软件业，金融、房地产、商务及居民服务业，公共事业管理等

三、各产业用电特点

1. 第一产业用电特点

第一产业用电以农业及其服务业用电为主体，其特点如下：

（1）季节性强、负荷密度小、地区差异大；

（2）年用电最大负荷利用小时数低，用电功率因数低；

（3）日负荷变化相对较小，但随农作物生长期，在月内、季度内和年度内，用电负荷变化大；

（4）输电距离远，用电分散，每户的用电量小。

2. 第二产业用电特点

第二产业用电以工业用电为主体，其特点如下：

（1）大部分工业用电负荷受季节性变化的影响较小，用电负荷较均衡且多为连续性生产企业，负荷曲线较平稳，负荷率高。

（2）采掘业的用电负荷率较低，自然功率因数低，对电气设备及供电可靠性要求高。

（3）冶炼业用电负荷曲线平稳，负荷率高，冲击负荷和不对称负荷对电力系统产生干扰。

（4）化工生产连续性强，用电负荷集中，用电量大，负荷率可达 95％以上；但具有高温、高压、易燃、易爆、腐蚀、毒害等危险因素，一旦停电，将会造成化工装置爆炸、起火、人身中毒等恶性事故。

（5）半导体工业的生产设备和生产过程对电能质量十分敏感。

（6）建筑业用电地点流动性大，露天和高空作业多，且多为临时用电，易发生电气事故。

3. 第三产业用电特点

第三产业用电设备和应用范围发展迅速，对社会及人民生活影响较大，其特点如下：

（1）用电时间相对集中在电网负荷高峰期，存在非线性、不对称负荷，对电能质量敏感；

（2）交通运输、金融、商业、信息传输、服务及生活服务业已逐渐渗透人们的日常生活中，对供电可靠性要求越来越高。

第二节 产业用电简介

一、农业用电

在我国，农业用电指排灌、农业生产、农副产品加工用电等。在一些发达国家，农业用电不仅包括种植业和畜牧业用电，甚至把农业前部门（为农业提供生产资料的部门）和后农业部门（农产品加工、储藏、运输、销售等部门）的用电也包括在内。

1. 农业用电分类

我国的农业用电分为排灌用电、农业生产用电、农副产品加工用电等，见表 8-3。

表 8-3　　　　　　　　　　　农 业 用 电 分 类

分类	分 类 说 明
排灌用电	农业、林业、畜牧业、水利业生产中的排涝、提水灌溉（包括漫灌、喷灌和滴灌）等用电
农业生产用电	田间作业的耕作、植保和收摘菜等用电，场上作业的脱粒、扬净和烘干等用电，畜禽业的供水、清除粪便、挤奶、剪毛、孵化及空气调节用电等，水产养殖的充氧、换水、过滤、调温用电，运输、贮藏、种子处理、育苗、温室及工厂化农业用电等
农副产品加工用电	粮、棉、油、糖、茶、丝、麻、水果、蔬菜、禽、蛋、奶等农产品加工的用电

2. 农业用电形式

农业用电形式主要有电力拖动、电加热和电光辐射等。

（1）农业电力拖动用电。常用的有脱粒机、扬场机、粉碎机、挤奶器、初奶加工机械、谷物加工机械、畜牧机械、蔬菜果品加工机械及抽水、排灌用水泵等用电。用电特点是间断性用电，季节性强。

（2）农业电加热用电。常用的有电热育秧、电热烘干、电热温床、畜舍取暖、电热孵化、电热水器等用电。电热负荷一般比较平稳，并可适当错开用电高峰。

（3）农业电光辐射用电。常用的光辐射源有节能灯、白炽灯、紫外线辐射、金属卤化物灯等。节能灯、白炽灯主要用于农村生产、生活照明；紫外线辐射可用于增强畜禽的免疫力、农作物杀虫等；金属卤化物灯主要用于体育场馆和商店的照明等。

二、煤炭工业用电

1. 煤炭工业用电分类

煤炭开采用电包括落煤、井下运输、提升、排水、通风压气、照明等几部分直接生产用电和洗选用电，见表8-4。煤炭直接开采的用电构成、吨煤电耗因矿井自然条件而异。

表8-4　　　　　　　　　　　　　煤炭工业用电分类

分类	分类说明
落煤用电	随回采工艺（机械化程度）不同而不同，其中炮采最少，综采最高
井下运输用电	随巷道延伸而增加，也与运输方式有关，皮带运输用电较少，刮板运输用电较高
提升用电	随煤层埋藏深度成比例增加
排水、通风用电	除与埋藏深度有关外，更与涌水量、瓦斯浓度有直接关系。对露天开采来说则无通风用电，排水用电也很少，其用电量与剥采比（采煤量与剥离量之比）及运输装置是否用电关系很大

2. 煤炭工业用电特点

煤炭工业用电特点主要体现在对电气设备有特殊要求、井下电压等级逐渐升高、负荷率较低、自然功率因数较低几个方面。

（1）对电气设备有特殊要求。多数煤矿煤中都含易爆炸的沼气（CH_4，又称瓦斯），因此井下电气设备都要选用防爆型或矿用一般型电气设备。露天煤矿的电气设备要求其绝缘既能耐高温又能耐低温，既坚固又便于移动。

（2）井下电压等级逐渐升高。为保证经济供电和电压质量，矿井采取电压随井下用电量增加而提高。例如我国20世纪50年代井下采用的电压等级为380V，现对日产万吨煤的高产高效综采工作面，开始试用3300V电压。

（3）负荷率较低。煤矿日负荷曲线与矿井生产条件、作业班制、机械化程度及通风、压气、排水、提升负荷量有关，负荷率一般为70%～80%。

（4）自然功率因数较低。煤矿用电多为感性负荷，自然功率因数一般低于0.8，需在6kV母线上接入适当容量的静电电容器，以提高用电功率因数。

3. 对煤矿供电的要求

煤矿的重要用电负荷主要包括矿井的通风机、井下的排水泵和经常运送人员的提升机等用电负荷；还包括煤炭集中提升、运输设备，地面的空气压缩机，井筒内的防冻设备，抽放沼气设备等用电负荷以及向综采工作面供电的采区变电所、露天煤矿和选煤厂等的用电负荷。

矿井的保安负荷是防止水淹矿井、井下瓦斯爆炸的设备的用电负荷，以及发生事故时井下人员迅速撤离现场的设备的用电负荷。对保安负荷必须采取安全技术措施不间断供电，一旦供电中断，将造成大量人员伤亡、设备损坏，后果严重。

三、石油化工及天然气工业用电

1. 石油及天然气开采用电

油气开采用电主要与地质构造、埋藏深浅和开发年限有关，具有油田开发初期吨油耗电小，中、后期迅速增大，用电负荷曲线平稳，自然功率因数低等特点，对供电可靠性要求高，对石油的成排机采油井、集输油设备、注水站等用电负荷不允许停电。

（1）机械采油系统用电。包括抽油机和抽油泵、潜油电泵、水力活塞泵等用电设备，大多数设备的单机容量在200kW及以下，运行数量很多，用电同时率高。

（2）集输和储运系统用电。我国使用的输油泵为Y型离心油泵，压力高。电机容量的选型按输油管线直径和输油量匹配，多为800～1000kW及以下。

（3）注水工艺系统用电。供水泵随扬程流量而异，我国使用的注水泵为D型多级高压离心泵，单机容量在2000kW及以下，是油田主要耗电的大型用电设备。

（4）天然气集输外供系统。主要用电设备为天然气压缩机，一般用同步电动机驱动。我国使用的同步电动机单机容量最大为6000kW。

2. 石油化工生产用电

石油化工生产工艺特点是物料都在密闭的管道、塔、罐、反应器（釜）等容器里连续流动、分离、反应、合成，用电设备中90%是输送物料、气、风的机泵（风机、压缩机、油料泵、水泵）等。石油化工生产周期长、连续运行，生产条件苛刻，多高温高压、易燃易爆、有害有毒介质，生产过程中一旦供电中断，轻则造成重大经济损失，重则导致重大设备损坏，并引起火灾、爆炸甚至人身伤亡。因而石油化工工业对供用电系统和设备的安全、可靠性有较高的要求。

（1）常减压蒸馏用电。包括送风机、吸风机、原料油泵、蒸回流泵、入塔底泵、渣油泵等各种油泵和电脱盐罐等用电设备。

（2）催化裂化用电、裂解制取乙烯工艺用电。主要有大量的机泵，其主风机电机功率为6000kW。

3. 化肥工业用电

化肥生产主要用电设备包括多台大容量高压同步电动机、异步电动机，上千台以致几千台高、低压感应电动机带动的压缩机、泵、风机；电加热器等电热设备及其他设备等，其中以压缩机的容量和用电量为最大。

化肥工业在工业生产各行业中是耗电大户，其用电具有负荷曲线平稳、负荷率高、功率因数高和对供电可靠性要求也较高等特点。化肥工业生产过程中遇到突然停电，不仅严重影响设备使用寿命，往往会造成整个生产系统瘫痪，甚至造成人身伤亡等严重事故。因此化肥生产用电负荷属一级负荷。

由于化肥生产的特殊性，除要求各种电气设备质量可靠外，还要根据工艺的工况条件，分别选用隔爆型、本质安全型（安全火花型）、正压型（防爆通风型）、增安型（防爆安全型）等电气设备。

四、钢铁工业用电

钢铁工业包括铁矿石开采、选矿、烧结、炼焦、炼铁、炼钢、轧材等主要工序，钢铁生产需要消耗大量动力和热能，各生产工序中使用的用电设备种类也较多。

1. 钢铁工业主要用电设备及供电要求

钢铁工业用电设备中属一级负荷的有高炉炉体冷却水泵、泥炮机、热风炉助燃风机，平炉的倾动装置用电动机、装料机，转炉的吹氧管升降机构、烟罩升降机构以及铸锭吊车、大型连轧机、加热炉助燃风机、均热炉钳式吊车等；属二级负荷的有立井的提升机或露天矿排水泵、烧结机、高炉装料系统、转炉上料装置、各型轧机的主传动及辅助传动设备等。

钢铁生产对供电可靠性要求高，在生产过程中如中断供电，会使许多主要设备遭到损坏，有些还会引起爆炸，甚至造成人身伤亡等严重事故。例如若鼓风机突然停电，高炉内压力下降成负压，进入空气就可能发生爆炸；泥炮机在工作时突然停电，就堵不住高炉出铁口而造成喷铁喷渣，可能发生烧伤事故；制氧机停电后，可能会由于静电作用引起爆炸；吹氧管升降机构在吹炼时突然停电，吹管就会因提不起来而被烧化，还会引起严重爆炸事故。因此，为保证钢铁生产安全，设备正常运行，必须确保重要负荷连续供电。

2. 钢铁工业用电特点

钢铁工业用电具有负荷曲线平稳、负荷率高、自然功率因数低、产生冲击负荷并有谐波污染等特点。

（1）负荷曲线平稳。大型钢铁企业多为连续生产，用电设备大多处于连续稳定运行状态，日用电负荷曲线比较平稳。高炉炼铁用电负荷最为平稳。平炉、转炉炼钢虽为间断出钢，但用电设备主要是连续运行的辅助设备，用电负荷也很平稳。电弧炉炼钢处于不同冶炼阶段，用电负荷变化较大，但多台电炉同时生产时，错开熔化期也可使负荷曲线较平稳。

（2）自然功率因数低。钢铁工业使用的动力机械数量很多，多为自然功率因数为 $0.6\sim0.7$ 的异步电动机。但大型钢铁企业单台用电设备容量较大，常采用同步电动机并处于过励状态运行，可使综合用电功率因数达到 0.8 以上。

（3）产生冲击负荷和谐波污染。轧钢主设备为联轧机，由容量较大的电机拖动，运行中有周期性冲击负荷，其他时间又处于低负荷状态，功率因数较低，对电网安全运行有较大影响。直流电机拖动的轧机采用晶闸管整流时，从电力系统取用急剧变动的大量有功功率和无功功率，使电压波动。晶闸管同时还产生高次谐波，引起电网电压波形畸变，需要采取适当抑制措施。

五、有色金属工业用电

有色金属工业生产一般包括采矿、选矿、冶炼、金属加工四个阶段。其开采工艺与煤炭开采类似。有色金属电冶炼产品准确度高，适用于冶炼铝、镁、钠等活性较大的金属，但耗电较多，且需防治对电网产生的谐波污染。有色金属加工与其他金属加工类似，一般为轧制、挤压、拉伸和锻造等塑性加工方法。在有色金属工业中，产量大耗电多的是铝工业和铜工业。

有色金属工业用电中电解槽、各种电炉用电所占份额较大。其中电解槽属连续运行设备，短时停限电会空耗熔剂和电能，长时间停电可能损坏电解槽内衬。在连续生产的电炉中，有心工频感应炉如突然停电 1h 以上可能将熔沟冻结，炉衬损坏；电阻炉、中频感应炉和工频感应炉中的无心炉突然停电虽不致造成很大损失，但也降低了热效率和护衬寿命。

1. 铝工业用电

铝工业从开采含铝矿石开始，从矿石中提取氧化铝（俗称铝氧），并把氧化铝再送到电解槽内进行电解生成铝，将铝铸成铝锭，继而再加工成各种铝材。

铝工业中除采矿与铝材加工外，氧化铝提取和铝电解都是连续生产的工艺。

铝电解以氧化铝为原料、冰晶石为熔剂，与多种添加剂等组成的多组分盐为电解质，加入电解槽内，通以直流电，在 $950\sim970℃$ 下熔融使氧化铝分解，在阳极析出液态铝汇集在槽底，真空抽出并铸锭。铝材加工主要加工方法有轧制、挤压、拉伸和锻造，制成板、带、箔、管、棒、型、线等铝材或锻件。

氧化铝和电解铝的生产用电，日负荷曲线很平稳，氧化铝生产日负荷率在 85％ 以上，电解铝生产日负荷率在 95％ 以上。电解铝供电系统中设有总降压变压器、调压变压器、整流变压器，无功功率消耗比较大，自然功率因数较低，需安装大量电容器进行补偿。电解铝的直流电源多用晶闸管整流，产生的高次谐波使电网供电电压波形畸变，需采取防治措施。

2. 铜工业用电

铜工业包括铜矿采选、炼铜和铜材加工等生产阶段。铜矿石需要磨碎、浮选，得到品位为 20%～30% 的铜精矿，将铜精矿熔炼成含铜 40%～55% 的冰铜，再经吹炼、火法精炼产出含铜 99.2%～99.7% 的精铜。精铜中含有金、银等贵金属和少量杂质，铸成铜阳极供电解精炼以除去有害杂质并回收贵金属，最后铸成商品铜锭。商品铜锭经轧制、挤压、拉伸、锻造等方法将铜锭坯加工成板、带、箔、管、棒、型、线等铜材。

铜工业用电除电解铜外，以动力用电为主。铜矿开采的井下通风、排水属一级负荷，动力用电中以直接、间接为炉窑生产服务的鼓风和冷却系统用电为主。

由于炉窑、电解均为连续运行，因此铜工业的用电负荷曲线较平稳；除少数鼓风等高压大电动机为同步电动机外，其余均为异步电动机，自然功率因数较低，需要进行无功功率补偿。

六、机械工业用电

中国的机械工业产品有 4000 多种。根据产品种类和加工工艺的不同，机械工业可划分为 130 多个小行业。主要产品有机床工具，重型机械，电工器材，仪器仪表，通用设备及基础件，冶金、石油化工、采矿、农牧、轻工、食品、纺织、建筑、工程、电站、交通运输等专用机械。

机械工业用电设备种类繁多、大小不一，绝大多数设备直接使用低压交流电作为动力。由低压电动机驱动的设备使用三相 380V 交流电，个别设备（如照明、某些电炉或电焊机）使用单相 220V 交流电。大型空压机、水泵等设备使用 6kV 高压电并由同步电动机驱动。

电镀、龙门刨床、龙门铣床和直流电弧炉通过硅整流器、晶闸管整流器等，把交流电变成直流电来驱动设备工作。

某些设备带有专用变频装置供给自身非工频交流电源，如中频感应式电热熔炼炉、高频淬火机床、超高频设备及变频调速设备等。

机械工业企业的用电设备大部分是异步电动机。设备开停操作频繁，设备的利用率通常很低，许多设备经常处于轻载或空载状态。例如大部分机床负载率经常在 45% 以下；有效设备工作时间仅占通电时间的 50% 左右；有些大型机床、试车设备容量虽很大，但利用率却非常低，有的一个月中仅用几天；各类输送机、熔化和热处理设备也经常处于轻载。机械行业的用电有一天之中负荷变化大、功率因数低等特点。

机械工业的用电设备按使用目的可分为生产设备、辅助生产设备和生活设施。生产设备指与产品加工直接有关的设备。辅助生产设备与产品加工有间接关系，如制造含能工质（如风、水、汽、气等）的设备，起重、运输、环保、安全、照明等设施。生活设施主要指采暖、空调、供水等生活服务设施。

1. 机械工业生产设备

按加工工艺可分为热加工和冷加工两类。

（1）热加工用电设备。热加工用电设备用于完成冶炼、铸造、烧结、干燥、金属材料和工件的热处理等工艺，主要包括电热炉窑和配合炉窑工作的锻压设备。电热炉窑包括：炼钢电弧炉，感应熔炼炉，粉末冶金烧结炉，型砂、砂轮、变压器、电机的干燥室，油漆电热烘干室，热处理箱式、井式、台车式电阻炉，电热浴炉，真空热处理电炉，各种连续式热处理电炉，金属材料感应加热装置或电阻加热装置等。

电热炉窑工作时按工艺温度曲线加热，一般经历升温、保温和冷却三个阶段。升温阶段，耗电量较多；保温阶段，由温控装置控制断续供电或控制供电电流的大小；冷却阶段一般断电。周期工作的炉窑在工作期内用电负荷是变化的。连续式炉窑在炉内不同区域装设不同功率电热元件，各区段控制在不同的温度范围内。工件由传送装置带动通过炉内不同区段即完成了升温、保温和冷却三个阶段，因而用电负荷较稳定。

由于电热炉窑一般耗用功率大，工作持续时间长，因而占用工厂较大用电负荷。中型企业热处理车间用电量高达全厂用电量的1/3。在电力供应紧张情况下，电热炉窑应尽量躲开用电高峰时间运行。

电热炉窑的电能利用率取决于设备本身技术状况、装料的多少和生产调度。集中连续开炉、提高装载率是提高电能利用率的有效措施。

用于热加工的锻压设备如水压机、空气锤等多以电为动力，通过电动机直接或间接地把电能转换成机械能对已加热的金属材料加工。

一般把电焊机、电切割设备也算在热加工设备中。

（2）冷加工用电设备。冷加工用电设备主要有金属切削机床和冷锻压设备。金属切削机床有车床、铣床、镗床、刨床、磨床、钻床、电加工机床、加工中心以及齿轮、螺纹、弹簧加工机床等。冷锻压设备主要有冲床、冷锻、冷挤压、冷墩、冷拔等设备。

金属切削机床除电加工机床外都是用电动机驱动的。较大型机床的主轴、刀具、平台行走机构分别由不同的电机驱动。上述部件速度的变换是通过齿轮变速箱分级变速，或直接改变电动机转速实现无级变速的。应用微电子技术的数控机床或微机控制的精密机床，其刀具平台行走机构通常由步进电动机驱动。机床主轴电动机的负载是随加工件的大小和吃刀量变化的。机床电动机的功率是按机床最大加工能力选用的，一般工作时不能达到满载，加工小型零件的机床负荷率经常低于50%。

锻压机床每完成一次冲压动作需经过一个周期的时间。在这个周期内大部分时间是把工作锤头移到相应位置，这时电动机处于轻载状态，仅在锤头与工件相接触并施加压力的时间，电动机才处于重载状态。剪板机、冷墩机、平板机等都属于这种工作方式。冷拔、冷拉、冷挤压设备用于电线电缆行业，工作是连续的，用电负荷是稳定的。

电镀、化学加工和喷漆等金属表面处理设备也是直接或间接以电为动力完成加工的。例如喷漆一般以压缩空气为动力，而压缩空气是由电动机驱动的；喷漆车间的风机也是电动机驱动的，这些设备的用电负荷一般较稳定。

2. 辅助生产设备

耗电较多的辅助生产设备有空气压缩机、制氧机、生产用锅炉、液化石油气混气设备、风机、水泵、恒温车间空调设备等。这些设备随生产班次运行或常年运行，用电负荷稳定。用电量和电力负荷占用较大比例。空压机站的用电量在某些中型企业可占全厂用电量的1/3。

3. 生活设施

这里的生活设施主要有深井泵和采暖锅炉。深井泵常年工作，采暖锅炉仅在冬季采暖期运行。在中、小型企业，锅炉用电负荷占10%～30%。

七、纺织工业用电

1. 纺织工业用电类型

纺织工业由棉纺织、印染、毛纺织、针织、麻纺织、丝绸、化学纤维、服装、纺织机械等组成，种类多、生产规模大，是我国传统支柱工业之一。

纺织产品生产工艺流程长，原料包括各种化纤切片和各种天然纤维，最终纺织产品主要为服装、装饰和产业用三大领域。不同原料、不同产品，生产工艺各异，生产工艺装备也不相同。化纤、纺织、染整、服装生产工艺设备达数千种，主要用电负荷为生产工艺设备和辅助设备，如电动机、电加热、车间照明等。

（1）棉、毛纺织生产用电。棉、毛纺织生产过程连续，一般是三班制连续生产，用电负荷均衡且稳定。纺织厂是同类多机台同时进行生产的企业，虽然机台电动机容量小，但台数多，因此用电负荷很大。一般每万纱锭的用电负荷约 500kW（含辅助生产用电），每百台布机的用电负荷约 100kW。

纺织厂的各生产车间要求一定的温度和湿度，因此装有空调，空调用电量最高的可达全厂用电负荷的 40%。

纺织厂纺布车间飞花多，粉尘较大，除尘设备和除尘室照明有防火防爆的要求。

（2）印染工业用电。印染工业是对棉机织物进行预处理、染色、印花和整理的工业部门。棉纤维含有的少量果胶质、脂蜡蛋白质和色素等，经纱上的浆料，织物上残留的棉籽壳屑等都会影响染整效果，所以要进行预处理。染色设备主要有连续轧染机、卷染机。连续轧染机适用于大批量染色，卷染机适用于多品种、小批量染色。印花常用设备有滚筒印花机、圆网印花机和平网印花机。整理有放缩、防皱、柔软、增白、阻燃、轧光、轧纹等。

印染为流水线生产，昼夜连续运行，电气设备为长期工作制；生产车间温度高、湿度大、有腐蚀性气体，因而对电气设备有防潮、防腐蚀要求；日用电负荷率一般在 85% 以上；在连续运转过程中，突然中断供电，引起染色中的部分产品质量下降甚至出现部分废品；烧毛机、油焗炉等为二级用电负荷。

2. 纺织工业用电特点

（1）化纤、纺织、染整一般为昼夜（24h）连续生产，日负荷率一般在 80% 以上。服装、纺织机械、器材行业为一班制或二班制生产。

（2）化纤、染整工艺中部分设备如烧毛机、油焗炉等为二级用电负荷，纺织、服装等一般为三级用电负荷。

（3）用电负荷为感性负荷，自然功率因数在 0.8 以下。功率因数补偿一般采取在变压器低压侧接入静电电容器的集中补偿，就地电容器补偿将被逐步推广。

八、化学工业用电

1. 化学工业用电类型

化学工业是指用化学方法改变物质组成，或改变物质结构，或合成新物质，而得到新产品的工业。由于金属、石油化工、建材、轻工食品等已成为独立工业部门，因此，化学工业主要指生产作为基本化工原料的酸、碱、盐和有机化工原料的工业。化学工业生产作为合成材料的合成树脂、合成橡胶、高分子材料、高分子聚合物的工业，以及生产生物工程、精细化工产品的工业，还有生产用于农业的化学肥料、农药等的工业。化学工业是连续性生产，具有高温、高压、易燃、易爆、腐蚀毒害等危险因素。

化学工业主要用电设备有用高压电动机拖动的气体、液体压缩机，鼓风机，离心泵，大功率工业电石炉，电解槽，电容器等。

2. 氯碱工业用电

氯碱工业属于化学工业，也是化工生产中的耗电大户，产品分为碱产品和氯产品。碱产品主要是指烧碱，氯产品主要是指聚氯乙烯、盐酸和商品液氯。氯碱工业需要用大电流的直流电源，又由于氯碱工业生产环境具有易燃、易爆和腐蚀性强的特点，故对供电可靠性要求很高。

由于氯碱工业生产的基本工艺是利用电能对食盐水溶液进行化学分解的方法获取氢氧化钠、氢气和氯气，再分别进一步加工生产出合格碱产品和氯产品，所以氯碱工业产品属高耗能产品，其中最典型的高能耗工序是电解食盐水生成烧碱。氯碱工业的主要用电设备是电解槽，其分类有石墨阳极隔膜电解槽、金属阳极隔膜电解槽、水银电解槽和离子膜电解槽等。

3. 电石工业用电

电石即碳化钙（CaC_2），是化学工业的重要基本原料，也是制备气焊、气割用乙炔的重要原料。电石工业是耗电、耗焦炭较多的产品，是化学工业中的耗能大户之一。

电石工业的主要用电设备是电石炉，电石炉属于冶炼电石的埋弧炉。如果发生突然停电，一般不会发生人员重大伤亡和爆炸事故，也不会引起生产系统的混乱，但将导致大量减产，热能损失和单耗大幅度上升。电石炉用电负荷属于二级负荷。

4. 化学工业用电特点

（1）供电可靠性要求高。大多数化学工业关键生产工艺流程用电负荷属于一级用电负荷，一旦停电，将会造成化工装置爆炸、起火，人身中毒等恶性事故。因此，化学工业生产必须具备可靠的供电电源。化工厂的供电多采用来自公用电力系统的多回路高压供电，或由并入电力系统的自备电站发电机组供电。

（2）用电量大。化工装置连续运行，电力负荷集中，用电量很大，主要用在有机化工原料、无机化工原料以及化学肥料的生产上。

（3）电力负荷平稳、负荷率高。化工生产连续性强，电力负荷比较均衡，负荷率可达95%以上。

（4）采用增安型电气设备。由于化工生产存在易燃、易爆、腐蚀等危险因素，因此，对于存在这些危险因素区域多采用防爆、防腐、防尘等增安型电气设备，以避免电气事故的发生。

九、交通运输用电

交通运输用电主要是指用于货物、旅客输送作业消耗的电力。交通运输用电一般分为交通枢纽类用电和以电为动力的输送类用电，包括铁路、公路、水运、航空以及长输管道等的用电，但不包括属于市政公共设施的地下铁道、公共汽车、电车等用电。

1. 交通枢纽类用电

交通枢纽类主要包括铁路枢纽、水运码头、航空港以及公路站点。这类场所的用电有通信信号、导航、人员乘降、货物装卸运送设备、辅助设备用电，以及旅客候车、站台、营业和运输调度站、场的照明等用电。

2. 以电为动力的输送类用电

以电为动力的输送类用电有电气化铁道的牵引站和长输管道的首站、中间站等用电。

（1）电气化铁道用电负荷随行车密度和路径平坦程度的变化有较大波动，但由于是单相供给换流设备用电，因而不对称负荷、非线性负荷对电力系统有影响。

（2）长输管道是使用压力促使气体、液体乃至固体在密闭管道内输送，如原油管道、成品油管道、天然气管道、输煤管道等。输送液体是依靠电拖动泵类；输送气体是依靠电拖动压缩机类；输煤管道是将煤炭破碎制浆，用泵输送浓度为 50% 左右的水煤浆，送达地点再脱水。由于长输管道距离长、压降大，除首站加压外，在一定的距离还需设中间加压站，以维持输送压力。

3. 交通运输用电特点

（1）交通枢纽站用电负荷曲线随运输繁忙程度而异，由于大量使用异步电动机，因而用电功率因数较低，需要进行无功补偿。

（2）电气化铁道用电功率因数较高，但不对称负荷、非线性负荷产生的谐波对电力系统有影响，需要防治。

（3）长输管道用电基本上是等负荷 24h 运行，日用电负荷率高，首站、中间站多使用同步电动机，功率因数较高。

十、市政公用设施用电

市政公用设施用电是指城市公众共同使用的城市设施用电。市政公用设施主要是指给水、排水（包括污水处理）、电信、煤气、热力、道路桥梁、园林绿化、环境卫生（主要是垃圾的清运与处置）、公共交通（包括地下铁道、电车、公共汽车等）、防洪、防灾等设施。

市政公用设施用电类型有以电作为直接动力，如给水、排水、煤气、热力的介质输送，地下铁路、电车、垃圾处置设施的驱动等；辅助用电，如道路、园林的照明，交通、防洪、防灾设施的监控系统和办公用电。

1. 城市给水设施用电

城市给水设施又称自来水设施，是供应城市生产和生活用水的设施，属于市政公用设施。通常由水源、输水管渠、水厂和配水管网组成。给水设施用电包括原水输送用电和水厂用电两部分，用电设备主要是由电动机拖动的水泵。

城市给水设施的用电量与城市人口及人均日综合用水量有直接关系。人均日综合用水量与之相对应的耗电量，会随城市的经济发展而增加。

2. 城市排水设施用电

城市排水设施是收集、处理与排除城市污水和雨水的工程设施，属于市政公用设施，它通常由收集、排除雨污水的下水道系统和污水处理厂组成。有些城市下水道受地形限制或埋设较深不能靠雨污水自重排入江河湖海等水体时，需要在中途或终点设置提升泵站把雨污水抽升上来。下水道系统的用电设备主要是提升泵站用电动机。其中雨水提升泵站只在雨季运行，属季节性用电负荷，污水提升泵站则常年运行。

城市污水处理厂用电设备主要是污水抽升水泵用电动机和处理设备（包括鼓风机及其他辅助处理设备）。

3. 城市电车用电

城市电车包括有轨电车和无轨电车，是大中城市市政公用设施的重要组成部分，具有运量大、速度快、运行费用低、不消耗贵重燃料的特点。城市电车一次投资比地下铁道小，比公共汽车大；运行费用与上述相反；对大气无污染；但有轨电车噪声大且影响市区道路交通。由于各种交通工具各具特色，因此多为几种交通工具并用。除小城镇全部用公共汽车外，大、中城市多以公共汽、电车并用；现代化大城市以地下铁道为市内交通骨干，以公共电、汽车为辅。

由于市内交通与城市经济、文化生活息息相关，城市电车一旦中断供电将造成城市秩序严重混乱，应按一级负荷安排供电。又由于城市后夜客流量少，一般后夜电车停止开动，故城市电车用电负荷率较低，高峰负荷主要集中在上、下班时间。

4. 地下铁道用电

地下铁道具有列车的牵引力大，起、停车快，加、减速度比其他车辆快，安全、准确、高效、运力大、速度快的优点。现代化大城市为了缓解地面交通拥挤，多开发地下铁道。

地下铁道用电由电动车组牵引用电，动力、照明用电，通信信号用电三部分组成。

（1）电动车组牵引用电约占地下铁道总耗电量的70%。

（2）动力用电包括自动扶梯、风机、水泵和空调设备等的用电，以及布设在沿线车站、担负旅客乘降设备，地下通风空调，车站给、排水等的用电。照明用电包括车站站台、集散厅、出入口、通道以及车站机房、办公室的工作照明用电。

（3）通信信号用电包括设置在沿线车站的指挥列车运行的信号装置及其机械设备用电，主要有沿线车站的调度电话、无线电台和广播设备的用电。

在现代化大城市中，地下铁道承担主要市内交通运输任务，一旦中断供电将造成社会混乱。其通信信号用电关系着安全运行，需按重要负荷设置备用电源。

5. 路灯用电

路灯用电指用于道路照明的路灯所消耗的电能。为了保障车辆和行人的安全，防止犯罪活动的发生，美化城市环境和丰富人们夜间生活的需要，一般在夜幕降临以后和天亮之前，在道路设置必要的路灯照明。

路灯常用光源有热辐射光源（白炽灯）及气体放电光源（高压汞灯、高压钠灯、低压钠灯和金属卤化物灯等）。路灯照明光源应具有寿命长，光效高，可靠性和一致性好等特点。

6. 市政公用设施用电特点

大部分市政公用设施如给水、排水、电信、公共交通中的地下铁道和电车等，一旦中断供电将会较大范围地严重影响生产、生活及社会和经济活动的正常进行。市政公用设施的重要性，决定其对供电可靠性有较高的要求，一般都有两路电源供电，有的还设有自备电源。

十一、居民生活用电

居民生活用电是指用于居民家庭内生活服务的用电。居民生活人均用电水平是衡量居民生活现代化水平的重要标志。居民生活用电与人们生活和学习的关系越来越密切，一旦断电，虽不致造成人身伤亡和设备损坏，但给广大居民生活造成极大的不便，必须引起重视。

1. 家用电器的种类

随着居民生活水平和家用电器普及率的提高，居民用能结构的改变，除基本的照明外，各种生活炊具、夏季防暑降温、冬季采暖逐步向用电发展，并且采用先进多功能的制冷、空调、清洁、熨烫、厨房、取暖、整容、声像、娱乐等家用电器。家用电器的分类见表 8 - 5。

表 8 - 5　　　　　　　　　　　　　家 用 电 器 分 类

分类	用 电 器 具
制冷器具	电冰箱、房间空气调节器
清洁器具	洗衣机、真空吸尘器、洗碗机
厨房器具	电压力锅、电热水器、电磁灶、微波炉、食品加工机、吸油烟机
通风器具	电风扇
取暖器具	房间加热器、电热毯
保健器具	电动按摩器、足浴器
娱乐器具	电动玩具、电乐器、自动麻将机
通信及音视频设备	个人电脑、电视、音响设备
其他器具	家用电动工具、家用电动缝纫机、空气加湿器、电熨斗、干手器、空气净化器

2. 居民生活用电特点

(1) 电冰箱、电风扇、电炊具、电视机、空调等家用电器用电时间相对集中，同时率很高，约为 0.7～0.9，而且集中在晚间照明用电时间，形成日用电高峰负荷。

(2) 防暑降温、采暖用电季节性集中出现。

(3) 居民生活用电负荷中电感性负荷比重大，功率因数低。

(4) 家用电器基本上都是单相负荷，造成负荷不对称。

(5) 家用电器中，整流、变频设备日益增多，这些设备向系统注入谐波，造成污染。

第三节　用 电 设 备 概 述

现代社会电能的应用非常广泛，各产业用电所涉及的用电设备也是种类繁多，根据各种用电设备的工作性质和工作方式，可以归纳为电力机械、电加热、电化学、电力牵引、制冷与空调和电气照明等几大类用电设备。

一、电力机械设备

在现代工业生产中，大多数的生产机械都由各种不同类型的电动机作为原动机进行拖动，统称为电力机械设备。用电动机拖动的方式称为电力拖动或电气传动。电力机械设备可以非常方便地实现电能与机械能之间的转换，控制方便，运行性能好，传动效率高。70％以上的机械设备都应用电力拖动，小如用步进电机拖动指针跳动的电子手表，大到上万千瓦的大型轧钢机械等。单个电力机械的功率可以从几毫瓦到几百兆瓦，转速可从每小时几转到每分钟数万转。因此，电力机械设备已经广泛应用于各种行业。

(一) 电力拖动主系统的组成

电力拖动主系统由电动机、传递机构、工作机械组成，如图 8 - 1 所示。

电动机的输入端由电源经过功率开关和控制元件供电，其输出端通过传递机构与工作机械连接。按照电动机供电电流的不同制式，可以分为直流电力拖动和交流电力拖动。

图 8-1　电力拖动主系统组成框图
—电能流；═机械能流

（二）电力拖动控制系统

1. 电力拖动控制系统的分类

按照被控量的特征或被控量与给定量之间的关系，可以分为转速控制、转矩控制、张力控制、位置控制、伺服系统、交流电轴等；根据给定量的不同变化规律，可以分为定值（恒值）系统、随动系统、程序系统。电力拖动控制系统的分类见表 8-6。

表 8-6　　　　　　　　　　　　**电力拖动控制系统的分类**

分类		分 类 说 明
按照被控量的特征或被控量与给定量之间的关系	转速控制	对电动机进行加速、减速、起动、制动、正传和反转的控制
	转矩控制	对电动机输出电磁转矩的大小和方向的控制
	张力控制	对在两个加工设备之间的被加工材料所受的张力（拉力）的控制
	位置控制	对被驱动的物体的空间位置的控制
	伺服系统	指输出变量精确地跟随或复现某个过程的控制系统
	交流电轴	利用绕线转子感应电动机实现两点以上传动点的同步运转的系统
根据给定量的的不同变化规律	定值（恒值）系统	指系统的给定量为常值，最常见的是稳速系统
	随动系统	指系统的给定量是预先不知道的时间函数，使输出量复现输入量
	程序系统	指给定量随时间有一定的变化规律，并由程序给出

2. 电力拖动控制系统的基本构成

电力拖动系统在自动化、连续化生产过程中，生产机械需要完成各种复杂的运动，如要求实现加速、减速、制动、反转，使被控制量保持恒定或按一定的规律变化等，就需要一套完善的控制、保护和监视电路来实现。电力拖动控制系统的基本构成如图 8-2 所示。

（三）电力拖动的特点

（1）运行参数范围广。输出功率为 1W～100MW；转速为 $1～10^5$ r/min；调速准确度可达几十万分之一；单台电动机的调速比达万倍以上；输出转矩可大于 10^6 N•m。

（2）环境适应性强。不使用有危险的物料，不排出废气；转矩平稳，振动

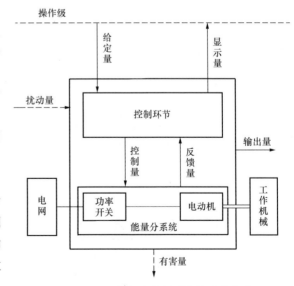

图 8-2　电力拖动控制系统的基本构成
——电能流；═机械能流；→信息与信号流；
---→次要作用量

轻，噪声小；可用于全封闭，强迫通风，沉浸在液体、特种气体中以及暴露于有易爆或放射性物质的环境中。

（3）可在瞬间加上全负荷而不必预热，短时过载能力大，可长期安全运行。

（4）控制性能好，能量的转换效率高，易于实现转矩—转速平面的四象限运行。回馈制动时能量可回收（回馈电网）。

（5）可方便地构成自动控制系统。

（6）大型电力拖动变流装置对供电网络可能产生不良影响，即高次谐波的干扰以及功率因数的降低，需要解决谐波吸收及无功补偿问题。

（7）电力拖动设备通常由电网供电，与其他动力相比优点明显。

（四）电动机分类

电动机可以按功率大小、用途、电源类别、机壳防护结构形式、通风冷却方式、结构及安装形式、转速变化、电压高低和工作制类型等分类。电动机分类见表 8-7。我国将电动机工作制类型分为 S1～S10，见表 8-8。

表 8-7   电 动 机 分 类

电动机分类		分 类 说 明
功率大小	大型	一般指定子铁芯外径大于 1000mm 或电动机轴中心线高在 630mm 以上的交流电动机，以及转子铁芯外径大于 1000mm 的直流电动机；由于历史的原因，把转子铁芯外径大于 423mm，或电动机轴的中心线高于 355mm 以上的中型直流电动机也划入了大型电动机的范围
	中小型	一般指电动机轴的中心线高为 80～630mm 的交流电动机和中心线高为 80～355mm 的直流电动机
	小功率	一般指折算至 50Hz、1500r/min 的连续额定功率不大于 1.1kW 的电动机
用途	一般用途	指按标准设计的、运行特性和机械结构适用于一般运行条件，而不限于某一特定用途或某一类型用途的电动机
	规定用途	指按标准设计的、运行特性或机械结构或者两方面均适用于某一特定用途或某一类型用途的电动机
	特殊用途	是为某一特殊用途设计的具有特殊运行特性或特殊机械结构或两者兼备的电动机
	控制电机	指在运动控制系统（对位置、速度、加速度、力或力矩进行精确控制的系统）作执行元件、检测元件、反馈元件、变换元件、放大元件用的各种电机和在解算系统中作解算元件用的各种电机的总称。控制电机的品种繁多，又可分为：自整角机、旋转变压器、感应移相器、感应同步器、测速发电机、伺服电动机、步进电动机、力矩电动机、轴角编码器、同步电动机、电机放大机、直流稳速电动机和低惯量电动机等
电源类别	直流	依靠直流电源运行的电动机。其按励磁方式可分为他励、并励、串励和复励四种。如用永磁体励磁，则称为永磁直流电动机
	交流	依靠交流电源运行的电动机。其主要有同步电动机、异步电动机和交流换向器电动机三大类，每类又有单相和多相之分
	交直流两用	既可用直流电源供电，也可用单相工频交流电源供电的电动机

续表

电动机分类		分　类　说　明
机壳防护结构形式	开启式	具有通风孔，直接从周围介质吸入冷却介质进行冷却，然后直接排放到周围介质的电动机
	封闭式	在冷却过程中周围介质不进入机壳的电动机
	密封式	具有专门密封措施，在正常运行时，可使电动机内部冷却介质的外泄量或周围介质的渗入量极少
	充压式	内部冷却介质压力高于周围介质压力的电动机
	气密式	在规定条件下指定的蒸气或气体进入机壳内并不影响正常运行的电动机
	罐封式	采用金属密封层完全密封电动机的指定部分，以防止液体进入
通风冷却方式	自冷式	多为 1kW 以下的小功率电动机。电动机产生热量不多，不安装风扇，仅依靠空气的自然流动使机壳表面获得冷却
	自扇冷式	由安装在电动机转轴上的风扇供给冷却空气，以冷却电动机表面或内部
	他扇冷式	供给电动机冷却空气的风扇不是由电动机驱动，而是独立驱动
	管道通风式	冷却空气不是由电动机外部直接进入或由电动机直接排出，而是通过管道引入或排出电动机。管道与电动机进出风口的连接可以是仅与进风口或出风口，或者进、出风口连接。管道通风式电动机可以是自扇冷式或他扇冷式
安装结构形式	安装结构	分为用底脚安装、用凸缘安装以及用底脚和凸缘安装三种
	安装形式	可分为卧式安装、立式安装以及轴伸向上或向下安装
转速变化	恒速	在正常负载范围内，转速保持恒定或基本恒定的电动机，如同步电动机、小转差的异步电动机
	变速	在正常负载范围内，转速有明显变化的电动机。通常随负载增加转速下降，如串励直流电动机
	多速	在指定负载下可按两级或多级规定转速中任一级转速运行的电动机，如变极异步电动机
	调速	在指定负载下，转速可以在规定范围内调节到任意数值，如用磁场变阻器在一定范围内调速的并励直流电动机
电压高低	高压	电压在 3kV 及以上
	低压	电压在 3kV 以下

表 8 - 8　　　　　　　　　　　电动机工作制类型

工作制类型	代号	选　用　原　则
连续工作制	S1	在额定负载下连续运行时间足以达到热稳定
短时工作制	S2	在恒定负载下按给定的时间运行，该时间内不足以达到热稳定，随之停机和断能，使电动机再度冷却到与冷却介质温度之差在 2K 之内
断续周期工作制	S3	按一系列相同的工作周期运行，每一周期包括一段恒定负载运行时间和一段停转时间。这种工作制中每一周期的起动电流不致对温升产生显著影响
包括起动的断续周期工作制	S4	按一系列相同的工作周期运行，每一周期包括一段对温升有显著影响的起动时间、一段恒定负载运行时间和一段断能停转时间

工作制类型	代号	选 用 原 则
包括电制动的断续周期工作制	S5	按一系列相同的工作周期运行,每一周期包括一段起动时间、一段恒定负载运行时间、一段快速电制动时间和一段断能停转时间
连续周期工作制	S6	按一系列相同的工作周期运行,每一周期包括一段恒定负载运行时间和一段空载运行时间,但无断能停转时间
包括电制动的连续周期工作制	S7	按一系列相同的工作周期运行,每一周期包括一段起动时间、一段恒定负载运行时间和一段电制动时间,但无断能停转时间
包括负载—转速相应变化的连续周期工作制	S8	按一系列相同的工作周期运行,每一周期包括一段在预定转速下恒定负载运行时间和一段(或几段)在不同转速下的其他恒定负载的运行时间(例如变极多速异步电动机),但无断能停转时间
负载和转速非周期变化工作制	S9	负载和转速在允许的范围内变化的非周期工作制,这种工作制包括经常过载,其值可远远超过满载
离散恒定负载工作制	S10	包括不多于四种离散负载值(或等效负载)工作制,每一种负载的运行时间足以使电动机达到热稳定,在一个工作周期中的最小负载值可为零(空载或断能停转)

二、电加热设备

电加热是利用电能产生的热能加热物料,并通过电炉、电焊机等来实现加热以及由加热而引起的多种多样的工艺处理方法。有效的电加热过程涉及电热(电能转变为热能的过程)、传热、绝热、电能的传输和控制五个方面。电加热广泛用于各产业部门和日常生活中,也存在于许多电气设备中,如变压器和电动机铁芯的发热以及输电导体的发热等,但这会造成无用的损耗,应设法减少。

(一)电加热设备的分类和应用

按电能转换成热能的不同方式,电加热分为电阻加热、电弧加热、感应加热、介质加热、微波加热、红外加热、电极加热、等离子体加热、电子束加热、辉光放电加热、激光加热和超声加热等大类。

电加热还可根据电热过程发生在炉料内或炉料外,分为直接电加热和间接电加热。直接电加热的加热速度和加热效率高;间接电加热则要通过传热把发生在炉料外的热传送给炉料。某些电加热方式,如电阻加热、电弧加热和感应加热兼有这两种不同的加热方式。

电加热已经在冶金、机械、电子、化工、航天、航空、核能、轻工、医药、农业和环保等部门以及人们的日常生活中得到越来越广泛的应用。表 8-9 中列出了各种电加热及相应的设备和应用。由表 8-9 可知,不少加热方式可用于电焊。

表 8-9 电加热及其相应的设备和应用

电加热类别	相应的电热设备和应用
电阻加热	间接电阻加热装置主要是具有加热元件的各种电阻炉、电热浴炉、流态离子炉等,用于金属的加热、热处理、粉末冶金烧结、钎焊等。直接电阻加热装置用于制取人造石墨、碳化硅,金属棒料、管材的加热,电阻焊等
电弧加热	电弧炉用于炼钢,垃圾焚烧灰熔融、固化减容,熔铸耐火材料的熔化,在真空状态下熔炼难熔金属等;钢包精炼炉用于钢液的炉外精炼;埋弧炉用于制取电石、黄磷、工业硅、铁合金以及电熔耐火材料等 用于电弧焊、埋弧焊

续表

电加热类别	相应的电热设备和应用
感应加热	感应熔炼炉用于金属的熔炼或液态金属的保温；感应透热装置用于金属锭子加工（如轧制、挤压、锻压、热处理等）前的加热；感应淬火装置用于钢零件的表面加热、淬火；真空感应烧结炉用于粉末料的烧结或粉末成型零件的再结晶加热；真空感应熔炼炉用于难熔金属、合金与高纯金属的熔炼 用于高频焊
介质加热	介质加热装置用于塑料、木材、橡胶、织品、玻璃、陶瓷、纸张、竹材和食品等的干燥、熔化、热合、成型、灭虫、黏结和解冻等
微波加热	微波加热装置用于食品烹调，物料的干燥、防霉、杀菌，橡胶硫化，合成纤维染色，陶瓷烧结，酒的酿造，花粉的破壁，铀碎料的熔铸，果皮循环再利用等
红外加热	具有红外辐射加热器的加热炉用于涂层烤附和烘干、物料干燥、塑料成型加工、食品烘烤、农副产品加工、橡胶硫化、农作物的育苗、食品包装杀菌、医疗保健等
电极加热	用于钢的重熔、精炼和铸造，电极盐浴炉用于金属件的热处理，其他电极炉分别用于热水和蒸汽的产生和玻璃的熔化等 用于电渣焊
等离子体加热	用于优质合金钢、难熔金属及其合金的熔炼，高纯粉末材料化工产品的制取，垃圾焚烧灰熔融、固化回收处理等 用于等离子体弧焊、材料切割、风洞气流的加热、煤粉燃烧器的点火，利用放电等离子体进行陶瓷与金属的烧结接合
辉光放电加热 （离子加热）	离子表面处理装置用于金属、非金属材料表面镀膜，钢表面热处理，电子器件表面清理和高准确度刻蚀，半导体掺杂等
电子束加热	用于优质钢、难熔金属及其合金的熔炼，材料区域提纯制取单晶，金属的焊接（电子束焊），表面热处理，表面蒸镀，钻孔，切割，刻蚀，工业排烟处理等
激光加热	用于激光焊、激光热处理、切割、钻孔、刻蚀、医用以及激光武器等
超声加热	超声装置用于材料或工件的加热、焊接、清洗等，应用面较窄

（二）电加热的特点

（1）加热方式多，适用面广。可用于低、中温到3000℃高温范围的加热。

（2）加热速度快、热效率高、节能。

（3）操作方便、控制容易，便于实现加热参数和加热过程的自动化控制。可满足有特殊要求的加热作业。

（4）加热功率可高度集中，有利于局部加热和表面加热。

（5）易实现在控制气氛或真空中进行加热和熔炼。

（6）可实现物料的洁净加工，对环境污染少。

（7）电加热已是国民经济各产业部门不可缺少的工艺手段。许多高科技所需的高品质材料只有靠电加热才能制得，许多高难度的热加工只有用电加热才能实现。

（8）电能是二次能源，一般情况下费用较高。

（9）某些电热设备运行时会对电网产生不良影响，如电弧炉引起的闪变、采用半导体变频电源产生的谐波干扰等，或对无线电通信有干扰（如某些高频率的加热电源）。

（10）一次投资大。

三、电化学工业设备

电化学工业是以电化学反应过程为基础消耗电能或生产电源装置的制造、加工等生产工业。每一类电化学工业都是由一个电化学体系构成的，在其中进行着电化学氧化—还原反应，直接将电能转换为化学能，或制造将化学能转换为电能的装置。

（一）电化学工业分类

电化学工业主要可分为电解工业、电热化学工业、化学电源工业三大类，见表 8-10。其中很多是大量消耗电能的，如冶炼金属铝的铝电解工业。电解工业中的电解槽及其供电结构框图如图 8-3 所示。铝电解槽构造示意图如图 8-4 所示。

表 8-10　　　　　　　　　　　　　　电化学工业分类及用途

分类		用　　途
电解工业	水溶液电解	电解水，制取氢、氧；电解氯化钠（钾），制取氢氧化钠（钾）、氯、氢；电解氧化法，制取氧化剂，如氧化氢、氯酸盐、高氯酸盐、高锰酸盐、过硫酸盐等；电解还原法，电解丙烯腈制取己二腈；电解提取，从电解液中提取锌、铜、镉、铬、锰、镍、钴等金属；电解精炼，用于铜、铅、金、银、铂等的提纯
	电解加工	电解阴极还原，用于对工件表面作沉积处理，如电镀、电铸；电解阳极氧化，用于对工件表面做氧化处理，如阳极氧化、电抛光、电解加工等
	熔盐电解	金属电解冶炼，用于铝、镁、钙、钠、钾、锂、铍等的冶炼；金属电解精炼，用于铝、钛等的提纯
电热化学工业		非金属熔融物生产、加热成形。例如生产碳化物及研磨材料如电石、碳化硅、氮化硅等；磷系材料如磷、磷酸、溶性磷酸等；高熔点材料如硼化物、碳化物、硅化物、氮化物等；电熔物如矾土水泥、熔融石英、熔融氧化铝砖等；炭类如人造石墨、电极等
		电热冶金、精练、制造。例如生产钢、特殊钢、钛熔渣等；铁合金类，如铁锰、硅锰、铁硅、铁铬、铁镍等；非铁金属，如硅、锰、硅锰、钙硅、铝硅等
化学电源工业		原电池、蓄电池、燃料电池和光电化学电池的制造

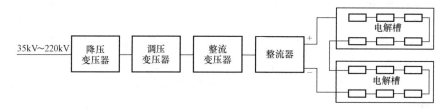

图 8-3　电解槽及其供电结构框图

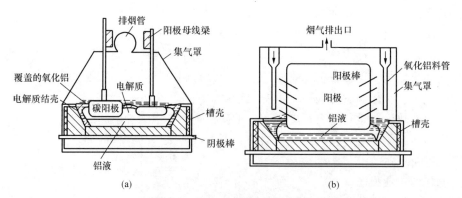

（a）　　　　　　　　　　　　　　（b）

图 8-4　铝电解槽构造示意图

（a）预焙阳极槽边部加料；（b）自焙阳极槽旁插导电

（二）电化学工业设备用电特点

电化学工业是耗电量大的工业，其中电热化学工业（如电石冶炼、电炉炼钢等）、电解工业（如食盐电解、铝电解等）是主要的消耗电能较多的工业。化学电源工业本身虽然用电不多，但是制造电池的材料、充电等所需电力却相当多。因此降低单位产品（产值）电耗、节约电能是电化学工业的重要课题之一，可以从多方面采用措施。例如设备合理化、设备大型化、精选原料、优化原料配比、机械化、自动控制、生产过程的严格管理等，从而提高电解槽、电炉等的电效率。

电化学工业设备用电一般有以下特点：

（1）用电量大；

（2）负荷多数平稳；

（3）除部分电热化学工业、化学电源工业外，多为连续生产，对供电可靠性要求较高；

（4）功率因数一般都较高；

（5）大型整流设备常给电网带来一定的谐波污染。

四、电力牵引

电力牵引是指以电能为动力驱动电力机车或电动车组运行的一种牵引动力形式。电力牵引所需电能取自电力系统，并经专门的牵引供电系统变换成符合要求的电流、电压，向电力机车或电动车组等供电。电力机车或动车的牵引电动机将电能转换为机械能，驱动铁路列车、电动车组和城市轨道交通电动车辆组运行。

电力牵引系统主要由电源、牵引变电所、接触网（接触轨）、轨道回路和电力机车、动车组等环节构成的系统以实现电力牵引，系统示意图如图 8-5 所示。

电力牵引具有起动快、速度和效率高、运输量大、运营成本低和对环境污染小等优点，已获广泛应用。

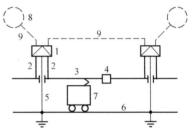

图 8-5　电力牵引系统示意图
1—牵引变电所；2—馈电线；3—接触网；
4—分区所；5—回流线；6—钢轨；
7—电力机车；8—电力系统变电所；
9—高压输电线（虚线为外部电源）

（一）电力牵引分类

电力牵引可按运输类型、接触网电流电压制式分类，见表 8-11。

表 8-11　　　　　　　　　　**电力牵引分类**

分类		分类说明
按运输类型	电气化铁路	地区与地区或城市与城市间长距离客、货运输采用电力牵引的铁路。多采用单相工频制
	工矿专用电气化线路	工矿企业内部运输采用电力牵引的线路，采用直流制
	城市轨道交通	市区与郊区以客运为主的轨道交通，采用直流制
按接触网电流、电压制	直流制	直流制按接触网（轨）电压等级分为 600、750、1500、3000V 等
	交流制	交流制分为单相工频（20kV 或 25kV）、单相低频（$16\frac{2}{3}$ Hz、11kV 或 15kV）和三相工频（15kV）等形式。25kV 单相工频制是电气化铁路的主要供电制式

（二）电力牵引供电方式

电力牵引供电方式按电力牵引供电系统的设备和接线的不同，主要有直接供电方式、BT 供电方式、AT 供电方式及 CC 供电方式四种。

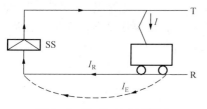

图 8-6 T-R 方式示意图

SS—牵引变电所；T—接触网；

R—钢轨；I—机车电流；

I_R—钢轨电流；I_E—地中电流

1. 电力牵引直接供电方式

电力牵引直接供电方式可分为一般直接供电方式（T-R 方式）和带回流线直接供电方式（T-R-NF 方式），主要用于直流电气化铁路及通信干扰问题不突出地区的交流电气化铁路。T-R 方式示意图如图 8-6 所示。

2. 电力牵引 BT 供电方式

BT 供电方式是为减轻单相工频交流电气化铁路对通信线路的干扰，而采用的一种带有吸流变压器（BT）的供电方式，分为吸流变压器—回流线和吸流变压器—钢轨两种结构形式。该方式主要用于通信干扰严重地区的单相工频交流电气化铁路。吸流变压器—回流线供电方式示意图如图 8-7 所示。

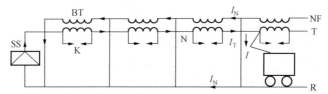

图 8-7 吸流变压器—回流线供电方式示意图

SS—牵引变电所；BT—吸流变压器；T—接触网；NF—回流线；R—钢轨；

N—吸上线；I—机车中通过的电流；I_T—接触电网电流；

I_N—回流线中的电流；K—空气间隙

3. 电力牵引 AT 供电方式

AT 供电方式是为提高供电质量和减少对通信的干扰，而采用的一种设有自耦变压器（AT）的供电方式，又称自耦变压器供电方式。牵引网以 2×25 kV 供电，并在网中分散设置自耦变压器供电力机车用电，如图 8-8 所示。该方式主要用于列车密度大、牵引重载列车的电气化区段。

4. 电力牵引 CC 供电方式

CC 供电方式又称同轴电缆供电方式。同轴电缆可沿铁路埋设，也可架空悬挂，其内导体作为馈电线，与接触导

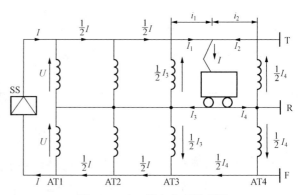

图 8-8 AT 供电方式示意图

SS—牵引变电所；T—接触网；R—钢轨；F—正馈线；

AT1～AT4—自耦变压器；U—接触网及正馈线对地电压；

I—机车中电流；$I_1 \sim I_4$—支路电流

线相连接，外导体作为回流线与钢轨相连接，仅在有机车运行的地段，接触网上和钢轨内才有电流通过。该方式只适合在一些特殊地段采用。CC 供电系统原理接线图如图 8-9 所示。

（三）电力机车及电动车组概况

电力机车是从接触网上获取电能并通过牵引电动机将电能转换为机械能来驱动车轮运行的机车。电力机车具有功率大、效率高、过载能力强、牵引及制动力大、加速减速快、整备作业时间短、运营成本低、不污染环境等优点。

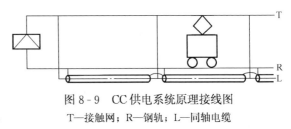

图 8-9 CC 供电系统原理接线图
T—接触网；R—钢轨；L—同轴电缆

电动车组是由若干辆动车或动车加拖车组成相对固定的单元列车编组，一般用于旅客运输。电动车组按电流制分为直流、交流和多流电动车组三种；按传动方式则分为直流传动和交流传动；按受电方式又可分为架空接触网供电方式和第三轨供电方式。电动车组与电力机车在供电调速等方面没有本质差别，只是电动车组在动力分布上比较分散。

我国生产的 6 轴、8 轴 9600kW 大功率交流传动电力机车，如韶山型（SS8、SS9 等）、和谐型（HX）电力机车已经大批量投入使用。和谐号（CRH）电动车组在客运专线上实现了时速 350km/h 的高速运行。

1. 电力机车分类

电力机车按供电系统的电流制可分为直流电力机车、交流电力机车和多流制电力机车，见表 8-12。

表 8-12　　　　　　　　　　　　电 力 机 车 分 类

分类		分类说明及应用
直流电力机车		以直流电作为动力源，采用直流牵引电动机驱动。供电电压有直流 75、120、1500、3000V 或其他电压等级。一般用于冶金、煤炭、化工等工矿企业和地下铁道
交流电力机车	单相整流子电动机电力机车	以交流电作为动力源，供电电压为 20kV 或 25kV，频率为 50Hz 或 60Hz，牵引电动机采用单相整流子电动机、直流（脉流）串励牵引电动机和三相交流异步（同步）牵引电动机驱动
	交—直电力机车	
	交—直—交电力机车	
多流制电力机车		是指在直流和不同频率、不同电压的交流接触网供电条件下，均能工作的电力机车，也称为交直流电力机车。它能在两种或三种不同的供电电压下正常工作，特别适用于不同供电电流制的电气化铁路或国际联运

2. 电力机车牵引的特点

（1）热效率高，节约能源。电力牵引所需电力是由电力系统供给的。电力系统发、变电技术先进，规模大，效率高，一般大容量火力发电厂的热效率可达 40% 以上，而内燃牵引的热效率在 25% 以下，蒸汽牵引的热效率仅为 7%，使用电力牵引能源节约的潜力十分巨大。

（2）牵引力大，运行速度高，运输能力强。电力牵引无需自备电源，因而轴功率较大，一台电力机车的总功率可达 6400～9600kW，是内燃机车功率的 2～3 倍，是蒸汽机车功率的 4 倍以上；一列电力牵引的货运列车总质量可达 5000t 以上，部分重载电气化铁路在采用双机牵引后，列车质量可达 20000 t。电力牵引的客运列车最高时速已达 350km/h，货运机车时速可达 80km/h，速度提高后机车运转效率高，运输能力大幅度提高。货运年输送能力可达（5～6）×10^7 t，重载电气化铁路的年输送能力可高达亿吨以上；客运专线年输送旅客单方向可达 8000 余万人·次。

（3）牵引性能稳定，受环境影响小。寒冷地区冬季、高海拔地区低气温对蒸汽和内燃牵引的影响较大，有时可造成牵引力严重下降甚至停车，在长大隧道内蒸汽和内燃机车常因排出的煤烟或尾气影响到列车功率的发挥。而在这些情况下，电力机车均能正常发挥其全功率。此外，牵引电机还具有很大的短时过负荷能力，可以在 2～3min 内过负荷 100％，而不致造成电动机损坏或使用寿命的明显缩减，因而更能适应各种突发性严重情况。

（4）乘务人员工作条件良好，旅客旅行条件舒适。电力机车不仅机车乘务人员劳动强度低，而且工作条件优越。

（5）电力牵引需修建专门的牵引供电系统，一次性建设投资较大。

五、制冷与空调

制冷是使某一物质或空间温度降到低于周围环境温度，并维持在规定低温条件下的过程。

空调即空气调节，是对室内空气进行适当的处理，使室内空气的温度、相对湿度、压力、洁净度和气流速度等保持在一定的范围内的技术措施。空调中的冷却和减湿操作由制冷完成。制冷与空调的关系如图 8-10 所示。

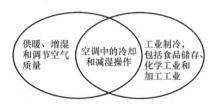

图 8-10 制冷与空调的关系

（一）制冷技术及其应用

制冷与空气调节在工农业生产、国防科研、交通运输、地下工程、医院、剧场、商场和人们日常生活等场合的应用越来越广泛。而人工制冷的用电量极大，相关统计显示，空调用电量已占全国用电量 15％左右；在夏季用电高峰时期，空调用电负荷高达城镇总体用电负荷的 40％。节省制冷能耗已成为当今世界各国节能工作中的重大课题。制冷技术的应用范围见表 8-13。

表 8-13 制冷技术的应用范围

应用分类	应用范围
空气调节	制冷装置可以降低空气的温度和含湿量，使车间保持要求的温度和湿度，利于电子元件、精密仪表、光学仪器等产品制造。还用来为人们的工作和生活创造舒适环境，如高温车间降温，医院、会议室、宾馆、住宅、火车、轮船、飞机内的空气调节等
食品冷藏	蔬菜、水果、鲜蛋等的低温保鲜储存，肉、鱼、禽类等食品的冻结冷藏
生产工艺	某些产品，如合成橡胶、合成纤维、气体液化、石油裂解和脱脂，以及许多重要化工原料的低温提取都需要有一定的冷源条件，以保证生产过程顺利进行
产品性能试验	在低温条件下使用的金属材料、仪器、仪表、电子装置，以及在高寒地区使用的汽车、武器弹药等，均应在地面进行产品的低温性能试验，检查在低温条件下能否正常工作，能否达到规定的性能指标
建筑工业	利用制冷可实现冻土法开采土方，以及拌和混凝土时带走水泥固化反应热，保证施工安全和避免因固化热而产生的内应力和裂缝等缺陷
医药生产及医疗卫生	医药工业中利用真空冷冻干燥法冻干生物制品及药品；低温下保存血浆、疫苗和进行手术治疗

（二）人工制冷方法的分类

人工制冷的方法很多，常见的主要是相变（液体汽化）制冷、气体膨胀制冷、涡流管制冷及热电（半导体）制冷，见表 8-14。其中应用最广泛的是相变（液体汽化）制冷，其装置有蒸气压缩式（简称压缩式）、吸收式、蒸汽喷射式、吸附式四种形式，其中压缩式应用最为普遍。单极蒸气压缩式制冷装置示意图如图 8-11 所示。

表 8-14　　　　　　　　　　　　人 工 制 冷 方 法 分 类

制冷分类	分 类 说 明
相变（液体汽化）制冷	利用物质由液相变为气相时的吸热效应来获取冷量。例如液氨气化可吸收 1371kJ/kg 热量，气化温度低达 $-33.4℃$
气体膨胀制冷	将高压气体作绝热膨胀，使其压力、温度下降，利用降温后的气体吸取被冷却物体的热量
涡流管制冷	使压缩气体产生涡流运动并分离成冷、热两部分，其中冷气体用来制冷
热电（半导体）制冷	又称温差制冷。利用热电效应（帕尔帖效应）原理，把两种不同材料的一端彼此连接，另一端通直流电，则一端产生吸热（制冷）效应，另一端产生放热效应

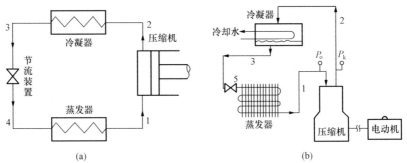

图 8-11　单极蒸气压缩式制冷装置

(a) 组成框图；(b) 系统框图

1—低压气态制冷剂；2—高压气态制冷剂；3—液态制冷剂；
4—低压低温液态制冷剂；5—膨胀阀

图 8-11 中，压缩机在电动机驱动下，从蒸发器吸入低压气态制冷剂，压缩后成为高压气态制冷剂；高压气态制冷剂在冷凝器中用常温的水或空气冷凝成为液态制冷剂；液态制冷剂在膨胀阀中成为低温低压液态制冷剂；低压低温液态制冷剂在蒸发器中蒸发，吸收周围介质中的热量；蒸发器中制冷剂完成制冷后又成为气态，然后再次重复制冷过程。

（三）空气调节设备

空气调节所用的设备包括空气处理设备、空气输送和分配设备、供热供冷系统等。

（1）空气处理设备。预先对空气（室外空气及一部分由室内抽回的空气）进行加热、加湿（一般冬季用）和冷却、干燥（一般夏季用）以及净化等处理的设备。

（2）空气输送和分配设备。处理后的空气送入房间，需要输送和分配空气的设备与部件，如风机、风道、各类风口（送、回、排风口）等。

（3）供热供冷系统。其包括冷、热源和冷热水管道系统。

（四）空气调节系统分类

空气调节系统按组成和特性可分为集中式、半集中式（混合式）和分散式；按冷媒介质种类分为全空气系统、空气—水系统、全水系统、直接冷剂系统等，见表 8-15。集中式空调系统示意图如图 8-12 所示。

表 8-15   空 气 调 节 系 统 分 类

按组成和特性分类		按冷媒介质分类
集中式系统	单风道系统（定风量、变风量）	全空气系统
	双风道系统（定风量、变风量、多区）	
	带风道的空调组系统	
半集中式系统	全空气诱导器系统	空气—水系统
	风机盘管＋新风系统	
	空气—水诱导器系统	
	冷、热辐射板＋新风系统	
	风机盘管系统（无新风）	全水系统
	闭式环路水热浮球泵机组系统	
分散式系统	房间空调器	直接冷剂系统
	多台机组型空调器	
	单元式空调机组	

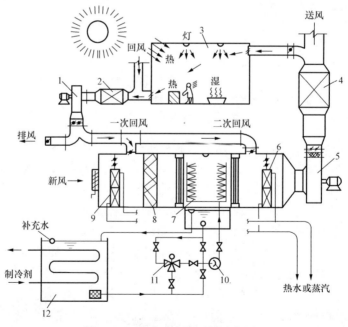

图 8-12　集中式空调系统示意图

1—回风机；2、4—消声器；3—空调空间；5—送风机；6—再热器；7—喷水室；
8—空气过滤器；9—预热器；10—喷水泵；11—电动三通阀；12—蒸发水箱

（五）空调节电措施

1. 减少空调的冷、热负荷

（1）改善建筑物围护结构的热工性能与光学性能，如采用保温性能好的材料砌墙体和屋顶；采用外遮阳措施，减少投入室内的太阳热；采用有热反射涂层的外窗与外门；采用门窗密封条等；

（2）采用高效冷光光源，选择合适的照度；采用控制开关来控制室内主要用电器具。

2. 提高空调装置的运行效率

（1）选择单机效率高的制冷机、风机、水泵电机等设备。

（2）单机容量和台数可与冷（热）负载变化规律相匹配，实行经济运行。

（3）采用经济合理的调速方式，使单机与系统保持在高效区运行。

（4）规定合理的温、湿度标准，采用多功能温控器，对室内的空气温、湿度进行自动调整。

（5）对风管进行保温隔热，消除漏风，减少系统的循环风量。

（6）回收排风中冷量（或热量），用于对新风量的预冷（或预热）。

3. 采用蓄冷技术

采用蓄冰（或冷冻水）制冷方式运行。利用夜间电网低谷负荷时的电力制冰（或冷冻水），将冷量储存，待到白天电网高峰负荷时将冰（或冷冻水）储存的冷量交换出来调节空气温度。空调蓄冷技术适用于宾馆、饭店等有中央空调系统的场合，也适用于纺织、制药行业需用冷冻水的企业；办公楼、商场、影剧院、体育场馆等非全天用冷地方的空调系统采用蓄冷技术的节电效果更佳。

六、电气照明

利用电光源产生的光照亮物体及周围环境使其能够被视觉到的设施和技术。电气照明是电力事业最早开发的应用领域之一。

电气照明具有科学技术、工程技术与艺术相结合的特点。在科学技术方面它吸收了物理学、电工学、电子学、建筑学、生理光学、心理学、人类工效学等基础学科的研究成果；在工程技术方面它综合应用光源、灯具、电气设备、建筑工程等专业技术和经验；在艺术方面，它遵守美学和色彩科学的各项基本原则。

（一）照明及照明应用领域分类

按照明的作用、照明方式、照明器的光分布特性对照明进行分类，见表 8-16。

表 8-16　　　　　　　　　照　明　分　类

分类		分 类 说 明
按照明作用分类	正常照明	在正常情况下使用的、固定安装的室内外的人工照明
	应急照明	在正常照明系统因电源发生故障而熄灭的情况下，承担供人员疏散、保障安全或继续工作的照明设施。按功能划分有备用照明、安全照明和疏散照明
	值班照明	照明场所在无人工作时，保留的一部分照明
	警卫照明	为了警戒的需要，而沿警卫线装设的正常照明
	障碍照明	在可能危及航行安全的建筑物或构筑物上安装的照明

分类		分　类　说　明
按照明方式分类	一般照明	为照亮整个场所而设置的均匀照明
	分区一般照明	为照亮工作场所中某一特定区域而设置的均匀照明
	局部照明	特定视觉工作用的、为照亮某个局部而设置的照明
	混合照明	由一般照明和局部照明组成的照明
按照明器光分布特性分类	直接照明	利用照明器下射 90%～100% 的辐射光通量所形成的照明
	半直接照明	照明器的光分布中有 60%～90% 的辐射光通量向下投射，但是有少量上射光通量照明顶棚和墙面的上部所形成的照明
	均匀漫射照明	照明器的下射和上射光通量大致相等时所形成的照明
	半间接照明	照明器上射光通量为 60%～90% 时所形成的照明。其特点是室内光分布较均匀，同时少量下射光通量又能在视觉作业上产生一定程度的方向性
	间接照明	将照明器的 90%～100% 辐射光通量向上照射顶棚和墙的上部所形成的照明。良好的间接照明使整个顶棚成为照明的二次光源
其他分类	恒定辅助人工照明	当单独使用天然采光不能达到照明要求时，为补充天然光的不足而设置的人工照明
	定向照明	从最佳的用光方向把光线投射到作业面或物体上的照明
	泛光照明	利用泛光灯照明建筑物立面或室外广场、海港、工地等场所的照明
	特殊场所照明	特殊场所照明的种类很多，如防爆照明、水下照明、障碍照明和影视照明等

根据照明功能和照明方法的特点，将照明应用领域分为室内照明、室外照明以及其他非视觉照明，见表 8-17。

表 8-17　　　　　　　　　　照 明 应 用 领 域 分 类

照明分类		应　用　领　域
室内照明	工作照明	办公、生产、学习等工作房间照明
	陈列照明	获得引人注目而且重点突出的展示效果
	休息娱乐照明	供居住、娱乐、交谊活动的房间照明
	医院照明	照顾到医护人员和病人两方面的不同要求而设置的照明
	室内运动照明	使运动员和观众都有良好的视觉条件
	交通区照明	在门厅、走道、楼梯间，照明主要用来判别走向和保证安全
室外照明	道路交通照明	道路照明：街道、公路、桥梁、隧道和交通枢纽的照明，交通信号灯：道路交叉口、机场跑道、铁路车站、港口等处设有指挥交通、导航、调度用的各种信号灯
	工作场地照明	露天仓库、公共工程和建筑施工工地夜间作业的照明
	运动场地照明	按照运动器材种类和特征、运动速度、场地规模和等级等因素，对不同类型运动场地采用不同的照度水平和照度均匀度
	城市夜景照明	有纪念性和艺术价值高的建筑物、公共工程（如法国的埃菲尔铁塔、中国南京的长江大桥等）的立面照明；配合公园、绿地、雕塑、喷泉、广告等的各种照明

续表

照明分类	应用领域
非视觉照明	非视觉照明电光源（包括红外灯和紫外灯）。如农业上利用灯光加速温室植物生长，驱赶害虫，提高养鸡场鸡蛋的产量；在工业上利用红外辐射进行烘干，用紫外灯检漏和使油墨固化；在医疗保健方面以紫外线灯杀菌，用红外辐射和紫外辐射作保健照射和进行治疗；在摄影、复印、电影放映等实用技术方面有广泛的应用

（二）电光源

电光源是将电能转换为光的器件，主要是各种类型的灯和灯管。由电能转换为光能的过程不仅和电学及光学有着直接关系，而且还涉及热物理学、光源材料学、光源化学、电子学、制灯工艺学等多种学科。从电光源的发光原理、特性、发光过程中诸因素对发光的影响，到提高发光效能的方法等均属于电光源应研究的范围。电光源按电能转化为光能的形式分类见表8-18。

表8-18 电光源的分类

分类		分类说明
热辐射光源		利用电流使灯丝加热到白炽程度而发光的电光源，如白炽灯、卤钨灯等
气体放电光源	放电媒质	有汞灯、钠灯、氙灯、高压钠灯、金属卤化物灯等
	放电形式	有辉光放电灯和弧光放电灯。辉光放电灯有霓虹灯、冷阴极荧光灯。弧光放电灯有荧光灯、汞灯、钠灯、金属卤化物灯等
	充入气体压力	气体放电灯分为低压、高压和超高压三种
固体发光光源		某种适当物质与电场相互作用而发光的电光源，如场致发光灯和LED、OLED

（三）照明器

照明器是指由光源和控照器、支撑结构组成的一种照明器件，又称灯具。

照明器的基本功能如下：

（1）改变光源光通量的空间分布，使光源光通量重新分配到人们需要的范围内；

（2）保护视觉，防止或减轻高亮度光源产生的眩光；

（3）保护和固定光源，并将灯与电源相连；

（4）美化和装饰环境，通过照明器的优美造型和合适的外观颜色来满足人们的审美要求。

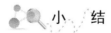 小 结

用电设备所使用的能量转换器具种类众多、形式各异，本章概括地介绍了用电的产业、各种大类用电设备的总体情况，对用电及用电设备的全貌进行了综述。

本章的主要内容如下：

（1）按照供用电关系、销售电价、供电电源特征、用电时间特性或负荷特性等对电力用户进行分类的介绍；用电产业的分类介绍；各产业用电特点。

（2）农业用电的分类介绍；农业用电的形式。

（3）煤炭工业用电分类介绍；煤炭工业用电特点；对煤矿供电的要求。

（4）石油及天然气开采用电、石油化工生产用电、化肥工业用电情况介绍。

（5）钢铁工业主要用电设备及供电要求；钢铁工业用电特点。

（6）有色金属工业用电情况介绍；铝工业用电、铜工业用电情况综述。

（7）机械工业生产设备、辅助生产设备、生活设施介绍。

（8）纺织工业用电类型介绍；纺织工业用电特点。

（9）化学工业用电类型介绍；氯碱工业用电、电石工业用电综述；化学工业用电特点。

（10）交通枢纽类用电、以电为动力的输送类用电介绍；交通运输用电特点。

（11）城市给水设施、城市排水设施、城市电车、地下铁道、路灯等用电情况概述；市政公用设施用电特点。

（12）家用电器的种类介绍；居民生活用电特点。

（13）电力拖动及控制系统的分类、基本构成情况介绍；电力拖动的特点；电动机的分类介绍。

（14）电加热设备的分类和应用情况介绍；电加热的特点。

（15）电化学工业分类介绍；电化学工业设备用电特点。

（16）电力牵引分类、电力牵引供电方式、电力机车及电动车组概况介绍。

（17）制冷技术及其应用、人工制冷方法的分类介绍；空气调节设备、空气调节系统分类介绍。空调节电措施。

（18）照明及照明应用领域分类、电光源、照明器的介绍。

习　题

8-1　我国的用电产业分为哪几种？各产业用电以什么行业用电为主体？

8-2　农业用电有哪些主要形式？

8-3　煤炭工业的用电有哪些特点？

8-4　石油化工及天然气工业用电主要有哪几方面？

8-5　钢铁工业用电有哪些特点？

8-6　有色金属工业用电量较大的主要是什么工业？

8-7　机械工业的用电设备按使用目的可分为哪几类？

8-8　纺织工业用电有哪些特点？

8-9　化学工业用电有哪些特点？

8-10　交通运输用电有哪些特点？

8-11　市政公用设施用电有哪些特点？

8-12　居民生活用电有哪些特点？

8-13　什么是动力机械设备？电力拖动有哪些特点？

8-14　什么是电加热？

8-15　电化学工业设备用电有哪些特点？

8-16　电力牵引有哪些供电方式？

8-17　制冷、空调的定义是什么？制冷与空调有什么关系？

8-18　电光源主要分哪几类？

第九章　异 步 电 动 机

各种用电行业中使用的电力机械及其电力拖动系统主要是利用电动机驱动。其中应用最广泛的电动机是交流异步电动机，包括三相交流异步电动机和单相交流异步电动机。这是由于异步电动机与直流电动机相比，具有结构简单、价格便宜、维护方便、惯性小、工作可靠等优点，单机功率、电压等都比直流电动机高得多，目前在工农业生产、交通运输等主要的用电行业和人们的日常生活中大量使用。

第一节　异步电动机概述

一、异步电动机的分类

异步电动机的定子绕组连接至交流电源，依靠电磁感应作用在转子内感应电流实现机电能量转换，负载时的转速与所接电网频率之比不是恒定值，总是略小于同步转速 n。

异步电动机种类繁多，一般可按供电电源相数分为三相异步电动机和单相异步电动机。

（一）三相异步电动机的主要分类

（1）按转子形式分为：笼型异步电动机和绕线式异步电动机。

（2）按电机中心高 H、定子铁芯外径 D_1 分为：大型（$H>630$mm，$D_1>1000$mm）、中型（H 为 $355\sim630$mm，D_1 为 $500\sim1000$mm）和小型（H 为 $80\sim315$mm，D_1 为 $120\sim500$mm）。

（3）按防护形式分为：封闭式，防护式，气候防护式和开启式。

（4）按通风冷却方式分为：自冷式、自扇冷式、他扇冷式、管道通风式和外装冷却器等。

（5）按安装结构形式分为：按安装结构，用底脚安装、用底脚附带凸缘安装和用凸缘安装；按安装形式，分卧式、立式（轴伸向下、轴伸向上）。

（6）按绝缘形式分为：E 级、B 级、F 级和 H 级（绝缘材料耐热等级见表 1-9）。

（7）按工作方式分为：常用的工作制为连续工作制、短时工作制、断续周期工作制。

（8）按系列产品用途分为：一般用途异步电动机（基本系列电机），电气派生系列异步电动机（高效率、高转差率、高起动转矩、多速），结构派生系列异步电动机（电磁调速、齿轮减速、电磁制动、低振动低噪声、立式深井泵用），特殊环境派生系列异步电动机（户外防腐蚀、隔爆型、增安型、船用），专用系列异步电动机（辊道用、电梯、力矩、电动阀门用、木工用、振动、起重及冶金用、井用潜水、井用潜油、浇水潜水、屏蔽）等。

（二）单相异步电动机分类

单相异步电机是用单相交流电源供电的异步电动机，定子上通常有主绕组和辅助绕组，转子为笼型。根据起动方法和相应结构上的不同，单相异步电动机分为分相式和罩极式两种。

（1）分相式异步电动机：包含电阻起动单相异步电动机、电容起动单相异步电动机、电容运转单相异步电动机和双值电容单相异步电动机。

（2）罩极式异步电动机：包含罩极单相异步电动机和罩极单相异步电动机（方形）。其定子分凸极式和隐极式两种。

二、异步电动机型号

（一）异步电动机型号意义

我国标准规定，电机的型号由产品代号、规格代号、特殊环境代号和补充代号四部分组成。

1. 产品代号

产品代号由电机类型代号、电机特点代号、设计序号和励磁方式代号四部分顺序组成。

（1）类型代号：采用字母表示，如三相异步电动机（Y）、绕线式三相异步电动机（YR）、高效率三相异步电动机（YX）、电阻起动单相异步电动机（YU）、电容起动单相异步电动机（YC）、电容运转单相异步电动机（YY）、双值电容单相异步电动机（YL）、罩极单相异步电动机（YJ）、方形罩极单相异步电动机（YJF）等。

（2）特点代号：采用汉语拼音字母，如防爆电机的增安型（A）、隔爆型（B）和正压型（ZY）。

（3）设计序号：用阿拉伯数字表示，第一次设计的产品不标注。从基本系列派生的产品，按基本系列标注；专用系列按其本身设计顺序标注。

（4）励磁方式代号：采用汉语拼音字母，如晶闸管励磁（J）和相复励磁（X）。

2. 规格代号

规格代号由中心高、铁芯外径、机座号、机壳外径、轴伸直径、凸缘代号、机座长度、铁芯长度、功率、电流等级、转速或极数等表示。

例如小型异步电动机的规格代号：中心高（mm）—机座长度（字母代号）—铁芯长度（数字代号）—极数。又如中大型异步电动机的规格代号：中心高（mm）—铁芯长度（数字代号）—极数。

其中机座代号：短机座（S）、中机座（M）、长机座（L）。

3. 特殊环境代号

特殊环境代号采用字母表示，如高原（G）、船（海）（H）、户外（W）、化工防腐（F）、热带（T）、湿热带（TH）、干热带（TA）。

4. 补充代号

仅适用于有此要求的电机。

（二）异步电动机型号举例

（1）Y 112S—6（小型异步电动机）的含义为，Y—异步电动机，112—中心高112mm；S—短机座，6—6极。

（2）Y500—2—4（中型异步电动机）的含义为，Y—异步电动机，500—中心高500mm，2—2号铁芯长，4—4极。

（3）YB160M—4WF（户外化工防腐用小型隔爆异步电动机）的含义为，YB—隔爆型异步电动机，160—中心高160mm，M—中机座，4—4极，W—户外，F—化工防腐。

三、异步电动机主要系列产品简介

为了适应各种机械设备的配套要求，异步电动机的系列、品种、规格非常多，下面仅简单介绍比较常用的几种系列产品。

（一）Y 系列异步电动机

Y 系列异步电动机是我国在 20 世纪 80 年代初统一设计的小型笼型电动机，完全取代了以前生产的 JO2、JO3、J2、J3 等老系列电动机。20 世纪 90 年代在 Y 系列的基础上又设计了 Y2 系列异步电动机，总结了 Y 系列电动机的稳定生产及改进提高的经验，应用了多年来在电机电磁设计、机械结构设计、工艺、振动噪声抑制、通风温升计算、电机测试及计算机辅助设计等领域的科研成果，吸收了国外同类产品更新的先进技术，是我国第一个完整的低压三相异步电动机系列产品。

（二）YX 系列高效率电动机

YX 系列是由 Y 系列派生的，其功率等级与安装尺寸的对应关系、额定电压、额定功率、防护等级、冷却方法、结构及安装形式和使用条件等均与基本系列相同。由于采取了一系列设计和工艺措施，如采用铁耗较低的磁性材料，增加有效材料用量，改进了定子、转子槽配合和风扇结构等，使电动机总损耗比基本系列下降 20％以上，效率提高约 3％。

（三）YCT 系列电磁调速电动机

YCT 系列电磁调速电动机适用于恒转矩无级调速的各种电力机械设备中，如矿山、冶金、纺织、化工、造纸、印染、水泥等生产行业广泛应用该系列电动机。

（四）YD 系列变极多速三相异步电动机

YD 系列变极多速三相异步电动机是 Y 系列三相异步电动机的派生系列。利用改变定子绕组接线方式以改变电动机的极数来变速，可随负载的不同要求有级地变化功率和转速的特性，对简化变速系统和节约能源有很大意义。YD 系列变极多速三相异步电动机广泛应用于机床、矿山、冶金、纺织等工业部门的各种万能、组合、专用金属切削机床以及需要变速的各种传动机构。

四、异步电动机的铭牌

每台异步电动机的基座上都有一个铭牌，标注了电动机的型号、各种额定值和连接方法等。按照铭牌所规定的条件和额定值运行时，称为电动机额定运行状态。

三相异步电动机铭牌见表 9 - 1。单相异步电动机的铭牌见表 9 - 2。

表 9 - 1   **三相异步电动机的铭牌**

三相异步电动机					
型号	Y90L—4	电压	380V	接法	Y
容量	1.5kW	电流	3.7A	工作方式	连续
转速	1400r/min	功率因数	0.79	温升	90℃
频率	50Hz	绝缘等级	B	出厂年月	××年××月
××电机厂		产品编号 ××		质量	kg

（1）型号：表明电动机的类型、规格、结构特征和使用范围等。表 9 - 1 中 Y90L—4 的含义：Y—异步电动机，90—机座中心高 90mm，L—长机座，4—4 极。表 9 - 2 中 YY6334 的含义：YY—单相电容运转异步电动机，63—机座中心高 63mm，3—规格序号，4—4 极。

（2）额定功率（容量）P_N：指电动机在额定运行时，轴伸端输出的机械功率，单位为 kW。

表 9 - 2 单相异步电动机的铭牌

单相异步电动机					
型号	YY6334		编号		××
功率	180W	电压	220V	电流	1.2A
频率	50Hz	绝缘等级	E	转速	1400r/min
		×× 电机厂	××		

(3) 额定电压 U_N：指电动机运行时，定子绕组应加的电压（三相电动机指线电压），单位为 V 或 kV。

(4) 额定电流 I_N：指电动机在额定电压下输出功率达到额定值时，流入定子绕组的电流，单位为 A。

(5) 额定频率 f_N：指电动机所接电源频率。我国电网频率为 50Hz。

(6) 额定转速 n_N：指电动机在额定电压、额定频率和额定功率时，电动机转子的转速，单位为 r/min。

(7) 绝缘等级：指电动机内部所有绝缘材料允许的最高温度等级。绝缘材料耐热等级见表 1 - 9。

(8) 额定功率因数：指额定负载下的功率因数 $\cos\varphi_N$。

(9) 工作方式：连续工作制、短时工作制、断续周期工作制等。

(10) 接法：指三相电动机的两种接线方式。如铭牌中标有电压 220V/380V，接法（联结）△/Y，说明电源线电压为 220V 时接法为三角形连接，电源线电压为 380V 时接法为星形连接。

(11) 产品编号：同规格出厂的电动机数量多，编号可以区别每一台电动机。

第二节　三相异步电动机

一、三相异步电动机的基本组成

三相异步电动机的种类很多，但各类三相异步电动机的基本结构是相同的，都由定子和转子这两大基本部分组成，在定子和转子之间留有 0.25～2mm 的空气隙。此外，还有端盖、轴承、接线盒、吊环等其他附件。三相笼型异步电动机的组成部件如图 9-1 所示。三相绕线式异步电动机剖面图如图 9-2 所示。

（一）三相异步电动机的定子

电动机的静止部分称为定子，主要包括定子铁芯、定子绕组、外壳（机座、端盖、风罩）等部件。

1. 定子铁芯

定子铁芯是电动机磁路的一部分，放置定子绕组。为了减小定子铁芯中的损耗，铁芯一般用厚 0.35～0.5mm、表面有绝缘层的硅钢片冲片叠装而成，由于薄硅钢片的片与片之间绝缘，减少了由于交变磁通通过而引起的铁芯涡流损耗。在铁芯片的内圆冲有均匀分布的槽，以嵌放定子绕组。定子铁芯及冲片示意图如图 9 - 3 所示。常用的定子铁芯槽形如图 9 - 4 所示。

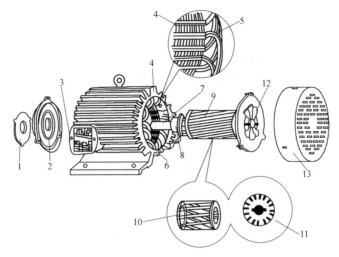

图9-1 三相笼型异步电动机的组成部件图

1—轴承盖；2—端盖；3—接线盒；4—定子铁芯；5—定子绕组；6—机座；7—转轴；
8—轴承；9—转子；10—转子绕组；11—转子铁芯；12—风扇；13—罩壳

2. 定子绕组

定子绕组的作用是通入三相对称交流电，产生旋转磁场。由嵌放在定子铁芯槽中的线圈按一定规律连接而成的。

定子三相绕组的结构完全对称，一般有六个出线端，置于电动机机座的接线盒内，可按需要将三相绕组接成星形（Y）接法或三角形（△）接法。异步电动机三相绕组的首端一般用 U1、V1、W1 表示，对应的尾端用 U2、V2、W2 表示，如图9-5所示。

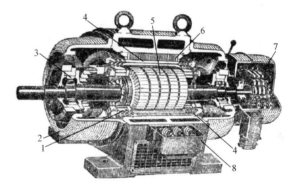

图9-2 三相绕线式异步电动机的剖面图

1—转子绕组；2—端盖；3—轴承；4—定子绕组；
5—转子；6—定子；7—集电环；8—出线盒

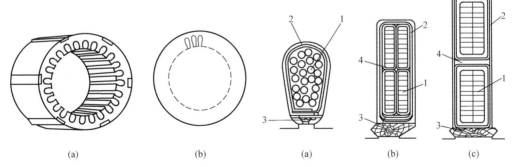

(a)	(b)

图9-3 定子铁芯及冲片示意图

(a) 定子铁芯；(b) 定子冲片

(a)	(b)	(c)

图9-4 定子铁芯槽

(a) 半闭口槽；(b) 半开口槽；(c) 开口槽

1—导线；2—槽绝缘；3—槽楔；4—层间绝缘

3. 外壳及轴承

三相电动机外壳包括机座、端盖、轴承盖、接线盒等部件（见图 9 - 1）。

（1）机座：铸铁或铸钢浇铸成型，其作用是保护和固定三相电动机的定子绕组。中、小型三相电动机的机座还有两个端盖支承着转子。机座的外表要求散热性能好，所以一般都铸有散热片。

（2）端盖：铸铁或铸钢浇铸成型，其作用是把转子固定在定子内腔中心，使转子能够在定子中均匀地旋转。

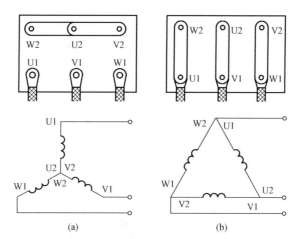

图 9 - 5　定子三相绕组的接线盒内和绕组接法

（a）星形接法；（b）三角形接法

（3）轴承盖：铸铁或铸钢浇铸成型，其作用是固定转子，使转子不能轴向移动，另外起存放润滑油和保护轴承的作用。

（4）接线盒：一般用铸铁浇铸，其作用是保护和固定绕组的引出线端子。

（5）吊环：一般用铸钢制造，安装在机座的上端，用来起吊、搬抬三相电动机。

（6）轴承：用来连接转动部分与固定部分，采用滚动轴承以减小摩擦阻力。

（7）轴承端盖：用来保护轴承，使轴承内的润滑脂不致溢出，并防止灰、砂、脏物等浸入润滑脂内。

（二）三相异步电动机的转子

转子是电动机的旋转部分，由转子铁芯、转子绕组和风叶等组成。

1. 转子铁芯

转子铁芯也是电动机磁路的一部分，一般用 0.5mm 厚、相互绝缘的硅钢片冲制叠压而成。硅钢片外圆冲有均匀分布的槽，用来安置转子的绕组。转子铁芯固定在转轴或转子支架上。

2. 转子绕组

转子绕组的作用是产生感应电动势和电流，并在旋转磁场的作用下产生电磁力矩而使转子转动。转子绕组根据结构不同分为笼型和绕线式两种。

（1）笼型转子。通常有两种不同的结构形式：一种结构为铜条转子，即在转子铁芯槽内放置没有绝缘的铜条，铜条的两端用短路环（端环）焊接起来，形成一个笼型，如图 9 - 6

（a）所示；另一种为中小型异步电动机的笼型转
子，一般为铸铝转子，将熔化了的铝浇铸在转子
铁芯槽内成为一个完整体，连同两端的短路环和
风扇叶片一起铸成，如图9-6（b）所示。

（2）绕线式转子。绕线式转子绕组也是一个
对称三相绕组，嵌入转子铁芯槽内，并作星形连
接，三个引出端分别接到转轴上三个彼此绝缘的
集电环（滑环）上，再通过电刷装置与外电路相

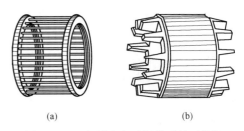

图9-6 三相异步电动机笼型转子绕组
（a）铜条转子；（b）铸铝转子

接，以便在转子电路中串入附加电路，改善异步电动机的起动及调速性能。绕线式转子绕组
的结构和接线示意图如图9-7所示。

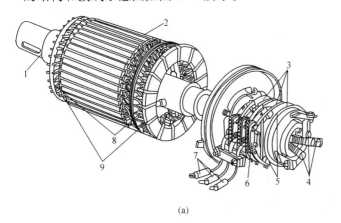

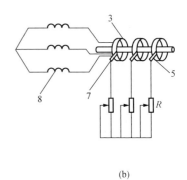

（a）

（b）

图9-7 绕线式转子绕组
（a）绕线式转子绕组结构；（b）绕线式转子绕组接线示意图
1—转轴；2—转子铁芯；3—集电环；4—转子绕组出线头；5—电刷；
6—刷架；7—电刷外接线；8—三相转子绕组；9—镀锌钢丝箍

绕线式转子电动机结构比较复杂，成本比笼型电动机高，但因具有较好的起动和调速性
能，一般只用于要求具有较大起动转矩以及有一定调速范围的场合，如大型立式车床和起重
设备等。

3. 风扇

风扇用于冷却电动机。

二、三相异步电动机的起动

三相异步电动机接通电源后，电动机由静止状态加速到稳定转速的过程称为起动。生产
过程中电动机经常需要起动、停车，起动性能对生产有很大的影响，因此需要考虑电动机的
起动性能，选择合适的起动方法。

（一）三相异步电动机的起动性能

在起动过程中，最关键的问题是起动转矩和起动电流。

1. 起动转矩

异步电动机起动过程中，由电动机产生的最初驱动转矩应大于电动机转子静止时的制动
转矩，在整个起动过程中，还必须要求电磁转矩大于惯性制动转矩，加速转矩越大，加速越
快，起动时间越短。但在电动机起动的初始瞬间，异步电动机的起动转矩并不大，针对不同

的起动情况，应选择不同的起动方法。

2. 起动电流

异步电动机的起动电流很大，约为额定电流的 4~7 倍。

由于异步电动机起动过程非常短，一般为（1~3）s，如果不是频繁起动，起动电流造成的电动机发热问题并不大，对电动机的正常运行没有影响。但起动电流大会引起电源电压的下降，影响接在同一电源上的其他设备的正常工作。

在某些生产机械（如轧钢车间的辅助机械）的拖动系统中，电动机起动、制动十分频繁，如果采用笼型异步电动机拖动，则在起、制动过程中，其电流比额定电流大得多，造成电动机严重发热，应当进行发热校验，或从发热考虑求得允许的每小时合闸次数。

（二）起动方法

异步电动机的起动方法有直接起动、降压起动、转子串电阻起动、频敏变阻器起动和软起动。各种起动方法适用的电动机类别及主要性能和特点见表 9-3。

表 9-3　　　　三相异步电动机各种起动方法适用的类别及主要性能和特点

起动方法	适用电动机	主要性能及特点
直接起动	笼型	起动电流大，设备简单，操作方便。适用于供电电源和电动机允许的条件下，即小容量和轻载起动
降压起动	笼型	起动电流随电压成正比下降，起动转矩随电压的平方下降。适用于空载或轻载起动
转子串电阻起动	绕线式	起动电流小，起动转矩大，控制较复杂。适用于带负载起动
频敏变阻器起动	绕线式	为无触点变阻器起动。起动平稳，在相同起动电流下，比转子串电阻起动的起动转矩要小一些。适用于带负载起动
软起动	笼型、绕线式	起动平稳，对电网冲击小，起动功率损耗小，有利于节能运行，可靠性高。适用于各种场合

1. 笼型三相异步电动机的直接起动

利用开关元件将异步电动机定子绕组直接接到额定电压的电网上进行起动的方法，又称全压起动。直接起动的优点是操作和起动设备简单，缺点是起动电流大。

一般笼型异步电动机直接起动的起动电流为额定电流的 4~7 倍，起动转矩为额定转矩的 1~2 倍。随着电力系统容量的不断增大，供电电网的容量也会加大，直接起动的应用范围将日益扩大。

直接起动的应用受电动机动稳定、热稳定和电网容量的制约。一般笼型异步电动机都按直接起动的电磁力和发热来考虑机械强度和热稳定性，都允许直接起动。若供电电源容量不够大，则起动电流可能使电网电压显著下降，影响接在同一电网上的其他电动机和电气设备的正常工作。

一般情况下，小容量（$P_N \leqslant 7.5$kW）的笼型三相异步电动机可以直接起动；容量较大、同时满足式（9-1）的要求时，也可允许直接起动。

$$\frac{I_{st}}{I_N} \leqslant \frac{1}{4} \times \left(3 + \frac{电源变压器容量}{起动电动机容量}\right) \tag{9-1}$$

式中　I_{st}——定子起动电流，A；

　　　I_N——电动机额定电流，A。

2. 笼型三相异步电动机的降压起动

通过起动设备将电压降低后加到电动机的定子绕组上，待电动机的转速上升到稳定值时，再使定子绕组承受全压。降压起动能有效地减小起动电流，但电磁转矩与电压的平方成正比，因而电动机的起动转矩较小，因此这种方法只适用于空载或轻载起动。

笼型异步电动机常用的降压起动方法有 Y—△（星—三角）换接起动和自耦变压器降压起动。

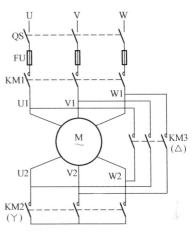

（1）Y—△（星—三角）换接起动。起动时把交流电动机的定子绕组接成星形，起动后正常运行时换接成三角形。在正常运行时定子绕组作三角形（△）连接的电动机，均可采用 Y—△换接起动。

Y—△换接起动接线图如图 9-8 所示，通过低压控制开关 QS、熔断器 FU 接通电源，控制电路将接触器 KM1、KM2 闭合（KM3 断开），定子绕组接成星形，定子每相绕组所加电压为电网电压的 $1/\sqrt{3}$，待电动机的转速接近正常运行转速时，断开 KM2，同时闭合 KM3，把定子绕组改接成三角形，电动机在全压下运行。

图 9-8　Y—△换接起动接线图

星形起动时的线电流与相电流是相等的，三角形起动时线电流是相电流的 $\sqrt{3}$ 倍。因此 Y起动时的线电流仅为三角形起动时的 1/3。由于转矩与定子电压的平方成正比，所以起动转矩也减小到三角形起动时的 1/3。

Y—△换接起动操作方便，起动设备简单，还可频繁起动，小容量笼型异步电动机常采用这种起动方法。为便于采用星—三角换接起动，4kW 以下小型笼型异步电动机的定子绕组均设计成三角形接法。

（2）自耦变压器降压起动。利用自耦变压器降低电压进行起动（又称补偿起动法），以减小起动电流，待起动结束，切除自耦变压器，电动机在全压下运行，接线如图 9-9 所示。

起动用自耦变压器 AT 又称起动补偿器，起动时通过低压控制开关 QS、熔断器 FU 接通电源，控制电路将接触器 KM1、KM2 闭合（KM3 断开），电网电压经 AT 降低后加在电动机定子绕组上，待转速基本稳定后，断开 KM1、KM2，闭合 KM3，电动机加速到全压下的稳定转速，起动完毕。

自耦变压器二次侧常有 2～3 个抽头，可提供几个二次电压。例如电源电压的 40%、60% 和 80%（或 55%、64% 和 73%）三种抽头，可以根据起动转矩来选用。自耦变压器不允许频繁起动或长期停留在起动位置，其容量的选择与电动机容量、起动时间及连续起动次数有关。

设自耦变压器变比为 K_U（$K_U<1$），$U_2=K_U U_1$，经过自耦变压器起动时，起动电流 I_{st} 降低为直接起动的 K_U^2 倍，起动转矩也为直接起动时的 K_U^2 倍，即起动电流和起动转矩按同比例减小，仅适用于空载或轻载起动的场合。

3. 绕线式三相异步电动机转子串电阻起动

转子回路串可变电阻 R_{st} 进行起动，可以提高起动转矩和减小起动电流，甚至可以获得最大起动转矩，常用于起动困难的机械，如起重机、卷扬机、锻压机、转炉等。

转子回路中的起动电阻通常为星形连接。小型电动机配用的起动电阻用金属电阻丝制成，浸在油内，以利散热。大型电动机的起动电阻，用铸铁电阻片或水电阻。

绕线式三相异步电动机转子串电阻起动的原理接线如图9-10所示，在起动过程中控制 R_{st} 随着转速的增加由最大逐渐减小，起动过程结束时电动机进入正常运行，此时 $R_{st}=0$。

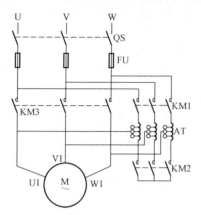

图9-9 自耦变压器降压起动接线图

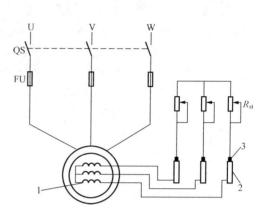

图9-10 绕线式三相异步电动机
转子串电阻起动的原理接线图
1—转子绕组；2—滑环；3—电刷

4. 绕线式三相异步电动机转子串频敏变阻器起动

转子串频敏变阻器起动的原理接线与图9-10基本相同，仅将起动可变电阻 R_{st} 改为频敏变阻器即可。

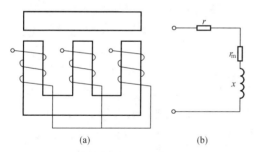

图9-11 频敏变阻器结构示意图和等效电路
(a) 结构示意图；(b) 等效电路

频敏变阻器起动是一种无触点变阻器起动，它能自动、无级地减小电阻，大大简化了控制系统。频敏变阻器起动结构简单、运行可靠、使用和维护方便，因此应用日益广泛。但与转子回路串电阻起动方法相比，由于频敏变阻器具有一定的电抗，在同样起动电流下，起动转矩要小些。

频敏变阻器是一个三相铁芯电抗器，铁芯用厚为30~50mm的几片或十几片钢板叠成，三个铁芯柱上绕有匝数较少的三相绕组，并接成星形，其结构示意图和等效电路如图9-11所示。图9-11（b）中的 x 为一相绕组的电抗；r 为一相绕组的电阻，由于匝数少，r 的数值不大；r_m 是反映铁芯损耗的等效电阻，由于涡流损耗与频率的平方成正比，铁耗等效电阻 r_m 的值随频率的增加而增大。

起动初始阶段，转子电流频率较高，频敏变阻器的阻抗（主要是铁耗等效电阻）较大，因而限制了起动电流，同时也增大了起动转矩。随着转子转速的升高，转子电流频率逐渐降低，r_m 随之减小，相当于起动过程中逐渐减少转子回路的电阻。起动过程结束后，转子电流频率很低（1~3Hz），频敏变阻器的阻抗很小，此时可切除并把转子绕组直接短路，也可以串接在转子回路中。

5. 软起动

起动过程中，由串接于电源与电动机之间的三相反并联晶闸管 VT 及其电子控制电路组成的软起动器，控制晶闸管的导通角，使加到定子绕组的电压可按要求改变，电动机转速可以平稳上升，直至起动结束，赋予电动机全电压。

软起动适用于各种异步电动机。晶闸管软起动器主电路如图9-12所示。

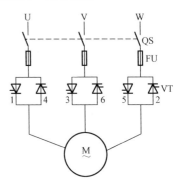

软起动的关键是根据起动电流的大小、起动方式的不同，采用各种不同的起动器控制方式，使异步电动机处于最佳的起动过程，同时可以减少起动功率损耗。软起动一般有斜坡电压软起动、恒流软起动、斜坡恒流软起动和脉冲恒流软起动。

（1）斜坡电压软起动。早期的软起动器以起动电压为控制对象进行软起动。但在某些工况应用时，会出现较大的二次冲击电流，容易损坏晶闸管。

（2）恒流软起动。起动时起动电流保持恒定，电流设定为额定电流的 1.5～4.5 倍。设定电流大，则起动转矩大、起动时间短；设定电流小则起动转矩小、起动时间长。

图 9-12　晶闸管软起动器主电路

软起动器多数都以起动电流为控制对象进行软起动，恒流软起动适用于起动惯性大的场合。

（3）斜坡恒流软起动。控制起动电流以一定的速率平稳增加，当起动电流达到设定值时，将起动电流保持恒定直至起动结束。该方式一般适用于空载或轻载起动，也适用于起动转矩随转速增加而增大的设备，如通风机、水泵等。

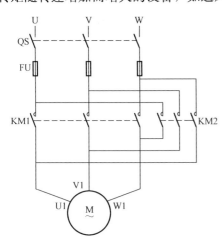

图 9-13　电动机正反转控制主电路

（4）脉冲恒流软起动。在起动初始阶段设定一个较大的冲击电流，能够产生较大的起动冲击转矩去克服较大的静摩擦阻转矩，使电动机能够起动，然后进入恒流阶段，直至起动结束。由于脉冲恒流软起动的起动转矩大，适用于重载起动，如皮带输送机、磨煤机的带负载起动。

三、三相异步电动机的反转

三相异步电动机转子旋转的方向取决于定子三相旋转磁场的转向，而旋转磁场的转向则取决于相电源的相序。要改变电动机的旋转方向，只需要改变电源的相序，如图9-13所示。

图 9-13 中，通过低压控制开关 QS、熔断器 FU接通电源，控制电路将接触器 KM1 闭合（KM2 断开），电动机正转；当断开 KM1，合上 KM2 后，电源的 U、W 互换，电动机反转。

四、三相异步电动机的制动

电力机械设备在生产过程中，常常需要设法使运动系统能迅速地停止或准确地停在某一位置，或由高速迅速地变为低速或限制位能性负载的下降速度。

电动机的制动过程可以采用机械或电气的方法。机械制动可由人工操作、气压操作（气动制动器）和电磁铁操作（电磁制动器、俗称抱闸）等进行。

异步电动机电气制动的方法有能耗制动、反接制动和回馈制动。

（一）能耗制动

将正在运行的异步电动机定子绕组从电网断开，接到一直流电源上，定子绕组产生一恒定磁场，转子因惯性旋转并切割该恒定磁场，转子中产生感应电动势和电流，该电流与磁场作用产生的转矩起制动作用。

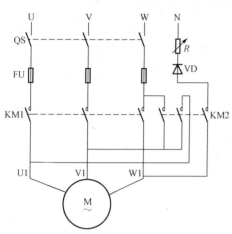

图 9-14　异步电动机能耗制动原理接线图

能耗制动的原理接线如图 9-14 所示。异步电动机正常运行时，接触器 KM1 闭合（KM2 断开）。能耗制动时，断开 KM1，闭合 KM2，W 相电流进入 U1、V1 后由 W1 回流，经过二极管 VD 和 R 形成直流制动回路。

能耗制动广泛用于要求平稳准确停车的场合，也可用于起重机等带位能性负载的机械上，限制重物下降的速度，使异步电动机迅速停车。

（二）反接制动

反接制动常用于需要迅速停车或迅速反转的生产机械中。其分为正转反接制动和倒拉反转的反接制动两种。

1. 正转反接制动

将正常运行的异步电动机电源的任意两相对调，接线与图 9-13 相同。定子旋转磁场反向变为制动性质。

如果制动目的只是为了快速停车，则在转速接近零时立即断开电源。由于反接制动电流很大，对于笼型异步电动机一般仅限于 10kW 以下，对于绕线式异步电动机，反接时应在转子回路串入附加电阻（或频敏变阻器）。

2. 倒拉反转的反接制动

当绕线式异步电动机拖动起重机下放重物时，可保持电动机运行时定子接线不变（见图 9-10），而增大串入转子回路的电阻，使电动机的转速从正转逐渐降至零，然后变为反转，此时转子转差率大于 1，处于电磁制动状态，从而保证重物以较低的速度下降。

（三）回馈制动

回馈制动又称再生制动，用于带位能性负载或惯性作用而超速的异步电动机。位能性负载（如起重机提升与放下重物这类的负载），不论运动方向如何，重力作用总是向下的，重力转矩的方向也总是不变的。当电动机被生产机械的位能性负载或惯性作用驱动转子转速超过同步转速时，异步电动机即成为发电机运行，此时电动机的有功电流和电磁转矩改变方向，从而制止转速的进一步增加，起到了制动作用。

五、三相异步电动机的调速

异步电动机的调速是运行过程中一项常见的操作，不同的电力机械要求不同的速度，即使同一个电力机械在不同的运行工况下，也需要不同的速度，因而需要对拖动系统的运行速度加以调节。

异步电动机的转速计算式为

$$n = \frac{60f}{p}(1-s) \qquad\qquad (9-2)$$

式中　n——异步电动机转速，r/min；

　　　f——电源频率，Hz；

　　　p——电动机的极对数；

　　　s——异步电动机的转差率。

由式（9-2）可见，异步电动机可以分为变频调速、变极调速和变转差率调速三大类。

（一）变频调速

变频调速是比较合理和理想的一种调速方式，具有高效率、高准确度和可平滑调速的优点，能实现恒转矩或恒功率调速，是交流调速系统的主流。变频调速系统的主体是变频电源装置（变频器）。

变频器可分为交流—交流变频器（又称直接变频器）和交流—直流—交流变频器两大类。交流—交流变频器直接将恒频的交流电通过电力变流器变为变压、变频交流电源（一次换能）；交流—直流—交流变频器需先变换为直流电，再变换为变频交流电源（两次换能）。目前大都采用交流—直流—交流变频器。

交流—交流变频调速示意图如图9-15所示。交流—直流—交流电流型变频调速系统示意图如图9-16所示。

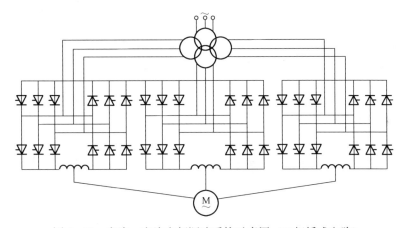

图9-15　交流—交流变频调速系统示意图（三相桥式电路）

（二）变极调速

变极调速是指通过改变异步电动机定子绕组的接线来改变电动机的极对数，从而实现调速的方法。由电动机的工作原理可知，电动机的磁极对数是成倍增长的，电动机的转速阶段性上升，无法实现无极调速。

笼型异步电动机转子的极数能自动与定子绕组的极数相适应，所以笼型异步电动机采用这种方法调速。

异步电动机可以通过改变电动机的定子绕组接法来实现变极调速，也可以

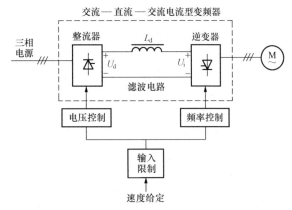

图9-16　交流—直流—交流电流型变频调速系统图

通过在定子上安装不同的定子绕组来实现调速，这种电动机又称为多速电动机。图 9-17 所示为一个 4/2 极双速电动机的定子绕组接法，电源通过 QS、FU 接入后，控制 KM1 接通（KM2、KM3 断开）时，接成 U1、V1、W1 形成的△形，合成磁场为两对磁极。当控制 KM1 断开，同时接通 KM2、KM3 时，接成双 Y 形，如图 9-17（b）所示，则合成磁场为一对磁极。这两种接法下电动机同步转速差一倍。

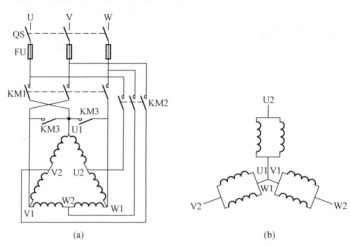

图 9-17　双速笼型异步电动机变极调速原理图

(a)　△形接法；(b)　双 Y 形接法

变极调速只能是有级调速，但运行操作简单，普遍用在车、铣、镗、磨、钻床以及风机、水泵等设备上。

（三）变转差率调速

异步电动机的变转差率调速包括绕线式异步电动机的转子串接电阻调速、串极调速和异步电动机的定子调压调速等。

1. 绕线式异步电动机的转子串接电阻调速

绕线式异步电动机转子回路中串接可调变阻器，可以通过改变电阻来改变转差率实现调速，接线图与图 9-10 相同。起动电阻器同时可以用作调速电阻。

当负载转矩恒定时，异步电动机的转差率随转子串联电阻的增大而增大，异步电动机的转速随转子串联电阻的增大而减小。

转子串接电阻调速的主要优点是设备简单、操作方便；主要问题是调速范围不大，低速时效率很低，负载转矩波动时会引起较大的转速变化。

转子串接电阻调速多用于恒转矩、断续工作方式的生产机械上，如起重运输机械、交流卷扬机、轧钢机的辅助机械等。

2. 绕线式异步电动机的串极调速

串极调速是指在绕线式异步电动机转子回路引入一个附加电动势 E' 实现调速。异步电动机串级调速原理见图 9-18。改变附加电动势 E' 的大小即可改变转差率 s，从而改变电动机转速。若附加电动势的相位与转子电动势相位一致，随着 E' 的增加，s 将减小，转速上升；当 s 减小到等于零时，达到同步转速运行；如果进一步增加 E'，s 变为负值，电动机将超过同步转速运行。若附加电动势的相位与转子电动势相位相反，随着 E' 的增加，s 也将增加，转速下降。因此，这种情况只能在低于同步转速下调节。

绕线式异步电动机的串极调速适用于风机、水泵、轧钢机、矿井提升机、挤压机等。

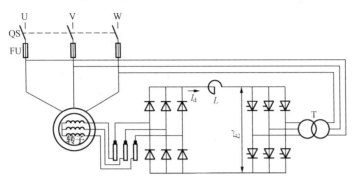

图9-18　绕线式异步电动机串极调速原理图

3. 异步电动机的调压调速

当异步电动机在一定的转速下运行时，电磁转矩与定子电压的平方成正比。调节电动机定子电压将使电磁转矩产生变化，在一定的负载转矩下可使电动机转速改变。

异步电动机调压调速早期主要是利用串联在定子回路中的饱和电抗器、自耦变压器调压等几种方法，目前已经基本被晶闸管交流调压调速装置替代。晶闸管调压调速主电路原理接线与软起动原理接线（图9-12）相同，调节方式不同。

晶闸管交流调压调速电路具有结构紧凑、轻便、成本较低、动态响应较快等优点，在中、小容量，且对性能指标要求不十分高的场合（如低速电梯、起重机械、风机、泵类等负载）得到了较广泛的应用，也可用作无电流冲击的异步电动机的软起动装置。

六、三相异步电动机的保护

电动机在起动、制动或正常运行中，其供电电源系统、异步电动机自身及其负载，有可能出现故障或者危及安全的异常工况，这时异步电动机保护将自动切断电源，或者给出信号由值班人员消除异常工况的根源，以减轻或避免电动机及其他设备的损坏，以及对由同一母线供电的用户的影响。异步电动机所出现的故障和异常工况不同，其保护措施也不相同。

异步电动机的故障主要是定子绕组的多相及单相短路；异常工况主要是过电流。

异步电动机保护可用继电器来实现。根据电动机的类型、容量和电压等级的不同，所采取的保护措施也不相同。中、小容量低压异步电动机，有的重要程度较低，可采用简单的保护；由于运行中发生漏电接地机会较多和容易发生断相、堵转等现象，需专门装设漏电保护、断相保护和堵转保护。大容量高压异步电动机的重要程度较高，应采用较完善的保护。

（一）中、小容量低压异步电动机保护

中、小容量低压异步电动机一般装有短路保护、堵转保护、过负荷保护、断相保护、低电压保护、漏电保护和定子绕组温度检测保护。

（1）短路保护。当发生短路故障时，短路保护应瞬时切断电源。通常采用熔断器和低压断路器实现保护。

（2）堵转保护。当由于电气或机械原因造成电动机长期堵转时，定子绕组将因过电流而产生过热。为此多采用电流继电器实现堵转保护，但应避免电动机起动时（转子静止状态与堵转状态的物理情况相同）误动作，保护须经大于起动时间的延时后才切断电源。

（3）过负荷保护。电动机过负荷容许的时间决定于过负荷电流的大小，过负荷保护的特性（动作时间与电流之间的关系）应尽量接近电动机的过负荷特性。最简单的过负荷保护是利用热继电器来实现，但对于重复短时工作的电动机，仅在其负荷特性是固定不变时，才能起保护作用。绕线式异步电动机，因其过负荷特性不同，不宜采用热继电器作为过负荷保护。

（4）断相保护。三相异步电动机发生一相断线后，造成电动机断相运行，这时定子电流严重的不平衡，将引起过热。根据三相电流不平衡这一特点，可安装带断线保护的热继电器作为过负荷保护，同时又可作为断相保护。

（5）低电压保护。当电动机负荷不变时，如电网电压降低，定子电流将显著增加而产生过电流。常利用供电回路交流接触器吸引线圈低电压释放及自动开关的失压脱扣器作为低电压保护。

（6）漏电保护。为防止人身触电或电动机定子绕组接地可装设漏电保护。漏电保护利用零序电流互感器来检测三相电流之和是否为零，当超过一定值时切断电动机的电源。

（7）定子绕组温度检测保护。这是一种直接防止定子绕组温度过高的保护，能同时对由于过负荷、断相、三相电流不平衡、电源频率变化、环境温度过高或电动机通风不良、过电压或低电压等引起的温度过高起到保护作用。常将正温度系数的热敏电阻元件埋入定子绕组，利用热敏电阻在动作温度附近阻值变化的特性去驱动出口电路，切断电动机的电源。

（二）大容量高压异步电动机保护

大容量高压异步电动机保护措施有相间短路保护、单相接地保护、过负荷保护和低电压保护。

（1）相间短路保护。2000kW 以上的高压异步电动机相间短路保护采用差动保护装置来实现。根据不同的灵敏度要求，可选择三相式或两相式的保护接线。2000kW 以下的电动机常采用带速断—反时限的过电流继电器构成瞬时电流速断保护作为相间短路保护。

（2）单相接地保护。单相接地保护采用零序电流互感器和与之连接的电流继电器构成。当单相接地时，流经零序电流互感器的三相电流之和不为零，当接地电流达到一定值时，电流继电器动作而切断电动机的电源。

（3）过负荷保护。过负荷保护一般采用带反时限特性的过电流继电器。其时限特性应与电动机过负荷特性相近，并比电动机的稍低一些为好。这种保护采用的继电器没有累计过负荷的性能，不适用于重复短时运行的电动机。

（4）低电压保护。为了防止电压回路发生某些故障时低电压保护装置不正确动作，可将两个电压继电器接于电压互感器的不同相上，其触点串联后控制时间继电器，延时切除电动机。一套低电压保护装置，可同时保护同一母线供电的多台电动机。

（三）常用异步电动机保护实例

为实现异步电动机的保护，常用各种电动机保护器，如低压断路器、热继电器和电子型、智能型、热保护型以及磁场温度检测型保护器等。异步电动机各种保护可以根据需要选择安装。下面以中、小容量低压异步电动机常用保护电路为例，说明各种保护的设置及其作用。

图 9-19 所示电动机直接起动的保护和控制电路，由低压断路器 Q、熔断器 FU、接触器 KM 和热继电器 KR 等组成，其中 FU2 右侧电路为控制回路，SB2 为起动按钮，SB1 为

停止按钮。

图 9 - 19 所示电路的正常运行操作为：接通低压断路器 QF，按下起动按钮 SB2，其动合触点闭合，控制回路由电源 V—FU2—SB1—SB2—KM—KR—FU2—W 形成通电回路，控制电路中接触器 KM 线圈通电，SB2 并联的 KM 触点接通形成其自保持。主电路中 KM 主触头动合触点接通，电动机直接起动并正常运行。按下停止按钮 SB1，控制电路中 KM 失电，主电路中 KM 动合触点断开，电动机停机。

图 9 - 19 中，当发生短路故障或电

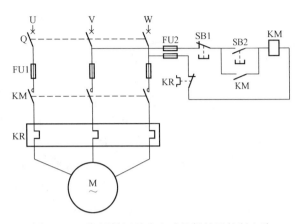

图 9 - 19 常用低压异步电动机保护及控制电路

动机堵转时，由低压断路器 Q、熔断器 FU1 动作或熔断使主电路失电，形成短路保护和堵转保护；当出现电动机过负荷时，主电路中热继电器 KR 动作，控制回路中 KR 动断触点断开，形成过负荷保护；当 V 或 W 断相时，控制电路失电，KM 自保持的动合触点断开，自动起断相保护的作用，还可以增加一个接触器，形成完整的断相保护；当电网电压降低到一定程度，接触器线圈的吸合力降低，控制电路中 KM 动合触点自保持断开，起到低电压保护的作用。

第三节 单相异步电动机

单相异步电动机采用单相交流电源供电，具有结构简单、成本低廉、运行可靠及维修方便等一系列优点。

特别是单相异步电动机可以直接使用单相交流 220V 普通民用电源，使用方便，并且噪声小、对无线电系统干扰小，因此广泛用在各行各业和人们的日常生活中。例如，在各类工农业生产工具等小型动力机械、家用电器、仪器仪表、商业服务、办公用具和文教卫生等设备中作为驱动源，如电钻、小型鼓风机、医疗器械、风扇、洗衣机、冰箱、冷冻机、空调机、抽油烟机、电影放映机等；工业上也常用于通风与锅炉设备以及其他伺服机构上。

单相异步电动机和同容量的三相异步机比较，体积较大，运行性能也较差，所以通常只做成小型的，功率范围为 8～2000W。

一、单相异步电动机的基本组成

单相异步电动机分为分相式和罩极式两种。与三相异步电动机的结构类似，单相异步电动机由定子、转子和起动装置等部分组成。

单相异步电动机由于采用单相交流电源供电，其定子一般有一个工作绕组，某些种类的单相异步电动机还有一个起动绕组（辅助绕组），因此其基本组成与三相异步电动机有一定的差异。

（一）单相异步电动机的定子

单相异步电动机的定子部分包括铁芯、绕组和机座三部分。

1. 定子铁芯

(1) 分相式定子铁芯。用厚度为 0.35～0.5mm 的硅钢片冲槽叠压而成。由于单相异步电动机定、转子之间气隙比较小，一般在 0.2～0.4mm，为减小开槽所引起的电磁噪声和齿谐波附加转矩等的影响，定子槽口多采用半闭口形状。转子槽为闭口或半闭口，常采用转子斜槽来降低定子齿谐波的影响。

(2) 罩极式定子铁芯。隐极式定子铁芯与分相式相似。凸极式外形是一种方形或圆形的磁极，凸极中间开一个小槽，用短路铜环罩住约 1/3 的磁极面积，短路环作辅助绕组。

2. 定子绕组

(1) 分相式定子绕组。一般采用两相绕组的形式，即主绕组和辅助绕组。主、辅绕组的轴线在空间相差 90°电角度，两相绕组的槽数、槽形、匝数可以是相同的，也可以是不同的。一般主绕组占定子总槽数的 2/3，辅助绕组占定子总槽数的 1/3，具体应视各种电动机的要求而定。

分相式电动机常用的定子绕组形式有单层同心式绕组、单层链式绕组、双层叠绕组和正弦绕组。

(2) 罩极式定子绕组。多为集中式绕组，罩极极面的一部分上嵌放有短路铜环式的罩极线圈。

3. 机座

机座采用铸铁、铸铝或钢板制成，其结构形式主要取决于电动机的使用场合及冷却方式。单相异步电动机的机座形式一般有开启式、防护式、封闭式等几种。

开启式结构的定子铁芯和绕组外露，由周围空气流动自然冷却，多用于一些与整机装成一体的使用场合，如洗衣机等。防护式结构是在电动机的通风路径上开有一些必要的通风孔道，而电动机的铁芯和绕组则被机座遮盖。封闭式结构是整个电动机采用密闭方式，电动机的内部和外部隔绝，防止外界的浸蚀与污染，电动机主要通过机座散热，当散热能力不足时，外部再加风扇冷却。

某些专用的单相异步电动机，可以不用机座，直接将电动机与整机装成一体，如电钻、电锤等手提电动工具。

分相式单相异步电动机的定子及主、辅绕组布置如图 9 - 20 所示。凸极式罩极单相异步电动机定子结构示意图如图 9 - 21 所示。

(二) 单相异步电动机的转子

单相异步电动机的转子主要由转轴、铁芯、绕组等组成。罩极电动机有的制成外转子，即将笼型转子置于定子的外圆，如各种吊风扇电动机采用这种结构。

1. 转轴

转轴用含碳轴钢车制而成，两端安置用于转动的轴承。常用的轴承有滚动和滑动两种，一般小容量的电动机都采用含油滑动轴承，其结构简单、噪声小。

2. 铁芯

转子铁芯是先用与定子铁芯相同的硅钢片冲制，将冲有齿槽的转子铁芯叠装后压入转轴。

3. 绕组

单相异步电动机的转子绕组一般为笼型，用铝或铝合金一次铸造而成。

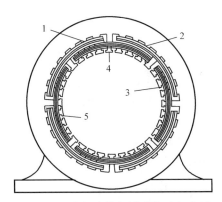

图 9-20　分相式单相异步电动机定子
及主、辅绕组布置

1—主绕组；2—主绕组的一极；3—辅绕组；

4—辅助绕组的一极；5—线槽

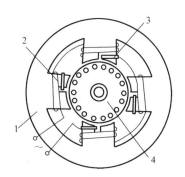

图 9-21　罩极（凸极式）单相
异步电动机定子结构示意图

1—定子；2—罩极；3—短路环；4—转子

（三）单相异步电动机的起动装置

单相异步电动机中，除电容运转式电动机和罩极式电动机外，其他类型的单相异步电动机在起动结束后辅助绕组都必须脱离电源，以免烧坏。为了保证单相异步电动机的正常起动和安全运行，配有相应的起动装置。

起动装置的类型有很多，主要分为离心开关、电磁式起动继电器和 PTC 起动元件等。

1. 离心开关

离心开关包括静止部分和旋转部分。旋转部分装在转轴上，静止部分由两个半圆铜环组成，中间用绝缘材料隔开，装在电动机的前端盖内。离心开关结构示意图如图 9-22 所示。

离心开关利用一个随转轴一起转动的部件——离心块。当电动机转子达到额定转速的 70%～80% 时，离心块的离心力大于弹簧对动触点的压力，使动触点与静

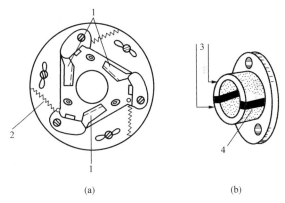

(a) (b)

图 9-22　离心开关结构示意图

（a）旋转部分；（b）静止部分

1—指形铜触片；2—弹簧；3—铜片；4—绝缘

触点脱开，从而切断辅助绕组的电源，让电动机的主绕组单独留在电源上正常运行。

2. 电磁式起动继电器

电磁式起动继电器是利用起动电流使继电器动作，接通或切断起动绕组。起动继电器一般装在电动机机壳上的接线盒中，维修、检查都很方便。起动继电器的电流及引线圈接在主绕组线路中，动合触头接在辅助绕组线路中。电磁式起动继电器主要用在专用电动机上，如冰箱压缩机的电动机采用电流型继电器等。

常用的电磁式起动继电器有电压型、电流型、差动型三种。

（1）电压型起动继电器。电压型起动继电器的原理接线如图 9-23 所示。继电器的电压线圈跨接在电动机的辅助绕组上，动断触点串联在辅助绕组的电路中。

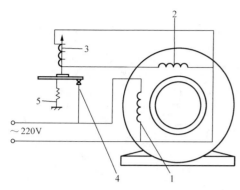

图 9-23　电压型起动继电器原理接线图
1—主绕组；2—辅助绕组；3—电压线圈；
4—动断触点；5—弹簧

接通电源后，主、辅助绕组中都有电流流过，电动机开始起动。由于跨接在辅助绕组上的电压线圈的阻抗比辅助绕组的大，电动机在低速时，流过电压线圈中的电流很小。随着转速升高，辅助绕组中的反电动势逐渐增大，使电压线圈中的电流逐渐增大，当达到一定数值时，电压线圈产生的电磁力克服弹簧的拉力使动断触点 4 断开，切除了辅助绕组与电源的连接。由于起动用辅助绕组内的感应电动势，使电压线圈中仍有电流流过，故保持触点在断开位置，从而保证电动机在正常运行时辅助绕组不会接入电源。

电压型继电器也因电动机电流的分散性，使继电器电压线圈的电压值波动，最终造成断开转速的分散性较大，往往需要配合电动机逐台调整线圈匝数。

（2）电流型起动继电器。电流型起动继电器的原理接线如图 9-24 所示，继电器的电流线圈 3 与电动机主绕组 1 串联，动合触点 4 与电动机辅助绕组 2 串联。

电动机未接通电源时，动合触点处于断开状态。当电动机起动时，比额定电流大几倍的起动电流流经继电器线圈，使继电器的铁芯产生极大的电磁力，使动合触点闭合，辅助绕组的电源接通，电动机起动，随着转速上升，电流减小。当电动机转速达到额定值的 70%～80%时，主绕组内电流减小。这时继电器电流线圈产生的电磁力小于弹簧压力，动合触点又被断开，辅助绕组的电源被切断，起动完毕。

由于同一个规格的电动机，绕组电流值有一定的差别，因而断开转速的分散性较大，也需要配合电动机逐台调整线圈匝数。

（3）差动型起动继电器。差动型起动继电器有电流和电压两个线圈，电流线圈 3 与电动机的主绕组 1 串联，电压线圈 4 经过动断触点 5 与电动机的辅助绕组 2 并联。差动型起动继电器的原理接线如图 9-25 所示。

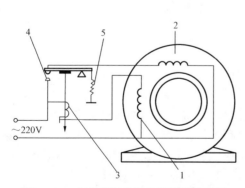

图 9-24　电流型起动继电器原理接线图
1—主绕组；2—辅助绕组；3—电流线圈；
4—动合触点；5—弹簧

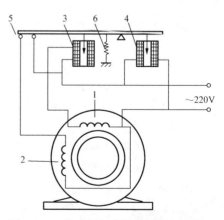

图 9-25　差动型起动继电器原理接线图
1—主绕组；2—辅助绕组；3—电流线圈；
4—电压线圈；5—动断触点；6—弹簧

当电动机接通电源时，主绕组和电流线圈中的起动电流很大，使电流线圈产生的电磁力足以保证动断触点能可靠闭合。起动以后电流逐步减小，电流线圈产生的电磁力也随之减小，电压线圈的电磁力使触点断开，切除了辅助绕组的电源。

3. PTC 起动元件

PTC 起动元件是一种以钛酸钡为主要原料具有正温度系数的半导体热敏电阻，其温度—电阻曲线如图 9-26 所示，电阻值随着温度的升高而急剧地增大。如图 9-27 所示，PTC 元件串联在电动机的起动绕组上，室温时 PTC 元件的电阻值比较低，起动绕组接通，起动绕组的电流也流过 PTC 元件，使 PTC 元件发热升温，致使其电阻值增大，最后近似于开路，相当于切断了起动绕组。运行时起动绕组仍有 15mA 左右的电流流过，以维持 PTC 元件的高阻状态。停机时要相隔 3min 以上才能再次起动，以便 PTC 元件充分降温恢复为低阻值状态。

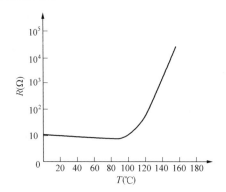

图 9-26 PTC 元件的温度—电阻特性

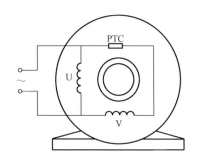

图 9-27 单相异步电动机的 PTC 元件起动方式
U—主绕组；V—辅助绕组

一般冰箱用的 PTC 元件，体积只有贰分硬币大小。其优点是无触点、无电弧，工作过程比较安全、可靠、安装方便，价格便宜；缺点是不能连续起动，两次起动间隔 3～5min。PTC 元件低阻时为几欧至几十欧，高阻时为几十千欧。

二、单相异步电动机的起动

根据单相异步电动机类型、起动方式的不同，分为分相式起动和罩极式起动。其中分相式又分为电阻起动、电容起动、电容运转和双值电容起动四种。

（一）电阻起动分相异步电动机

电阻起动分相异步电动机（YU 系列），是依靠电阻使主绕组和辅助绕组的电流之间产生相位差的分相异步电动机，原理接线如图 9-28（a）所示。

主绕组电感较大，辅助绕组电阻较大。电阻可由辅助绕组本身提供，或由一个单独的串联电阻提供。辅助绕组通过一个起动开关（离心开关或电流型起动继电器）和主绕组并联接到同一单相电源上。当转子转速升到一定数值（一般为 75%～80% 的同步转速）时，起动开关断开辅助绕组，使电动机运行在只有主绕组通电的情况，以减少电阻上的损耗，提高运行效率。

为了使起动电流超前主绕组的起动电流，可以采取以下措施：①辅助绕组的匝数比主绕组少些，使其电抗较小，并使辅助绕组导线截面积比主绕组的小得多，以增大其电阻；②部分线圈反绕，减小电抗增大电阻；③串入一个外加电阻。

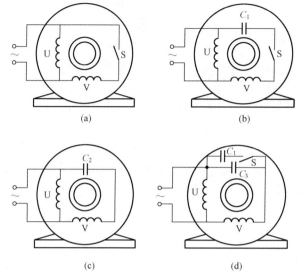

图 9 - 28　单相分相式异步电动机起动原理接线图

（a）电阻起动；（b）电容起动；（c）电容运转；（d）双值电容

U—主绕组；V—辅助绕组；S—起动开关；C_1—起动电容；C_2—起动兼运转电容；C_3—运转电容

由于两个绕组中的阻抗都是电感性的，两相电流的时间相位差不可能达到 90°电角度，为 30°～40°电角度，所以产生的起动转矩较小，而起动电流较大。

（二）电容起动分相异步电动机

电容起动分相异步电动机（YC 系列），是辅助绕组串联电容器后，经起动开关与主绕组并联的分相异步电动机，原理接线如图 9 - 28（b）所示。其中起动开关的形式有离心开关、电流型起动继电器、电压型起动继电器和差动型起动继电器等。

辅助绕组仅在电动机起动期间通电，当电动机转速达到 75％～80％同步转速时，起动开关动作，使辅助绕组脱离电源，由主绕组单独工作。

与电阻起动分相异步电动机相比，由于电容器能够使辅助绕组的起动电流领先主绕组的起动电流约 90°电角度，辅助绕组的容抗可以抵消感抗，可使电动机在起动时产生一个接近圆形的旋转磁通势，得到较大的起动转矩。

（三）电容运转分相异步电动机

电容运转分相异步电动机（YY 系列），是辅助绕组串联电容器后与主绕组并联，在电动机起动和运行期间辅助绕组均通电的分相异步电动机，原理接线如图 9 - 28（c）所示。

运转电容器主要考虑运行时能在电动机中产生接近圆形的旋转磁通势，以获得较高的效率和功率因数，该电容量较电容起动分相异步电动机的电容量要小得多，使起动转矩较低，起动电流较大。

（四）双值电容分相异步电动机

双值电容分相异步电动机（YL 系列），是在辅助绕组中串联两个并联的电容器的分相异步电动机，原理接线如图 9 - 28（d）所示。

工作电容器的电容量较小，始终和辅助绕组串联，起动和运行时均使用。起动电容器的电容量较大，只在起动时使用，与一个起动开关串联后再与工作电容器并联。起动时当电动机转速达到75％～80％同步转速时，起动开关动作，将起动电容器切除。

（五）罩极异步电动机

罩极异步电动机（YJ系列和YJF系列），是具有与主绕组在空间上相差一个电角度的辅助性短路绕组的单相异步电动机。

当定子绕组通电后，在磁极中产生主磁通，其中穿过短路铜环（或绕组）的主磁通在铜环内产生一个在相位上滞后90°的感应电流，作用与电容式电动机的起动绕组相当，从而产生旋转磁场使电动机转动起来。

罩极异步电动机是单相异步电动机中结构最简单的一种，具有坚固可靠、成本低廉、运行时噪声微弱以及对于无线电没有干扰等优点。

三、单相异步电动机的正反转控制

控制单相异步电动机的正反转，必须使旋转磁场反转。

（一）分相式异步电动机的正反转

对于分相式异步电动机（包括电阻起动、电容起动、电容运转和双值电容分相异步电动机），实现反转就是将主绕组或辅助绕组中的任何一个绕组接到电源的两个端点对调一下即可。

图9-29为定时器控制的电容运转单相异步电动机的正反转控制示意图，如洗衣机的正反转控制。正转时开关S接通位置1，主绕组直接与电源接通，辅助绕组与电容器串联后接电源；反转时，定时器将S接通位置2，此时主绕组与电容器串联后接电源，辅助绕组则直接与电源连接。该电路实质上是主、副绕组相互交换实现正反转，要求工作绕组和起动绕组可以互换，即工作绕组、起动绕组应该完全相同。

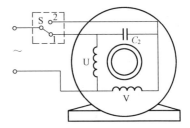

图9-29　电容运转单相异步电动机
的正反转控制示意图
U—主绕组；V—辅助绕组；
C_2—起动兼运转电容；
S—定时器控制开关

（二）罩极式异步电动机的正反转

对于普通罩极电动机（凸极式罩极电动机），其旋转方向是由其内部结构决定的，外部接线无法改变旋转方向。如果需要改变旋转方向就要拆开电动机，把定子或转子反向安装才能改变旋转方向。

对于可逆转罩极电动机（隐极式罩极电动机），可以正反方向运转，定子槽中具有一套主绕组与两套罩极绕组，其极数相同。当电动机朝一个方向旋转时，只有一套罩极绕组起作用。

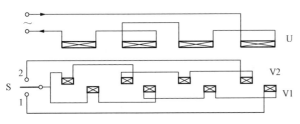

图9-30　4极12槽可逆转罩极电动机绕组接线图
U—主绕组；V1、V2—罩极绕组；S—方向开关

图9-30为4极12槽可逆转罩极电动机绕组的接线图。一套主绕组与两套罩极绕组分别各自串联，两套罩极绕组的极性相反。方向开关S接通位置1时，电动机向某一方向旋转，罩极绕组V1的电路闭合，同时另一罩极绕组断电；改变转向只要通过方向开关S与2接通即可。

四、单相异步电动机的调速

单相异步电动机恒转矩负载的转速调节是比较困难的,一般在风机型负载(如电风扇、吊扇等)的情况下进行调速,包括串电抗器调速、电动机绕组内部抽头调速、晶闸管无极调速和变频调速等几种调速方法。

(一)单相异步电动机串电抗器调速

在单相异步电动机定子绕组串联电抗器,利用电抗器上产生的电压降,使加在电动机定子绕组上的电压下降,从而将电动机的转速逐级调整,原理接线如图9-31所示。图中挡位开关的位置"0"对应停止、"1"对应高速、"2"对应中速、"3"对应低速四种状态。

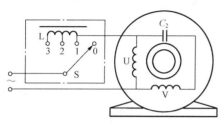

图9-31 单相异步电动机串电抗器
调速原理接线图
U—主绕组;V—辅助绕组;
C_2—起动兼运转电容;
L—串联电抗器;S—挡位开关

单相异步电动机串电抗器调速具有调速方法简单、操作方便的优点;但只能实现有级调速,且电抗器消耗比较多的无功功率,目前这种调速电路已较少采用。

(二)单相异步电动机绕组内部抽头调速

在单相异步电动机的定子绕组中再嵌放一套中间绕组,并合理地与其他两套绕组连接并根据需要抽出若干个抽头,可以实现调速。通过转换开关改变中间绕组与工作绕组及起动绕组之间的接法,从而改变电动机内部磁场的大小,使电动机输出转矩随之改变,转速随之变化。根据中间绕组与工作绕组和起动绕组之间的接法通常有L形和T形两种,如图9-32所示以电容运转单相异步电动机为例,图中挡位开关S的位置与图9-31相同。

这种调速方法的优点是不需要额外的调速电抗器、耗材省、耗电少;但存在绕组嵌线和接线工艺复杂,电动机和调速开关接线较多,且只能实现有级调速。

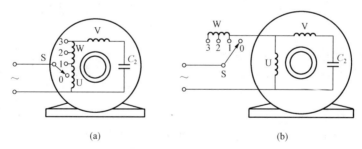

(a)   (b)

图9-32 单相异步电动机内部绕组抽头调速原理接线图
(a) L形;(b) T形
U—主绕组;V—辅助绕组;W—中间绕组;S—挡位开关;C_2—起动兼运转电容

(三)单相异步电动机晶闸管无极调速

利用改变晶闸管的导通角来改变加在单相异步电动机上的电压,从而调节电动机的转速,如图9-33所示。这种电路能够实现无级调速,越来越广泛地应用于电风扇的调速,但会产生一些附加的电磁干扰。

(四)变频调速

变频调速在三相异步电动机调速系统中,以优异的调速和起动性能、高功率因数和节电效果，被公认为最具发展前途的调速手段。而单相异步电动机的变频调速要综合考虑主绕组和辅助绕组不对称、串联运转电容、合理的逆变电路设计、控制技术等方面的问题。

随着交流变频调速技术的发展，适用于不同类型单相异步电动机的变频调速器已经在风机、水泵以及空调、冰箱、洗衣机等家用电器上得到了广泛的应用。

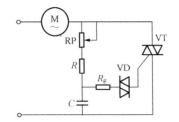

图 9-33　单相异步自动机的
双向晶闸管调速原理图

R—限流电阻；RP—电位器；R_g—触发电阻；
C—充电电容；VD—双向触发二极管；
VT—双向晶闸管

五、单相异步电动机的特点和典型应用

分相式、罩极式单相异步电动机五种基本型式的特点和应用范围见表 9-4。

表 9-4　　　　　　　　　　　单相异步电动机的特点和应用范围

类　型	特点和应用范围
电阻起动分相异步电动机	一般用于起动转矩和过载能力要求不高的场合，如小型机床、鼓风机、医疗器械等
电容起动分相异步电动机	具有较高的起动转矩，适用于小型空气压缩机、水泵、电冰箱、磨粉机及满载起动的机械等
电容运转分相异步电动机	有较高的功率因数和效率，体积小、质量轻、运行平稳、振动与噪声小，可反转、能调速，广泛用于对起动性能要求不高，而对运行性能要求较高的场合，如电风扇、通风机、洗衣机及各种空载或轻载起动的机械等
双值电容分相异步电动机	具有较高的起动转矩、过载能力、功率因数和效率，但价格较高，适用于家用电器、电影放映机、泵、农业机械、木工机械、小型机床等
罩极式异步电动机	具有结构简单、制造方便、造价低廉、使用可靠、故障率低的特点，多用于轻载起动的负荷，如电风扇、小型鼓风机、油泵等

小　结

电力机械设备中使用得最多的电力驱动设备是交流异步电动机。本章对三相异步电动机和单相异步电动机的分类、型号、产品系列、铭牌、异步电动机的结构、起动、反转、制动、调速和保护等方面的内容进行了较详细的介绍。

本章的主要内容如下：

（1）三相异步电动机、单相异步电动机的详细分类。

（2）异步电动机型号含义、表示方法及实例。

（3）我国异步电动机主要产品系列简介。

（4）三相异步电动机和单相异步电动机的铭牌包含的内容以及相应的说明。

（5）笼型和绕线式三相异步电动机定子和转子的基本组成，定子和转子的铁芯、绕组、接线方式等。

（6）笼型三相异步电动机的直接起动、降压起动（Y—△换接起动、自耦变压器降压起动）；绕线式三相异步电动机的转子串电阻起动、转子串频敏变阻器起动；软起动。

（7）三相异步电动机的反转。

（8）三相异步电动机的能耗制动、正常反接制动和倒拉反转的反接制动；回馈制动。

（9）三相异步电动机的变频调速、变极调速、变转差率调速（绕线式异步电动机的转子串接电阻调速、绕线式异步电动机的串极调速、异步电动机的调压调速）。

（10）中、小容量和大容量三相异步电动机的保护配置及保护实例。

（11）分相式和罩极式单相异步电动机定子和转子的基本组成，定子和转子的铁芯、绕组、接线方式等；离心开关、电磁式起动继电器（电压型、电流型、差动型）和 PTC 起动元件等起动装置的作用原理。

（12）电阻起动、电容起动、电容运转和双值电容等分相式单相异步电动机的起动；罩极式单相异步电动机的起动。

（13）分相式（包括电阻起动、电容起动、电容运转和双值电容）单相异步电动机的正反转控制；凸极、隐极式罩极单相异步电动机的起动。

（14）风机型负载的单相异步电动机串电抗器调速、绕组内部抽头调速、晶闸管无极调速和变频调速。

（15）各种类型单相异步电动机的特点和典型应用。

 习　题

9-1　三相异步电动机按转子形式分哪几类？

9-2　单相异步电动机根据起动方法和相应结构分为哪几类？

9-3　分相式、罩极式单相异步电动机各包含哪几种？

9-4　什么是异步电动机的额定运行状态？

9-5　三相笼型和绕线式异步电动机各有哪些主要结构部件？

9-6　三相异步电动机的定子绕组出线有哪几种接法？

9-7　笼型转子和绕线式转子各是什么样的结构形式？

9-8　三相异步电动机有哪几种起动方法，分别适用哪类电动机？

9-9　三相异步电动机如何控制反转？

9-10　三相异步电动机有哪几种制动方法？

9-11　三相异步电动机有哪几种调速方法？

9-12　最常用的中小容量三相异步电动机保护有哪些？

9-13　分相式、罩极式单相异步电动机的定子铁芯和绕组各是什么结构形式？

9-14　单相异步电动机有哪几种起动装置？

9-15　分相式单相异步电动机有哪几种起动方式？

9-16　分相式单相异步电动机如何控制正反转？

9-17　罩极式单相异步电动机如何控制正反转？

9-18　单相异步电动机有哪几种调速方法，适用于什么类型的负载？

第十章 电 气 照 明

电气照明是将电能通过各种类型的电光源转化为可见光能的人工照明技术。常用的电气照明实际上是由电光源和灯具两大部分组成，其中电光源是通电后发光的器件，如各种类型的灯泡和灯管等；灯具包括引线、灯头、插座、灯罩、补偿器、控制器等。

第一节 电气照明基础知识

一、可见光

光是能量的一种存在形式，也是一种电磁波，可以通过电磁辐射方式从一个物体传播到另一个物体。电磁辐射的波长范围极其广泛，波长不同的电磁波，其特性可能有很大的差别。

在电磁波谱中，波长为380～780nm之间的电磁波，作用于人的视觉器官能产生视觉，这部分电磁波称为可见光。

不同波长的可见光，在视觉上会形成不同的颜色。只含有一种波长成分的可见光称为单色光。通常将人眼感觉到不同颜色的可见光按波长分为红色（780～630nm）、橙色（630～600nm）、黄色（600～570nm）、绿色（570～490nm）、青色（490～450nm）、蓝色（450～430nm）和紫色（430～380nm）七种基本颜色。

在可见光紫光区的左边波长小于380nm的是一个紫外线波段，而在红光区右边波长大于780nm的是一个红外线波段。这两个波段的电磁波虽然不能引起人的视觉，但能够有效地转换成可见光，通常把紫外线、可见光和红外线统称为光。

二、常用的光度量

在电气照明技术中光辐射量是用光度量来表示视觉效果的，常用的光度量有光通量、发光强度、照度和亮度。

（一）光通量

光通量是按照国际照明委员会（CIE，Commission Internationale de l'Eclairage）标准观察者的视觉特性来评价光的辐射通量的，定义为单位时间内光辐射能量的大小，用符号 ϕ 表示，单位为 lm（流明）。

光通量是根据人眼对光的感觉来评价光源在单位时间内光辐射能量的大小的。例如一只200W的白炽灯泡比一只100W的白炽灯泡看上去要亮得多，这说明200W灯泡在单位时间内所发出光的量要多于100W的灯泡所发出的光的量。

光通量是说明光源发光能力的基本量。例如一只220V、40W的白炽灯泡其光通量为350lm；一只220V、36W、6200K的T8荧光灯的光通量约为2500lm。说明荧光灯的发光能力比白炽灯强，这只荧光灯的发光能力是这只白炽灯的7倍。

（二）发光强度

发光强度（简称光强），表示光源向空间某一方向辐射的光通密度。所以，一个点光源

A 向给定方向的立体角 $d\omega$ 内发射的光通量 $d\phi$ 与该立体角之比（见图 10-1），称为光源在给定方向的光强，用符号 I 表示，单位为 cd（坎德拉）。发光强度（光强）的表达式为

$$I = \frac{d\phi}{d\omega} \qquad (10-1)$$

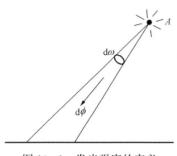

图 10-1 发光强度的定义

发光强度是用来描述光源发出的光通量在空间给定方向上的分布情况的。当光源发出的光通量一定时，光强的大小只与光源的光通量在空间的分布密度有关。例如桌上有一盏 220V、40W 白炽灯，光通量为 350 lm，裸灯泡的平均光强为 350/4π＝28 cd。若在灯泡上面装上一只不透光的平盘形灯罩后，桌面看上去要比没有灯罩时亮许多。在此情形下，灯泡的光通量并没有变化，但加了灯罩之后，光通量经灯罩反射更集中地分布在灯的下方，向下的光通量增加，相应的光强提高，亮度也就增加。

（三）照度

被照物体表面上一点的照度等于入射到该表面包含这点的面元上的光通量 $d\phi$ 与面元的面积 dA 之比，用符号 E 表示，单位为 lx（勒克斯）。简单地说就是被照面上单位面积入射的光通量。照度的表达式为

$$E = \frac{d\phi}{dA} \qquad (10-2)$$

在照明工程设计中，照度值作为考察照明效果的量化指标。通常情况下，40W 白炽灯下距离 1m 远处的照度约为 30lx，加搪瓷伞形白色灯罩后可增加为 70lx；在满月晴空的月光下为 0.2lx；晴朗的白天室内为 100～500lx。

一般情况下，1lx 的照度仅能辨别物体的轮廓；照度为 5～10lx 时，看一般书籍比较困难；短时阅读的照度不应低于 50 lx。

（四）亮度

亮度是光源在给定方向上单位投影面积上的发光强度。亮度是描述发光面或反光面上光的明亮程度的光度量，并且考虑了光的辐射方向，是表征发光面在不同方向上的光学特性的物理量，用 L 表示，单位是 cd/m^2（坎德拉/平方米）。

通常情况下，40W 荧光灯的表面亮度约为 $7000cd/m^2$；无云的晴朗天空平均亮度约为 $5000cd/m^2$；太阳的亮度高达 $1.6 \times 10^9 cd/m^2$ 以上。实际上，亮度超过 $1.6 \times 10^5 cd/m^2$ 时，人眼就感到难以忍受。

三、照明电光源的主要特性参数

（一）额定电压

额定电压指光源及其附件所组成的回路所需电源电压的额定值。在额定电压下工作时光源具有最好的效果，能够得到各种规定的特性。

（二）灯泡（灯管）功率

通常灯泡（灯管）按一定的额定功率等级制造，额定功率指灯泡（灯管）在额定状态所消耗的功率。

（三）光通量输出

光通量输出是指灯泡在工作时所发出的光通量，是光源的重要性能指标。通常以额定状

态工作的额定光通量来表明光源的发光能力。

正常使用情况下，光通量输出主要与点燃时间有关，点燃时间愈长其光通量输出愈低。大部分光源在点燃初期（100h 以内）光通量的衰减较多，随着点燃时间的增加（100h 以后）光通量的衰减速度相对减慢。因此，光源的额定光通量有两种定义方法：一种是指光源的初始光通量，即新光源刚开始点燃时的光通量输出，一般用于在整个使用过程中光通量衰减不大的光源，如卤钨灯；另一种是指光源点燃了 100h 后的光通量输出，一般用于光通量衰减较大的光源，如白炽灯和荧光灯。

（四）发光效率

电光源消耗单位电功率所发出的光通量，即电光源输出的光通量 ϕ 与取用的电功率 P 之比，称为光源的发光效率 η_s，简称光效，单位为 lm/W（流明/瓦）。

光效是表征光源经济效果的参数之一，使用时应优先选用光效高的电光源。

（五）光源寿命

光源寿命是评价电光源可靠性和质量的重要性能指标，用点燃的小时数表示。其常用平均寿命和有效寿命两个指标表示。

1. 平均寿命

取一组电光源（灯或灯管）作试样，从点燃起到 50％的光源试样损坏为止，累计点燃时间的平均值就是该组光源的平均寿命。一般情况下，光通量衰减较小的光源常用平均寿命作为其寿命指标，产品样本上给出的就是平均寿命，如卤钨灯。

2. 有效寿命

光源从点燃起一直到光通量衰减为额定值的某一百分数（一般取 70％～80％）所累计点燃小时数，就称为光源的有效寿命。

（六）光源的颜色

光源的颜色（简称光色）用色温和显色指数来度量，是光源的重要性能指标。

1. 色温

当某一光源的颜色与某一温度下黑体的颜色相同时，黑体的温度即为这种光源的色温，单位为 K（开尔文）。气体放电光源与黑体的辐射特性差别较大，用相关色温描述颜色特性。

色温是灯光颜色给人直观感觉的度量，与光源的实际温度无关。CIE 根据色温将光源分为暖（色温＜3000K）、中间（色温 3300～5300K）、冷（色温＞5300K）三种色调。

高色温给人以有凉爽的感觉，低色温有温暖的感觉。色温低的暖色调灯光，如白炽灯色温为 2400～2900K，较低的照度就有舒适的感觉；而在色温较高的冷色调灯光（如荧光灯）下，则需要较高的照度才有舒适感。

2. 显色指数

光源的显色指数是指在光源照射下，物体的颜色与物体在日光下所显示的颜色相符合的程度，用符号 R_a 表示。显色指数最大值为 100，显色指数为 80～100 的光源其显色性较好，50～79 之间显色性一般，小于 50 为显色性较差。

（七）启燃与再启燃时间

1. 启燃时间

光源接通电源到光通量输出达到额定值所需要的时间就是光源的启燃时间。热辐射光源的启燃时间一般不足 1s，能瞬时启燃。气体放电光源的启燃时间从几秒钟到几分钟不等，取决于放电光源的种类，如荧光灯能快速启燃，其他气体放电灯的启燃在 4min 以上。

2. 再启燃时间

再启燃时间指电光源熄灭后再将其点燃所需要的时间。大部分高压气体放电灯的再启燃时间比启燃时间更长，因为再启燃时要求冷却到一定的温度后才能正常启燃，即增加了冷却所需要的时间。

启燃与再启燃时间影响着光源的应用范围。例如频繁开关光源的场所一般不用启燃和再启燃时间长的光源，应急照明用的光源一般应选用瞬时启燃或启燃时间短的光源。

（八）闪烁与频闪效应

1. 闪烁

用交流电点燃电光源时，在各半个周期内，光源的光通量随着电流的增减发生周期性的明暗变化的现象称为闪烁。闪烁的频率较高，通常与电流频率成倍数关系。一般情况下，肉眼不易觉察到由交流电引起的光源闪烁。

2. 频闪效应

在以一定频率变化的光线照射下，观察到的物体呈现静止或不同于实际运动状态的现象称为频闪效应。具有频闪效应的光源照射周期性运动的物体时会降低视觉分辨能力，严重时会诱发各种事故，所以具有明显闪烁和频闪的光源其使用范围将受到限制。

几种常用电光源的主要技术参数见表 10-1。

表 10-1 常用电光源的主要技术参数

光源种类	额定功率 （W）	发光效率 （lm/W）	显色指数 Ra	色温 （K）	平均寿命 （h）
普通照明白炽灯	10～1500	7.3～25	95～99	2400～2900	1000～2000
卤钨灯	60～5000	14～30	95～99	2800～3300	1500～2000
直管形荧光灯	4～200	60～70	60～72	2700～6600	6000～8000
三基色荧光灯	28～32	93～104	80～98	2700～6600	12000～15000
紧凑型荧光灯	5～55	44～87	80～85	2700～6600	5000～8000
荧光高压汞灯	50～1000	32～55	35～40	3300～4300	5000～10000
金属卤化物灯	35～3500	52～130	65～90	3000/4500/5600	5000～10000
高压钠灯	35～1000	64～140	23/60/85	1950/2200/2500	12000～24000
高频无级荧光灯	55～85	55～70	85	3000～6500	40000～80000

第二节 照 明 电 光 源

一、电光源的发展和应用

电光源的发展和应用可分为四个时代：从 1879 年到 20 世纪 30 年代为白炽灯的发明、改进和成熟时代；20 世纪 30 年代开始为以荧光灯为代表的低压气体放电灯的时代；20 世纪 60 年代开始高压气体放电光源不断的技术改进使大功率高效光源得以推广应用；进入 21 世纪后，固体发光的 LED（发光二极管灯）和 OLED（有机发光二极管）的新阶段。电光源的发展进程及应用如图 10 - 2 所示。

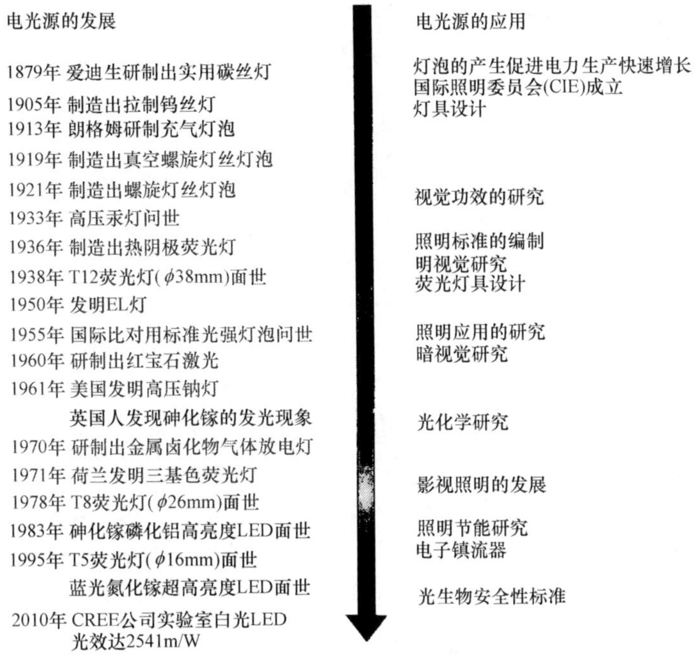

电光源的发展

1879年 爱迪生研制出实用碳丝灯
1905年 制造出拉制钨丝灯
1913年 朗格姆研制充气灯泡
1919年 制造出真空螺旋灯丝灯泡
1921年 制造出螺旋灯丝灯泡
1933年 高压汞灯问世
1936年 制造出热阴极荧光灯
1938年 T12荧光灯(φ38mm)面世
1950年 发明EL灯
1955年 国际比对用标准光强灯泡问世
1960年 研制出红宝石激光
1961年 美国发明高压钠灯
　　　英国人发现砷化镓的发光现象
1970年 研制出金属卤化物气体放电灯
1971年 荷兰发明三基色荧光灯
1978年 T8荧光灯(φ26mm)面世
1983年 砷化镓磷化铝高亮度LED面世
1995年 T5荧光灯(φ16mm)面世
　　　蓝光氮化镓超高亮度LED面世
2010年 CREE公司实验室白光LED
　　　光效达254lm/W

电光源的应用

灯泡的产生促进电力生产快速增长
国际照明委员会(CIE)成立
灯具设计

视觉功效的研究

照明标准的编制
明视觉研究
荧光灯具设计

照明应用的研究
暗视觉研究

光化学研究

影视照明的发展

照明节能研究
电子镇流器

光生物安全性标准

图 10 - 2　电光源的发展及应用

二、电光源的分类

电光源的种类甚多，形状千差万别，分类方法不一，按其由电能转化为光能的形式分类，一般可分为热辐射光源、气体放电光源和固体发光光源。

（一）热辐射光源

热辐射电光源是利用电流使灯丝加热到白炽程度而发光的电光源，如白炽灯、卤钨灯（照明卤钨灯、冷光束卤钨灯）等。

（二）气体放电光源

气体放电电光源是利用电流通过气体（或蒸气）而发射光的电光源。

（1）按放电媒质分，有汞灯、钠灯、氙灯、金属卤化物灯等。

（2）按放电形式分，有辉光放电灯和弧光放电灯。

1）辉光放电灯。由正辉光放电而发光，放电的特点是阴极的次级发射比热电子发射大得多（冷阴极）、阴极压降较大（100V 左右）、电流密度小，因此，这种灯也称冷阴极灯。例如霓虹灯、冷阴极荧光灯属于这类光源。

2）弧光放电灯。利用正弧光放电而发光，放电的特点是阴极压降较小，需与专门的启动器和镇流器配合使用才能工作。例如荧光灯、汞灯、钠灯、金属卤化物灯等均属于这类光源。

（3）按充入气体的压力的高低分，有低压、高压气体放电灯。

1）低压气体放电灯，有低压汞灯（荧光灯）、低压钠灯等。

2）高压气体放电灯，有高压汞灯、高压钠灯、金属卤化物灯和氙灯，也称为高强度气体放电灯（HID灯）。

（三）固体发光光源

固体发光光源是某种适当物质与电场相互作用而发光的电光源，如 LE（电致发光器件）和 LED（发光二极管）、OLED（有机发光二极管）等。

三、电光源的型号

（一）电光源型号命名

我国现行的电光源型号命名方法中，将电光源类型分为热辐射光源、气体放电光源和固态光源三类。

在电光源型号的命名中由五部分组成，只规定了第一～三部分，第四、五部分应符合相关产品标准的规定。

第一部分为字母，由表示光源名称主要特征的三个以内词头的汉语拼音字母组成；第二部分和第三部分一般为数字，主要表示光源的关键参数；第四部分和第五部分为字母或数字，由表示灯结构特征的 1～2 个词头的汉语拼音字母或有关数字组成。

型号的各部分按顺序直接编排。当相邻部分同为数字时，用短横线"—"分开；同一部分有多组数字时，用斜线"/"分开；相邻同为字母时，用圆点"."分开。

由于电光源的种类繁多，详细的分类说明可见相关的标准，表 10-2 列出了部分光源的命名方法。

表 10-2 部分光源型号命名

电光源名称	型号的组成		
	第一部分	第二部分	第三部分
普通照明用钨丝灯	PZ	额定电压（V）	额定功率（W）
普通照明卤钨灯	LW	额定功率（W）	额定电压（V）
双端普通直管型荧光灯	YZ	额定功率（W）	色调
U 型双端荧光灯	YU	额定功率（W）	色调
单端内起动荧光灯	YDN	标称功率（W）—灯的形式	色调
单端环形荧光灯	YH	标称功率（W）	色调
普通照明用自镇流荧光灯	YPZ	额定电压（V）、额定功率（W）、额定频率（Hz）、工作电流（mA 或 A）	结构形式
冷阴极荧光灯	YL	管径（mm）—管长（mm）	色温（K）
荧光高压汞灯	GGY	标称功率（W）	玻壳型号
石英金属卤化物灯	JLZ（单端）JLS（双端）	额定功率（W）	钪钠系列（KN）稀土系列（XT）钠铊铟系列（NTY）
普通照明用 LED 模块	SSL	额定电压（额定电流）/频率［V（mA）/Hz］	额定功率（W）
普通照明用自镇流 LED 灯	BPZ	光通量规格（lm）	配光类型（O、Q、S）
普通照明用单端 LED 灯	BD	光通量规格（lm）	额定功率（W）
道路照明用 LED 灯	BDZ	额定电压/额定功率（V/W）	色调
普通照明用双端 LED 灯	BS	光通量规格（lm）	额定功率（W）

（二）电光源型号命名示例

（1）220V、15W 普通照明灯泡（磨砂、螺口灯头）的型号表示为 PZ220—15（PZ220—15S. E）。

（2）220V、10W 装饰灯泡（球形玻壳）的型号表示为 ZS220—10（ZS220—10G）。

（3）40W 直管形荧光灯（日光色、φ32mm 管径）的型号表示为 YZ40（YZ40RR32）。

（4）1000W 透明型高压钠灯（双芯、BT 型玻壳）的型号表示为 NG1000（NG1000SX. BT）。

（5）3000W 球型超高压氙灯的型号表示为 XQ3000。

（6）2U 型日光色 13W 单端内起动荧光灯的型号表示为 YDN13—2U. RR。

（7）220V、光通量规格为 500lm、半配光型、显色指数为 80、色温 6500K、E27 灯头的普通照明用非定向自镇流 LED 灯的型号表示为 BPZ500—865E27。

四、热辐射电光源

热辐射电光源的代表产品是白炽灯和卤钨灯。

（一）白炽灯

白炽灯是一种热辐射光源，能量的转换效率很低，只有很小一部分电能转换为可见辐射光，很大部分转换为红外线被损失掉。但白炽灯具有显色性好、光谱连续、使用方便等优点，过去曾被广泛使用。白炽灯的结构如图 10 - 3 所示。

我国使用最广泛的白炽灯的灯头主要有螺口形和插口形两种类型，如图 10 - 4 所示。

随着技术的发展，发光二极管灯、紧凑型荧光灯等高效光源已在很多场合成功代替了白炽灯，世界各国都在逐步淘汰白炽灯，我国 2016 年起将不再销售白炽灯。

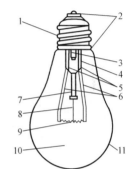

图 10 - 3 白炽灯的结构图
1—灯头；2—焊锡；3—康铜丝外导线；4—铜丝外导线；5—杜美丝；6—内导线；7—中心杆；8—支撑；9—灯丝；10—氩和氮气；11—玻壳

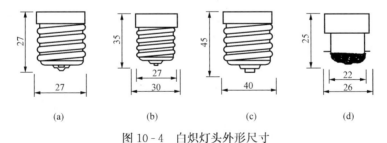

图 10 - 4 白炽灯头外形尺寸

(a) 螺口型 E27/27；(b) 螺口型 E27/35×30；(c) 螺口型 E40/45；(d) 插口型 B22d/25×26

（二）卤钨灯

卤钨灯是在玻壳里充填有微量卤素物质来提高发光效率的白炽灯。

普通白炽灯的灯丝将蒸发的钨沉积在灯泡壁上，使玻壳黑化造成灯泡光效率降低，影响使用寿命。为了解决钨的蒸发问题，在卤钨灯泡内充入惰性气体和少量卤族元素（氟、氯、溴、碘），在满足一定的温度条件下，成为卤钨循环白炽灯，简称卤钨灯。管形卤钨灯的结构如图 10 - 5 所示。

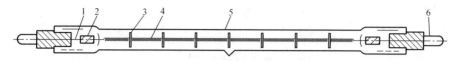

图 10-5 管形卤钨灯的结构图

1—导丝；2—钼箔；3—钨质支架；4—螺旋状钨丝；5—石英管；6—夹压式电极

卤钨灯工作时，钨丝蒸发的钨原子和充填的卤素原子或分子在管壁附近产生化学反应，形成卤化钨。卤化钨的蒸气气压较高，而灯管内壁具有相当高的温度（250℃以上）而使卤化钨不能附着在内壁上。卤化钨通过扩散和对流，部分卤化钨在灯丝的高温区被分解，被分解出的卤素又和蒸发出来的钨反应，而分解出来的钨则吸附在灯丝表面上，这就是卤钨再生循环的过程。

卤钨灯和白炽灯比，发光效率提高 30%，在光效相同的情况下寿命提高 4 倍，而且灯的显色性好，起动和调光简单方便，体积小。

卤钨灯在民用和公共建筑照明、交通照明和影视照明等方面得到了广泛的应用。

五、气体放电光源

气体放电光源的种类很多，包括：①辉光放电的霓虹灯、冷阴极荧光灯；②弧光放电的荧光灯，高压汞灯，高、低压钠灯，金属卤化物灯；③氙灯等。

一般气体放电光源都需要各生产厂家专门配用的控制设备，常用的控制设备有镇流器、启辉器等。

由于传统的电感式镇流器电路中，虽然可以并联补偿电容器提高功率因数，但体积和质量大，耗电量大，已经基本被电子镇流器替代。电子镇流器的优点是体积小，质量轻，无噪声，灯无频闪现象，功率因数可高达 0.9，灯的发光效率可提高 10%，并可延长灯的寿命等。

下面介绍有代表性的气体放电光源。

（一）荧光灯

荧光灯（又称日光灯）是一种热阴极低压汞蒸气放电灯，利用放电产生的紫外线，通过敷在玻璃管内壁的荧光粉转换成可见光。

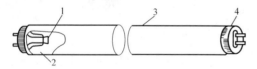

图 10-6 管形荧光灯的构造

1—热阴极；2—汞；3—玻璃管；4—灯头

1. 荧光灯的组成和工作原理

荧光灯由灯头、热阴极（钨丝电极）和内壁涂有荧光粉的玻璃管组成，为了减少电极的蒸发和帮助灯管启燃，灯管抽成真空后封装气压很低的汞蒸气和惰性气体（如氩、氖、氖等）。管形荧光灯的构造如图 10-6 所示。

荧光灯工作时需要镇流器和启辉器。启辉器结构如图 10-7 所示，接通电源后，在双金属片和静触头间的气隙产生辉光放电，外壳内温度急剧升高，把弯曲的双金属片加热变形使触点闭合，接通电路可对荧光灯管内的灯丝进行预热；启辉器触点闭合后辉光放电停止，双金属片冷却，触点断开。

荧光灯的工作电路如图 10-8 所示，开关 S1 接通后，电源电压全部加在启辉器 S2 上，启辉器接通电路使灯丝预热，在此瞬间电感式镇流器产生较高的自感电动势加在灯管两端，使管内气体和汞蒸气电离而导电，汞蒸气放电产生紫外线激发灯管内壁的荧光物质发出可见光。灯管启燃后，启辉器断开，由镇流器稳定工作电流。

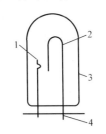

图 10-7　启辉器结构示意图
1—静触头；2—双金属片；
3—外壳；4—电极

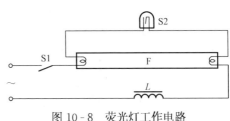

图 10-8　荧光灯工作电路
S1—开关；S2—启辉器；L—镇流器；F—灯管

荧光灯结构简单、制造容易、光色好、发光效率高、寿命长和价格便宜，是各类放电光源中最为成功、使用最广泛的一种。

2. 荧光灯的类型

荧光灯的种类多，分类方法也很多，常用的是按外形、灯管尺寸、起动方式、功率、颜色和用途进行分类。

（1）按外形分，有双端（直管形）和单端荧光灯（环形、U形、H形、2D形）两大类。单端荧光灯还包括紧凑型和将镇流器装在光源体内的自镇流紧凑型荧光灯。

（2）按灯管的直径分，有管径为 38mm 的 T12 荧光灯、管径为 26mm 的 T8 细管荧光灯和 16mm 的 T5 细管荧光灯。

（3）按起动方式分，有预热式起动和快速起动荧光灯两类。

（4）按灯的功率分，有管壁负荷为 $0.3W/cm^2$ 的标准型荧光灯，管壁负荷为 $0.5W/cm^2$ 的高功率型荧光灯，管壁负荷大于 $0.9W/cm^2$ 的超高功率荧光灯三类。

（5）按颜色分，有色温为 6500K 的日光色荧光灯、色温为 4500K 的白色荧光灯和色温为 3500K 或 3000K 的暖白色荧光灯三类。作为装饰照明用或其他特殊用途的荧光灯，在荧光粉和玻管内壁之间涂敷一层彩色涂料就可获得各种颜色的彩色荧光灯。

（6）按用途分，有一般照明用荧光灯、装饰用荧光灯和特殊用途荧光灯三类。

3. 环形和紧凑型荧光灯简介

（1）环形荧光灯。环形荧光灯是针对直管荧光灯安装不便和装饰性差的缺点生产的，优点是光源集中、照度均匀及造型美观，可用于民用建筑、机车车厢及家庭居室照明。图 10-9 所示为一体化电子节能环形荧光灯的外形图，将镇流器、启辉器和灯一体化。

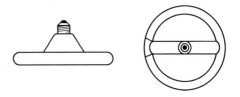

图 10-9　一体化电子节能环形
荧光灯外形图

（2）紧凑型荧光灯。紧凑型荧光灯又称为异形荧光灯，是一种整体形的小功率电子节能灯。其将白炽灯和荧光灯的优点集于一身，并将灯与镇流器、启辉器一体化，体积比普通照明白炽灯泡略大；具有寿命长、光效高、节能、光色温暖、显色性好和使用方便等特点；而且可以直接装在普通螺口或插口灯座中替代白炽灯，也可以采用有专用灯头的插拔式。

紧凑型荧光灯外形独特、款式多样，利用细管灯管 9～16mm 弯曲或拼成一定的形状，缩短放电管的线形长度，以获得结构紧凑的优势；配以小型电子镇流器和启辉器，将美观的外形设计与现代电子科技结合起来，使整灯外观协调、灵巧。

由于紧凑型荧光灯品种多样化、规格系列化，并且能与各种类型的灯具配套，可制成造型新颖别致的台灯、壁灯、吊灯、吸顶灯和装饰灯，因此日益广泛用于商场、写字楼、饭店及许多公共场所的照明和家庭照明的领域。

各种紧凑型荧光灯外形如图 10-10 所示。图 10-10 (a) 为一体化系列荧光灯，将镇流器等全套控制电路封闭在灯的外壳内，主要有 2U、3U、2D 和螺旋形等；图 10-10 (b) 为灯泡型、烛光型和球泡型荧光灯，表面用乳白玻璃磨砂处理；图 10-10 (c) 为插拔系列荧光灯，灯管与控制电路分离，需要特制灯头，主要形式有 U 形、2U 形、H 形、2H 形和 2D 形等。

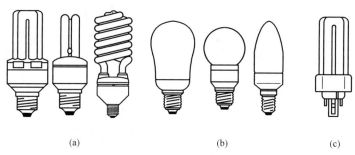

(a)　　　　　　　　　　(b)　　　　　(c)

图 10-10　各种紧凑型荧光灯外形图

(a) 一体化系列荧光灯；(b) 灯泡型、烛光型和球泡型荧光灯；(c) 插拔系列荧光灯

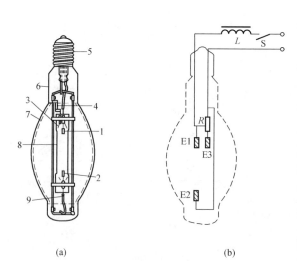

(a)　　　　　　　(b)

图 10-11　荧光高压汞灯

(a) 结构；(b) 工作电路

1、2—主电极 E1、E2；3—辅助电极 E3；4—起动电阻 R；
5—灯头；6—玻璃外壳；7—荧光粉；8—放电管；
9—镍丝兼作支撑；S—电源开关；L—镇流器

(二) 荧光高压汞灯

1. 荧光高压汞灯的类型

常用的照明用高压汞灯有普通型、反射型和自镇流荧光高压汞灯三种类型。

普通型和反射型荧光高压汞灯需要镇流器，结构基本相同。反射型在外泡内壁上镀有铝反射层，然后再涂荧光粉，具有定向反射性能，使用时可不用灯具。自镇流荧光高压汞灯与普通型主要区别是放电管和外泡之间装有一个与白炽灯相似的钨丝，可以代替外接镇流器，也能像白炽灯产生可见光，因此其是一个热辐射和气体放电的混光光源。

2. 荧光高压汞灯的结构

荧光高压汞灯的结构如图 10-11 (a) 所示。其中放电管采用耐高温、高压的透明石英玻璃制成；为了降低起动电压和保护电极，灯内除充入汞蒸气外，还需充入一定量的氩气；为了加速起动，设置了辅助电极。

3. 荧光高压汞灯工作原理

普通型和反射型荧光高压汞灯工作电路如图 10 - 11 (b) 所示，接通开关 S 后，在辅助电极 E3 和主电极 E1 间发生辉光放电，产生大量的电子和离子，引发两个主电极 E1 和 E2 间的弧光放电，灯管启燃。辉光放电的电流受起动电阻 R（40～60kΩ）的限制，使主、辅电极之间的电压远低于辉光放电所需要的电压，所以弧光放电后辉光放电立即停止。在启燃的初始阶段，放电管内的气压较低，放电只在氩气中进行，产生白色光。随着放电时间的增加，放电管温度不断升高，汞蒸气的压力也逐渐上升，放电逐渐转移到汞蒸气中进行，发出的光逐渐由白色变为更明亮的蓝绿色。

4. 荧光高压汞灯的基本性能

（1）启燃与再启燃。高压汞灯从启燃到灯管稳定工作需要 4～8min。高压汞灯在熄灭以后不能立即再起动，其再起动时间需要 5～10min。

（2）发光效率。普通型和反射型高压汞灯发光效率高，一般可达 40～60lm/W；自镇流荧光高压汞灯的总发光效率较低，一般为 12～30 lm/W。

（3）颜色特性。高压汞灯所发射的光谱包括线光谱和连续光谱，色温约为 5000～5400K，光色为淡蓝绿色。由于与日光差别较大，故显色性较差，显色指数仅为 30～40，一般室内照明应用较少。将三基色荧光粉用于高压汞灯后，可改善显色性，提高灯的发光效率；采用不同配比的混合荧光粉，则可制成橙红色、深红色、蓝绿色和黄绿色等不同光色的汞灯和高显色性汞灯，除用于一般照明外，还适用于庭院、商场、街道及娱乐场所的装饰照明。

（4）寿命。高压汞灯的寿命很长，国产普通型和反射型的有效寿命可达 5000h 以上，自镇流荧光高压汞灯一般为 3000h（钨丝寿命低，钨丝烧断则整个灯就报废）。国际上先进水平的高压汞灯寿命已达 24000h。

（5）电源电压变化的影响。高压汞灯对电源电压的偏移非常敏感，会引起光通量、电流和电功率的较大幅度的变化。电压过低时可能熄灭或不能起动，而电压过高时也会使灯因功率过高而熄灭，从而影响灯的使用寿命。

高压汞灯的突出优点是光效高、亮度高、寿命长。但由于一般的高压汞灯其显色性较差，很少用于一般室内的照明，而在广场、车站、街道、建筑工地及不需要仔细分辨颜色的高大厂房等需要大面积照明的场所得到广泛的应用。

（三）低压钠灯

低压钠灯是一种低气压钠蒸气放电灯，其放电特性与低压汞蒸气放电十分相似。

1. 低压钠灯的结构

低压钠灯主要由放电管、外管和灯头组成。

常用的 U 形低压钠灯结构如图 10 - 12 所示。放电管由抗钠蒸气腐蚀的玻璃管制成，管径为 16mm 左右，管内充入钠和氖氩混合气体，设置多个存放钠金属球的凸出小窝；放电管的每一端都封接有一个钨丝电极。套在放电管外的是外管，外管由普通玻璃制成，管内抽真空，管内壁涂有良好透过可见光、反射红外辐射的氧化铟（In_2O_3）膜等透明物质，能将

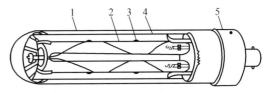

图 10 - 12 U形低压钠灯结构图
1—玻璃外管；2—放电管；3—储钠小凸窝；
4—玻璃套管；5—灯头

红外线反射回放电管，使放电管温度保持在 270℃左右。

2. 低压钠灯的起动

低压钠灯可用漏磁变压镇流器启燃，目前已被混合电子电路取代。低压钠灯刚点燃时，辅助起动用的氖气放电，光色为橙红色，待管壁温度上升，钠蒸气气压随之上升，逐渐转向钠放电，约 7min 后，发出以钠发光为主的黄色光。点灯后约 10min 光通量即可以达到额定值；点灯后约 14min，灯的电流、电压和功率达到额定值。

3. 低压钠灯的特点

(1) 光色和光效。低压钠灯产生的几乎都是 589nm 的单色黄色光，显色性很差（显色指数 20～25），但这个波长在光效率很高的范围内，与人眼感受最敏感的 555nm 的波长最接近，发光效率一般在 150～400lm/W，是照明光源中发光效率最高的一种光源。

(2) 启燃与再启燃。低压钠灯冷态启燃时间为 8～10 min，工作中电源中断 6～15ms 也不致熄灭，再启燃时间不足 1min。

(3) 寿命。低压钠灯的寿命为 2000～9000h，点燃次数对灯寿命影响很大，并要求水平点燃，否则也会影响寿命。

由于低压钠灯的显色性差，一般不宜作为室内照明光源；但可利用其光色柔和、眩光小、透雾能力极强等特点，作为铁路、公路、高架路、隧道和港口等要求能见度高而对显色性要求不高的场所的照明光源。

（四）高压钠灯

高压钠灯是一种利用高压钠蒸气（钠蒸气分压为 10^4 Pa 数量级）放电发光的高强度气体放电灯。

1. 高压钠灯的结构

高压钠灯的结构与高压汞灯相似，结构如图 10-13 所示。放电管采用抗钠蒸气腐蚀的、半透明的多晶氧化铝陶瓷制作，管径较小（约 8mm 或更小）以提高光效。放电管两端各装有一个工作电极，管内抽真空后充入一定量的钠、汞，还充有辅助起动用的氖气和氩气（或氖氩气体）。放电管外套装有一个透明的硼酸盐硬质玻璃外管，外管抽成高度真空，可减少放电管的热损失，保证灯的钠蒸气压和发光效率，还可减少外界环境变化对灯的光电性能的影响。为了获得柔光，在外管内壁可涂敷二氧化钛。

2. 高压钠灯的起动

高压钠灯为冷起动，没有起动辅助电极，启燃时两工作电极之间要有 1000～2500V 的高压脉冲，不能直接在普通电源下起动，必须附设启燃触发装置。触发装置可以装在高压钠灯的放电管和外管之间（图 10-13 中的双金属片、电阻和触头），也可以外接触发器。

接通电源后，起动电流通过双金属片及其触点和加热电阻。电阻发热使双金属片触点断开，在断电瞬间，外接镇流器产生很高的脉冲电压，使放电管击穿放电，

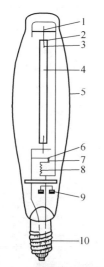

图 10-13　高压钠灯的结构图
1—铌排气管；2—铌帽；3—钨丝电极；
4—放电管；5—外泡壳；6—双金属片；
7—触头；8—电阻；9—钡钛消气剂；
10—灯帽

开始放电时是通过氙气和汞进行，启燃初始灯光为很暗的红白辉光。随着放电管内温度上升，从氙气和汞放电向高压钠蒸气放电过渡，经过 5min 左右趋于稳定，稳定工作时光色为金白色。起动后靠灯泡放电的热量使双金属片触头保持断开状态。

3. 高压钠灯的特点

（1）光色和光效。与低压钠灯类似，光效很高，是高压汞灯的 2 倍左右；单色黄色光的显色性很差。只要适当提高管内气压，就可以提高灯的显色性能，但光效会有所下降；在灯中充入适量的其他金属（如镉或铊等），也可改善灯的显色特性。如高显型高压钠灯，显色指数可提高到 60 左右，色温提高到 2300～2500K，光效与普通型相比约下降 25％；高显型高压钠灯色温上升到 2500～3000K，显色指数达到 80 左右，光效进一步下降。

（2）启燃与再启燃。高压钠灯启燃时间一般为 4～8min，熄灭后不能立即再点燃，需要 10～20min 双金属片冷却使触点闭合后，才能再起动。

（3）寿命。高压钠灯寿命比高压汞灯高很多，在延长发光内管、控制管壁温度和压力等措施后，高压钠灯的寿命已达到 20000h 以上，成为寿命最长的电光源之一。

普通型高压钠灯与低压钠灯的应用范围基本相同，改显型和高显型高压钠灯可用于商业、体育场馆、娱乐场所等需要高显色性和高照度的场所的照明。在所有近白色电光源中高压钠灯是发光效率最高、节能效果显著的电光源，在许多场合高压钠灯可替代高压汞灯来节约用电。

（五）金属卤化物灯

金属卤化物灯是 20 世纪 60 年代在高压汞灯基础上发展起来的一种电光源，放电管内填充的放电物质是汞和金属卤化物的混合蒸气，称为金属卤化物灯。充入的钠、铊、铟、铊、镝等不同的金属卤化物，可制成不同特性的光源。金属卤化物灯主要靠这些金属原子的辐射发光，再加上金属卤化物的循环作用，获得了比高压汞灯更高的光效，同时还改善了光源的光色和显色性能。

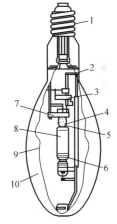

1. 金属卤化物灯的结构

一般的金属卤化物灯的外形和结构与高压汞灯相似，结构如图 10-14 所示，放电管中增添了金属卤化物，外管内充入惰性气体。放电管在用多晶氧化铝陶瓷代替石英玻璃后，可使金属卤化物充分蒸发，光效和显色性高且稳定。

在用钠和碱金属卤化物的灯中，配置双金属片开关。在不用碱金属的金属卤化物灯中，对于没有设置起动电极的金属卤化物灯，需配置起动灯的电子镇流装置。

图 10-14　金属卤化物灯的结构图
1—灯头；2—起动电阻；3—双金属片开关；
4—起动电极；5—主电极；6—保温膜；
7—消气剂；8—放电管；9—荧光膜
（外管内面）；10—外管

2. 金属卤化物灯的发光原理

金属卤化物灯起动后，灯管放电开始在惰性气体中进行，灯只发出暗淡的光；随着放电继续进行，放电管产生的热量逐渐加热玻壳，汞和金属卤化物随玻壳温度上升而迅速蒸发，并扩散到电弧中参与放电；当金属卤化物分子扩散到高温中心后分解成金属原子和卤素原子，金属原子在放电中受激发而发出该金属的特征光谱。

3. 金属卤化物灯的主要种类和用途

金属卤化物灯的种类很多，按灯的外观分类，有涂粉玻壳型、光纤灯、大功率双端型、小功率双端型、大功率单端型、小功率单端型、陶瓷管等，如图 10 - 15 所示。

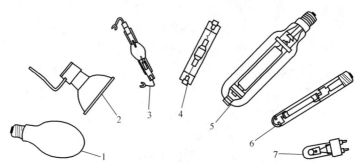

图 10 - 15　金属卤化物灯外观分类

1—涂粉玻壳型；2—光纤灯；3—大功率双端型；4—小功率双端型；

5—大功率单端型；6—小功率单端型；7—陶瓷管

金属卤化物灯按添加剂和光谱特性的分类见表 10 - 3。

表 10 - 3　　　　　　　　金属卤化物灯按添加卤化物和光谱特性的分类

类号	添加的金属卤化物	光谱特性	应用
1	钠—铊—铟 （Na—Tl—In）	三种金属卤化物组合，可见光区内具有强烈的线状光谱，形成发射白光的金属卤化物灯	体育场馆、高大厅堂、街道广场、高大车间、景观照明等
2	钪—钠 （Sc—Na）	两种金属卤化物组合，可见光区内长波方向的线状光谱丰富，颜色是金白色	
3	镝—钬—铥 （Dy—Ho—Tm）	三种金属卤化物组合，在波长 540nm 有较强线状光谱，其他都是连续光谱，近似日光色	
4	锡—铯 （Sn—Cs）	两种金属卤化物组合，可见光区内的光谱基本上连续，形成日光色	水下照相、照相复印、光化合成等特殊要求
5	单—金属 （铊、铟、锂、镓等）	单一金属卤化物可产生很强的共振辐射，形成色纯度很高的光谱辐射	

小功率金属氧化物灯（30～150W）的结构如图 10 - 16 所示，由于发光效率高、光色好、显色指数高、体积小，已经进入室内照明和家庭照明的领域。

4. 金属卤化物灯的工作特性

（1）启燃与再启燃。金属卤化物比汞难蒸发，启燃和再启燃时间比高压汞灯略长一些。从起动到光电参数基本稳定一般需要 4min 左右，完全稳定一般需要 15min；关闭或熄灭后，需等待约 10min 才能再次起动。

（2）电源电压变化。电压变化不宜大于±5%。电压变化除对主要参数有影响外，还会造成光色的变化。在电压变化较大时，灯的熄灭现象比高压汞灯还要严重。

（3）灯的点燃位置。金属卤化物灯的点燃位置变化，金属卤化物的蒸气压力、分布密度将会变化，引起灯的电压、光效和光色的变化。一般会规定灯的点燃位置，如灯向上垂直、

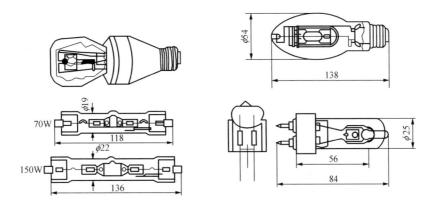

图 10-16 小功率金属卤化物灯结构图

水平位置或是向下垂直位置。在使用过程中应尽量保证按指定位置点灯，以获得最佳特性。

（4）寿命。采用石英玻璃放电管形的金属卤化物灯，工作时由于石英玻璃中水分等容易释放、金属卤化物与石英玻璃发生缓慢的化学反应和电极与金属卤化物的化学反应等原因，导致其寿命比高压汞灯短，为 6000～9000h。放电管在用多晶氧化铝陶瓷代替石英玻璃后，其寿命大为提高。

（六）氙灯

氙灯是利用高气压或超高气压氙气的放电而发光的电光源。氙气在高压、超高压下放电时，在可见光区域发射连续光谱，与日光接近，发光效率高，灯点燃后就可达到稳定的光输出，还可以瞬时再点燃，所以也用氙灯作为照明光源。

氙灯按供电电源可分为直流供电和交流供电氙灯，按电弧长度可分为短弧和长弧氙灯。另外，还有氙气闪光灯和脉冲氙灯。

短弧氙灯电弧很短，要求供电电压低、电流大，一般用直流供电电源。风冷短弧氙灯的结构如图 10-17 所示。短弧氙灯亮度很高，光色也好，在工业生产、国防和科研等许多方面得到了广泛应用。

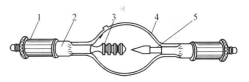

图 10-17 风冷短弧氙灯结构图
1—灯头；2—钼箔；3—钨阳极；
4—石英玻璃泡壳；5—铈钨阴极

长弧氙灯的设计比短弧氙灯简单，电源可使用交流供电。水冷长弧氙灯的结构如图 10-18 所示。长弧氙灯功率很大，多数为 20kW，有的高达 300kW，亮度很高，被称为人造小太阳。长弧氙灯的光谱与日光接近，在码头、广场、车站、体育场等许多地方的大面积照明中得到广泛的应用。长弧氙灯还可作为布匹颜色检验，织物、药物、塑料、橡胶等的老化试验，人工气候室的植物培养，以及光化学反应等方面的照明光源。

六、固体发光光源

固体物质发光的种类较多，此处重点介绍电致发光灯（EL）和发光二极管灯（LED）。

（一）电致发光灯

电致发光灯又称为电致发光屏（EL 灯或 EL 屏），是荧光粉在电场的直接作用下发光的电光源。电源可以用交流、脉冲或直流电源，发光亮度随电压的增加而增加。

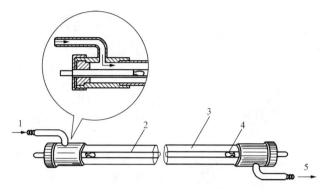

图 10 - 18　水冷长弧氙灯结构图

1—进水；2—石英玻璃放电管；3—玻璃水冷套；4—电极；5—出水

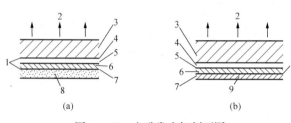

图 10 - 19　电致发光灯剖面图

（a）有机电致发光灯；（b）陶瓷电致发光灯

1—交流电源；2—光发射；3—玻璃板；4—透明导电层；

5—荧光粉层；6—高介电反光层；7—背电极；

8—石蜡层；9—釉密封层

EL 可根据其荧光粉材料的不同分为有机和陶瓷两大类；根据所用衬底的不同，进一步将灯分为若干种不同类型，如有机电致发光灯、陶瓷电致发光灯、玻璃加陶瓷电致发光灯、塑料电致发光灯和直流电致发光灯等。

EL 基本上是一块平板式的电容器（面光源），各种 EL 的主要区别是衬底的区别，其剖面图如图 10 - 19 所示。

EL 的荧光粉通常以硫化锌为基础，并掺入激活剂，经过电场激发后产生各种色光。不同的荧光粉的发光光色见表 10 - 4。

表 10 - 4　　　　　　　　　　　　　　电 致 发 光 灯 光 色 表

荧光粉	激活剂	发光颜色
立方形硫化锌	铜（低含量）、铅	蓝
	铜（高含量）、铅	绿
	铜（高含量）、铅、锰	黄
六角形硫化锌	铜	绿
	铜、锰	黄
硒硫化锌	铜	绿—黄
硒硫化锌镉		黄—粉红

图 10 - 19（a）所示的有机电致发光灯采用有机介质材料，将荧光粉和反光粉粘在涂有透明氧化锡导电薄膜的玻璃板上。导体表面先涂一层荧光粉，再涂一层钛酸钡，使光向前发射，最后在背面加镀一层金属或导电性涂料作为电极层。为了防止水分浸入造成介质击穿，需要在灯的背面涂以石蜡和铝箔或其他材料作为防水层。

图 10 - 19（b）所示的陶瓷电致发光灯，可做成各种平面形状，适合大批量生产。

EL 是一种低照度的面光源，亮度和光效较低，难以用作空间照明，主要用于特殊环境的指示和照明。例如影剧场、医院病房夜间照明，军事训练夜间环境模拟，飞机、车辆等的仪表照明，数字、图像、符号、文字的显示以及大屏幕电视等。

（二）发光二极管灯

发光二极管灯（LED）是利用固体半导体芯片作为发光材料，在半导体中通过载流子发生复合放出过剩的能量而引起光子发射，直接把电转化为光的器件。

LED 芯片可以封装成多种形式，包括全环氧树脂包封、金属底座环氧树脂封装、陶瓷底座环氧树脂封装及玻璃封装等。图 10-20 所示为一种发光二极管的结构。

LED 的发光颜色由基体和掺杂的材料决定，一般的 LED 基本上发单色光，见表 10-5。

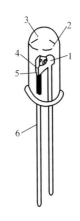

图 10-20 发光二极管结构图
1—有发射碗的阴极杆；2—LED 芯片；
3—透明环氧树脂封装；4—楔形支架；
5—阳极杆；6—引线架

表 10-5   发光二极管的颜色和材料的关系

材料	辐射光波长（nm）	发光颜色
磷砷化镓（GaAsP）	867～550	红、橙、黄、绿
磷化镓（GaP）	550	黄、绿
碳化硅（SiC）	435	蓝、紫

作为照明光源使用的 LED 的主流是高亮度白光 LED，分为三种类型：第一种是以蓝光 LED 加上黄色荧光粉混合产生白光；第二种是以紫外光 LED 加红、蓝、绿三基色荧光粉混合产生白光，可以取代荧光灯、紧凑型节能荧光灯及 LED 背光源等光源；第三种是利用红绿蓝三个单色的 LED 混合形成白光，并可随时调节成各种颜色光，多用于灯光秀、舞台照明、演播室照明等场合。

LED 被称为第四代照明光源或绿色光源，具有节能、环保（无有害金属汞）、寿命长（可达几万小时）、耗电省、体积小等特点。各种 LED 的筒灯、天花灯、台灯、吸顶灯、日光灯、埋地灯、投光灯和路灯已经应用于各种指示、显示、装饰、普通照明和城市夜景等领域。

七、照明电光源的选用

由于各类电光源在发光效率、寿命和显色性等方面差异很大，因而应用场所也有所不同。

（1）一般室内照明，宜用荧光灯代替白炽灯，最好选用三基色荧光灯。

（2）处理有色物品的场所，应满足显色性要求，宜采用显色性好的光源或三基色荧光灯。

（3）灯具悬挂较低的工作场所，宜采用荧光灯。

（4）安装高度在 10m 以上的室内光源，宜采用金属卤化物灯。为了产生必要的照度和具有较好的显色性，也可考虑高压钠灯、金属卤化物灯和荧光灯混合使用。

（5）一般厂房和露天工作场所，宜采用高功率荧光灯取代高压钠灯或金属卤化物灯。除特殊情况外，不宜采用管形卤钨灯和大功率白炽灯。

（6）生产场所应尽量不采用自镇流式高压汞灯和大功率白炽灯。开闭频繁、面积小、要求照度不高的地点，宜采用普通白炽灯或紧凑型荧光灯。

（7）1～15℃的低温场所，宜采用与快速起动电子镇流器配套的荧光灯。

（8）企业厂区和居民小区的道路照明，宜采用高功率荧光灯取代高压钠灯或高压汞灯。

第三节　照　明　器

照明器是由电光源和灯具组成的一种照明器件。照明器的基本功能是改变光源光通量的空间分布，重新分配到人们需要的范围内；保护视觉，防止或减轻高亮度光源产生的眩光；保护和固定光源，将灯与电源相连；美化和装饰环境，通过照明器的优美造型和合适的外观颜色来满足人们的审美要求。

一、照明器的特性

照明器的特性主要包括光分布、照明器效率和保护角三个方面。

1. 光分布

光分布是指照明器周围空间的光强分布（一般称配光特性），可以根据光分布合理地选择及布置照明器，并进行照明计算。

2. 灯具的效率

照明器的灯具效率 η 为照明器射向周围空间的光通量 ϕ 与照明器中光源发出光通量 ϕ_s 之比。即

$$\eta = \frac{\phi}{\phi_s} \tag{10-3}$$

效率是灯具主要质量指标之一，取决于灯具的形状、材料和光源在灯具内的位置，应用时应选择效率高的灯具。

3. 灯具的保护角

灯具的保护角 α（遮光角）指光源发光体最边缘的一点和灯具出光口的连线与出光口连线线之间的夹角，如图 10-21 所示。实际应用中应该选择适当的保护角。

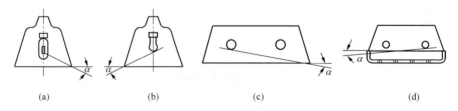

| (a) | (b) | (c) | (d) |

图 10-21　一般灯具的保护角

（a）透明灯泡；（b）乳白灯泡；（c）下方敞口的双管荧光灯具；
（d）下口带透明玻璃罩的双管荧光灯具

二、照明器的分类

照明器的种类繁多，分类方法也很多，下面介绍几种常用的分类方法。

1. 按光通量在空间的分布分类

灯具按光通量在上下两个半球空间的分布比例，分为直接型、半直接型、全漫射型（直接—间接）、半间接型和间接型，见表 10 - 6。

表 10 - 6　　　　　　　　　　按光通量在空间分布的灯具分类

灯具类别	直接型	半直接型	全漫射（直接—间接）型	半间接型	间接型
光强分布					
光通分配（%） 向上	0～10	10～40	40～60	60～90	90～100
光通分配（%） 向下	100～90	90～60	60～40	40～10	10～0

2. 按对水或异物侵入的保护程度分类

按对水或异物侵入的保护程度，将防水照明器分为防漏型、防雨型、防溅型、防喷射型、耐水型、防浸型、水中型、防湿型八类，总称防水型；将防止异物侵入照明器分为防尘型和耐尘型两类。

3. 按保护结构分类

对有煤气、蒸汽或其他腐蚀性气体等场所使用的照明器，按保护结构可分为耐压型、增加安全型和耐盐型等。

4. 按灯具的结构特点分类

按灯具的结构特点，分为开启型、闭合型、封闭型、密闭型、防爆型和防腐型。

（1）开启型：光源与外界空间直接接触（无罩）。

（2）闭合型：透光罩将光源包合起来，但内外空气仍能自由流通。

（3）封闭型：透光罩固定处加以一般封闭，与外界隔绝比较可靠，但内外空气仍可有限流通。

（4）密闭型：透明罩固定处加以严格封闭，与外界隔绝相当可靠，内外空气不能流通。

（5）防爆型：透明罩本身及其固定处和灯具外壳，均能承受要求的压力，能安全使用在爆炸危险性介质的场所。防爆型又可分为隔爆型和安全型。

（6）防腐型：外壳用耐腐蚀材料，密封良好，用于含有腐蚀性气体的场所。

5. 按安装方式分类

（1）吸顶灯：直接安装在顶棚上的灯具。

（2）嵌入顶棚式（镶嵌灯）：灯具可嵌入顶棚内。

（3）壁灯：安装在墙壁上的灯具，主要作为室内装饰，兼作辅助性照明。

（4）悬挂式灯具（吊灯）：用软线、链条或钢管等将灯具从顶棚吊下。

（5）嵌墙型灯具：将灯具嵌入墙体上。

（6）移动式灯具：台灯、落地灯、床头灯、轨道灯等。

第四节　照　明　控　制

照明控制是指针对照明装置或照明系统的工作特性所进行的调节或操作。可通过开关或控制器实现点亮、熄灭、亮度和色调的控制等。

照明控制方式分为手动照明控制、半自动照明控制和自动照明控制。

一、手动照明控制

手动照明控制是通过人直接操纵开关实现的照明控制。手动照明控制分为机械式和电子式。

1. 机械式手动照明控制

机械式手动照明控制开关品种繁多，有拉线式、按键式、推拉式和旋转式等。其工作原理都是通过简单的机械装置，将连接电光源的通电回路接通或切断，以实现灯的点亮或熄灭的控制。这类开关结构简单、安全耐用、使用广泛。

最简单的机械开关是单刀单掷开关。多方位控制时，可将单刀多掷或多刀多掷开关组合使用。如图 10 - 22 所示，两方位控制系统由两个单刀双掷开关与光源 EL 串联组成，开关 S1 或 S2 可随意点亮或熄灭光源。三方位控制系统由两个单刀双掷、一个双刀双掷开关与光源串联，如图 10 - 23 所示，每个开关都可随意点亮或熄灭光源。依此规律可用两个单刀双掷、n（0 或正整数）个双刀双掷开关组成 $n+2$ 个多方位控制系统。这类开关多用于建筑物的楼梯、走廊、车间、库房、影剧院等场所。

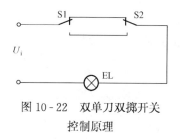

图 10 - 22　双单刀双掷开关
控制原理

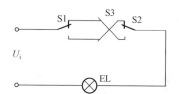

图 10 - 23　单刀双掷与双刀双掷
组合开关控制原理

2. 电子式手动照明控制

电子式手动照明控制开关按操作方式的不同，分为缓冲式、轻触感应式和调节式。

缓冲式电子控制开关是为延长光源寿命而设计，也称为软开关。一种具有缓冲功能的开关控制原理如图 10 - 24 所示。图中 S 为普通机械开关。当 S 接通电源后，由于电子线路的缓冲作用，扼制了光源冷态电阻 R_L 造成的高于额定电流 10～20 倍的瞬间冲击电流，实现了开渐亮、关渐暗的控制，消除了冲击电流对光源的损害，延长了光源的寿命。

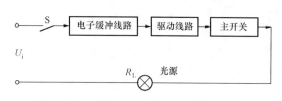

图 10 - 24　缓冲式电子控制开关控制原理

轻触感应式手动开关是用微小的电信号实现对灯的控制，手感好、安全耐用。其控制原理如图 10 - 25 所示。图中 S 为轻触式微动开关。当 S 受到轻轻触动，有一个电信号送到电子控制线路，将信号放大处理后驱动主开关点亮或关闭光源。主开关一般由晶闸管或继电器等组成。

调节式开关是在轻触感应式的基础上使用不同功能的电子控制线路，实现对白炽灯、卤钨灯类热辐射电光源亮度的调节，调节式开关的电位器如图 10 - 26 所示。这种亮度调节功能的开关称为调光开关。对荧光灯、高压气体放电灯、LED 等电光源，因发光原理不同，需要分别采用特有电子装置进行控制。

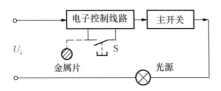
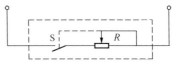

图 10-25　轻触感应式结构控制原理　　　　图 10-26　调节式开关的电位器

二、半自动照明控制

将电子式手动开关与自动控制功能相结合构成了半自动开关装置。按动开关点亮一盏灯，过几分钟后可自动熄灭。具有这种功能的开关称为延时开关，是半自动开关的一种。

歌厅、舞台常见的旋转、扫描、点射、频闪、流水式灯光变换，是通过人为地开关控制一种或一组转动机构或电子控制线路，组成了一个半自动灯光控制系统。

遥控开关也属半自动类，由指令发射机和信号接收机及执行机构三大部分组成。当人为地操作发射机发出指令后，接收机把接收到的指令信号经解码放大后，驱动相应的执行机构，对光源进行点亮、熄灭、明暗调节等远距离控制。遥控开关分有线遥控和无线遥控两大类。

有线遥控是将发射信号通过导线传输给接收机，传输导线可用专用电缆，也可利用市电力线或电话线实现载波遥控，如图 10-27 所示。无线遥控开关是将指令信号以电磁波、声波、超声波、次声波或光波等形式，通过空间传送给接收机，实现对光源的控制，如图 10-28 所示。

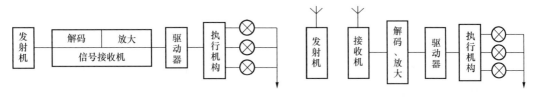

图 10-27　有线遥控开关原理框图　　　　　图 10-28　无线遥控开关原理框图

三、自动照明控制

自动照明控制是指不用人为操作，光源的亮度和色调可根据人们事先约定的条件和光源周围环境亮度、音响、时间等物理量的变化而实现的自动调节。

自动照明控制应用很广，当人们走进黑暗场所，灯光会自动点亮，经一定延时后自动调暗、关闭；舞台灯光、喷泉彩灯，随声乐起伏而忽明忽暗，红绿交映；为保证某一区域的照度恒定，一组灯光自动地明暗调整；路灯、航标灯、畜牧场照明灯昼关夜开，都可以用自动控制的方式实现。

用于照明控制的微波扫描、电容式近距感应等，是在半自动照明控制的基础上增加相应的传感器和具有比较、分析功能的电子控制线路实现的，如图 10-29 所示。传感器将感知信号转换为电信号，经电子控制线路比较、分析、处理后，驱动主开关来调节光源的亮度或颜色。

微波扫描开关、电容式近距感应开关、体温感知开关，加上光控功能，用于住宅楼道、走廊、厕所、门厅等，均可实现全自动延时照明控制。

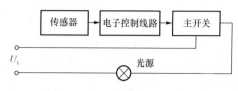

图 10 - 29　照明自控原理框图

利用气敏、磁力、温度、湿度、压力等物理量以及液位、位移、障碍等状态量，都可实现自动照明控制，这些控制多用于特殊场所的警告性或标志性照明。

停电自锁照明控制也称二次开关，当光源断电后再次通电，由于二次开关作用，光源处于熄灭状态。使用二次开关可自动消除因停电忘记关灯，而来电后灯光长明的现象，既安全又节电。

应急照明也称为不间断照明。当正常供电电源因故停电时，备用的应急电源立即向光源供电。应急照明控制现已为宾馆、饭店、商店、礼堂、影剧院必不可少的照明自控设施。

智能照明控制也称为模糊照明控制，是一种具有记忆、分析、判断及综合处理功能的高级自动照明控制系统。其一般由光敏、音频、红外、微波等多种传感器，计算机及开关，调光、频闪、旋转、变色等多功能控制器组成，如图 10 - 30 所示。由各路传感器接收各种物理量或状态量的随机状态，转换成电信号传送给计算机进行存储、

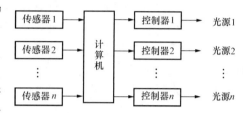

图 10 - 30　智能照明控制原理框图

分析、判断，分析结果经放大器放大后驱动各路控制器，对相应的光源进行控制。还可由计算机给出随机控制信号，通过控制器产生一种千变万化而无规律可循的特技照明效果。

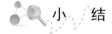

小　结

电气照明设备主要是由电光源和灯具两大部分组成。其中电光源包含热辐射、气体放电和固体发光等照明电光源。本章介绍了常见的几种电光源。照明器包含的各种灯具也是多种多样。在应用场合可以利用各种开关或控制器实现点亮、熄灭、亮度和色调的控制。

本章的主要内容如下：

（1）可见光，常用的光度量，照明电光源的主要特性参数；

（2）热辐射光源、气体放电光源、固体发光光源三大类电光源的分类；

（3）电光源的型号；

（4）热辐射电光源的白炽灯和卤钨灯；

（5）气体放电光源的荧光灯、荧光高压汞灯、低压钠灯、高压钠灯、金属卤化物灯、氙灯的基本结构、工作原理、特点等；

（6）固体发光光源的电致发光灯（EL）和发光二极管灯（LED）基本结构；

（7）照明器的光分布、照明器效率和保护角三个因素；

（8）照明器最常见的按光通量在空间的分布分类，按对水或异物侵入的保护程度分类，按保护结构分类，按灯具的结构特点分类和按安装方式分类等分类方法；

（9）手动照明控制、半自动照明控制和自动照明控制三种照明控制方法。

习　　题

10-1　可见光的波长范围是多少？

10-2　常用的光度量有哪些？

10-3　发光效率、色温和显色指数各表示什么含义？

10-4　常用的照明电光源分几类？各类有代表性的灯有哪几种？

10-5　荧光灯的工作电路和工作原理是什么？

10-6　什么是紧凑型荧光灯？其有什么特点？

10-7　高压汞灯、低压钠灯、高压钠灯常用在哪些场合？

10-8　金属卤化物灯的特点是什么？为什么要注意灯的点燃位置？

10-9　固体发光光源最主要的是哪几种灯？

10-10　如何选用照明电光源？

10-11　什么是灯具的保护角？

10-12　灯具主要有哪些分类方法？

10-13　照明控制有哪几种类型？

10-14　机械式手动照明控制如何实现二方位、三方位控制？

第十一章 工 业 电 炉

工业电炉一般是指具有炉室（加热室、炉膛或坩埚）的电加热设备。在炉室内电能转变成热能并加热物料，或进一步完成物料的冶炼、熔化、加热、热处理、烧结、烘干等预定的工艺过程。在实际使用中，电炉常与电热装置通用，泛指由有炉室或无炉室的电热设备及其机电附属设备组成的成套装置。

工业电炉是电加热设备中最主要的设备种类之一，在冶金工业中用于炼钢、炼铁合金、炼铝、炼铜、炼钛、合金熔炼、金属连铸连轧过程中的在线补充加热等；在机械工业中用于工件的铸造、锻造和热处理等；在化学工业、建材工业、轻工业、实验室等各方面都有广泛的应用。

工业电炉品种繁多，应用广泛，按电加热类别（见表8-9），可分为电阻炉、电弧炉、感应炉、电子束炉、等离子炉、介质（微波）加热设备等几大类。每一大类还可根据加热方式、炉体结构特点、物料输送方式、操作方式、电源特点、加热用途、炉内气氛与介质的不同等分成许多小类。本章主要介绍电阻炉、电弧炉和感应炉。

第一节 电 阻 炉

电阻炉是利用电阻加热的电炉。与其他电炉相比，电阻炉具有发热部分简单，对炉料种类的限制少，炉温控制准确度高，容易实现在真空或控制气氛中加热等特点。电阻炉广泛应用于机械零件的淬火、回火、退火、渗碳、氮化等热处理过程，也用于各种材料的加热、干燥、烧结、钎焊、熔化等，是发展最早、品种规格最多、需要量最大的一类电炉。

一、电阻炉的分类

电阻炉的种类很多，按照电阻加热方式可分为间接加热电阻炉和直接加热电阻炉（分别简称为间接电阻炉和直接电阻炉）两大类。直接电阻炉中，电流直接通过被加热炉料，依靠炉料本身的电阻发热使炉料得到加热；间接电阻炉中，电流通过炉内的电热体或导电液体产生电阻热，通过传导、对流、辐射等方式使炉料间接得到加热。工业用电阻炉绝大多数为间接电阻炉。

电阻炉的分类见表11-1。

二、直接电阻炉

直接电阻炉有石墨化电炉、碳化硅电炉、玻璃窑炉和电渣重熔炉等。直接电阻炉的工作原理如图11-1所示。导电触头（或称导电夹头、电极）和物料间靠接触导电，又称为接触加热。工作时电流直接流过被加热物料并产生电阻热使其加热。

直接电阻炉的优点是没有加热元件，加热温度不受加热元件使用温度的限制，可用在加热温度高的场合；物料本身直接通电加热，加热速度很快，热损失很小，在很多情况下不必用炉衬就能有很高的热效率。

直接电阻炉也存在一些问题，如工作时为保证加热均匀，对炉料的材质、形状、尺寸有严格限制，适用面窄；由于采用低电压大电流多级调压供电，电效率较低等。

表 11 - 1　　　　　　　　　　　　　　　电阻炉的分类

分类		分 类 说 明
按加热方式、炉内介质分类	间接加热式	普通（自然气氛）电阻炉、控制气氛电阻炉、真空电阻炉、电热浴炉、流态粒子炉
	直接加热式	电渣重熔炉、石墨化电炉、碳化硅电炉、玻璃窑炉
按作业方式和炉型结构分类	间歇式	箱式、台车式、井式、罩式、塔式、管式、坩埚、转筒式电阻炉
	连续式	输送带、推送式、振底式、步进式、辊底式、滚筒式（鼓形炉）、转底式、传送链式、牵引式、气垫式、车底式电阻炉
按传热过程分类		辐射传热、对流传热、传导传热电阻炉
按温度高低分类		低温（600～700℃以下）、中温（700～1200℃）、高温（1200℃以上）电阻炉
按处理工艺分类		淬火炉、退火炉、回火炉、渗碳炉、氮化炉、烧结炉、扩散炉、单晶炉、熔炼炉、干燥炉、烘烤炉等

1. 石墨化电炉

石墨化电炉是将焦炭压制成的电极坯在高温下焙烧成石墨化电极的电阻炉。工业上用的石墨化电炉结构如图 11 - 2 所示。炉体呈长方体，两端墙安装连接电炉变压器用的石墨电极，炉长为 10～25m，宽为 1.5～3m，坯料装入量为 20～70t，侧墙有固定式和移动式两种，坯料在炉内均匀排放，坯料周围空隙用焦炭粉填实，顶面用硅砂和焦炭粉的混合物覆盖，最高加热温度为 2600～3000℃，高温下碳素坯料中的碳原子重新排列形成石墨结构的晶体。炉子是间歇式运行，升温和冷却过程受到严格控制，一个周期约 20 天，其中通电加热约 3 天。因此，一台电炉变压器常配用 10 台左右的电炉。电炉是大功率（5000～30000kV·A）单相负载，使用中要考虑多台电炉平行作业，或

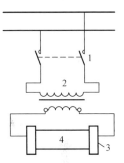

图 11 - 1　直接电阻炉工作原理示意图

1—接触器；2—变压器；
3—导电触头；4—物料

为每台电炉配置各相间的电平衡装置。变压器二次回路的电抗大，通电末期功率因数显著降低，须加电容器补偿。电炉的电耗约在 10000～13000kW·h/t 范围内。

2. 碳化硅电炉

碳化硅电炉又称金刚砂电炉，用来烧制碳化硅（SiC）。炉体长为 7～20m，宽为 1.5～4m。原料主要是石英砂和焦炭。由于原料电阻率高，炉料中心部位有一条用石墨或焦炭粒制成的贯通全长的炉芯，以提高开始通电时的输入功率。通电加热到 1500℃后，石英砂和焦炭开始反应生成碳化硅。加热温度为 1800～2200℃，加热时间 25～36h。加热后炉料随炉冷却，总的工作周期为 5～7 天，其中加热 1～2 天。该炉的供电设施与石墨化电炉的基本相同。电炉变压器的容量为 2000～5000kV·A，电耗为 7500～12000kW·h/t。

3. 玻璃窑炉

玻璃窑炉又称电极玻璃熔化炉，结构如图 11 - 3 所示。电流由钼、石墨、铁、铂等电极引入玻璃熔池，通过导电熔融玻璃液发热，使之保持一定温度并熔化加入的固体炉料。与用

燃料火焰加热的传统玻璃窑炉比，具有炉体小、结构较简单，热效率和生产率较高，玻璃受沾污少、品质高，成分不易挥发，易于调节，对环境污染（废气、噪声等）少，工作条件好且容易实现自动化生产等优点；但大型炉运行费用较高。

电极玻璃熔化炉多用在对生产要求高的光学玻璃或电子玻璃的中小型玻璃炉中，可以与燃料加热结合使用于大型玻璃窑炉。

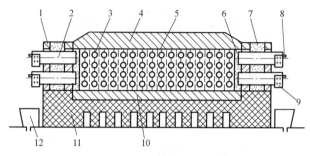

图 11-2　石墨化电炉结构图

1—炭砖；2—接电源用石墨电极；3—碳素坯料；
4—覆盖料；5—焦炭粉；6—石墨粉；7—炭粉；
8—进水管；9—铜排（接电源）；10—垫底料；
11—炉底；12—出水漏斗

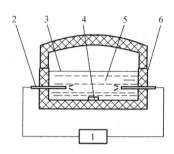

图 11-3　玻璃窑炉结构示意图

1—电源；2—电极；3—原料；
4—出料口；5—玻璃熔池；6—炉墙

4. 电渣重熔炉

电渣重熔炉是利用电流通过高电阻熔渣产热，将待重熔金属进行再熔炼或铸造的电阻炉，简称电渣炉。电渣重熔一般在大气压力下进行，根据需要也可配置真空机组进行真空重熔精炼。真空电渣重熔炉可以精炼铝、钛、银等合金。

电渣重熔炉一般由炉体、供电系统、控制系统和必要的辅助设备组成。炉体包括电极立柱和升降机构、电极夹头、水冷铜坩埚、底水箱和冷却水系统等。供电系统包括电炉变压器、开关柜和供电线路。控制系统包括电极升降调节装置、冷却水压力与温度监控系统等。辅助设备主要包括化渣炉和排烟除尘装置等。

电渣重熔炉（大气状态）的原理结构如图 11-4 所示。自耗电极由被熔炼材料本身制成，下端插在渣池中。工作时，电流经熔渣产热使电极端部逐渐熔化，熔滴形成并穿过渣层进入金属熔池，熔滴与熔渣发生强烈冶金反应，使金属中的非金属夹杂物有效清除，金属得到精炼。熔滴在水冷铜坩埚（又称结晶器）中汇集成熔池并逐渐凝固成铸锭或铸件。

电渣炉通常用单相或三相交流供电，根据铸锭的形状用每相 1 根电极，也可用多根电极，多根电极在炉内须对称布置。电炉变压器的二次侧电压为 80～130V，分 5～8 级或连续可调；工作电流每 100mm 坩埚直径为 1500～3000A，并可在适当范围内调节；电耗为 700～1800kW·h/t。

电渣重熔炉的用途广泛，采用不同渣料可精炼各种合金结构钢、耐热钢、轴承钢、锻模钢、高温合金、精密合金、耐蚀合金、高强度青铜，以及其他铝、铜、钛、银等有色金属的合金；采用不同形状的结晶器可以直接生产大直径钢锭、厚板坯、中空管坯、大型柴油机曲轴、轧辊、大型齿轮、高压容器、炮管等优质铸钢件。

三、间接电阻炉

间接电阻炉是由电热元件或导电介质通电后产生电阻热，通过传导、对流、辐射使炉料间接得到加热的电阻炉。间接电阻炉主要有普通（自然气氛）电阻炉、控制气氛电阻炉、真空电阻炉、电热浴炉和流态粒子炉。

间接电阻炉按作业方式可分间歇式和连续式两类。间歇式电阻炉在加热过程中，炉料在炉内位置固定不变，适用于被处理炉料品种多、批量小的场合，多为周期作业方式。连续式电阻炉在加热过程中，工件在炉内连续地或有节奏地沿炉长方向移动，同时完成整个处理工艺过程。

间接电阻炉主要由炉体和电气控制设备组成，某些间歇式炉和连续式炉设有进出料装置，真空炉配有真空机组，控制气氛电阻炉设置有气体发生装置。

间接电阻炉的炉温和整个加热工艺过程可精确控制，炉内气体的成分可根据所处理材质的要求选取和控制，被加热工件在材质、形状、尺寸等方面限制小，还可根据产品数量和品种及热处理工艺选取不同的炉型。可对

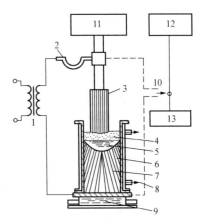

图 11-4 电渣重熔炉原理结构图
1—变压器；2—软电缆；3—电极（棒料）；
4—熔渣；5—金属熔池；6—水冷铜坩埚；
7—铸锭；8—冷却水；9—底水箱；
10—电压；11—电极升降机构；
12—调节装置；13—设定电压

机械零件和炉料进行不同的工艺处理，包括淬火、退火、回火、钎焊、烧结以及熔炼等，此外还可进行各种化学热处理；容易实现机械化、自动化，工作环境清洁，噪声及环境污染少，电热效率高。间接电阻炉广泛应用于国民经济的各个领域，是电热装置中种类和数量最多的一种。

1. 普通电阻炉

普通电阻炉（自然气氛电阻炉）是以自然形成的气体为炉内介质的间接加热式电阻炉。自然气氛是指炉子工作过程中自然形成的气氛，主要由空气和炉料处理过程中产生的气体形成。

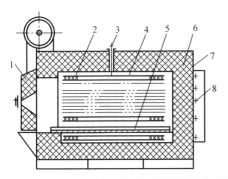

图 11-5 RX 系列中温箱式电阻炉结构简图
1—炉门；2—电热体；3—热电偶；
4—炉膛；5—炉底板；6—炉衬；
7—炉壳；8—电热体引出端

普通电阻炉的种类繁多，在冶金工业和机械工业的工厂中，各种小型料坯及机械零件的加热或热处理等，广泛应用各种箱式电阻炉。图 11-5 所示为我国生产的 RX 系列中温箱式电阻炉结构简图。随着所用电热体材料的不同，炉子的工作温度也不同，炉子的砌筑材料也存在一定程度上的差异，但炉子的结构差别不大。箱式电阻炉随其工作温度的不同，可用于钢件的热处理、金属坯料的加热、金属的烧结和熔化等。

箱式电阻炉一般是间歇式作业，炉料成批装入炉内，直至加热过程完结取出，然后进行下一批物料的处理。因此炉子的温度制度具有一般室状加热炉的特点。工作时，工作室内各点的温度可认为是均匀的，但可按工艺要求随时间变化，或控制在某一值。

箱式电阻炉的电热体可布置在侧墙上、炉底板下和炉顶上。一般而言这类炉子都没有强

制炉气循环的装置，因此炉子的传热过程以辐射传热为主，可认为属于辐射传热型的炉子。

2. 控制气氛电阻炉

控制气氛电阻炉是由人工控制炉内气氛的电阻炉，又称可控气氛电阻炉。

控制气氛是由人工从炉外送进某种特定成分的气体或其他物质在炉内裂解形成的，如利用氢、氮、氩或氨等的高压瓶装气体单一或混合后直接使用；用氨分解装置分解氨生成氢氮混合气体，或经燃烧处理后所得的气体（主要是氮）；直接向炉内送入化学物质（天然气、丙烷、甲醇、乙醇、丙酮、异丙醇、醋酸乙酯、尿素或煤油等）使之受热分解而形成气体等。主要用来保护金属免受氧化或脱碳的控制气氛，如氩、氢、氨分解气氛、放热式气氛等，称为保护气氛。能对钢件表面进行化学热处理，如渗碳、渗氮等的气氛，分别称为渗碳气氛、渗氮气氛等。

控制气氛电阻炉工作时，金属表面可以达到少、无氧化或脱碳，而且可以根据需要对金属表面原有的氧化皮进行一定的还原，或对某些金属零件进行复碳；也可进行化学热处理，如渗碳、渗氮、碳氮共渗等；还可以实现硅钢片的脱碳退火；采用控制气氛热处理，可以改变工件的表面组织结构，提高元件的使用性能，如表层的粗糙度、硬度、耐磨性、耐腐蚀性和疲劳强度，减少工件的加工余量和加工工序，节约金属的消耗。

控制气氛电阻炉炉体的结构与普通电阻炉基本相同，需要气氛发生装置或气源，以及炉气测量和控制装置等辅助设备，分为有罐和无罐两类。

（1）有罐式控制气氛电阻炉。有罐炉具有耐热钢炉罐，控制气氛只在炉罐内部流动，不接触炉衬和加热元件，炉衬结构和所用材质与普通电阻炉相同，如井式气体渗碳炉、井式气体渗氮炉、罩式炉、滚筒炉、转筒炉等。图 11-6 所示为井式气体渗碳炉的结构图。图中炉罐由耐热钢制成。

（2）无罐式控制气氛电阻炉。无罐炉炉内没有炉罐，控制气氛直接与炉衬和加热元件等接触，一般大型结构复杂、连续生产的可控气氛炉多采用无罐结构形式，如密封箱式炉、推送式炉、辊底炉、转底炉和铸链板式炉等。

图 11-7 所示为密封箱式气体渗碳炉的结构，出料端带有淬火槽。

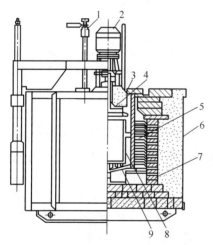

图 11-6　井式气体渗碳炉结构图

1—调节阀；2—电动机；3—炉盖；
4—风扇；5—电热元件；6—炉壳；
7—炉衬；8—料筐；9—炉罐

3. 真空电阻炉

真空电阻炉是指装料炉膛空间内工作压力低于 10^5 Pa 的电阻炉。真空电阻炉是真空技术与电阻加热炉相结合的产品，具有密闭的真空腔，工作时真空机组把真空腔内的空气抽出，使炉料在真空下加热。真空电阻炉按用途可分为真空退火炉、真空回火炉、真空淬火炉、真空化学热处理炉、真空钎焊炉、真空烧结炉等。

真空电阻炉加热和处理炉料的优点是可以防止氧化和脱碳，能除去金属表面的污垢；炉内气氛多为氮气、氩气等惰性气氛，无爆炸、引发火灾等危险；某些活泼金属只能在真空电阻炉中加热处理等。其缺点是由于增加了真空设备，同一般电阻炉相比，结构较复杂、设备

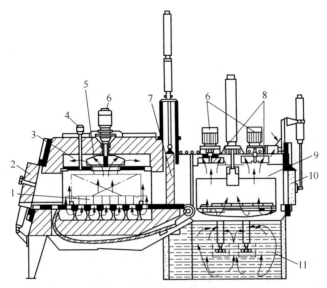

图 11-7　密封箱式气体渗碳炉的结构图

1—料框和炉料；2—进料门；3—加热室；4—用于气氛控制的碳势探头；

5—气氛循环风扇；6—风扇电动机；7—中门；8—用于快冷的气体

循环风扇；9—淬火室；10—出料门；11—淬火槽

投资大、操作维护水平高、运行成本较高；随着真空度等级的提高，其结构复杂程度以及其他相关费用均随之明显增加。

4.电热浴炉

电热浴炉是将炉料浸没在处于工作温度下的液体介质中进行加热或冷却的电阻炉。电热浴炉按液体介质不同可分为盐浴炉、碱浴炉、油浴炉以及金属浴炉等。浴炉的工作温度取决于所用液体介质的成分。电热浴炉主要用于碳钢、合金钢工件、工具量具和高速钢刀具的淬火加热、等温淬火及分级淬火时的冷却、局部加热与化学热处理。

电热浴炉按加热方式不同可分为外热式浴炉、管状加热元件加热的坩埚浴炉以及用电极直接通电加热的电极盐浴炉。工业上，电极盐浴炉的应用最为普遍。电热浴炉的结构如图 11-8 所示。

随着控制气氛电阻炉和真空电阻炉的发展，电热浴炉正逐渐被取代。

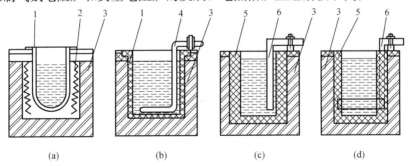

图 11-8　电热浴炉结构图

(a) 外热式浴炉；(b) 管状加热元件加热的坩埚浴炉；(c) 插入式电极盐浴炉；(d) 埋入式电极盐浴炉

1—金属坩埚；2—加热元件；3—炉衬；4—管状加热元件；5—耐火材料浴槽；6—电极

5. 流态粒子炉

流态粒子炉是将物料浸没在流态化粒子介质中进行加热或冷却的电阻炉。工业上用流态粒子炉进行工件的淬火、回火、退火加热和缓冷，也可以进行渗碳、渗氮化学处理等。

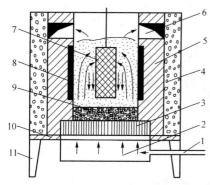

图 11-9　电极式流态粒子炉结构简图
1—进风管；2—风室；3—微孔透气砖；
4—隔热砖；5—耐火砖；6—排气口；
7—工件；8—电极板；9—耐热砂；
10—炉底板；11—支架

流态粒子炉的炉膛内装有作为传热介质的固态粒子，如石墨颗粒。常用的电极式流态粒子炉结构如图11-9所示。其主要由炉壳、炉衬、电极等组成，电极用低碳钢板或石墨制作。

电极式流态粒子炉工作时，空气经过炉子底部的风室，通过微孔透气砖以及耐热砂，均匀地向上进入炉膛内。依靠气体的托力，石墨颗粒作上升运动，颗粒与颗粒之间以及颗粒与工件之间相互碰撞，引起托力的逐渐消耗。当托力小于石墨颗粒本身的重力时，颗粒自动下降。颗粒下降到接近耐热砂时，又被刚喷出来的气流托带上升，造成石墨颗粒的上下往复翻滚运动，形成沸腾层。由于石墨颗粒相互碰撞接触，因而能够导电，使电流通过石墨沸腾层由一电极板流至另一电极板，并克服沸腾层的电阻而使电能转化为热能，使石墨颗粒达到高温。高温石墨颗粒频繁地碰撞被加热的工件表面，将热量传递给工件，达到加热的目的。所以，石墨颗粒沸腾层既是电热体，又是直接加热工件的介质。

6. 间接电阻炉的供电

间接电阻炉有直接供电和经过电炉变压器供电方式。用铁铬铝合金或镍铬合金作加热元件的中、小型电阻炉，大多由380V电网直接供电；用碳化硅、二硅化钼、石墨、钼、钨等

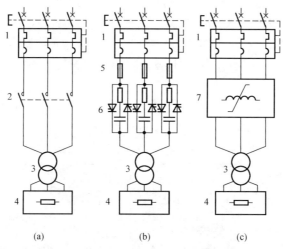

图 11-10　间接电阻炉三相供电电路
（a）位式；（b）晶闸管式；（c）饱和电抗器式
1—保护开关；2—接触器；3—电炉变压器；4—电阻炉；
5—快速熔断器；6—晶闸管控制电路；7—饱和电抗器

材料作加热元件的电阻炉和盐浴炉、流态粒子炉等，由于电阻值太小，或由于在升温过程中加热元件的电阻值变化很大，需要通过电炉变压器供电，以降低和调节炉子的输入电压和功率。常用的间接电阻炉三相供电电路如图 11-10 所示。

第二节 电 弧 炉

电弧炉是利用电弧放电时产生的热量来熔炼金属的电炉。电弧加热具有温度高、热量集中，而且可在不同气氛和不同气压下进行加热的特点，所以电弧炉适合于物料的熔化和冶炼。

一、电弧炉的分类及应用

电弧炉按加热方式可分为直接电弧炉、间接电弧炉和埋弧炉。目前工业上用的电弧炉主要有直接电弧炉和埋弧炉（矿热炉）。

（一）直接电弧炉

直接电弧炉的电弧发生在专用的电极棒和被熔化（或已熔化）的炉料之间，炉料受到电弧的直接加热，如图 11-11（a）所示。这类电弧炉主要有三相交流炼钢电弧炉、钢包精炼炉和真空电弧炉等。

（二）埋弧炉（矿热炉）

埋弧炉的电弧发生在埋入到炉料内的电极前端与被熔化的（或已熔化的）炉料之间，如图 11-11（b）所示。在电弧加热的同时有一部分热量是电流通过炉料，由炉料的电阻而产生，所以又称其为电弧电阻炉。埋弧炉在熔化区可以获得强还原性气氛，主要用于还原矿石，生产铁合金、冰铜、化工产品等，又称矿热炉。

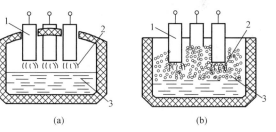

图 11-11 电弧炉加热方式
(a) 直接电弧炉；(b) 埋弧炉（矿热炉）
1—电极；2—电弧；3—炉料

二、直接电弧炉

三相交流炼钢电弧炉应用广泛，真空电弧炉用于冶炼特殊钢和合金，应用范围较小。现代炼钢企业中常常将电弧炉与钢包精炼炉配合使用，以充分利用供电设备的装备容量。

（一）三相交流炼钢电弧炉

三相交流炼钢电弧炉由炉体机械设备、主电路、电气控制设备和电磁搅拌器等组成。根据用户要求，也配套提供废钢预热和连续进料的设备。三相交流炼钢电弧炉一般的操作程序为装料、熔化、精炼、出钢，冶炼周期为 2～4h，电耗为 500～700（kW·h）/t。

1. 炉体机械设备

炉体机械设备主要由炉壳、炉座及其倾动机构、炉盖及其提升和旋转机构、石墨电极、导电横臂、电极立柱及其升降机构等组成，如图 11-12 所示。

炉壳内砌有用耐火材料筑成的炉衬，炼钢时钢液在其中形成熔池。电极由电极横臂夹头夹持并固定在立柱上，由电极调节器控制升降。炉盖提升和旋转机构可以将炉盖提升和下降，并可将其从炉体上旋开，以便用料筐向炉内装废钢。炉子的倾动机构可将炉子向出钢方向或出渣方向倾斜一定的角度，以便炉子出钢或出渣。与钢包精炼炉配套使用的炼钢电弧

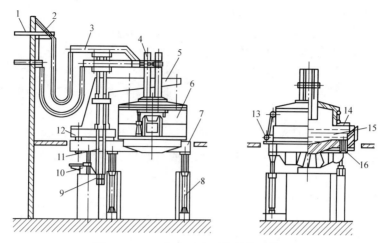

图 11-12　三相交流电弧炉结构示意图

1—变压器引出母线；2—大电流线路；3—导电横臂；4—石墨电极；5—水冷炉盖提升桥架；6—炉壳；
7—倾动平台；8—倾动机构；9—电极升降液压缸；10—倾动固定用支架；11—电极升降立柱；
12—炉盖旋开平台；13—炉门；14—小盖；15—熔池；16—偏心底出钢口

炉，设有偏心底出钢装置，实现无渣出钢。炉子的驱动方式可采用电动机或液压驱动，大容量炉用液压驱动。炉体各受热构件，如炉门框、电极夹头等用水冷却。还有碳、氧枪和炉壁氧燃烧嘴等设备，以便向炉内输入氧气和天然气等辅助能源，加速废钢的熔化。炉门碳、氧枪，有自耗式和水冷非自耗式两种，可通过炉门向熔池吹入氧气助熔，也可通过碳枪向熔池吹入炭粉来产生泡沫渣以屏蔽电弧，减小电弧向炉衬的辐射热损失，降低炉衬烧损的可能性。炉壁氧燃烧嘴通常布置在炉膛的冷区，可加速冷区废钢的熔化，缩短熔化时间，提高炉子的生产率。在炉壁有时也设置碳、氧枪。容量为100t以上的电弧炉，在炉壁上设置的氧燃烧嘴及碳、氧枪可达5～6根。

炼钢电弧护在炼钢时会产生大量的炉气和烟尘，常装有排烟罩或排烟筒把炉气和烟尘排除掉。炉气中含有大量的CO，可收集炉气进行综合利用，如作燃料烤钢包、预热钢铁料及合金料等。

2. 主电路

炼钢电弧炉是消耗电能很大的用电设备，负载激烈波动，为了减少线路上的电能损耗和避免对其他用电设备的影响，每台电弧炉均设专用高压供电设备和电炉变压器。电弧炉的一、二次侧电路，包括高压供电设备、电抗器、电弧炉变压器、大电流线路（简称短网），称为电弧炉设备的主电路。炼钢电弧炉通常由6～35kV中、高压配电网供电，其中以35kV供电最多，大多采用高压真空断路器。主电路通过电弧连接到炉料，以炉料及钢液为三相电路的中性点，如图11-13所示。

电抗器通常布置在紧靠电炉变压器的一次侧，也可以和电炉变压器做成一体，直接放在电炉变压器内。布置在电炉变压器外的电抗器为铁芯式，分为6～8挡，采用无励磁电动开关调节挡位，依据冶炼情况选择不同的电抗值。一般情况下，二次侧电压越高，需匹配的电抗器额定容量也越大，约为变压器额定容量的15%～20%。

电弧炉变压器容量为0.4～300MV·A，允许在一定时间内过载20%；最高二次侧电压为 200～1300V，最低二次侧电压为最高二次侧电压的 1/3～1/2；小容量有 5 级调压，中、大容量可达 20 级或更多；二次侧额定电流达数千安至数万安，运行时有短路、断路情况发生，短路电流一般限定在额定电流的 3 倍以下。

短网是指从电炉变压器的低压侧出线端到电极末端之间的大电流载流体。一般炼钢电弧炉短网的展开长度为 20～30m，但短网中的电阻和电抗对电炉操作和性能的影响却很大。特别是极大的电流（几千安至几万安），在短网上造成的能量损耗尤为可观，它直接影响到电弧炉的电能利用率、产品的电能单耗。因此在设计或改进短网时应尽可能减少短网电阻，保证炉子有较高的电效率例如尽可能缩短短网各部分的长度；充分利用母线截面，母线的厚度薄，矩形母线的厚度不超过 10～12mm，宽度为厚度的 10～20 倍；力争三相平衡等。

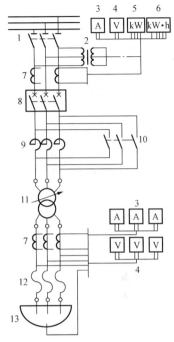

图 11-13　炼钢电弧炉的主电路

1—隔离开关；2—电压互感器；3—电流表；
4—电压表；5—功率表；6—电能表；
7—电流互感器；8—高压断路器；
9—电抗器；10—电抗器短路开关；
11—电炉变压器；12—软电缆；
13—炼钢电弧炉本体

3. 电气控制设备

电气控制设备主要有电极自动调节器，传动控制系统，冷却水温度、压力、流量检测系统等。大型电弧炉配备有两级计算机控制系统，由 PLC 及工作站组成基础级控制，工业计算机组成过程级控制。计算机控制设备除了用于单台电弧炉外，还可对整个炼钢车间的多台电弧炉作业进行综合控制，功能包括装入料的配料计算和装料控制；各熔炼阶段的输入功率控制；根据取样分析结果，计算和控制渣料和合金的加入量等。

电弧炉电极调节器是电弧炉的重要组成部分，用来及时检测电弧阻抗变化，自动调节电极位置。其对保证电弧炉正常运行、提高生产率、降低电耗等起重要作用。电弧炉电极调节器由信号检测、比较、综合、放大、反馈等环节和执行环节（电极升降机构）组成。三相交流电弧炉的每相电极各有其调节器独立工作，相互耦合。图 11-14 所示为液压式电极调节器原理图。

4. 电磁搅拌器

为了强化钢液与熔渣反应，使钢液温度和成分均匀，在炼钢电弧炉底部加装电磁搅拌器，如图 11-15 所示。搅拌

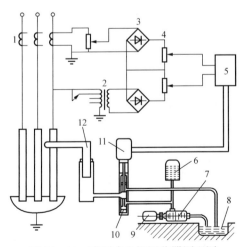

图 11-14　液压式电极调节器原理图

1—电流互感器；2—电压互感器；3—整流器；4—平衡臂；
5—放大器；6—蓄能器；7—液压泵；8—储液箱；9—电动机；
10—液压阀；11—液压阀线圈；12—电极升降液压缸

器内面紧贴在炼钢电弧炉的炉底上（炉底钢板用非磁性钢，以便磁场能透入炉内），搅拌器由绕有两组线圈的铁芯构成，通电后移动磁场将使金属熔液得到搅拌。

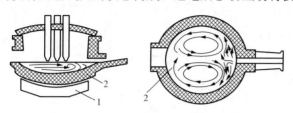

图 11-15 炼钢电弧炉电磁搅拌示意图

1—电磁搅拌器；2—钢液

（二）钢包精炼炉

钢包精炼炉是在钢包中对钢液进行精炼的炉外处理装置，简称钢包炉。利用钢包加盖或将钢包置于真空容器中使钢包内保持所需的工艺气氛，配备电弧加热设备或真空抽气设备、钢液搅拌设备和加料设备，对钢液进行精炼。钢包又称钢水包、盛钢桶，原来只供盛装炼钢炉炼好的钢液以浇铸钢锭用，而在钢包精炼炉中钢包既是接受初炼炉钢水的盛钢桶，又是加热的炉体和真空脱气时的受压容器；此外还是浇铸时的浇包。

钢包精炼炉大致可分为两类：一类在精炼过程中用电弧或等离子弧对钢液进行加热，常用的主要有 LF 型（电弧加热钢包精炼法）；另一类在精炼过程中不用外界热源加热，常用的主要有 VD 型（真空脱氧法）、VOD 型（真空吹氧脱氧法）、LFV 型（电弧加热—真空脱气法）等。

LF 型钢包精练炉是应用最广泛的钢包精炼装置，其结构如图 11-16 所示。LF 炉采用电弧加热，底部吹氩对钢液进行搅拌。电弧加热时的炉体是钢包，电弧加热设备与三相交流电弧炉相似，钢包坐落在钢包车上，在不同的工位间移动。LF 炉的主要工作是与炼钢电弧炉配合，将原在初炼炉中进行的还原精炼操作移到钢包中进行，并对钢水的温度和成分进行

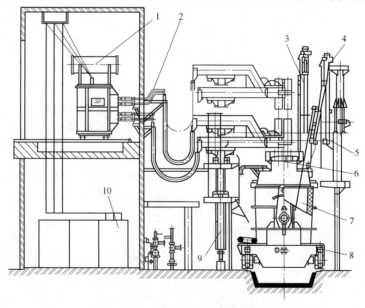

图 11-16 LF 型钢包精练炉结构图

1—变压器；2—大电流线路；3—事故氩枪装置；4—测温取样装置；
5—桥架及包盖提升装置；6—水冷包盖；7—钢包；8—钢包车；
9—电极升降装置；10—高压电气柜

精确控制。

LF 型炉容量多在 20～300t 范围内，精炼周期为 30～60min。100t LF 型炉的变压器容量约 18～22MV·A，相应的升温速度为 4.5～5.0℃/min。

（三）真空电弧炉

真空电弧炉是在真空中熔炼金属的直接电弧炉，用于在真空中由电弧热熔化钛、锆、钼、钽和铌等难熔金属和活泼金属，精炼合金钢等；也可用于制取大直径优质钢锭，如用于制造发电机轴和轧辊等的锻坯。

真空电弧炉按电极类型主要分自耗炉和非自耗炉两大类。

工业上用的主要是自耗炉，其由炉体、水冷铜坩埚、真空机组、光学观察装置、控制系统、直流电源等部分组成。

如图 11-17 所示，真空自耗电弧炉炉体由炉壳、上下端盖、电极杆及其升降机构、炉架等组成。电极杆下端接自耗电极、上端连升降机构。炉体下端接坩埚，熔炼时由被熔炼材料本身制成的自耗电极下端被熔化成熔滴，滴入坩埚后先形成熔池，然后逐渐冷凝结晶成锭子，这种坩埚又称为水冷铜结晶器。真空机组保证炉内工作压力不超过 10Pa（通常在 0.1～1Pa 范围）。光学观察装置用来观察炉内的熔炼过程，也可以采用工业电视系统。控制系统主要是电极调节器，采用计算机过程控制系统，实现集中控制。直流电源采用晶闸管整流装置，工作电压为 20～40V，空载电压约为 80V，工作电流每 100mm（直径）结晶器为 1600～3500A，真空自耗电弧炉熔化电耗在 500～1300W·h/t 范围内。

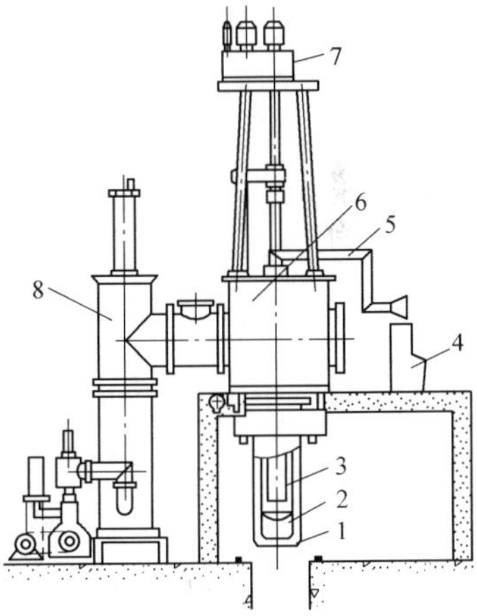

图 11-17 真空自耗电弧炉结构简图
1—水冷铜坩埚；2—锭子；3—自耗电极；
4—控制台；5—光学观察装置；6—炉体；
7—电极升降机构；8—真空机组

三、埋弧炉（矿热炉）

埋弧炉是从电极导入电流，以炉内所装原料的电阻热为主，也伴随电弧热量进行化学反应，又称电弧电阻炉。埋弧炉的特点是炉料呈颗料或粉末状，工作时电极埋在炉料内部加热。埋弧炉是耗电量大的电弧炉，主要用于用焦炭还原矿石，生产铁合金（主要是锰铁、硅铁、铬铁、镍铁）、金属硅、钛渣、电熔刚玉、冰铜、电石、黄磷等。

（一）埋弧炉的用途和分类

埋弧炉通常按用途分类，其规格大小按所配用的电炉变压器的容量表示，小则几百千伏安，大的可近十万千伏安。各类埋弧炉的炉名、所用原料、产品名称、反应温度和电耗见表 11-2。埋弧炉的电耗随原料成分、炉子容量而有很大差异。通常炉子容量愈大，电耗愈低。

（二）埋弧炉的结构

埋弧炉主要由炉体、机电设备及相关设备等组成。炉体是主体设备，其中的重要部件是电极；机电设备是与炉体配套的设备，如变压器、短网、电极夹持与升降装置、进出料机械等；相关设备包括变电所、供水系统、除尘装置等。

表 11 - 2　　　　　　　　　　　　　　埋弧炉的主要类别和简况

类　别			主要原料	产品	反应温度（℃）	电耗（kW·h/t）
铁合金炉	硅铁炉	45％硅	硅石、废铁、焦炭	硅铁	＞1700	～5000
		75％硅				～8700
	锰铁炉		锰矿石、废铁、焦炭、石灰	锰铁	1300～1400	2600～3000
	铬铁炉		铬矿石、硅石、焦炭	铬铁	＞1750	～3000
	钨铁炉		钨精矿石、焦炭	钨铁	2400～2900	～2800
	硅铬炉		铬铁、硅石、焦炭	硅铬合金	1600～1750	～5000
	硅锰炉		锰矿石、硅石、废铁、焦炭	硅锰合金	1350～1400	3500～6000
	硅钙炉		硅石、石灰、焦炭	硅钙合金	＞1600	1100～14000
炼铁电炉			铁矿石、焦炭	生铁	1500～1600	1800～2500
金属硅炉			硅石、石油、焦炭	金属硅	＞2000	＞13000
冰铜炉			铜矿石、焦炭	冰铜	11500～1550	700～800
电石炉			生石灰、焦炭	电石	2000～2300	2900～3600
碳化硼炉			氧化硼、焦炭	碳化硼	1800～2500	～20000
电熔刚玉炉			铝土矿石、焦炭	电熔刚玉	＞1800	1400～3000
黄磷炉			磷钙石或磷灰石、硅石、焦炭	磷	1450～1500	10000～17000
磷肥炉			磷矿石、铁合金渣、蛇纹石	磷肥	1400～1450	—
氰盐炉			氰氨化钙、氯化钠	氰盐混料	1400～1500	～900

1. 埋弧炉的炉体

埋弧炉的炉体有敞开式、封闭式和半封闭式等。现代化埋弧炉多数是封闭式，具有密封炉盖，可将生产过程中产生的废气收集起来综合利用，并可减少电炉的热损失，降低电极上部的温度，改善操作条件。大型埋弧炉的炉体常做成旋转式，这样可避免高温区上面的炉料结盖，使炉气能顺利排出，并能提高生产率和延长炉衬寿命。封闭固定式埋弧炉的结构如图11 - 18 所示。半封闭旋转式埋弧炉的结构如图 11 - 19 所示。

2. 埋弧炉的电极

埋弧炉用的电极多数为自焙电极，即依靠炉子本身热能熔烧成的电极，也有用碳素电极和石墨电极的。为了弥补炉内电极的消耗，自焙电极配有电极松放或压放设备；为调节电炉的输入功率和电流，电极配有升降调节器。

（三）埋弧炉的供电

埋弧炉多数由工频交流供电，少数也有用直流供电的。

交流埋弧炉的供电主电路与炼钢电弧炉的相似，但是埋弧炉炉料的电阻变化小，电流、电压波动小，三相不平衡度小，因此在主回路中不需要配备电抗器来限制短路电流，高压断路器的工作条件也远比炼钢电弧炉好。

交流埋弧炉大部分是由电炉变压器三相供电，个别小容量的采用单相，并用两根电极构成电流回路。三相埋弧炉可由一台三相变压器供电，但大容量者也常由三台单相变压器供电。埋弧炉工作电压低（一般为80～300V）、电流大（几千安培到十几万安培）。为了提高交流炉的功率因数、减小线路损耗，应尽可能减小大电流线路的电阻和电抗，特别是电抗，并力求三相平衡。

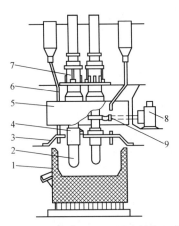 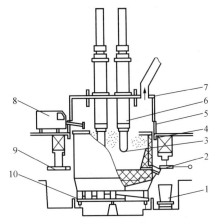

图 11-18 封闭固定式埋弧炉结构示意图
1—炉体；2—电极；3—炉盖；4—电极把持器；
5—烟罩；6—加料设备；7—电极升降及
压放设备；8—变压器；9—短网

图 11-19 半封闭旋转式埋弧炉结构示意图
1—铁水包；2—开口机；3—电极；4—炉体；
5—半封闭炉门；6—电极系统；7—矮烟罩；
8—加料拨料车；9—堵口泥炮；10—旋转机构

直流炉则由包括整流变压器等在内的大功率整流设备供电，输出电压可调。

（四）埋弧炉的加料和出料

埋弧炉一般从炉顶加料，少数小型炉由人工加料，多数采用机械间断加料方式。现代大型埋弧炉的加料设备配有原料破碎、粒度分级、干燥、预热、预还原等原料预处理设施。

埋弧炉的制成品多数呈液态，冶炼过程中料液沉积在炉底，炉底适当高度上设有平时用堵口泥封住的出料口，每隔 2~6h 用开口机打通出料口出料；少数制成品（如钨铁）呈固态出料，冶炼结束后拆去炉墙取出料块；有的制成品呈气态出料（如黄磷），用管道收集产品。

（五）埋弧炉的控制系统

采用可编程控制器系统对埋弧炉各部的动作进行综合控制，包括变压器抽头切换和电极升降控制、电极压放控制、电极深度控制、上料与称量控制等。

第三节 感 应 炉

感应炉是利用电磁感应原理对炉料进行加热、熔炼或其他工艺处理的电炉，也称感应电热装置。感应炉工作时，由相应输出频率的电源设备供电的感应器产生交变电磁场，使处于感应器内部或邻近的金属物料得到感应加热。

一、感应炉分类和基本原理

1. 感应炉分类

感应炉分为感应熔炼炉和感应加热装置两大类。感应熔炼炉用于炉料的熔炼或保温，炉料最终呈液态状。感应加热装置用于炉料的加热，包括炉料整体均匀加热、表面加热或局部加热和烧结等。

感应炉按加热系统是否有铁芯分为有芯感应炉和无心感应炉。无心感应熔炼炉，按电源频率不同又分为高频（50～500kHz）、中频（0.15～10kHz）和工频感应炉；按感应电流产热发生在炉料自身内部或外部，又分为直接感应加热和间接感应加热。间接感应加热是在炉料外部的媒介物（如石墨坩埚和铁坩埚）中产热，通过传热把热量从媒介物传递给炉料。

感应炉的分类及用途见表 11-3。

表 11-3 感应炉的分类及用途

类 别		用 途
感应熔炼炉	有芯感应熔炼/保温炉	铜、铝、锌等有色金属及其合金以及铸铁的熔炼和保温，铁水和钢水的保温
	无芯感应熔炼/保温炉	钢、铸铁以及铜、铝、镁、锌等有色金属及其合金的熔炼和保温。矮线圈炉用于保温；铁坩埚炉用于低熔点合金熔炼；高频炉多用于贵金属熔炼，真空感应熔炼炉用于高温合金、磁性材料、电工合金、高强度钢、核燃料铀等的熔炼
感应加热装置	感应透热装置	钢、铜、铝等金属材料在锻造、轧制、挤压前的加热；钢、铸铁等金属材料的退火、回火和正火；金属零件热装配
	感应淬火装置	机械零件的表面淬火
	感应烧结装置	粉末冶金坯件的烧结，通常在真空中进行

2. 有芯式和无芯式感应加热原理

有芯式感应加热时，如同一个单相变压器，感应线圈是一次绕组，被加热炉料配置成二次闭合回路并套在铁芯上，如图 11-20（a）所示；无芯式感应加热时，炉料置于感应线圈内，线圈通交流电时，在炉料中产生的感应电流使其加热，如图 11-20（b）所示。

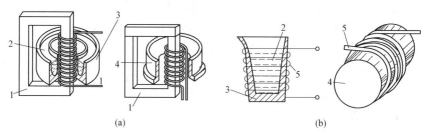

(a) (b)

图 11-20 感应加热示意图
(a) 有芯式；(b) 无芯式
1—铁芯；2—金属熔液；3—耐火炉衬；4—工件；5—感应器

二、感应炉的组成

感应炉由相应输出频率的电源设备、感应器组件、补偿电容器、机械动作和传动设备以及控制系统等组成，前三项构成感应炉的主电路。

1. 感应炉电源

感应炉的电源有工频电源、晶闸管中频电源和晶体管中高频电源等。各类感应炉适用的电源频率应根据加热要求，按物料的材质、形状、尺寸等选择。图 11-21 所示为电力晶体管中高频电源的主电路原理图，采用全控型电力电子器件绝缘栅双极型晶体管（IGBT）或场效应晶体管（MOSFET）作为逆变开关器件的中、高频电源。

　　单相的工频感应炉由三相供电时，在主电路中要配备相间平衡装置，如平衡电容器、平衡电抗器，如图 11‐22 所示。为了提高功率因数，使三相的负载电流平衡，感应器 L1 并联补偿电容器 C1 将功率因数补偿到 1，再用平衡电容器 C2 与平衡电抗器 L2、并联上 C1 后的感应器接成一个三角形负载，接到三相电源。工频无心感应炉单相供电原理如图 11‐23 所示。

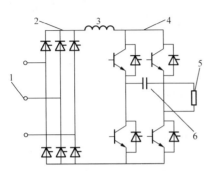
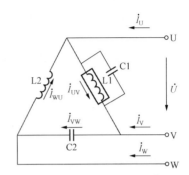

图 11‐21　电力晶体管中高频电源的主电路

1—三相工频；2—整流器；3—电抗器；
4—逆变器；5—负载；6—补偿电容器

图 11‐22　单相工频感应炉
三相平衡原理图

2. 感应器组件和补偿电容器

　　由感应器和炉料构成的加热系统，自然功率因数很低。感应器上应并联补偿电容器，将功率因数补偿到接近 1，以减少电源和线路的无功负荷。补偿电容器为专门设计制造的电热电容器。我国电热电容器的频率范围为 40～24000Hz，最高电压达 3800V，单台最大额定容量达 6000kvar。

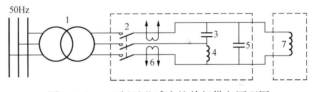

图 11‐23　工频无芯感应炉单相供电原理图

1—变压器；2—接触器；3—电容器；4—电抗器；
5—补偿电容器；6—电流互感器；7—炉体（加热器）

　　感应器组件由感应器及其固定装置、隔热和耐火炉衬、磁轭或集磁器等组成。感应器通常用铜管绕制，因受自身电阻热和来自炉料传导热等的加热，一般用自来水冷却；必要时，用软水甚至蒸馏水闭路循环冷却，可运行在较高工作电压，减少冷却水对铜管的腐蚀。用扁铜带绕制的感应器则用强迫通风冷却。感应器应固定牢靠，运行时不产生变形和松动。隔热和耐火炉衬用以减少炉料散热和防止感应器过热。磁轭或集磁器用以减少漏磁，防止炉体构件发热并支撑炉体或控制加热部位。

3. 机械动作和传动设备以及控制系统

　　感应炉的机械动作和传动设备，涉及熔炼炉的倾炉以及炉盖的提升和旋开、加热炉的炉料推送等。

　　感应炉的控制系统用来调控感应器的输入功率、功率因数的补偿、三相进线的平衡、炉料的温度、加热时间和机械操作等。中、小型设备通常由人工控制或可编程控制器（PLC）自动控制，大型设备多采用计算机过程控制。

三、感应熔炼炉

　　感应熔炼炉是用于金属材料熔炼或液态金属保温的感应炉。采用感应熔炼炉熔炼时，造渣去除杂质的能力不如电弧炉，但温度和功率容易调节，适用于把杂质少的金属原料（精料）熔炼成优质合金钢、优质铸铁、高温合金、电工合金等，特别适合于熔炼铜、铝和锌等有色金属及其合金。在铸造业感应熔炼炉可用作混铁保温炉，在铁合金生产中也已使用感应熔炼炉。

感应熔炼炉分为两种：有芯感应熔炼炉（又称沟槽式感应炉），适用于单品种大批量金属炉料的熔炼或保温；无芯感应熔炼炉（又称坩埚感应炉），不受炉料品种和批量的限制。

感应熔炼炉的规格用额定容量（单位为 t 或 kg）表示。有芯感应熔炼炉由于熔炼后不允许把炉料全部倒完，一般要标出总容量和有效容量。

1. 有芯感应熔炼炉

有芯感应熔炼炉简称有芯炉，具有硅钢片叠成的磁路闭合的铁芯。有芯炉的炉体由炉壳、炉衬、炉盖、炉膛、熔沟、感应器、铁芯等组成。由耐火材料筑成的炉膛和熔沟相互连通，类似于变压器，感应器是铁芯的一次绕组，而环绕铁芯柱的熔沟中的金属熔液为二次绕组。当对感应器送电时，熔沟中的金属熔液会感应电流产生热，并通过对流和传导把热传给炉膛内的金属。

当有芯炉用工频电源，通过电炉变压器向感应器供电时，需配备三相平衡电抗器及电容器。采用变频电源（50～70Hz）时，通过变频电源向感应器供电，不需配备三相平衡电抗器及电容器。

有芯炉炉体有固定式和倾转式两类。例如小型熔铝炉，可由人工用勺出料；冶金工业用大型的熔铝炉、熔锌炉则从出料口出料。图 11-24 所示为倾转式有芯炉结构图。

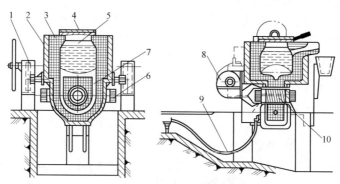

图 11-24　倾转式有芯炉结构图

1—倾炉机构；2—炉壳；3—炉衬；4—炉盖；5—炉膛；6—铁芯；
7—熔沟；8—冷却风扇；9—电缆；10—感应线圈

2. 无芯感应熔炼炉

无芯感应熔炼炉（坩埚感应炉）简称无芯炉。无芯感应熔炼炉不仅用途广泛，而且不同形式炉子的容量、供电频率、炉体的结构方式以及热工特点等差异很大。各类无芯感应熔炼炉概况见表 11-4，表中除卧式无芯炉外都是立式的。

图 11-25 所示为一种典型无芯炉的结构示意图。感应器围绕在坩埚之外，感应器外面有用硅钢片叠成的长条形导磁体（磁路不闭合），均匀地分布在感应器四周，用以约束感应器漏磁通的扩散，防止周围金属件过热，提高炉子的电效率和功率因数。导磁体与感应器、炉架构成一个结实的整体，以防炉架等因电磁力而松动。倾炉机构能使炉体做约 90°的回转，

以便于出料。

表 11 - 4　　　　　　　　　　无芯感应熔炼炉概况

名称	炉衬材料	电源类别	容量范围(t)	工作温度(℃)	主要用途
工频炉	耐火材料	工频	1.3～100	700～1600	铸铁、合金钢、有色金属合金的熔炼和保温
中频炉		中频	0.25～60		
高频炉		高频	～0.05		贵金属的熔炼
矮线圈炉	耐火材料	工频	5～120	600～1550	铸铁和有色金属合金保温
铁坩埚炉	铸铁或碳钢(背衬绝热材料)	工频	0.5～15	400～800	铝、锌、镁等低熔点有色金属及其合金的熔炼
真空感应熔炼炉	耐火材料	多为中频	0.01～0.54	1200～1700	高温合金、高强度钢、磁性材料、电工合金、铀等的熔炼和浇铸
凝壳式感应炉	铜(做成特殊形式的水冷坩埚)	中频	0.03～3	～2600	钛合金的熔炼和浇铸,也可用于其他活泼金属和难熔金属
悬浮式感应炉	无炉衬	高频	小容量	按需要	制取高纯金属和合金
卧式无芯感应炉	耐火材料	工频	10～90	1400～1500	铸铁熔炼和保温
等离子体感应炉	耐火材料		0.5～2	～1850	超低碳不锈钢,精密合金和含铝、钛等易氧化元素的高温合金的冶炼
增压感应炉	耐火材料		0.5～10		专门用于生产高氮钢

坩埚通常是按被熔金属的不同而采用不同的材料制成,如碱性坩埚、中性坩埚、石墨坩埚以及用于熔炼镁、铝及其合金的钢坩埚或铸铁坩埚,坩埚内壁敷以耐火炉衬。无芯炉在熔炼结束后可以把液态炉料全部倒完,因此适宜于多品种小批量金属料的熔炼;炉子输入功率的配置比同容量有芯炉大得多,因此生产率高。

(1) 工频、中频和高频感应熔炼炉。工业上主要用工频炉和中频炉,工频炉主要用于贵金属的熔炼。

工频炉有电源设备简单,适宜于大容量等优点;缺点是最小容量不宜小于 750kg(否则效率太低),冷炉启熔时料块直径要在 200mm 以上,每炼完一炉后不宜将炉料全部倒完,设备投资中电容器费用所占比例大等。

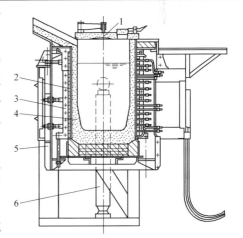

图 11 - 25　无芯感应熔炼炉结构示意图
1—炉盖;2—感应器;3—磁轭;4—炉衬;
5—支架;6—倾炉机构

中频炉比工频炉好,且有较高的单位输入功率,其生产率比同容量的工频炉高 50% 以上。中频炉不但在中、小容量炉中有明显优势,而且正在大容量炉中逐步替代工频炉。

（2）矮线圈炉。矮线圈炉是工频炉的一种特殊形式，感应器布置在坩埚的下部，其高度只是金属熔池高度的20％～25％（普通工频炉约为70％），且熔池高度与直径之比不超过1（普通工频炉约为1.5）。作为铁水保温炉，与有芯炉比，有铁水温差小、成分均匀、除渣方便，适用于间歇作业等优点；但其功率因数和电效率都较低。

（3）铁坩埚炉。铁坩埚炉是工频炉的另一种特殊形式，坩埚用铸铁或钢制成。与耐火材料坩埚工频炉比，其电效率和功率因数都较高，但工作温度低，只用于低熔点金属的熔炼，且要采取措施防止熔炼中坩埚材料熔进被熔金属中。

（4）真空感应熔炼炉。真空感应熔炼炉多数用耐火材料坩埚，坩埚位于真空炉壳内部。工作真空度视熔炼需要而定，一般为10^4～10^{-4}Pa，通常配中频电源。

（5）凝壳式感应炉。凝壳式感应炉是一种特殊形式的真空感应熔炼炉。水冷铜坩埚既能通水冷却，又必须尽可能减小在坩埚壁中产生感应电流，以免进入坩埚内的磁场减弱。工作时，坩埚内表面会凝结上一层被熔金属的壳体，用于活泼金属的熔化和浇铸。

（6）悬浮式感应炉。悬浮式感应炉是高纯金属、高熔点活泼金属以及放射性物质等熔化用的真空感应熔炼炉。采用高频电源供电，感应器由裸铜管绕制而成，周壁上带有绝缘切缝的水冷铜坩埚配置在感应器内。通电熔炼时，坩埚内的金属炉料由于受到电磁力的作用而呈悬浮状态，丝毫不与坩埚壁接触，因而不存在接触污染。

（7）卧式无芯感应炉。卧式无芯感应炉是普通工频炉的变形，炉体呈卧式，有一个加料口和一个出料口，感应器水平布置，炉子不倾动。其优点是结构紧凑、占地面积小、功率利用率高、电耗小、耐火材料蚀损少、温度变化可控制在±5℃以内、金属氧化损失小、除渣方便等。但这种炉子只适宜于单品种炉料的连续熔炼，还有轻料不易进入熔化区、屑料易浮在出料口引起搭桥等缺点。

（8）等离子体感应炉。等离子体感应炉由普通感应熔炼炉外加等离子体枪组合而成。其适用于冶炼超低碳不锈钢，精密合金和含铝、钛等易氧化元素的高温合金等。等离子体感应炉的特点是冶炼温度高（达1850℃），可通过高温炉渣进行精炼；可以控制炉内的气氛和压力以达到不同的精炼目的；可以进行有渣或无渣冶炼。

（9）增压感应炉。增压感应炉的炉体形状与真空感应熔炼炉相似。增压感应炉是在0.1～1.6MPa高压氮气气氛下进行熔化、氮合金化和浇注等过程的，用于生产高氮钢。

四、感应加热装置

感应加热从加热的目的看，除熔炼和液体保温外，还用于锻造、挤压、轧制等热塑加工和表面淬火等热处理，以及其他各种工艺目的的透热、表面加热和局部加热。因此感应加热装置包括感应透热、感应淬火和感应烧结装置。

感应加热装置中综合利用了趋肤效应、邻近效应和圆环效应，很容易实现工件的表面加热、表面淬火和透热。

1. 感应透热装置

感应透热装置是供金属材料透热用的感应加热装置，又称感应加热炉。感应加热时，由于金属材料中感应电流的趋肤效应，热量主要在表面层产生。电流频率愈高，加热层愈薄。如果电流频率和输入功率选择适当，并采取其他措施，使表面电流加热层足够厚，并让在表面层中实际得到的热量与由表面层向内部传导的热量相当，则可以做到表面层的温度不过高而热量能透入到炉料内部，使整块炉料得到大致均匀的加热，称为透热。

感应透热装置主要由电源、透热设备、控制系统等部分组成。

电源视炉料材质和尺寸可选用工频、中频或高频电源。透热设备由机架、感应器、炉料输送机构等部分组成，多附有冷却系统。控制系统用来监测和控制加热过程中各项电参数、炉料温度以及炉料的输送动作和速度等。

感应器是炉子的最基本结构。为了保证电热效率高，物料和感应器之间的间隙应尽可能小，不可能用一个感应器加热各种形状与尺寸的物料，最好是只用来加热一种形状与尺寸固定的物料，至多只用来加热形状与尺寸相近的一组物料。图 11 - 26（a）所示为圆筒形感应器，用于加热圆柱形物料；图 11 - 26（b）所示为方筒形加热器，用于加热方锭。

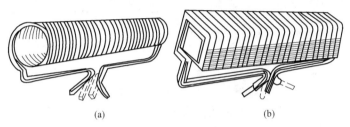

(a)　　　　　　　　　　　　　(b)

图 11 - 26　感应透热用感应器
(a) 圆筒形；(b) 方筒形

感应透热装置主要用于钢锭、铝锭和铜锭在锻造、轧制、挤压等热加工前的加热，以及钢、铸铁等金属材料和某些机械零件的整体加热和退火、回火等热处理，在汽车、拖拉机、工程机械、轴承、工具等许多行业中得到广泛应用。感应透热装置还可用于核电行业，如锆锭的感应加热。

2. 感应淬火装置

感应淬火装置是供机械零件表面淬火用的感应加热设备。利用交变电流的趋肤效应，采用感应加热使钢质零件表面层受热并随后冷却淬火，使零件表面有高的硬度和抗疲劳强度，中心仍保持原有的韧性。很多机械零件，如齿轮、轴、销、曲轴等要求具有这种性能，因此感应淬火装置广泛用于汽车、铁路、农机、建筑机械、机床、轴承、电器等制造业中。

感应淬火装置由电源、淬火机床、控制系统，以及附属的冷却水、淬火液循环装置等组成。

电源可分为工频、中频或高频，一般按工件的淬火深度要求选择，淬火层愈浅，电源频率愈高。电源输出端配有二次侧电压可调的淬火变压器，用来降低电压以满足感应器的低电压输入要求。

淬火机床主要由机身、感应器、工件夹持和传动系统组成。感应器通常用裸铜管绕成，只有 1 匝或几匝，表面一般不做绝缘处理。机器零件的表面淬火用感应器多数采用仿形结构，如图 11 - 27 所示。感应器常兼作冷却水喷淋器，供工件加热后水淬，也有用油、盐水、合成淬火剂或流动空气等淬火的情况。

3. 真空感应烧结炉

真空感应烧结炉是供粉末冶金件烧结用的真空感应炉。粉末冶金件，即用粉末冶金方法压制成的机械零件、电器零件、磁件、硬质合金件、高温合金件、难熔金属件等的坯件，在烧结温度高的场合（1500～2400℃）用真空感应烧结炉烧结，特别是在刃具行业。真空感应烧结炉还应用于碳纤维石墨化和碳—碳复合材料、特种陶瓷（碳化硅、碳化硼、氮化硅等）

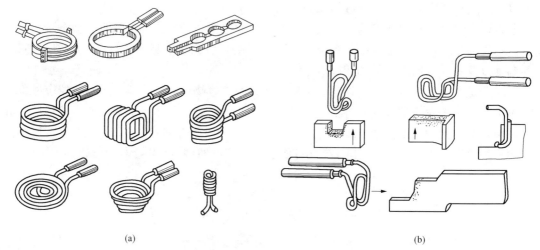

(a)　　　　　　　　　　　　　　　　　　　(b)

图 11-27　感应淬火用感应器

（a）各种形状的感应器；（b）感应器与工件的配合示例

的真空或控制气氛高温烧结。

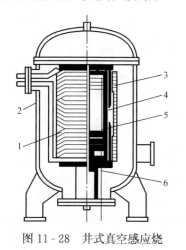

图 11-28　井式真空感应烧
结炉炉体结构图

1—感应器；2—炉壳；3—隔热毡；
4—石墨坩埚；5—料盘；6—测温装置

真空感应烧结炉的设备组成与坩埚式无芯感应熔炼炉类似。炉体一般做成井式或罩式，井式炉结构简单，罩式炉便于装卸工件。炉体由炉壳、感应器、石墨筒、工件托架、供电装置、绝热层、水冷系统、抽气系统等组成。炉壳上设有测温、观察装置等。图 11-28 所示为井式真空感应烧结炉的炉体结构。

真空感应烧结炉采用间接感应加热，即热能在石墨筒壁中产生，工件所受到的是石墨筒辐射热；采用较高频率（一般不小于 8000Hz）的电源。

使用真空感应烧结炉时，为减少热损失并使工件加热均匀，可采取以下措施：①石墨筒的四周、上下要用绝热材料（如碳毡）很好绝热；②感应器的功率分布，中段小，上、下两段大；③石墨筒尺寸不能太大，一般为（150～300）mm×（200～500）mm（内径×高）；④为避免炉内真空放电，感应器工作电压应限制在 200～300V，并采取措施使其在电气上与电网隔离。

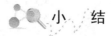　小　结

工业电炉是电加热的最主要应用的一种设备和装置，分为电阻炉、电弧炉、感应炉、电子束炉、等离子炉、介质（微波）加热设备等几大类。由于工业电炉品种繁多，因此本章重点介绍电阻炉、电弧炉和感应炉的基本工作原理、组成结构和各类炉的电源等方面的内容。

本章的主要内容如下：

（1）工业电炉及用途；工业电炉按加热方式的分类。

（2）电阻炉的分类。

（3）石墨化电炉、碳化硅电炉、玻璃窑炉和电渣重熔炉等直接电阻炉的工作原理、供电主电路、基本结构和应用范围。

（4）普通（自然气氛）电阻炉、控制气氛电阻炉、真空电阻炉、电热浴炉和流态粒子炉等间接电阻炉的工作原理、供电主电路、基本结构和应用范围。

（5）电弧炉的分类及应用。

（6）三相交流炼钢电弧炉、钢包精炼炉和真空电弧炉等直接电弧炉的工作原理、供电主电路、基本结构和应用范围。

（7）埋弧炉（矿热炉）的分类和用途；埋弧炉的结构、供电和控制系统等。

（8）感应炉分类及感应炉基本的感应加热原理。

（9）感应炉电源主电路、感应器组件和补偿电容器、机械动作和传动设备以及控制系统。

（10）有芯感应炉的基本结构及工作原理。

（11）工频炉、中频炉、高频炉、矮线圈炉、铁坩埚炉、真空感应熔炼炉、凝壳式感应炉、悬浮式感应炉、卧式无芯感应炉、等离子体感应炉和增压感应炉等无芯感应熔炼炉的基本结构、简单工作原理及应用范围。

（12）感应透热装置、感应淬火装置和感应烧结装置的工作原理、基本组成及应用范围等。

 习 题

11-1 什么是工业电炉或电热装置？工业中使用最多的是哪几类电炉？

11-2 什么是电阻炉，主要用途有哪些？

11-3 直接电阻炉与间接电阻炉的加热方式有什么区别？

11-4 石墨化电炉、碳化硅电炉、玻璃窑炉和电渣重熔炉等直接电阻炉的主要作用是什么？

11-5 什么是普通（自然气氛）电阻炉、控制气氛电阻炉、真空电阻炉、电热浴炉和流态粒子炉？

11-6 什么是控制气氛？采用控制气氛有什么作用？

11-7 什么是流态粒子炉？

11-8 间接电阻炉常用的三相供电电路有哪几种？

11-9 三相交流炼钢电弧炉的主电路有哪些主要的组成部件？

11-10 埋弧炉的主要用途是什么？

11-11 感应炉如何分类？有芯式和无芯式感应加热的基本工作原理是什么？

11-12 单相的工频感应炉由三相供电时，三相电流如何平衡？

11-13 感应加热装置主要有哪几种？

11-14 什么是感应透热？什么是感应淬火？

第十二章 电 焊 机

焊接是利用外部能量,通过加热或加压,使焊件永久性连接的方法。利用电能的焊接称为电焊,用于电焊的加工设备称为电焊机。对于不同的金属、不同的产品特点和不同的生产条件,电焊的方法各不相同,需要配用不同类型的电焊机。

电焊是一项重要的金属加工工艺,是金属连接的最重要的方法,如可以连接各种钢材,也可以连接铝、铜等有色金属及钛、锆等特种金属材料,广泛应用于机械、电子、建筑、船舶、航天、航空、汽车制造、机车车辆、石油化工、电力和家用电器等行业。

第一节 概 述

一、电焊机的基本组成

电焊机主要由焊机电源、焊接装置、控制系统和必要的配套件组成。

多数电焊机有专用的焊接电源,如电弧焊机的弧焊电源。少数几种电焊设备直接由低压配电系统供电,如某些钎焊设备、摩擦焊机等。

焊接装置分为手工、半自动和自动装置。手工装置,如焊条电弧焊机(手弧焊机)的焊钳,由人工操作;半自动装置,如半自动熔化极气体保护焊机,电极(焊丝)的输送自动进行,但焊枪或焊件的移动由人工操作;自动焊的电极输送、焊枪或焊件移动全部是自动进行。

控制系统用来控制焊接电流、电压和其他焊接参数,使之满足焊接工艺的需要。另外,许多电焊机还各有其配套件,如气体保护电弧焊机的供气系统、电子束焊机的真空系统等。

二、电焊机的分类

电焊机的种类很多,我国国家标准中分为电弧焊机、电渣焊机、电阻焊机、螺柱焊机、摩擦焊机、电子束焊机、光束焊机、超声波焊机、钎焊机和焊接机器人等,见表 12-1。

表 12-1   **电焊机的具体分类**

分 类		电焊机名称
电弧焊	按焊接工艺方法分	焊条(手工)电弧焊机、熔化极气体保护弧焊机、钨极惰性气体保护弧焊机(简称 TIG 焊机)、埋弧焊机、等离子弧焊机等。其中熔化极气体保护弧焊机包含活性气体保护弧焊机(简称 MAG 焊机)、熔化极惰性气体保护弧焊机(简称 MIG 焊机)和二氧化碳弧焊机(CO_2 弧焊机)
	按焊接电源结构分	交流弧焊机、直流弧焊机、交直流两用弧焊机和机械驱动式弧焊机。其中交流弧焊机和直流弧焊机又可分为动铁芯式、电抗式、动线圈式、晶闸管式、变换抽头式和逆变式交流弧焊机等。机械驱动式弧焊机包含直流、交流弧焊发电机和交流发电机整流弧焊机
电阻焊		点焊机、凸焊机、缝焊机、电阻对焊机、闪光对焊机、电容储能电阻焊机、高频电阻焊机、三相低频电阻焊机、次级整流电阻焊机、逆变式电阻焊机、移动式点焊机。其中电容储能电阻焊机包括点焊机、凸焊机和缝焊机

分　类	电焊机名称
钎焊	电阻钎焊机、真空钎焊机
电渣焊接设备	电渣焊机、钢筋电渣压力焊机
螺柱焊	电弧螺柱焊机、埋弧螺柱焊机、电容储能螺柱焊机
摩擦焊接设备	摩擦焊机、搅拌摩擦焊机
电子束焊	电子束焊机
光束焊接设备	光束焊机、激光焊机。激光焊机包含连续激光焊机和脉冲激光焊机
超声波焊	超声波点焊机、超声波缝焊机
焊接机器人	焊接机器人

表 12-1 中，各类焊机的工作原理各不相同，如电弧焊机是利用电弧作为热源进行焊接；电阻焊机是利用电阻热并施加压力进行焊接；钎焊机是采用比焊件材料熔点低的金属作钎料，使液态钎料粘连母材、填充接缝进行焊接；电渣焊机是利用电流通过焊剂的液态熔渣所产生的电阻热进行焊接；螺柱焊机是利用电弧焊接金属螺柱或其他紧固件；摩擦焊机是利用焊件表面相互摩擦所产生的热使表面达到热塑状态并迅速加压完成焊接；电子束焊机是利用电子束轰击焊件产生的热进行焊接；激光焊机是利用激光照射焊件产生的热进行焊接；超声波焊机是利用超声波的高频振荡能对焊件接头局部加热和表面清理并施加压力实现焊接。其中，最常用的是电弧焊机和电阻焊机。

三、电焊机的型号

1. 电焊机型号含义

我国相关标准规定，电焊机型号由产品符号代码、基本规格、派生代号和改进序号四部分组成。

(1) 符号代码。其由大类名称、小类名称、附注特征和系列序号四个字母和数字顺序组成。

1) 大类名称：采用字母表示，如交流弧焊机（弧焊变压器）（B）、直流弧焊机（弧焊整流器）（Z）、埋弧焊机（M）、MIG/MAG 焊机（熔化极惰性气体保护弧焊机/活性气体保护弧焊机）（N）、点焊机（D）、凸焊机（T）、缝焊机（F）、激光焊机（G）、钎焊机（Q）等。

2) 小类名称：采用字母表示，如下降特性（X）、平特性（P）、自动焊（Z）、手工焊（S）等。

3) 附注特征：采用字母表示，如交流（Z）、手动式（S）、脉冲电源（M）等。

4) 系列序号：用阿拉伯数字表示，如动铁芯式（1）、晶闸管式（5）等。

(2) 基本规格。各类电焊机分别用额定焊接电流（单位：A）、50%负载持续率下的标称输入视在功率（单位：kV·A）和最大储能量（单位：J）等表示。

(3) 派生代号和改进序号。派生代号用字母表示，改进序号用阿拉伯数字表示。这两部分如不用时，可空缺。

2. 电焊机型号举例

(1) BX1—500：B—交流弧焊机（弧焊变压器）；X—下降特性；1—动铁芯式；500—

额定焊接电流为 500A。

（2）ZX5—400：Z—直流弧焊机（弧焊整流器）；X—下降特性；5—晶闸管式；400—额定焊接电流为 400A。

（3）NZM2—400：N—熔化极惰性气体保护弧焊机/活性气体保护弧焊机；Z—自动焊；M—脉冲熔化极；2—横臂式；400—额定焊接电流为 400A。

（4）FN—100：F—缝焊机；N—工频；100—额定容量为 100kV·A。

（5）WSE—350：W—钨极惰性气体（氩）保护弧焊机（TIG）；S—手工焊；E—交直流（晶闸管控制）；350—额定焊接电流为 350A。

第二节　电　弧　焊　机

各类电弧焊机由焊机本体、弧焊电源和控制系统三个基本部分组成。机体包括焊丝输送及电弧移动机构、冷却系统和保护介质（如 Ar、CO_2 气体等）的输送系统。

一、电弧焊焊接方法简介

电弧焊是利用电极与工件之间燃烧的电弧作为热源的熔焊方法，简称弧焊。

焊接时电弧在焊件的接缝处和电极之间燃烧，焊件接缝处的金属和必要时添加的填充金属受热熔化，形成熔池；电极用手工或机械方法沿焊接方向移动，或使电极固定、焊件移动；熔池冷凝后形成焊缝，将焊件连接在一起。

电极分为不熔化电极和熔化电极两种。不熔化电极通常用钨极，可根据需要另加填充金属。熔化电极在焊接时不仅传导电流，而且其端部不断熔化作为填充金属填在接缝中，通常做成手工焊接用的焊条和自动或半自动焊接用的焊丝。

1. 焊条电弧焊

焊条电弧焊是用手工操纵焊条进行焊接的电弧焊，也称手工电弧焊或手弧焊。焊条电弧焊是最古老但目前仍然广泛应用的一种焊接方法，配用相应的焊条可适用于大多数工业用碳钢、不锈钢、铸铁、铜、铝、镍及其合金的焊接，因此手弧焊在各种焊接方法中仍占主要地位。

焊条电弧焊机由弧焊电源、焊接电缆和焊钳组成。弧焊电源一般为交流，也可以是直流；电压为 16～40V，电流为 20～500A。

焊条电弧焊示意图如图 12-1 所示。焊条夹持在焊钳内，焊钳和焊件分别接在弧焊电源的两个输出端上。焊接时用手操持焊钳，将焊条端部与焊件接触，然后拉开以引燃电弧。电弧热使附近的焊件金属（母材）、焊芯和焊条药皮熔化。随着焊条的行进，由熔化的母材、焊芯和药皮内的金属粉末所形成的合金凝固成焊缝。在焊接过程中，焊芯外围的药皮不仅保护焊芯金属不被空气氧化，而且产生的熔渣和气体还能保护熔池免受空气的侵害，同时还起到稳定电弧和向熔池渗入合金元素等的作用。

人工焊接时，需要保护器具，包括防止操

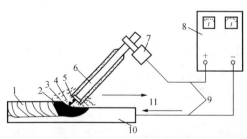

图 12-1　焊条电弧焊示意图

1—焊缝；2—熔池；3—保护性气体；4—电弧；
5—熔滴；6—焊条；7—焊钳；8—焊接电源；
9—焊接电缆；10—焊件；11—焊条移动方向

作人员被电弧产生各种射线伤害眼睛的气焊眼镜、保护面罩、焊接工作服、焊工手套和护脚等。

2. 埋弧焊

埋弧焊是利用在焊剂层下燃烧的电弧进行焊接的方法，可用于碳钢、低合金钢、耐热钢、不锈钢，以及镍和镍合金等的焊接。由于焊接电流高达 $600\sim2000A$，因此焊接生产率高。

自动埋弧焊在造船、化工容器、锅炉、桥梁、起重机械、工程机械、铁路车辆以及石油和冶金等设备制造业中应用广泛，是最普遍采用的焊接方法之一。

埋弧焊示意图如图 12-2 所示。焊接过程中，由焊丝与焊件之间产生电弧加热焊丝、焊剂和焊件，由陆续送入的焊丝提供填充金属。焊剂熔化后产生的熔渣覆盖在电弧和液态金属上，起保护、净化熔池、稳定电弧和渗入合金的作用。

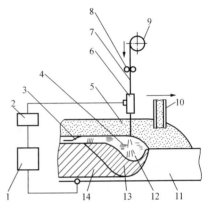

图 12-2　埋弧焊示意图

1—弧焊电源；2—电控箱；3—凝固熔渣；
4—熔融熔渣；5—焊剂；6—导电嘴；
7—焊丝；8—焊丝送进；9—焊丝盘；
10—焊剂输送管；11—焊件；12—电弧；
13—金属熔池；14—焊缝金属

3. 气体保护电弧焊

气体保护电弧焊是用外加气体作为电弧介质等保护电弧和焊接区的电弧焊，简称气体保护焊。其分为钨极惰性气体保护焊和熔化极气体保护焊两大类。

钨极惰性气体保护焊（TIG 焊）采用不熔化的钨极在惰性气体保护下工作，工业上广泛使用氩气作保护，称为钨极氩弧焊。

熔化极气体保护焊采用可熔化的焊丝（熔化电极），工作时向焊接区输送保护气体。例如用氩、氦或氩与氦混合气体保护的称为熔化极惰性气体保护焊（MIG）；用惰性气体和少量氧化性气体（如 O_2、CO_2）混合保护的称为氧化性混合气体保护焊（MAG）；以二氧化碳保护为主的称为二氧化碳气体保护焊（CO_2 焊）等。还有用含有药芯（焊剂）的管状焊丝，用二氧化碳气体保护的药芯焊丝电弧焊。

气体保护电弧焊原理如图 12-3 所示。从喷嘴中以一定速度喷出的保护气体把电弧和焊接区与空气隔开，杜绝空气的有害作用，以获得优质焊缝。

气体保护电弧焊的操作方式可分手工焊、半自动和自动焊。手工焊机只用于钨极惰性气体焊，应用最广泛的是手工钨极氩弧焊；半自动焊机适用于熔化极气体保护焊，如图 12-4 所示的半自动 CO_2 保护焊机，焊枪由人工操作，焊丝由送丝机构操纵；自动焊机配有各种机械装置和控制系统，焊接过程自动进行。

4. 等离子弧焊

等离子弧焊是利用电弧等离子体作为热源的电弧焊，是一种不熔化极电弧焊。电极一般用钨极，产生等离子弧的等离子气用氩、氩与氢或氩与氦的混合气体，保护气体一般采用氩气。等离子弧焊可用于碳钢、合金钢和铝、铜、镍、钛及其合金的焊接。充氩箱内的等离子体弧焊可用于钨、钼、钽、铌等难熔金属的焊接。

等离子弧焊示意图如图 12-5 所示。工作气体保护电极并产生电弧等离子体，从喷嘴外侧喷出的保护气体用来保护焊接区。焊接时，电弧由高频振荡器在电极与喷嘴间引发，电弧经喷嘴机械压缩、气流热压缩和电流磁压缩，形成一个截面积小、电流密度大、电离度高的弧柱，焊件金属熔化形成熔池，冷凝成为焊缝。

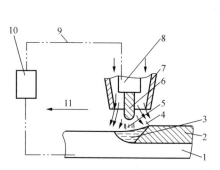

图 12-3　气体保护电弧焊原理图

1—焊件；2—焊缝；3—熔池；4—保护气体；5—电弧；6—电极；7—喷嘴；8—电极夹头（用于不熔化电极）或导电嘴（用于熔化电极）；9—焊接电缆；10—弧焊电源；11—电极移动方向

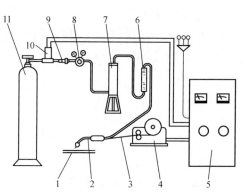

图 12-4　半自动 CO_2 保护焊机示意图

1—焊件；2—焊枪；3—软管；4—送丝机构；5—电源及控制器；6—气体流量计；7—低压干燥剂；8—减压阀；9—高压干燥剂；10—预热器；11—二氧化碳气瓶

等离子弧焊有穿透焊、熔透焊和微弧焊三种焊接方法。焊接电流在 $100\sim400A$ 范围时，熔池前沿有一个穿透小孔，称为穿透焊；焊接电流在 $30\sim100A$ 范围内，焊接中不出现穿透小孔，称为熔透焊；焊接电流在 $0.1\sim30A$ 范围内，电弧是长针形，称为微弧焊，特别适用于厚度为 $0.02\sim1.5mm$ 薄件的焊接。

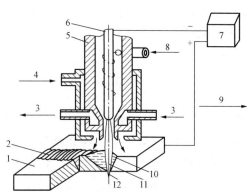

图 12-5　等离子体弧焊示意图（小孔焊）

1—焊件；2—焊缝；3—冷却水；4—保护气体；5—喷嘴；6—电极；7—弧焊电源；8—工作气体；9—焊炬移动方向；10—熔池；11—等离子体弧；12—尾焰

二、焊接电弧的电气特性

1. 电弧的静态特性

当弧长一定电弧稳定燃烧时，两电极间总电压 U 与电流 I 之间的关系称为电弧静态伏安特性，如图 12-6 所示。

图 12-6 中，ab 段，电流增加而电弧电压下降，称为下降特性或负阻特性；bc 段，随着电流增加，电弧电压几乎不变，称为水平特性；cd 段，随着电流增加，电弧电压随之上升，称为上升特性。对于各种不同的焊接方法，并不都包含电弧静态伏安特性的三段。

2. 电弧的动态特性

对一定弧长的焊接电弧，当电弧电流快速变化时电弧电压和电流间的关系，称为焊接电弧的动态特性，如图 12-7 所示。

图 12-7 中，如果电流快速由 i_a 增加到 i_d，电弧空间的温度也增加。由于热惯性的影响，温度的增加比电流增加的速度慢，由 i_a 增加到 i_d 过程中，维持电弧燃烧的每一瞬间电压要高于静态特性（如 b' 点高于 b 点），即此时动态特性为 $ab'c'd$。反之，当电流由 i_d 快速减小到 i_a 时，同样因为热惯性的影响，温度来不及下降，维持电弧燃烧的每一瞬间电压要

低于静态特性，此时的动态特性比静态时要低，动态特性为 $dc''b''a$。电流按照不同规律变化时，将得到不同形状的动态特性。电流变化速度越小，静态特性、动态特性曲线就越接近。

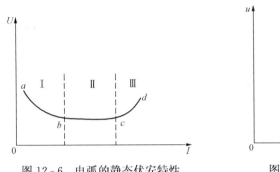

图 12-6 电弧的静态伏安特性

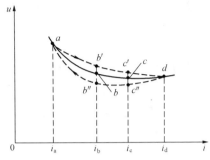

图 12-7 电弧的动态伏安特性

3. 交流电弧的电气特性

焊接电弧按电流种类可分为交流电弧、直流电弧和脉冲电弧（包括高频脉冲电弧）。

采用直流电源时，直流电弧一经燃烧，就处于持续稳定的状态。

采用工频交流电时，交流电弧的电流以 100 次/s 经过零值，在每一秒钟内，电弧要经历 100 次的熄弧和再引弧，所以交流电弧燃烧稳定性较差。

当交流焊接回路为电阻性时，交流电弧电压和电流同相位，电压、电流波形同时过零，瞬时熄弧时间较长，电弧很不稳定。若在交流焊接回路中串入电感（见图 12-8），电弧电流 i 滞后于电源电压 u，电流过零时，电源电压瞬时值达到再引弧电压 U_r，电弧燃烧稳定。因此，在交流焊接回路中应接入足够大的电感。

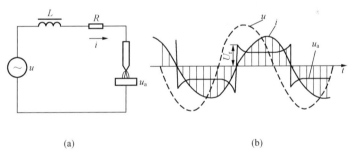

(a)   (b)

图 12-8 电感性交流焊接回路

(a) 串电感交流焊接电路图；(b) 电流、电压波形图

4. 焊接电弧的引燃

焊接电弧的引燃有接触引燃和非接触引燃两种方式。

(1) 接触引燃。接触引燃是电极（焊条或焊丝）与焊件在直接接触（短路）的状态下突然拉开（断路），使电极与焊件间产生电弧的一种引燃方式。手工电弧焊都采用这种引燃方式。

(2) 非接触引燃。非接触引燃是在电极与焊件间没有接触的状态下，在电极与焊件间加上 10kV/cm 的高电压击穿空气，产生气体游离，发展成电弧的引燃方式。该方式多用于除手工电弧焊以外的各类弧焊机。

三、弧焊电源分类及基本要求

弧焊电源是用于电弧焊的特种电源，负载是焊接电弧。除以内燃机为动力的弧焊发电机外，弧焊电源一般由线电压为 380V 的三相交流低压配电网供电，输入功率不超过 100kW；输出电流有交流、直流或交直流两用，输出电流为 30～1500A；输出电压不超过 100V。

1. 弧焊电源的分类

弧焊电源可分为交流、直流和脉冲弧焊电源三大类。弧焊电源按设备种类又可分为弧焊变压器（交流）、弧焊整流器（直流或脉冲）、弧焊发电机（直流）和弧焊逆变器（交流）。

（1）交流弧焊电源分类。交流弧焊电源又可分为串联电抗器式和增强漏磁式两类。其中串联电抗器式包含动铁电抗器式和饱和电抗器式；增强漏磁式包含动圈式、动铁式和抽头式。

（2）直流弧焊电源分类。直流弧焊电源分为弧焊整流器（静止式）和弧焊发电机（旋转式）。其中弧焊整流器包含动铁式或动圈式、磁放大器式、晶闸管式、晶体管式和逆变式；弧焊发电机包含电动机驱动的发电机和柴（汽）油机驱动的发电机。

（3）脉冲弧焊电源分类。脉冲弧焊电源又可分为晶闸管式和晶体管式。

2. 对弧焊电源的基本要求

在常用的电弧焊的区段上，电弧电压为 20～40V，电流在几十安至上千安，为了使电弧稳定燃烧，应满足对弧焊电源外特性、调节性能和动态特性的基本要求。此外，在特殊环境下（如高原、水下和野外焊接等）工作的弧焊电源，还必须具备相应的对环境的适应性。

（1）对弧焊电源外特性（输出特性）的要求。弧焊电源的外特性是指在规定范围内，弧焊电源稳态输出电流与输出电压的关系，是一个非常重要的基本特性。为了保证稳定地向焊接电弧提供能量，要求电源的外特性曲线必须保证焊接电弧稳定燃烧和焊接参数稳定。

焊接电弧受焊丝及工件熔化的影响，在不同的焊接过程中有很大的差异。为适应不同的弧焊方法，相应的弧焊电源有不同的外特性，将电流增加时电压下降率大于 7V/100A 的静态特性称为下降特性；电压下降率小于 7V/100A 或上升率小于 10V/100A 的称为平特性，下降特性中电流稍有增加电压即急剧下降的称为陡降特性或恒流特性。各种弧焊电源的外特性如图 12-9 所示。图中 U_0 为空载电压，I_d 为稳态短路电流。各种电弧焊对电源静态特性的要求见表 12-2。

表 12-2　　　　　　　　　　各种电弧焊对电源静特性的要求

电弧焊名称	弧焊电源的静态特性		
	交流	直流	
	下降特性	下降特性	平特性
焊条电弧焊	适用		不适用
埋弧焊	适　用		
TIG 焊（氩弧焊）	适用，应为陡降特性		不适用
MIG 焊（熔化极惰性气体保护焊）	不适用	可用	适用
MAG 焊（熔化极混合气体保护焊）	不适用	可用	适用
药芯焊丝气体保护焊	可用	适用	
等离子体弧焊	适用，应为陡降特性		不适用

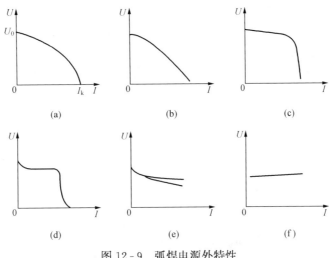

图 12 - 9 弧焊电源外特性

(a) ～ (d) 下降特性；(e)、(f) 平特性

（2）对弧焊电源调节性能的要求。弧焊电源能够输出不同工作电压、电流的可调性能，称为电源的调节特性，主要是调节电源的外特性。在焊接不同的工件时，由于不同的焊接工艺参数需要弧焊电源输出不同的电压和电流，因此要求弧焊电源的外特性必须可以均匀调节。

（3）对弧焊电源动态特性的要求。弧焊电源的动态特性是指当负载状态发生突然变化时，输出电流及端电压的关系，表征弧焊电源对负载瞬态变化的反应能力。

在熔化极进行弧焊时，在焊条或焊丝金属受热形成熔滴进入熔池的过程中，会出现短路，如图 12 - 10 所示。电弧电压和焊接电流不断地发生瞬间变化，对供电的弧焊电源来说是一个动态负载。

在不熔化极弧焊时，焊接过程中电极不熔化，常采用非接触方法引弧，电弧长度、电弧电压和电流基本没有变化，可以不考虑弧焊电源动特性的要求。

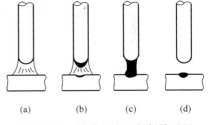

图 12 - 10 熔化极电弧焊焊接过程

(a) 引燃；(b) 电弧稳定燃烧；

(c) 短路；(d) 断路

（4）对弧焊电源空载电压的要求。弧焊电源空载电压 U_0（见图 12 - 9）高则容易引弧，对于交流弧焊电源，空载电压高还能使电弧稳定燃烧。但空载电压高则设备体积大、质量重、功率因数低、不经济，也不利于焊工的人身安全。为此在确保容易引弧、电弧稳定的条件下空载电压应尽可能低。

我国规定弧焊电源空载电压为：在触电危险性较大的环境中使用的额定空载电压，直流弧焊电源小于 113V（峰值）；交流弧焊电源小于 68V（峰值）、80V（有效值）。

四、交流弧焊电源

交流弧焊电源又称弧焊变压器，是一种特殊的降压变压器。

最基本的弧焊变压器是将电网的交流电源变成适宜于弧焊的交流电，由一、二次绕组相隔离的主变压器及电流调节和电流指示等装置组成。弧焊变压器配以焊钳即可进行手工电弧焊，又称交流弧焊机。

能满足电弧焊需要的弧焊变压器形式很多，基本的工作原理是利用串接可变电抗器，以及改变一、二次绕组的相对位置或匝数做电流调节，使输出端具有下降特性，保证一定的电流调节范围和合适的空载电压。

不同交流弧焊电源的结构特征、特点和用途见表 12 - 3。

表 12 - 3　　　　　　　　　交流弧焊电源的结构特征、特点和用途

种　类		结　构　特　征		特点和用途
串联电抗器式	动铁电抗器式	由平特性变压器和动铁芯电抗器组成，用电抗器调节电流	分体式——主变压器和电抗器磁路上分成两体	多头式弧焊变压器，一个主变压器附两个以上电抗器，可供几个焊工同时操作
	饱和电抗器式		同体式——主变压器和电抗器磁路上有公共部分	一般容量较大，用作 400A 以上埋弧焊电源
增强漏磁式	动铁式	用可动的铁芯为磁分路、变更动铁芯位置，改变变压器一、二次绕组的漏抗，从而调节电流		材料省，体积小，较经济，一般用于 400A 以下手弧焊
	动圈式	改变变压器一、二次绕组的漏抗，从而调节电流		电弧稳定性较好，但较动铁式体积大，费料
	抽头式	一、二次绕组的主要部分绕在两个铁芯柱上，用更换抽头的办法改变漏磁，调节电流		体积小、耗料少。一般制成 160A 以下小容量，低负载率，适合于小型修配站用

1. 串联电抗器式弧焊电源

串联电抗器式弧焊电源是由平特性变压器串联动铁电抗器构成，其原理电路如图 12 - 11 (a) 所示。平特性变压器将电网电压 u_i 降低到焊接所需空载电压 u_0，u_f 为弧焊电压。利用可变串联电抗器 L 可获得陡降的外特性、调节焊接电流、限制短路电流和改善动态特性。

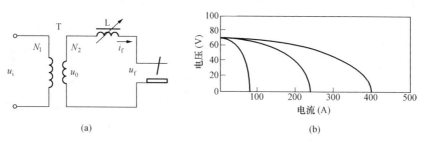

图 12 - 11　串联电抗器式弧焊电源原理电路图及外特性
(a) 原理电路图；(b) 外特性

(1) 分体式动铁芯电抗器调节原理。分体式弧焊变压器的主变压器和电抗器磁路上分成两体。动铁芯电抗器的四种结构如图 12 - 12 所示，调节电抗器铁芯空气隙 δ 即可改变电感的大小；可以利用手柄进行调节，示意图如图 12 - 13 所示。

分体式弧焊变压器可以并联两个及以上的电抗器，供几个焊工同时操作。

(2) 同体式动铁芯电抗器调节原理。同体式弧焊变压器也称复合式或整体式弧焊变压器，其结构如图 12 - 14 所示。变压器与电抗器共用一个铁芯，平特性变压器部分的一、二次侧各由两个绕组串联组成。电抗器部分的铁芯中间留有可调空气隙 δ，N_L 为电抗器绕组，N_L 的匝数与变压器二次绕组的匝数相近，N_L 与 N_2 串联连接。

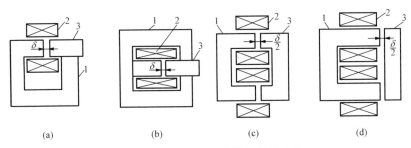

图 12-12　动铁芯电抗器结构示意图
1—铁芯；2—线圈；3—移动铁芯

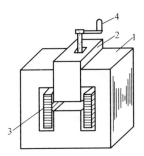

图 12-13　动铁芯的调节方法示意图
1—铁芯；2—移动铁芯；3—线圈；4—手柄

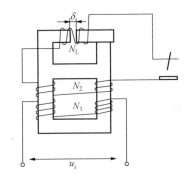

图 12-14　同体式弧焊变压器结构示意图

（3）饱和电抗器式弧焊变压器调节原理。饱和电抗器式弧焊变压器由平特性变压器串联

饱和电抗器组成，如图 12-15 所示，其用饱和
电抗器调节电流。为了使交流电弧电流过零值
时有较高的上升速度，饱和电抗器一般应运行
在偶次谐波抑制状态。为抑制偶次谐波，在控
制回路中串联电感 L，调节控制回路中的电位
器 R 即可改变输出的焊接电流。

2. 增强漏磁式弧焊电源

（1）动铁式弧焊电源。动铁式弧焊电源是
改变变压器铁芯中的可动部分，形成附加漏抗

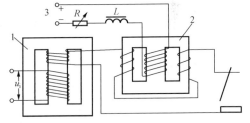

图 12-15　饱和电抗器式弧焊变压器原理图
1—电源变压器；2—饱和电抗器；3—控制回路

以调节总的漏磁。动铁式弧焊变压器（单相）的结构如图 12-16 所示。变压器的一、二次
绕组（N_1 与 N_2）之间插入一个位置可移动的动铁芯，通过移动动铁芯改变漏磁通。当动
铁芯全部移入时，气隙 δ 最小，总漏抗最大；反之，随着气隙增加，总漏抗减小。

（2）动圈式弧焊电源。动圈式弧焊电源是通过调节变压器一、二次绕组的距离，达到调
节漏磁的目的。动圈式变压器调节原理如图 12-17 所示，一、二次绕组分别置于两个铁芯
柱上，二次绕组 N_2 借助丝杠与一次绕组 N_1 作相对移动，改变 δ_{12} 可以改变两个绕组的磁
耦合，从而改变漏抗。

（3）抽头式弧焊电源。抽头式弧焊电源的变压器是一个高漏抗变压器，其结构如图
12-18 所示。改变位于两铁芯柱上相对应的一次绕组抽头，此时空载电压变化不大，而漏

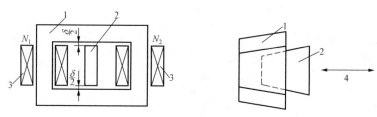

图 12 - 16　单相动铁式弧焊变压器

1—铁芯；2—移动铁芯；3—绕组；4—动铁芯移动方向

抗变化较大，可获得不同的焊接电流，电流为有级调节。

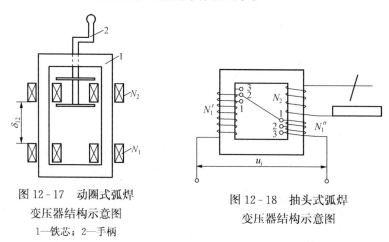

图 12 - 17　动圈式弧焊
变压器结构示意图
1—铁芯；2—手柄

图 12 - 18　抽头式弧焊
变压器结构示意图

五、直流弧焊电源

　　直流弧焊电源是将交流电经变压、整流获得直流电，一般由主变压器、外特性调节机构、整流器、输出电抗器等装置组成，如图 12 - 19 所示。不同直流弧焊电源的结构特征、特点和用途见表 12 - 4。

表 12 - 4　　　　　　　　　　　直流弧焊电源的结构特征、特点和用途

种类		静态特性	结 构 特 征	一般用途和特点
弧焊整流器	动铁式或动圈式	下降特性	动铁式或动圈式变压器加整流元件组	供采用药皮焊条的手弧焊用
	磁放大器式		平特性变压器加整流元件组，变压器有抽头以调节电压	供一般等速送丝的自动、半自动弧焊机用
	晶闸管式	平特性或下降特性	变压器接晶闸管整流元件组，带有输出闭环反馈控制，以获得所需外特性	可制成供手工、自动或半自动弧焊用的电源。节能，可设计成带起弧控制、电网电压补偿、遥控电弧、推力控制等功能
	晶体管式		在变压器接整流元件组后再接供调节用的大功率晶体管组	可制成供自动或半自动弧焊用的电源。控制灵活
	逆变式	下降特性	由整流器、逆变器、变压器、整流器四级组成	可制成供手工、自动或半自动电弧焊用的电源。体积小、质量轻、效率高

种类		静态特性	结构特征	一般用途和特点
弧焊发电机	电动机驱动的发电机	平特性或下降特性	由电动机、电流调节及指示装置和发电机组成	用于手弧焊、等速送丝自动或半自动电弧焊。效率低、噪声大、材料消耗多
	柴（汽）油机驱动的发电机		以柴油机或汽油机驱动直流弧焊发电机	适用于野外、无电源地区作业，如管道敷设等

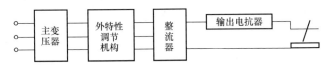

图 12-19 直流弧焊电源组成原理框图

下面介绍动圈式、晶闸管式和逆变式弧焊整流器的工作原理及其基本结构。

1. 动圈式弧焊整流器

动圈式弧焊整流器的调节原理与动圈式弧焊变压器相似，变压器铁芯与绕组形式如图 12-20 所示。变压器二次绕组接至三相桥式整流装置即可获得直流输出。

动圈式弧焊整流电路如图 12-21 所示，采用硅二极管桥式整流。为了增加小电流焊接时熔滴过渡推力（在小电流焊接时，电流在短路瞬间有振荡现象，即先是上冲，随即迅速下降到稳态值以下，导致小电流焊接时熔滴过渡的推力减小），电路中设置了浪涌装置，由变压器第Ⅲ绕组、电阻 R_3、转换开关 SA 组成，并联在焊机的输出端。由于弧焊整流器的输出电压总大于第Ⅲ绕组的峰值电压，二极管 VD7 反向截止。但当熔滴使电弧间隙短路时，整流电路的输出电压为零，VD7 才导通，浪涌装置送出瞬时浪涌电流。熔滴一旦消散，浪涌电流立即停止。

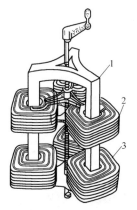

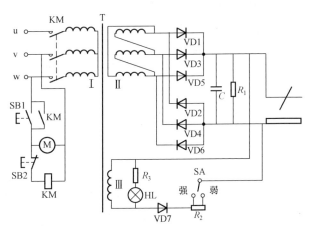

图 12-20 三相动圈式弧焊整流器变压器部分结构图

1—铁芯；2—可动线圈；

3—固定线圈

图 12-21 动圈式弧焊整流电路原理图

装置中风扇 M 用以冷却电器部件，特别是硅整流二极管。电容器 C 用于抑制瞬时过电压峰值，保护硅二极管 VD1～VD6 不被电压击穿，电阻 R_1 用于防止电容与电路中电感发生振荡。

2. 晶闸管式弧焊整流器

晶闸管式弧焊整流器主要由主回路及控制回路两大部分构成。主回路包括三相主变压器，晶闸管组等；控制回路包括触发电路、反馈信号的检测电路、给定电路及比较电路等。

三相工频电压输入三相主变压器，降压为几十伏的交流电压，通过晶闸管组的整流和功率控制，再经直流电抗滤波，在输出端就得到了波形平滑的焊接电流。

晶闸管弧焊电源一般有三相桥式全控晶闸管弧焊整流器和带平衡电抗器双反星形晶闸管弧焊整流器两种形式。两种主电路（未包括控制电路）分别如图 12-22、图 12-23 所示。

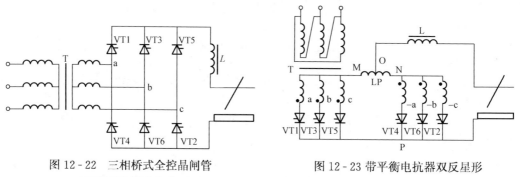

图 12-22 三相桥式全控晶闸管
弧焊整流器主电路

图 12-23 带平衡电抗器双反星形
晶闸管弧焊整流器主电路

图 12-22 中，T 为三相降压主变压器，VT1～VT6 为整流和控制用晶闸管桥，L 为滤波和调节动特性的电抗器。用闭环反馈方式控制触发电路，可获得平特性、下降特性等各种形状的外特性，并对焊接电压和电流进行无级调节。并且可以通过控制输出电流波形来控制金属熔滴过渡和减少飞溅。

图 12-23 中，T 为降压主变压器，LP 为平衡电抗器，L 为直流电抗器。这种结构的电路可在相同容量的晶闸管情况下输出大电流。

3. 逆变式弧焊整流器

逆变式弧焊整流器又称弧焊逆变器，其原理框图如图 12-24 所示。

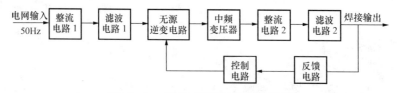

图 12-24 逆变式弧焊电源原理框图

电网的单相或三相 50Hz 交流电压经整流电路 1、滤波电路 1 整流、滤波，变换为直流电压；经过无源逆变电路后，又将直流逆变成几千赫兹至几万赫兹的中频交流电；再分别经中频变压器、整流电路 2、滤波电路 2 的降压、整流与滤波就得到所需的焊接电压和电流。

如需要输出交流电流，则中频变压器后不加整流和滤波电路，多采用直流输出电流。借助于闭环反馈电路和无源逆变电路实现对外特性和电弧电压、焊接电流的无级调节。

逆变式弧焊电源中的逆变电路采用场效应管或绝缘栅双极晶体管（IGBT）等电力电子器件，工作频率可以在 20kHz 以上，工作时人耳听不到令人烦躁的噪声。

六、脉冲弧焊电源

脉冲弧焊电源与一般直流弧焊电源的主要区别在于能提供周期性交替变化的脉冲电流。如图 12-25 所示，脉冲弧焊电源所输出的电流以直流 I 为基础，每隔一定脉冲周期 T（相应的脉冲频率 $f=1/T$），输出一个幅值为 I_m、持续时间为 T_1 的直流脉冲。I、I_m、T（或 f）、T_1 以及平均电流 I_{av}、脉冲上升时间 T_v、脉冲下降时间 T_f 等值的大小影响焊接电弧所提供的热功率、电弧的稳定性和熔滴过渡形式等。

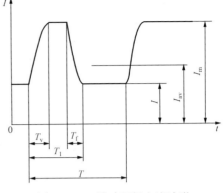

图 12-25 脉冲弧焊电流波形

脉冲弧焊电源常用的有晶闸管式和晶体管式两种。脉冲电流可以采用许多方法来获得，归纳起来，可以采用以下几种基本方式：①利用电子开关获得；②利用阻抗变换获得；③利用给定信号变换和电流截止反馈获得；④利用硅二极管整流作用获得脉冲电流。

第三节 电 阻 焊 机

各类电阻焊机一般由供给焊接热能的阻焊变压器、二次电压调节机构、焊接回路、焊接电流通电时间和焊机操作程序的控制调节装置，以及对焊件施压、夹紧或移动的机械传动装置等几部分组成。

焊接电流的通、断，采用引燃管、晶闸管或电磁接触器控制。加压及运动机构有采用人力、电动、气压、液压和气液压等几种形式。

一、电阻焊焊接方法简介

电阻焊是利用电流流经工件接触面及邻近区域产生的电阻热，将其加热到熔化或塑性状态，形成金属结合的一种焊接方法。

与电弧焊相比，电阻焊具有热影响区小、变形小、焊接速度快、焊接表面质量好、劳动条件好、容易实现机械化自动化等优点，可用于碳钢，低合金钢，不锈钢和镍、铝、镁、钛等有色金属及其合金的焊接。但电阻焊受焊件形状和接头形式的严格限制，适用面比电弧焊窄，主要用于汽车、船舶、铁道、家用电器和电子器件等的制造。

电阻焊按焊接方法通常分为点焊、凸焊、缝焊和对焊四种；按电阻焊电源频率可分为工频电阻焊和高频电阻焊。

1. 点焊

点焊是将焊件装配成搭接接头并压紧在两个端头呈球形或锥形的圆柱电极之间，如图 12-26（a）所示。按电极相对于焊件的位置，点焊还可分为单面点焊和双面点焊；按一次成形的点焊数，可分单点、双点和多点点焊。点焊适用于薄板的焊接，对低碳钢，单层板厚在 1~8mm 范围内。

2. 凸焊

凸焊是点焊的一种特殊形式，如图 12-26（b）所示。焊接前先在焊件表面上预制出凸点，凸点处电流密度较高，能较快变形熔化，形成焊点。凸焊主要用于将较厚的工件焊接到

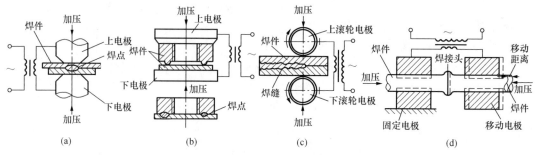

图 12 - 26　电阻焊工作原理示意图
(a) 点焊；(b) 凸焊；(c) 缝焊；(d) 对焊

较薄的工件上去，或两者都是较厚的工件，以及用于有电镀层的金属板的焊接。

3. 缝焊

缝焊是将焊件置于两个滚轮电极之间，如图 12 - 26 （c） 所示。焊接时滚轮对接头施加压力并供电，从而获得由许多彼此相互重叠的焊点所形成的连续焊缝。按滚轮转动和供电方式的不同，缝焊分连续缝焊（滚轮连续转动，电流连续接通）、断续缝焊（滚轮连续转动，电流间歇接通）和步进缝焊（滚轮转动和通电都是间歇的，电流在滚轮不动时接通）三种。

缝焊主要用于焊缝较规则且要求密封焊的薄壁结构。用于焊接碳钢时，单层板厚一般在 2mm 以下。

4. 对焊

对焊是将两个截面形状相同或接近的工件对头组装成接头，如图 12 - 26 （d） 所示。对焊分电阻对焊和闪光对焊两种。

（1）电阻对焊。电阻对焊时，焊件接头的两端面紧密接触，利用电阻热使接头加热到熔塑状态，然后迅速施加压力以完成焊接。电阻对焊的设备较简单，常用于焊接直径小于 20mm 的焊件，包括有色金属细丝。

（2）闪光对焊。闪光对焊是先接通电源，让焊件接头的两个端面逐渐移近达到局部接触，利用电阻热和电弧热加热接触点（这时将产生由弧光放电和飞溅的金属所形成的闪光），使端面金属局部熔化，当端部在一定深度范围内达到预定温度时，迅速施加压力以完成焊接。闪光对焊有接头加热区窄，端面加热均匀，接头质量易于保证等优点，可用于板材、棒材和管材的对头焊接。板材和杆件的厚度一般为 0.2～2.5mm，棒材直径为 1～50mm。采用专用焊机也可焊接尺寸更小或更大的焊件。

二、电阻焊机的电源

常用的点焊机、凸焊机、缝焊机和对焊机等电阻焊机的核心部件是阻焊变压器，是一个输出可调低电压（一般不大于 36V）、大电流（几千至几十万安）、低漏抗的特殊变压器。例如点焊两块厚 1.6mm 的低碳钢薄板时，电流约为 12000A，而焊接时间只需约 0.25s；焊 3mm 板时约为 19000A，焊接时间约 0.5s。因此，电阻焊机电源的额定负载持续率低（用于点焊和对焊为 8%～20%，缝焊可到 50% 以上）。

电阻焊机采用的电源形式主要有低频、工频、高频、二次整流、电容储能等。

1. 单相工频电源

在电阻焊设备中，产量最多、使用最广的是单相工频焊机，由电网直接供电给阻焊变压器。焊机功率为 0.5～500kV·A，甚至更大。

单相工频焊机的电源原理图如图 12 - 27 所示。阻焊变压器的一次绕组与交流电力电子开关、级数调节器串联后接入电网，大功率焊机采用 380V 电压，小功率焊机采用 220V 电压。级数调节器是用来将阻焊变压器一次绕组的不同匝数与电网连接的一种专用装置，通过改变一次绕组的匝数可相应改变二次绕组的空载电压及输出功率。

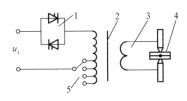

图 12 - 27　单相工频焊机电源原理图
1—交流电力电子开关；2—阻焊变压器；
3—二次回路；4—工件；5—级数调节器

二次回路由阻焊变压器的二次绕组、导电体、软连接（纯铜带或多芯电缆）、电极臂、电极握杆、电极和工件组成。二次回路中的焊接电流为正弦波或接近于正弦波。

2. 二次整流焊机的电源

二次整流焊机的电源原理接线如图 12 - 28 所示。阻焊变压器是三相变压器，其每相一次电路与单相工频焊机的一次回路相同。阻焊变压器的二次输出端接入大功率硅整流器，使得二次回路中流过的是整流后的直流电流。

3. 三相低频电源

三相低频电源是由一种特殊的、具有三相一次绕组和单相二次绕组的阻焊变压器构成。阻焊变压器的铁芯截面积一般都较大。

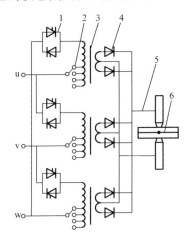

图 12 - 28　三相二次整流焊机电源原理图
1—交流电力电子开关；2—级数调节器；
3—阻焊变压器；4—大功率硅整流器；
5—二次回路；6—工件

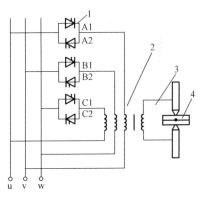

图 12 - 29　三相低频焊机电源原理图
1—交流调压电路；2—阻焊变压器；
3—二次回路；4—工件

三相低频焊机电源原理接线如图 12 - 29 所示。控制电路使晶闸管 A1、B1、C1 轮流导通，在正确的导通顺序和导通时间下，电流以相同方向流过三个一次绕组，在二次回路中得到一个单向电流。晶闸管 A1、B1、C1 在预定时间到达后切断，而晶闸管 A2、B2、C2 按相同于 A1、B1、C1 的顺序和时间导通，在三个一次绕组和二次回路中得到一个反向流通的电流，反复进行。这样，可在二次回路中得到一个低频率的焊接电流。

4. 储能焊机电源

储能焊机由一组电容器、充电电路及一个阻焊变压器组成，利用一个能量比较集中的脉冲电流，通过被焊工件的接触点产生热量将金属熔接。焊机可采用单相或三相供电。

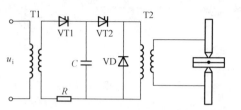

图 12-30 电容储能电路原理接线图

T1—电源变压器；T2—阻焊变压器；VT1—充电晶闸管；
VT2—放电晶闸管；VD—阻尼二极管

电容储能焊特别适宜于导热、导电性能好或焊后要求热影响区小的材料焊接，如精密仪器仪表零件、电真空器件、金属细丝以及异种金属工件的焊接。

工频交流电经整流后向电容器充电储能，经焊接变压器放电转换成低电压的脉冲焊接电流，如图 12-30 所示。电容器能量的充放由晶闸管控制，容量较大的焊机一般采用三相桥式整流。

第四节 其他电焊机简介

其他电焊机有高频焊机、电渣焊机、电子束焊机、钎焊机、激光焊机和焊接机器人等。

一、高频焊机

高频焊是利用 10～500kHz 高频电流产生的热作为热源的压焊方法。高频焊机主要由电源和机械装置两部分组成，电源中用得最多的是输出频率为 250～500kHz 的电子管高频电源。

高频焊原理示意图如图 12-31 所示，其分为高频感应焊和高频电阻焊两类。

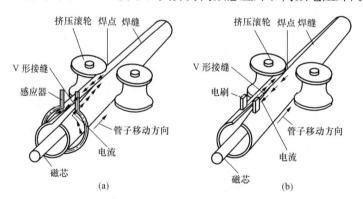

图 12-31 高频焊原理示意图
(a) 高频感应焊；(b) 高频电阻焊

焊接时，高频感应焊的高频电流由感应器感应产生，而高频电阻焊的高频电流通过电刷直接来自高频电源。焊件（管坯）在两个滚轮间快速向一个方向移动，高频电流通过焊件 V 形接缝的两侧形成回路。焊点处的金属被焊件内阻和焊点处接触电阻所产生的电阻热加热到熔塑状态，在滚轮的压力下焊接在一起。管坯中心的磁芯用来减少由环绕管坯圆圈方向流通的高频电流所产生的能量损失。由于高频电流的邻近效应，高频电流集中在 V 形接缝两侧，因此高频焊有极高的加热速度。

高频焊可用于焊接碳钢，合金钢和铝、铜、镍、钛、锆等有色金属及其合金，还可用来焊接异种金属。工业上主要用于生产金属有缝管和结构型材等；在汽车、自行车、电缆、食品罐头、锅炉等许多工业部门中得到应用，并正向核能、航空、航天等工业领域发展。

二、电渣焊机

电渣焊是将电流通过液态熔渣所产生的电阻热作为热源，将焊件和填充金属熔合的焊接方法。电渣焊机主要由电源、送丝机构、焊机移动机构、水冷铜滑块和控制系统等组成。电源可用平特性的弧焊变压器或弧焊整流器。

电渣焊原理示意图如图 12-32 所示。图中为单根焊丝，也可用多根焊丝、板状电极，或以熔化导电嘴代替不熔化导电嘴，分别称为丝极电渣焊、板极电渣焊和熔嘴电渣焊（包括管极电渣焊）。

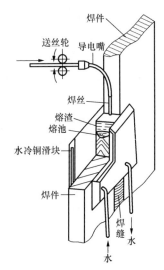

焊接时由水冷铜滑块与焊件构成的凹槽储存熔融金属和熔渣；焊丝向下连续送入渣池；焊接电流通过熔渣时产生的电阻热使熔渣保持熔融状态并对焊丝和焊件加热；焊丝熔化后沉积在熔渣层下，并与熔化了的焊件金属一起形成金属熔池，随着水冷铜滑块的上移，熔池逐渐凝固成为焊缝。焊接过程中熔渣对熔池起保护和净化作用。

电渣焊技术自问世以来一直是大厚度焊件的高效焊接方法，在厚壁压力容器、重型机械和造船等工业中得到广泛应用。电渣焊用于碳钢、低合金钢、不锈钢、镍和镍合金，以及铝和铝合金等大厚度（20～1000mm）焊件的焊接。

图 12-32　电渣焊原理示意图

三、电子束焊机

电子束焊是利用经加速和聚焦的电子束轰击焊件接缝处所产生的热能，使金属熔化的一种焊接方法。电子束焊机有高真空、低真空、局部真空和非真空电子束焊机。各类焊机主要由电源、机身、电子枪、光学观察系统（望远镜或有线电视）、真空系统、控制系统以及焊件操作系统等部分组成。电源分为低压（30～60kV）和高压（100～200kV）两种。低压型电子枪用普通钢板就可满意地屏蔽 X 射线。高压型电子束能量密度高，需用铅板严密地屏蔽 X 射线。

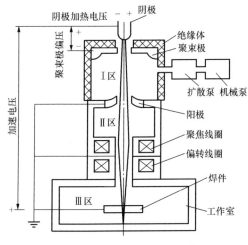

图 12-33　电子束焊原理示意图

电子束焊原理示意图如图 12-33 所示。从阴极发射电子，受高压电场加速，经聚焦线圈会聚成截面积小（直径为 0.2～1mm）、功率密度高（$\geqslant 1.5 \times 10^5 \mathrm{W/cm^2}$）的电子束。当电子束撞击焊件时，动能大部分转化成热能，使焊件金属熔化形成熔池。随着电子束移动，熔池冷凝成焊缝，电子束移动可由移动电子枪（电极和聚焦线圈等的组合件）或焊件实现；在小范围内可由偏转线圈所产生的磁场来实现。加速电压在 30～200kV 范围内。为保护电极不受氧化，电极区（图 12-33 中的 I 区）必须保持真空。

电子束焊主要用于焊接轻金属和高熔点、高活性金属，如钨、钼、钽、铌、铍和锆等，应用于核能、航空航天、机械、化工、电子等工业部门。

四、钎焊机

钎焊是利用加热使置于焊接面之间的、熔点低于被焊材料熔点的钎料熔化并保温，然后冷却结晶形成接头的方法。

钎焊的种类很多，根据热源和加热方式的不同，钎焊可分为烙铁钎焊、火焰钎焊、电阻钎焊、感应钎焊、浸沾钎焊、炉中钎焊、超声波钎焊和激光钎焊等。其中除火焰钎焊和某些烙铁钎焊利用的是燃料燃烧所产生的热能外，其余各种钎焊都以电能为热源。工业应用的钎焊机主要是电阻钎焊机和感应钎焊机。

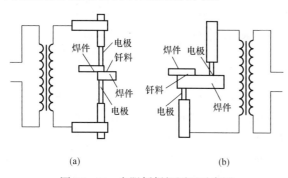

图 12-34　电阻钎焊机原理示意图
(a) 直接加热；(b) 间接加热

图 12-34 为两种电阻钎焊机原理示意图。直接加热电阻钎焊如图 12-34 (a) 所示，钎焊处由通过的电流直接加热，加热很快，但要求钎焊面紧密贴合。加热电流为 6000～15000A，压力为 100～2000N。电极材料可选用铜、铬铜、铝、钨、石墨和铜钨烧结合金。间接加热电阻钎焊如图 12-34 (b) 所示，电流只通过一个工件，另一工件加热和钎料的熔化是依靠被通电加热工件的热传导实现，加热电流为 100～3000A，电极压力为 50～500N。间接加热电阻钎焊灵活性较大，对工件接触面配合的要求较低，但整个工件被加热，加热速度慢，适宜于钎焊热物理性能差别大和厚度相差悬殊的工件。

五、激光焊机

激光焊是以聚焦的高能量密度的激光作为热源，对金属进行熔化形成焊接接头的一种焊接方法。激光焊按激光产生方式分为脉冲激光焊和连续激光焊（包括高频脉冲连续激光焊）两类。

激光焊机主要由激光器、光学偏转聚焦系统、光束检测仪、工作台（或专用焊机）和控制系统组成，如图 12-35 所示。用于焊接的激光器主要分为固体激光器和气体激光器两类，固体激光器有红宝石激光器、钕玻璃激光器和 YAG 激光器（钇铝石榴激光器），气体激光器主要是 CO_2 气体激光器。

激光焊的特点是聚焦后的激光具有很高的功率密度（约 $10^{13} W/m^2$）；可通过光导纤维棱镜等光学方法弯曲、偏转、聚焦，特别适合于微型零件及可达性很差部位的焊接；可以穿过玻璃等透明体，适合于在玻璃制作的密封容器里焊接铍合金等剧毒材

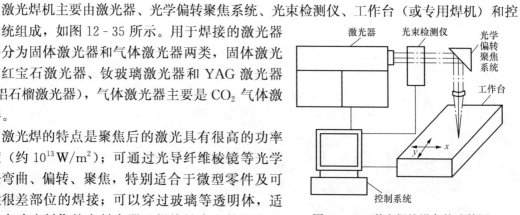

图 12-35　激光焊接设备构成简图

料；激光不受电磁场影响，不产生 X 射线，不需要真空保护；加热范围小，热影响区小，焊接残余应力和变形小，适合于某些对热输入敏感材料的焊接；可以焊接一般焊接方法难以焊接的材料，如高熔点金属等，甚至可用于焊接非金属材料，如陶瓷、有机玻璃等；一台激光器可供多个工作台进行不同的工作，既可以用于焊接，又可以用于切割、合金化和热处理等。

激光焊可用于焊接碳钢，低合金钢，不锈钢，高温合金，铝、镁、钛、镍等有色金属及其合金；还可用于焊接异种金属，如钨与镍、不锈钢与钽等；以及某些非金属材料，如陶瓷、石英、玻璃塑料等的焊接。

六、焊接机器人

焊接机器人是指集成了电子技术、计算机技术、数控及机器人技术等现代技术，根据焊接的特殊需求进行工艺化配置的机器人焊接系统。根据焊接方法不同，可分为点焊机器人、弧焊机器人、激光焊接机器人等。

一般的焊接机器人由机器人和焊接设备两大部分组成。机器人主要通过编程控制，将焊接工具按要求送到预定空间位置，并按要求轨迹及速度移动焊接工具。

图 12-36 所示为一套完整的弧焊机器人系统基本组成示意图，包括机器人机械手、控制系统、焊接装置、焊件夹持装置。夹持装置上有两组可以轮番进入机器人工作范围的旋转工作台。

弧焊机器人的应用范围很广，除汽车行业外，在通用机械、金属结构等许多行业中都有应用。

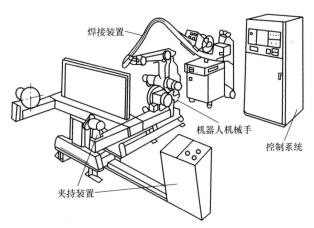

图 12-36 弧焊机器人系统的基本组成示意图

 小 结

电焊的应用范围非常广泛，电焊机种类繁多，本章主要介绍了电焊机的分类和型号，重点对应用最广泛的电弧焊机和电阻焊机进行了较详细的介绍，简要介绍了高频焊机、电渣焊机、电子束焊机、钎焊机、激光焊机和焊接机器人等其他焊机。

本章的主要内容如下：

（1）电焊机的基本组成和分类及型号表示方法；

（2）焊条电弧焊、埋弧焊、气体保护电弧焊、等离子弧焊等电弧焊焊接方法；

（3）焊接电弧的静态特性、动态特性和电气特性；

（4）对弧焊电源外特性（输出特性）、调节性能、动态特性和空载电压的要求；

（5）弧焊变压器和串联电抗器式交流弧焊电源的基本原理，分体式动铁芯电抗器、同体式动铁芯电抗器和饱和电抗器式弧焊变压器等交流弧焊电源的结构特点；

（6）增强漏磁式交流弧焊电源的基本原理，动铁式、动圈式和抽头式等交流弧焊电源的结构特点；

（7）直流弧焊电源（弧焊整流器）的基本原理，动圈式、晶闸管式和逆变式弧焊整流器的结构特点；

（8）点焊、凸焊、缝焊和对焊等主要的电阻焊方法；

（9）单相工频、二次整流、三相低频和储能式等电阻焊电源的基本原理和构成；

（10）高频焊机、电渣焊机、电子束焊机、钎焊机、激光焊机和焊接机器人等焊机的简介。

 习 题

12-1 电焊机主要由哪几部分组成？

12-2 电弧焊主要有哪几种焊接方法？

12-3 弧焊电源分哪几类？对弧焊电源的要求有哪几条？

12-4 串联电抗器式和增强漏磁式交流弧焊电源各有哪几种结构特征？

12-5 直流弧焊电源包含哪些形式？

12-6 电阻焊有哪几种主要的焊接方法？

12-7 电阻焊机的电源有哪几种形式？

12-8 什么是钎焊？

参 考 文 献

[1] 《中国电力百科全书》编辑委员会. 中国电力百科全书：配电与用电卷. 3 版. 北京：中国电力出版社，2014.

[2] 《中国电力百科全书》编辑委员会. 中国电力百科全书：输电与变电卷. 3 版. 北京：中国电力出版社，2014.

[3] 机械工程手册、电机工程手册编辑委员会. 电机工程手册. 2 版. 北京：机械工业出版社，1996.

[4] 电力工业部西北电力设计院. 电力工程电气设备手册. 北京：中国电力出版社，1998.

[5] 贺以燕. 变压器工程技术. 北京：中国标准出版社，2000.

[6] 赵亮. 现代化变电所（站）运行全书. 北京：中国物价出版社，1999.

[7] 熊信银. 发电厂电气部分. 4 版. 北京：中国电力出版社，2009.

[8] 隋振有. 中低压配电实用技术. 北京：机械工业出版社，2000.

[9] 上海市电力公司市区供电公司. 配电网新设备技术问答. 北京：中国电力出版社，2001.

[10] 崔军朝，孟凡钟，陈蕾. 配电网实用技术. 北京：中国水利水电出版社，2011.

[11] 孙成宝，刘福义. 低压电力实用技术. 北京：中国水利水电出版社，2007.

[12] 《进网作业电工培训教材》编委会. 进网作业电工培训教材. 北京：中国水利水电出版社，2001.

[13] 李俊，遇桂琴. 供用电网络及设备. 2 版. 北京：中国电力出版社，2007.

[14] 国家电力公司农电工作部. 农村电网技术. 北京：中国电力出版社，2000.

[15] 刘健等. 城乡电网建设与改造指南. 北京：中国水利水电出版社，2001.

[16] 王士政. 工矿企业电气工程师手册. 北京：中国水利水电出版社，2001.

[17] 杜文学. 供用电工程. 北京：中国电力出版社，2009.

[18] 李发海，朱东起. 电机学. 3 版. 北京：科学出版社，2001.

[19] 李发海，王岩. 电机与拖动基础. 4 版. 北京：清华大学出版社，2012.

[20] 黄立培. 电动机控制. 北京：清华大学出版社，2003.

[21] 陈伯时，陈敏逊. 交流调速系统. 2 版. 北京：机械工业出版社，2005.

[22] 王朝晖. 泵与风机. 北京：中国石化出版社，2007.

[23] 王鲁杨，王禾兴. 工业用电设备. 北京：中国电力出版社，2006.

[24] 李珞新. 行业用电分析. 北京：中国电力出版社，2002.

[25] 中国机械工程学会焊接学会. 焊接手册：焊接方法及设备. 北京：机械工业出版社，2008.

[26] 王建勋，任廷春. 焊弧电源. 3 版. 北京：机械工业出版社，2009.

[27] 陈淑惠. 焊接方法与设备. 北京：高等教育出版社，2009.

[28] 北京照明学会照明设计专业委员会. 照明设计手册. 2 版. 北京：中国电力出版社，2013.

[29] 谢秀颖. 电气照明技术. 2 版. 北京：中国电力出版社，2008.

[30] 林永顺. 电气化铁道供变电技术. 北京：中国铁道出版社，2006.